中国科学院优秀教材一等奖
中等职业教育“十三五”规划教材

中职中专机电类教材系列

Protel DXP 2004 应用与实训

（第三版）

倪　燕　主编

科学出版社
北　京

内 容 简 介

本书是学习 Protel DXP 2004 印制电路板设计软件的入门图书，在第二版的基础上进行了必要的修改。全书共分十个项目，主要包括认识 Protel DXP 2004、原理图设计基础、原理图设计、原理图设计提高、元件与元件库、电气规则检查及相关报表、PCB 设计基础、PCB 设计、PCB 设计提高、元件封装与元件封装库等内容。

本书以实际操作为例，采用一步一图的形式，全面、形象地向读者介绍电路原理图及印制电路板的设计全过程，力求使从来没有接触过 Protel 软件的初学者在很短的时间内学会并设计出合格的电路原理图及印制电路板图。

本书面向技工学校、中等职业学校的电子技术应用及机电类相关专业学生，也可作为电路设计人员及相关专业人员的自学用书。

图书在版编目（CIP）数据

Protel DXP 2004 应用与实训/倪燕主编. —3 版. —北京：科学出版社，2019.11

ISBN 978-7-03-063258-6

Ⅰ.①P… Ⅱ.①倪… Ⅲ.①印刷电路-计算机辅助设计-应用软件-教材 Ⅳ.① TN410.2

中国版本图书馆 CIP 数据核字（2019）第 258031 号

责任编辑：陈砺川/责任校对：赵丽杰

责任印制：吕春珉/封面设计：耕者设计工作室

科学出版社 出版

北京东黄城根北街 16 号

邮政编码：100717

http://www.sciencep.com

北京市京宇印刷厂印刷

科学出版社发行 各地新华书店经销

*

2007 年 9 月第 一 版 2020 年 8 月第二十一次印刷

2012 年 6 月第 二 版 开本：787×1092 1/16

2019 年 11 月第 三 版 印张：21 1/2

字数：454 000

定价：48.00 元

（如有印装质量问题，我社负责调换〈北京京宇〉）

销售部电话 010-62136230 编辑部电话 010-62135763-8020

第三版前言

本书第一版于2007年9月首次出版后，曾获得中国科学院优秀教材一等奖的殊荣，十多年来一直受到广大读者的喜爱，第一版和第二版已经累计印刷19次。随着科技的发展，教学手段的不断更新，为适应学校教学改革的新变化，满足教师和学生信息化教与学手段的需求，我们在保留第二版主要内容的前提下，修订和增补了如下主要内容。

1）修改和调整了部分案例内容，使案例更精准、更合理，教学更顺畅。

2）修改和调整了教学PPT课件，方便课堂教学。读者可从www.abook.cn网站上下载使用新课件。

3）新增60个微课视频，读者可扫描书中二维码于课前、课后观看并学习案例实现方法。通过视频中的讲解与演示，对案例操作步骤更加易懂、易掌握。

本书结构严谨，层次清晰，理实一体，注重知识点的融会贯通，案例实用，可操作性强。希望本书第三版可以满足更多读者的需求。

倪　燕

2019年2月

第一版前言

随着我国经济的快速发展，自动化、信息化的建设突飞猛进，电子线路板在工业控制、仪器仪表、计算机、家用电器等各个方面的应用越来越广泛。印制电路板（PCB）日趋精密和复杂，传统的手工设计已经无法完成各种复杂的 PCB 设计了，于是各种辅助设计软件应运而生。Protel DXP 2004 是一款功能强大、简单易学的电路板设计软件。它是当今 PC 平台上最优秀的 EDA 软件之一。相对于 Protel 99 SE 而言，Protel DXP 2004 有了很大的提升，各种操作功能更加完备，设计者可以更好地控制 PCB 设计的整个进程。

本书详细介绍了 Protel DXP 2004 最主要的两个部分，即电路原理图设计和 PCB 设计。项目一～项目六全面介绍了为何在 Protel 中安装和设计电路原理图，项目七～项目十介绍了 PCB 设计技术。书中在每个知识点的讲解中，均结合了相应的实例，以理论指导实践，同时通过实际操作来加深读者对理论知识的理解。本书以初学者，尤其以技工学校和中等职业学校的电子技术应用或机电类学生为主要对象，具有以下特点。

1）操作系统采用汉化版。对英语基础相对薄弱的技工学校和中等职业学校学生可谓是一大福音。

2）每一个任务插入趣味性的情景，归纳任务的主要内容，提高读者学习兴趣。

3）强调逻辑性和循序渐进，符合读者的思维习惯，理论讲述后即紧跟实训操作，在每个项目后安排思考与练习，便于读者巩固所学知识。

4）实例贯穿全书。所选实例为电子技术中的典型电路，浅显易懂，每一步操作以图示说明，读者可以根据实例一起练习。

5）重点突出。有重点地介绍该设计工具最常用、最主要的功能，不求面面俱到，力求帮助读者抓住学习重点。

6）可操作性强。书中所举例子均经充分验证，按所述步骤可实现最终结果。

7）简单实例与综合性实例相结合，读者既能很快体验学习成果，又能将所学知识融会贯通。

全书参考学时为 80～102 学时，具体各项目及学时安排请参考下表。

项目	学时	项目	学时
项目一　认识 Protel DXP 2004	4～6	项目六　电气规则检查及相关报表	6～8
项目二　原理图设计基础	6～8	项目七　PCB 设计基础	8～12
项目三　原理图设计	12～14	项目八　PCB 设计	10～12
项目四　原理图设计提高	10～12	项目九　PCB 设计提高	10～12
项目五　元件与元件库	6～8	项目十　元件封装与元件封装库	8～10

本书共包含十个项目，项目二～项目六由倪燕编写，施迎春、求灵兴、张燕峰和陈正法、吴荣祥老师参加编写了其余项目，倪燕对全书进行了统稿、校对。此外，书中参考和引用了一些电路设计资料，在此对这些资料的作者表示深深的感谢。

由于编者水平有限，书中难免有疏漏和不妥之处，敬请广大读者批评指正。

倪 燕

2007年5月

目　　录

项目一

认识 Protel DXP 2004

学习目标

Protel 是电子电路计算机辅助设计软件，以其基于 Windows 操作界面、操作简单、易学好用等优点深受广大用户欢迎，成为大多数电子设计者的首选。

通过本项目的学习，了解印制电路板的概念及其设计流程，了解 Protel DXP 2004 的相关知识，掌握 Protel DXP 2004 的运行环境、软件的安装和卸载，熟悉 Protel DXP 2004 编辑环境、文件组织结构和文件管理。

知识目标

- 了解印制电路板的设计流程。
- 了解 Protel DXP 2004 的相关知识。
- 熟悉 Protel DXP 2004 原理图编辑环境。

技能目标

- 安装和卸载 Protel DXP 2004。
- 掌握项目文件的建立。

任务一　电路设计简介

情　景

9 月 1 日，是新学期开学的第一天，也是小明进入职高的第二个学年。报到注册后，一看课表，其中有一门 Protel 课程。小明和同学们很新奇，Protel 会是什么呢？是要动手做的吗？那又会是做什么的呢？上课了，老师一手拿讲义，一手拿一块在电子实习课时见过的印制电路板进来了。

同学们，你知道老师为什么要拿印制电路板吗？这与 Protel 有何关系呢？让我们一起来学习印制电路板的概念以及设计流程吧。

讲解与演示

1. 印制电路板

图 1.1 所示为一块印制电路板实物图，在图上可以清晰地看到各种元器件、芯片、板上的走线以及输入/输出端口。这种有电阻、电容、二极管、晶体管、集成电路芯片、各种连接插件以及由印制线路连接各种元器件引脚的板子称为印制电路板，即 PCB。学习电路设计的最终目的是完成 PCB 的设计，PCB 是电路设计的最终结果。

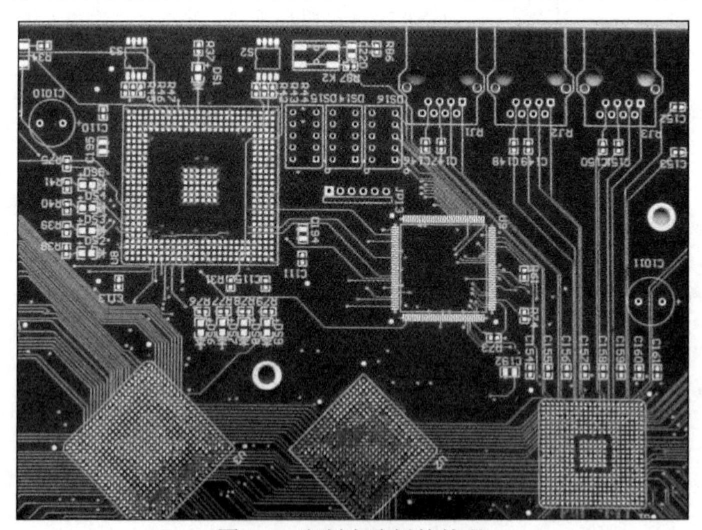

图 1.1　印制电路板的外观

2. PCB 设计流程

1）设计电路原理图。利用 Protel DXP 2004 提供的各种原理图绘制工具和各种编辑功能，绘制一张电路原理图。

2）产生网络表。网络表是电路原理图设计和 PCB 设计之间的桥梁和纽带，它是自动布线的前提。网络表的生成既是电路原理图设计的结束，又是 PCB 设计的开始。

3）PCB 的设计。将电路设计的元件及电气特性信息应用到印制电路板实物上，实现 PCB 的版面设计，完成高难度的布线工作。

任务二 Protel DXP 2004 简介

情 景

小明一直想运用计算机画电路图，但他不知道如何安装软件。小明和在大学读计算机专业的表哥讲了这个事情，表哥说可以到电脑市场购买软件，也可以通过网络下载。

同学们，你知道怎么安装和删除 Protel DXP 2004 吗？这里我们就来学习有关 Protel DXP 2004 的安装、卸载以及该软件的一些基础知识。

讲解与演示

知识 1 Protel DXP 2004 功能简介

1. Protel DXP 2004 简介

Protel DXP 2004 是 Altium 公司推出的全线桌面板级电路设计系统。Protel DXP 2004 运行在优化的设计浏览平台上，并具备先进的设计特点，可应对各种复杂的 PCB 设计过程。Protel DXP 2004 通过把设计输入仿真、PCB 绘制编辑、拓扑自动布线、信号完整性分析和设计输出等技术融合在一起，为用户提供全线的设计解决方案。

2. Protel DXP 2004 的组成

1）原理图设计系统（SCH）：用于电路原理图的设计。

2）PCB 设计系统（PCB）：用于 PCB 的设计。

3）FPGA 系统：用于可编程逻辑部件的设计。

4）VHDL 系统：用于硬件的编程和仿真等。

3. Protel DXP 2004 新特点

1）整合式的元件与元件库。Protel DXP 2004 拥有 68000 多个元件的设计库，采用整合式的元件，在一个整合元件里联结了元件符号（Symbol）、元件包装（Footprint）、SPICE 模型（电路仿真所使用的）、SI 模型（电路板信号分析所使用的）。

2）版本控制。可直接由 Protel 设计管理器转换到其他设计系统，设计者可方便地将 Protel DXP 2004 中的设计与其他软件共享。

3）设计整合。Protel DXP 2004强化了线路图和PCB的双向同步设计功能。

4）多屏幕显示模式。对于同一个文件，设计者可打开多个窗口在不同的屏幕上显示。

5）多媒体处理。波形资料的输出与输入，加强绘图功能，不同波形的重叠。

6）强化设计校验（DRC）。电路图与电路板之间的转换更准确，同时对交互参考的操作也更简便，保证设计完整性和准确性。

7）查询功能。在查询面板中输入查询语句，系统可输出符合条件的查询结果。

8）多通道的设计。多重组态的设计，重复式设计等。

知识2 Protel DXP 2004的运行环境

为了使Protel DXP 2004运行时能够获得更快的速度，对用户的计算机也有一定要求。基本的系统配置要求如下。

1）Windows 2000 Professional专业版操作系统。

2）图形显示卡：1024像素×768像素屏幕分辨率，16位色，8MB显存。

3）奔腾处理器（Pentium），主频为500MHz。

4）620MB硬盘空间。

5）128MB内存。

建议系统配置如下。

1）Windows操作系统（支持Professional和Home Editions）。

2）图形显示卡：1280像素×1024像素屏幕分辨率，32位色，32MB显存。

3）奔腾处理器（Pentium），主频为1.2GHz（或更高）。

4）620MB硬盘空间。

5）512MB内存。

知识3 Protel DXP 2004软件的安装与卸载

1. Protel DXP 2004的安装

Protel DXP 2004的安装与大多数Windows应用程序安装类似，在此不再赘述。现介绍网络下载安装Protel DXP 2004的操作步骤。

第1步，利用搜索引擎查找Protel DXP 2004。

第2步，选择合适的软件，如图1.2所示。

第3步，下载该软件。本书已下载该软件并刻成光盘自带。

第4步，运行setup\Setup.exe文件，安装Protel DXP 2004。

第5步，分别运行DXP2004SP2.exe和DXP2004SP2_IntegratedLibraries.exe文件，安装SP2补丁和SP2元件库。

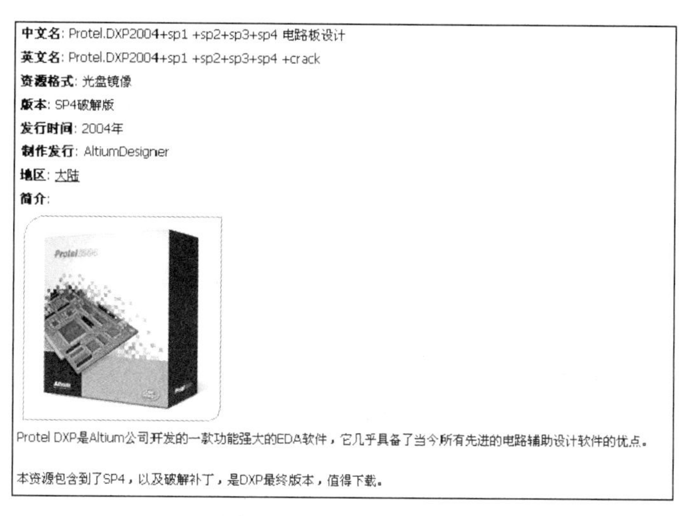

图 1.2 选择下载的软件

第 6 步，安装 AltiumDesigner2004SP3.exe 和 AltiumDesigner2004SP3_Integrated Libraries.exe 文件，再安装 AltiumDesigner2004SP4.exe 和 AltiumDesigner2004SP4_ IntegratedLibraries.exe 文件。

第 7 步，复制破解补丁 Protel2004_sp4_Genkey 到安装文件夹并运行，单击“注册生成”完成破解。

第 8 步，DXP 2004 汉化。运行 DXP，单击 DXP 菜单下的 Preference 菜单项，在 Localization 选项下，选中 Use localized rescources，并选择 Localized menus 和 Display localized dialogs 选项，单击“OK”按钮，退出 DXP 2004；待再次重新启动 DXP 2004 SP2，可看到此时界面已经汉化成功，如图 1.3 所示。

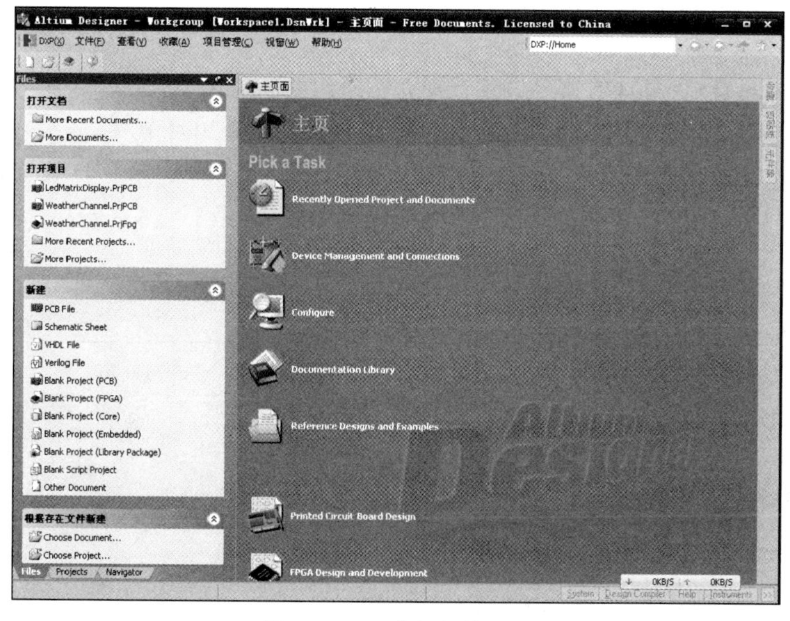

图 1.3 已汉化的软件界面

2. Protel DXP 2004 的卸载

Protel DXP 2004 的卸载与其他软件相同，选择控制面板的“添加/删除程序”即可完成，具体操作步骤如下。

第 1 步，执行“开始”→“控制面板”→“添加/删除程序”命令，弹出如图 1.4 所示窗口，选择 DXP 2004 选项。

第 2 步，单击“删除”按钮进入如图 1.5 所示的提示框，询问用户是否真的要删除程序。

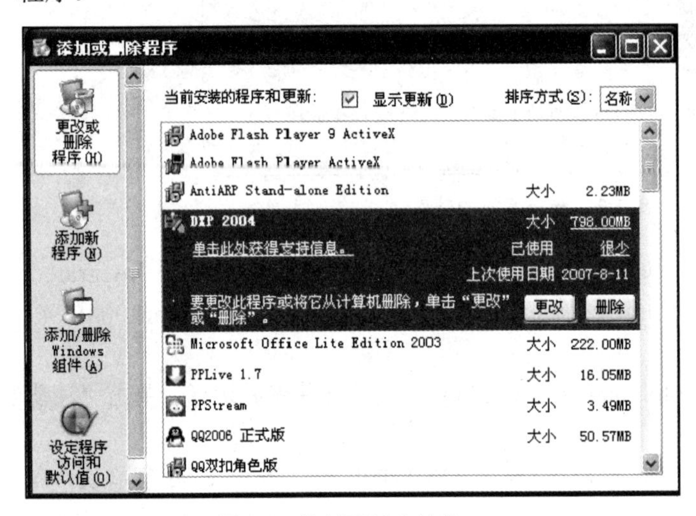

图 1.4　控制面板中的窗口

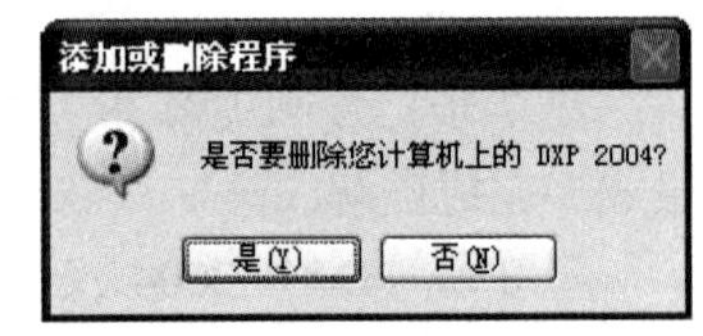

图 1.5　确认是否卸载

第 3 步，单击“是”按钮即开始卸载 Protel DXP 2004。

知识 4　Protel DXP 2004 的启动

启动 Protel DXP 2004 有多种方法，现介绍常用的两种。

1）双击桌面上的 DXP 2004 图标，打开 Protel DXP 2004 软件。

2）从桌面左下角选择“开始”→“所有程序”→“Altium”→“DXP 2004”项，打开 Protel DXP 2004 软件。

实　训

实训　Protel DXP 2004 的安装

1. 安装操作

完成 Protel DXP 2004 的安装，并将安装步骤填在表 1.1 中。

表 1.1　安装步骤

步骤	Protel DXP 2004 的安装
第 1 步	
第 2 步	
第 3 步	
第 4 步	

2. 收获和体会

将安装 Protel DXP 2004 后的收获和体会写在下面空格中。

收获和体会：

3. 实训评价

将安装 Protel DXP 2004 的实训工作评价填写在表 1.2 中。

表 1.2　实训评价表

项目 / 评定人	实训评价	等级	评定签名
自评			
互评			
教师评			
综合评定等级			

______年______月______日

拓　展

拓展　Protel DXP 2004 发展史

从 20 世纪 80 年代中期起，随着计算机的发展，计算机应用进入各个领域。在这种背景下，1987 年，由美国 ACCEL Technologies Inc 推出了第一个应用于电子线路设计的软件包——TANGO，这个软件包开创了电子设计自动化（EDA）的先河。但随着电子技术的飞速发展，TANGO 日益显示出其不适应时代发展需要的弱点。由此，Protel Technology 公司以其强大的研发能力推出了 Protel For Dos 作为 TANGO 的升级版本。

20 世纪 80 年代末，Windows 操作系统开始日益流行。Protel 国际有限公司（后改名为 Altium 公司）着手开发利用 Microsoft Windows 作为平台的电子设计自动化软件。从 1991 年开始，相继推出了 Protel For Windows 1.0、Protel For Windows 1.5、Protel For Windows 3.0、Protel 98 和 Protel 99 SE 等版本。Protel 系列软件发展到 Protel 99 SE 时，其软件功能已基本完善和成熟，它集成了各类工具（包括 3D 显示和 CAM 输出等），在国内的市场占有率很高。

2002 年 8 月，Altium 公司推出了一套基于 Windows 2000/XP 环境下的桌面 EDA 开发工具 Protel DXP，实现了更多工具的无缝集成，使用起来更加方便，功能更加强大。

2004 年，Altium 公司发布了电路设计软件 Protel DXP 2004。该软件整合了 VHDL 设计和 FPGA 设计系统，将项目管理方式、原理图和 PCB 图的双向同步技术、多通道设计、拓扑自动布线以及强大的电路仿真等技术完美地融合在一起，成为一款真正优秀的板级设计软件。

任务三　Protel 文件管理

情　景

小明已经把软件安装好了，跃跃欲试，想要绘制一张电路图。但是，这张电路图先得有地方存放才行，尤其是各种类型的图很多，更需要分门别类地保存，否则再要找出来可就麻烦了。那么现在该怎么办呢？

同学们，我们来学习 Protel DXP 2004 的文档组织和文件管理，以便能够更好地进行电路设计。

讲解与演示

Protel 文件管理

知识 1　Protel DXP 2004 工作窗口

在 Windows 环境中，执行“开始”→“程序”→“Altium”→“DXP 2004”命令，或者直接双击 DXP 2004 快捷图标，进入 Protel DXP 2004 工作窗口，如图 1.6 所示。该窗口包括标题栏、菜单栏、工具栏、工作区窗口、面板标签等。此文档组织结构区域的工作区、项目和文档均为空白。

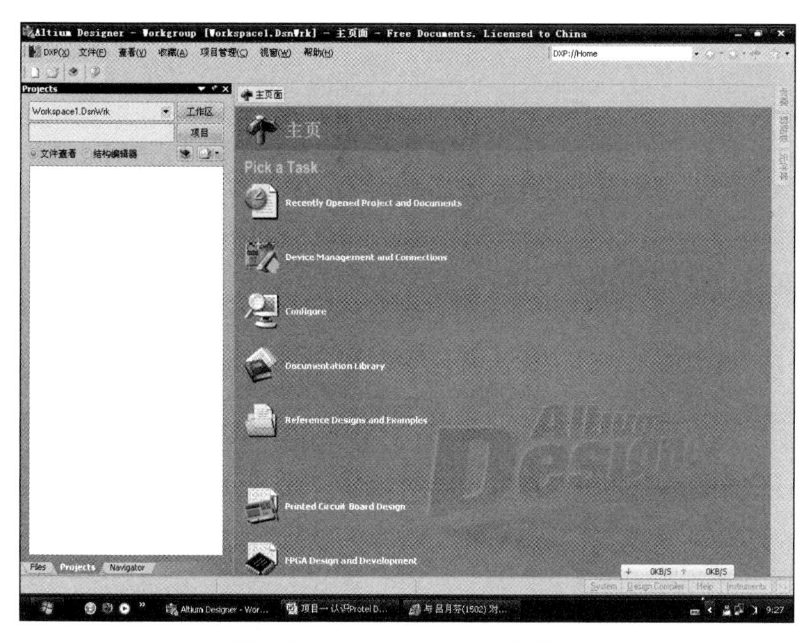

图 1.6 Protel DXP 2004 工作窗口

知识 2 新建工程项目

第 1 步，在如图 1.6 所示界面下，执行“文件”→“创建”→“项目”→“PCB 项目”命令，弹出如图 1.7 所示的对话框。

第 2 步，单击“确认”按钮，建立一个默认名为“PCB_Project1.PrjPCB”的 PCB 工程项目，如图 1.8 所示。

第 3 步，执行“文件”→“创建”→“原理图”命令，系统在当前 PCB 工程项目下新建一个默认名为“Sheet1.SchDoc”的原理图文件名，并在工作区窗口中打开。

第 4 步，执行“文件”→“创建”→“PCB 文件”命令，系统在当前 PCB 工程项目下新建一个默认名为“PCB1.PcbDoc”的 PCB 文件名，并在工作区窗口中打开。

第 5 步，保存。分别执行“文件”→“保存”命令，保存新建的原理图文件、PCB 文件和工程项目文件，完成一个 PCB 工程项目的建立，如图 1.9 所示。

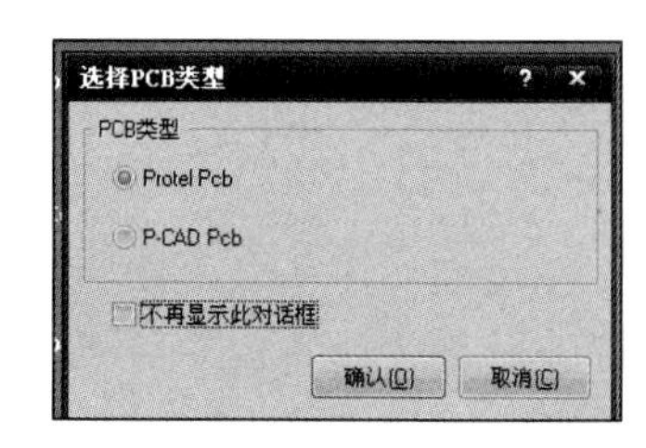

图 1.7 新建 PCB 对话框

图 1.8 新建的 PCB 工程

图 1.9 建成的 PCB 工程

图 1.9 所示是一个典型设计任务的文档组织结构，包括工作区、项目和文档三部分。工作区主要用于管理一些相关的工程项目。项目是一个具体电路设计的主体框架，将文

档中的文件组织在一起，打开项目便将该项目下的所有文件都打开了。文档包括原理图文件、PCB 文件以及库文件等。

一个工作区可以包含多个项目，而一个项目可以包含多个设计文件。在绘制原理图前需要先建立一个项目文件和原理图文件。

知识 3　重命名工程项目

第 1 步，选中建立的 PCB1.PcbDoc，再执行“文件”→“另存为”命令或右击，在快捷菜单中选择“另存为”选项。

第 2 步，弹出 Save 对话框，选择合适的路径，在文件名对话框中输入文件名，例如“电源电路”，如图 1.10 所示。

第 3 步，单击“保存”按钮，文件被更名为“电源电路.PcbDoc”。

第 4 步，参照工程文件修改方法，原理图文件名改名为“电源电路. SchDoc”，PCB 工程项目改名为“电源电路.PrjPCB”。

重命名后的 PCB 工程文档组织结构如图 1.11 所示。

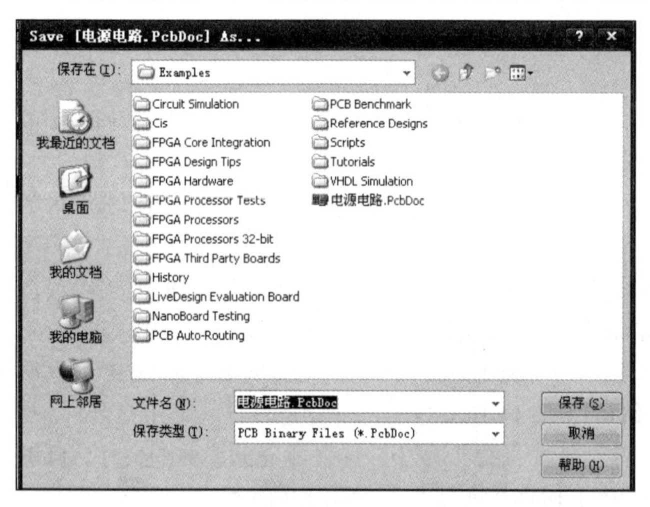

图 1.10　工程文件重命名对话框

图 1.11　重命名 PCB 工程

知识 4　添加或删除文件

1. 添加文件

执行“项目管理”→“追加新文件到项目中”命令，如图 1.12 所示。可将新设计文件添加到当前工程项目中，添加新文件默认名为“Sheet1.SchDoc”。

执行“项目管理”→“追加已有文件到项目中”命令，即可从弹出的对话框中选择一个原有的设计文件添加到当前工程项目中。

2. 删除文件

执行“项目管理”→“从项目中删除”命令，删除设计文件，如文件“电源电路.SCHDOC”。经过上述添加和删除操作后的工程项目界面如图 1.13 所示。

图 1.12　添加新文件命令

图 1.13　添加或删除文件

删除文件操作，并没有将该文件从计算机中真正删除，只是成为自由文件，从一个工程项目中移除。

实　训

实训　创建工程项目 添加或删除文件

1. 创建一个工程项目的步骤

创建一个工程项目 XX.PrjPCB，保存于 D 盘根目录下，在该工程项目下进行创建、添加或删除文件操作并简述操作步骤，记录于表 1.3 中。

表 1.3　创建工程、添加或删除文件

文件	操作步骤
创建工程项目 XX.PrjPCB	
创建原理图文件 XX.SchDoc	
创建 PCB 文件 YY.PcbDoc	
添加文件 YY.PcbDoc	
删除文件 XX.SchDoc	

2. 实际操作

将创建操作的文档组织结构和进行添加或删除文件后的文档组织结构分别填写在表 1.4 中。

表 1.4　创建、添加或删除文件的文档组织结构

文档组织结构		
创建文件	添加文件	删除文件

3. 收获和体会

将创建、添加或删除文件后的收获和体会写在下面空格中。

收获和体会：

4. 实训工作

将创建、添加或删除文件后的实训工作评价填写在表 1.5 中。

表 1.5　实训评价表

项目 评定人	实训评价	等级	评定签名
自评			
互评			
教师评			
综合评定等级			

＿＿＿＿年＿＿＿＿月＿＿＿＿日

拓　展

拓展　Protel 99 SE 格式文件的导入与输出

Protel DXP 2004 为了软件的兼容性，可以将 Protel 99 SE 格式的设计文件导入 Protel DXP 2004，也可以将 Protel DXP 2004 中的设计文件输出为 Protel 99 SE 格式。

1. 导入 Protel 99 SE 数据库文件

操作步骤如下。

第 1 步，执行“文件”→“99 SE 导入向导器”命令，弹出如图 1.14 所示对话框。

第 2 步，单击“下一步”按钮，弹出选择要处理的文件夹和文件对话框，如图 1.15 所示。

图 1.14　“99 SE 导入向导器”对话框

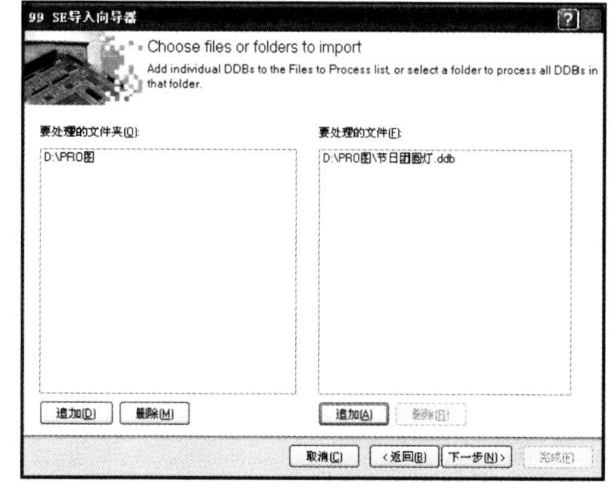

图 1.15　选择要处理的文件夹和文件对话框

第 3 步，单击“追加”按钮，选择 99 SE 文件所在的文件夹或数据库文件。

第 4 步，单击“下一步”按钮，弹出“输出文件夹”文本框，在“输出文件夹”文本框中选择一个输出文件夹，如图 1.16 所示。

第 5 步，单击“下一步”按钮，弹出 Set import options（设置导入选项）对话框，如图 1.17 所示，一般取默认设置。

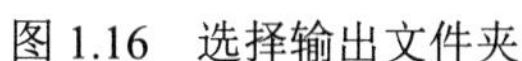

图 1.16　选择输出文件夹

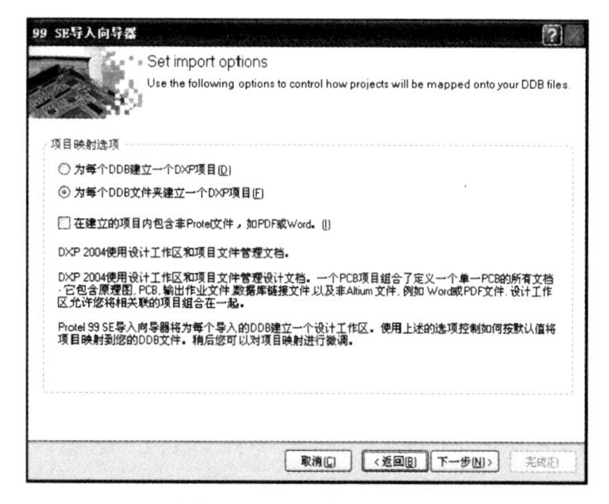

图 1.17　设置导入选项

第 6 步，其后出现的对话框均单击“下一步”按钮，选择默认设置。最后出现如图 1.18 所示导入完成对话框，即完成将 Protel 99 SE 文件导入 Protel DXP 2004 的操作。

图 1.18　导入完成对话框

2. 输出为 Protel 99 SE 格式文件

以 PCB 文件为例，将 Protel DXP 2004 中的设计文件输出为 Protel 99 SE 格式文件的操作步骤如下。

第 1 步，将 PCB 文件打开，执行“文件”→“保存备份为”命令，在弹出的“另存为”对话框中设置保存类型为 PCB 4.0 Binary File(*.pcb)。

第 2 步，单击“保存”按钮，弹出如图 1.19 所示对话框。

第 3 步，单击“OK”按钮，即完成 Protel 99 SE 格式文件的输出。

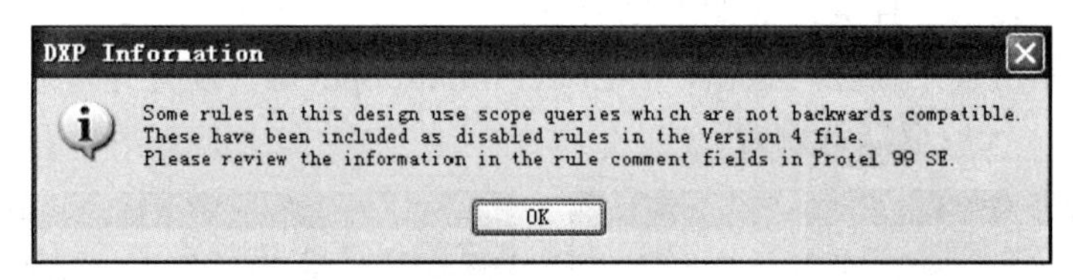

图 1.19　Protel 99 SE 格式文件的输出

一、**判断题**（对的打“√”，错的打“×”）

1. PCB 设计就是将电路设计的元器件应用到物理的印制电路板上。（　）
2. Protel 软件就是用来画电路原理图的。（　）
3. Protel DXP 2004 具备集成元件库。（　）
4. Protel DXP 2004 工作界面没有开启任何编辑器时，设计窗口都是灰色的。（　）
5. 一个工作区只能包含一个项目。（　）
6. 一个项目可以包含多个设计文件。（　）

7. 计算机只要拥有 500MB 的硬盘空间就可以安装 Protel DXP 2004。（ ）

8. Protel DXP 2004 的安装路径只能选择 C 盘。（ ）

二、填空题

1. 学习电路设计的最终目的是完成________的设计，________是电路设计的最终结果。

2. Protel DXP 2004 启动的常用方法：________、________。

3. Protel DXP 2004 工作窗口包括________、________、________、工作区窗口和面板标签等。

4. Protel DXP 2004 的文档组织结构包括________、________和文档三部分。

5. 1987 年由美国________公司推出了第一个应用于电子线路设计软件包——TANGO。

6. Protel DXP 2004 基本的系统配置要求：显存________MB，硬盘空间________MB，内存________MB。

7. 执行“________”→“________”→“________”→“________”命令，建立一个默认名为“PCB_Project1.PrjPCB”的 PCB 工程项目。

8. 执行“________”→“________”命令，可对项目文件重命名。

三、简答题

1. 什么是 PCB？简述 PCB 的设计流程。

2. 简单描述安装 Protel DXP 2004 软件时的系统配置。

3. Protel DXP 2004 安装后如何汉化？

4. Protel DXP 2004 有几种启动方式？

项目二

原理图设计基础

学习目标

熟悉原理图编辑系统的操作，可以在制作原理图时，更加熟练地运用 Protel DXP 2004 工具。

本项目简单地介绍Protel DXP 2004原理图设计的流程、原理图编辑器窗口操作、图纸设置、元件库操作等设计原理图的准备工作。

知识目标

- 了解原理图设计的流程。
- 了解原理图编辑环境。
- 熟悉 Protel DXP 2004 原理图编辑器的结构和功能。

技能目标

- 能对原理图图纸进行设置。
- 掌握元件库的装载和卸载。
- 掌握查找元件的方法。

任务一 原理图编辑器界面

情景

工程项目和各种文件创建好了，而且打开不同的文件可对应着不同的界面。有同学问小明，接下来该先学习哪种文件呢？看着花花绿绿的文字、符号和图标，小明傻眼了，感觉无从入手。

同学们，让我们先了解原理图的设计流程，然后再认识原理图编辑器界面。

讲解与演示

原理图编辑器界面

知识 1 原理图设计流程

电路原理图设计是整个电路设计的基础，它描述了一个具体电路中各个元件的连接关系，不涉及具体元件的封装、位置和电路板的尺寸、结构等。

原理图设计的基本流程如下。

1）新建原理图文件。确定所要设计电路的具体实现方式，在集成开发环境中新建原理图设计文件。

2）设置原理图工作环境。启动原理图编辑器，了解工作界面中的菜单与工具栏，根据所设计电路的复杂程度，设置原理图图纸大小及版面。

3）放置元件。从元件库中选取需要的元件放置到图纸上，并进行调整、修改。

4）布线。根据实际电路，将放置的元件用具有电气意义的导线、符号连接起来，构成一张完整的原理图。

5）放置一些说明性的文字、图形或图片等，突出显示该电路图的主题，提高可读性。

6）保存文档并打印输出。

知识 2 原理图编辑器界面

选择原理图文件“*.SchDoc”，如项目一中的“电源电路.SchDoc”，即可打开如图 2.1 所示的原理图编辑器。该编辑器工作窗口包括标题栏、菜单栏、工具栏、工作区面板等几部分。

1. 标题栏

如图 2.2 所示，显示了该软件的标志、当前打开的工程项目、文件及授权用户。

2. 菜单栏

如图 2.3 所示，Protel DXP 2004 设计系统对不同类型的文档进行操作时，菜单栏也相应发生改变。单击菜单项或按其后面的字母可打开下级子菜单。

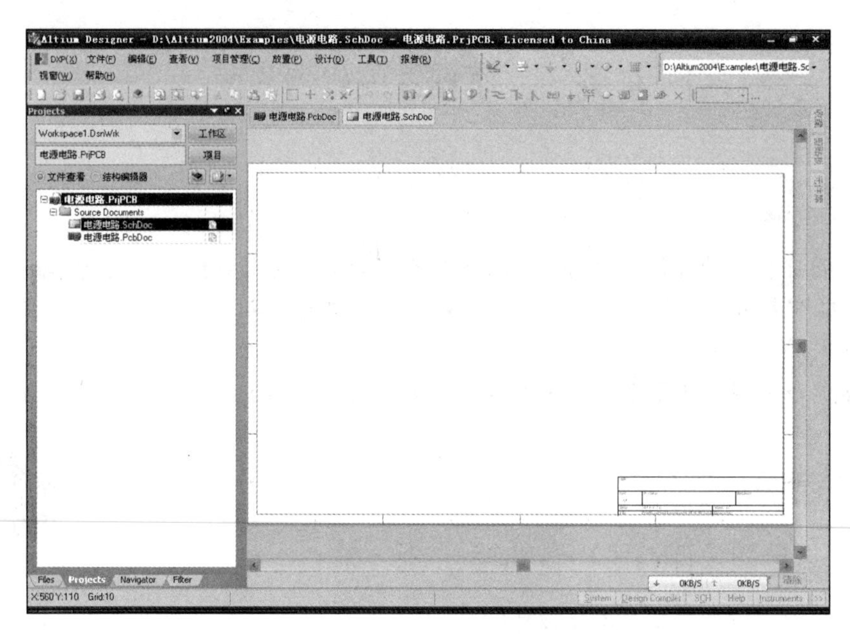

图 2.1　原理图编辑器

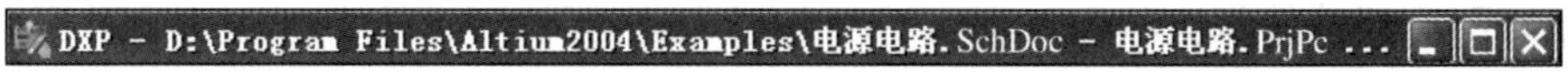

DXP - D:\Program Files\Altium2004\Examples\电源电路.SchDoc - 电源电路.PrjPc ...

图 2.2　Protel DXP 2004 标题栏

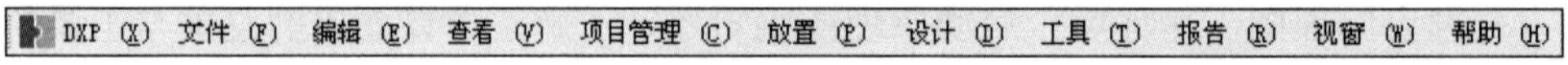

DXP (X) 文件 (F) 编辑 (E) 查看 (V) 项目管理 (C) 放置 (P) 设计 (D) 工具 (T) 报告 (R) 视窗 (W) 帮助 (H)

图 2.3　Protel DXP 2004 菜单栏

3. 工具栏

执行“查看”→“工具栏”命令，显示如图 2.4 所示的子菜单。从中可以选择相应的工具栏。

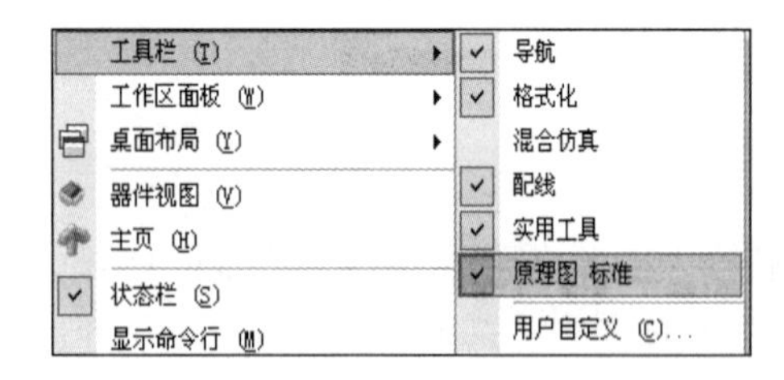

图 2.4　工具栏

菜单项前面有“√”标志表示该菜单项已被选中，选中的菜单项所对应的工具将出现在工具栏中。

1）“原理图 标准”工具栏。执行菜单中“查看”→“工具栏”→“原理图 标准”命令或在工具栏或菜单栏的空白处右击，可以使该工具栏显示或隐藏。图 2.5 所示为“原理图 标准”工具栏。其他工具栏操作方法与此相同。

图 2.5　“原理图 标准”工具栏

2）“实用工具”工具栏。“实用工具”工具栏如图 2.6 所示。该工具栏包含绘图工具、元件排列等多个子菜单项。

3）“配线”工具栏。“配线”工具栏如图 2.7 所示。该栏中列出了建立原理图所需要的导线、总线、连接端口等工具。

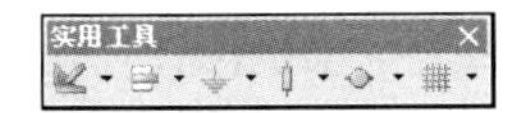

图 2.6　“实用工具”工具栏

图 2.7　“配线”工具栏

4）“导航”工具栏。“导航”工具栏如图 2.8 所示。

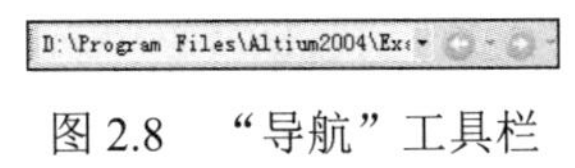

图 2.8　“导航”工具栏

4. 工作区面板

工作区面板包括“Projects”（项目）面板、“元件库”（Libraries）面板、“Navigator”（导航）面板。直接单击工作区右下方的面板标签 System | Design Compiler | SCH | Help | Instruments | >> 可打开该面板。此外，也可通过执行“查看”→“工作区面板”命令打开工作区面板。如要关闭面板，单击面板右上角的“×”按钮即可。

1）“Projects”（项目）面板。如图 2.9 所示，面板中列出了当前打开项目的文件列表及所有临时文件。

2）“元件库”（Libraries）面板。如图 2.10 所示，通过该面板可以浏览当前加载的所有元件库，可以在原理图上放置元件，还可以对元件的封装、SPICE 模型和 SI 模型进行预览。

3）“Navigator”（导航）面板。如图 2.11 所示，“Navigator”面板主要功能是分析和编译原理图，查找原理图中的错误，以及快速定位元件、网络及冲突。在未对原理图进行分析和编译前，“Navigator”面板均为空。

图 2.9　“Projects”面板

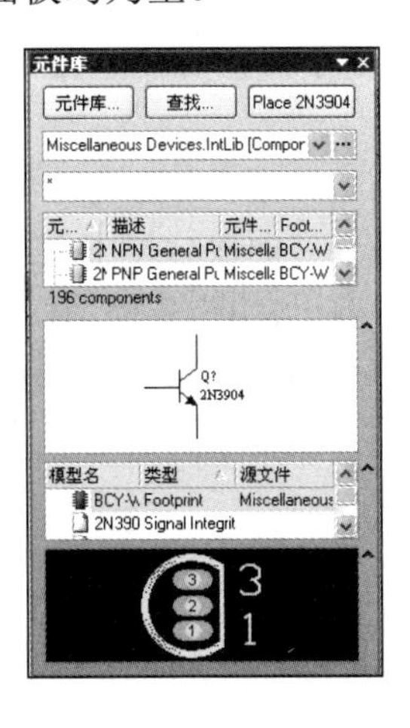

图 2.10　“元件库”面板

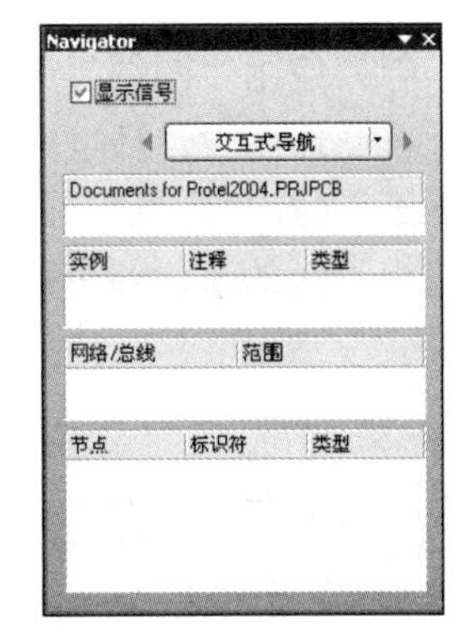

图 2.11　“Navigator”面板

知识 3　原理图缩放

绘图过程中，设计者需要经常查看整张原理图或只看某一个局部，为了更好地看清楚电路图，需要经常改变显示状态，将工作窗口（即绘图区）放大或缩小，绘图区如图 2.12 所示。所有缩放窗口的命令都集中于“查看”菜单中，如图 2.13 所示。使用菜单命令缩放图纸还可以利用快捷键，按菜单项后标注的字母即可，如“显示整个文档”可以按字母“V→D”。

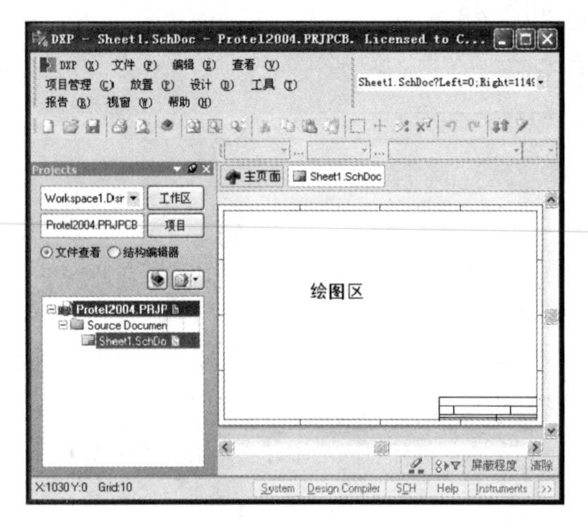

图 2.12　绘图区

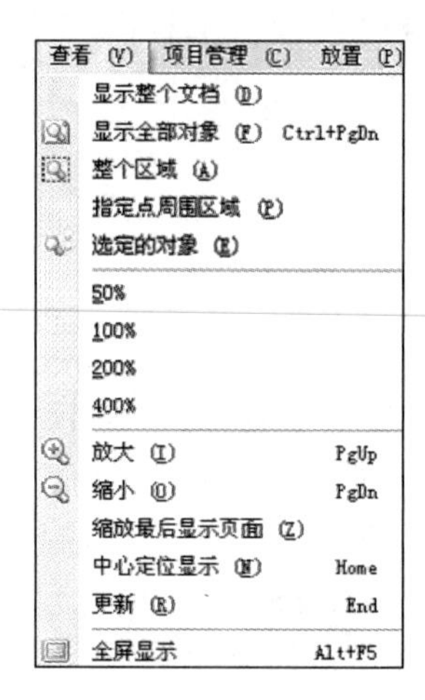

图 2.13　缩放菜单

以下为其他几种绘图区的缩放方式。

（1）使用工具栏命令

在“原理图 标准”工具栏中，使用图标　　　可缩放图纸。当鼠标在图标上停留 1～2s，会自动显示该图标命令，单击即可执行该命令。

（2）使用键盘操作

按 PgUp 键放大；按 PgDn 键缩小；按 Home 键居中；按 End 键更新；按↑、↓、←、→键可上下左右移动。

（3）使用“图纸”原理图小窗口

在原理图设计环境中，单击右下方面板标签中的“SCH”项，如图 2.14 所示，单击“图纸”（在“图纸”项前打√），打开如图 2.15 所示的“图纸”原理图小窗口，拖动该窗口下面的滑块即可对原理图进行缩放，缩放比例在小窗口的左下角显示。

图 2.14　“图纸”标签

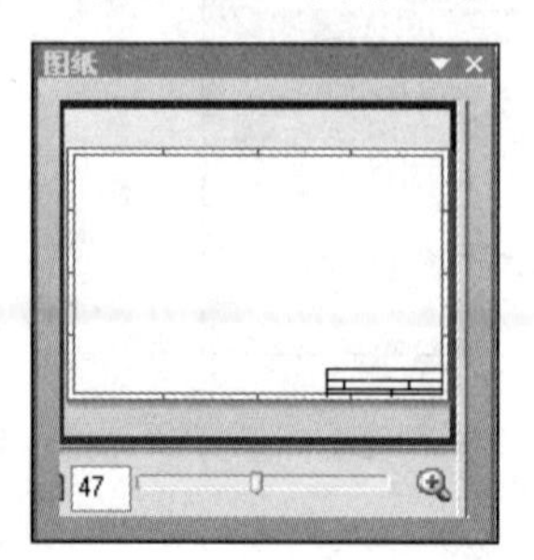

图 2.15　“图纸”原理图小窗口

实 训

实训 原理图编辑器界面

1. 认识原理图编辑器界面

菜单栏、工具栏的下级子菜单打开有哪几种方式？

____

____

____

2. 实际操作

1）菜单栏。以“文件”和“编辑”命令为例填写在表 2.1 中。

表 2.1 菜单栏

菜单栏	打开方式	下级子菜单及功能
文件		
编辑		

2）工具栏。以“实用工具”工具栏为例练习工具栏的操作，并把结果填写在表 2.2 中。

表 2.2 工具栏

工具栏	操作方式		绘图子菜单
实用工具	显示		
	隐藏		

3）工作区面板。把打开和关闭工作区面板的步骤填写于表 2.3 中。

表 2.3 工作区面板

工作区面板	打开操作	关闭操作
项目面板		
库面板		
导航面板		

4）原理图窗口缩放。试用几种不同的方式对原理图进行缩放操作并填写于表 2.4 中。

表 2.4 原理图窗口缩放

原始尺寸	缩放方式
50%	
100%	
200%	
60%	
47%	

3. 收获和体会

对原理图编辑器操作后的收获和体会写在下面空格中。

收获和体会：

4. 实训评价

将对原理图编辑器窗口操作的实训工作评价填写在表 2.5 中。

表 2.5 实训评价表

项目 / 评定人	实训评价	等级	评定签名
自评			
互评			
教师评			
综合评定等级			

______年______月______日

拓 展

拓展 “实用工具”工具栏子菜单

“实用工具”工具栏包含多个子菜单项，单击该工具栏上的相应按钮，对应的子菜单会显示出来。

（1）绘图子菜单

如图 2.16 所示，列出了常用的绘图和文字工具，利用此工具可以进一步完善原理图。

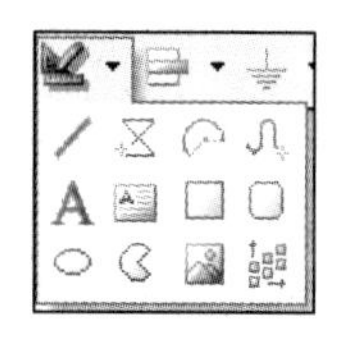

图 2.16 绘图工具子菜单

（2）位置排列子菜单

如图 2.17 所示，显示对应的位置排列子菜单，将对象按要求对齐，从而进一步完善原理图的布局。

（3）电源及接地子菜单

如图 2.18 所示，显示对应的电源及接地子菜单。

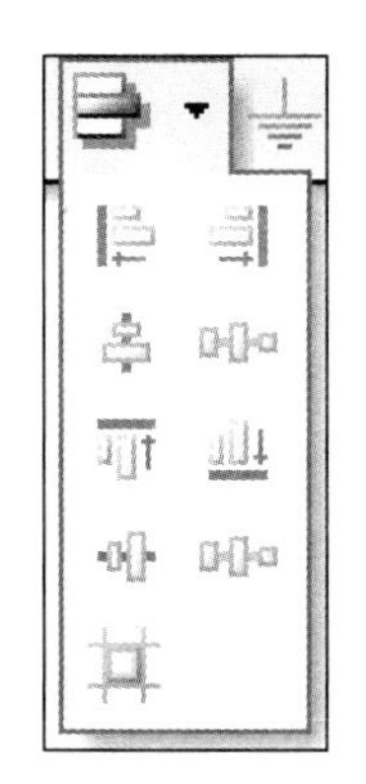

图 2.17 位置排列子菜单

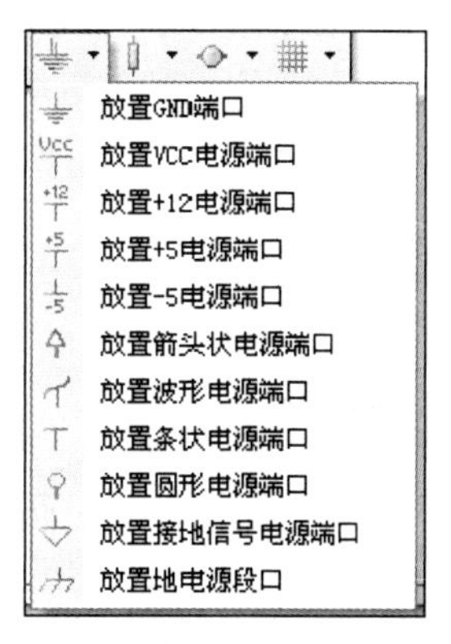

图 2.18 电源及接地子菜单

（4）常用元件子菜单

如图 2.19 所示，显示对应的常用元件子菜单。

（5）信号仿真源子菜单

如图 2.20 所示，显示对应的信号仿真源子菜单。

（6）网格设置子菜单

如图 2.21 所示，显示对应的网格设置子菜单。

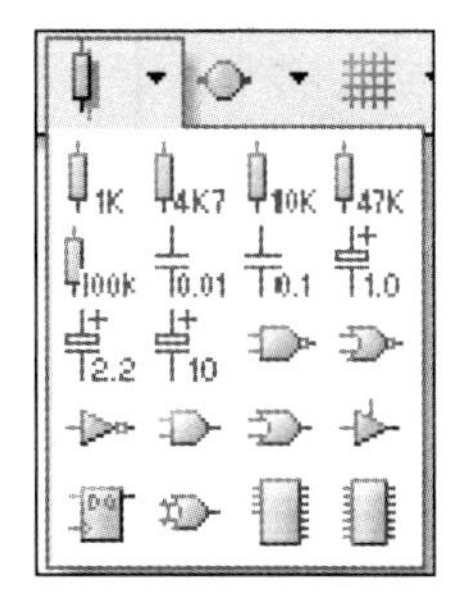

图 2.19 常用元件子菜单

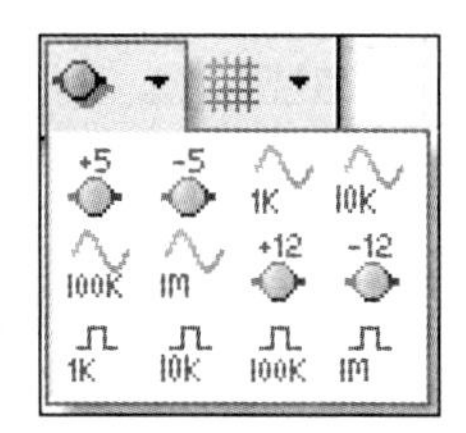

图 2.20 信号仿真源子菜单

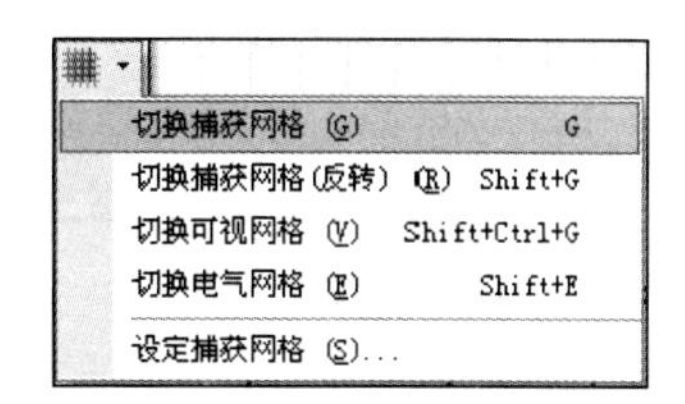

图 2.21 网格设置子菜单

任务二　原理图图纸的设置

情　景

俗话说：巧妇难为无米之炊。小明想设计一张原理图，就得有一张图纸，而且这张图纸最好个性化一点，不仅要大小合适，还要让别人知道这就是小明画的。同样，在电脑上画原理图也得有一张具体的图纸，应该包含图纸的大小、标题信息及图纸的颜色等。这里，我们就来学习原理图图纸的设置。

讲解与演示

原理图图纸的设置

知识 1　图纸选项

创建一个原理图文件后，执行“设计”→“文档选项”命令或者右击工作区，选择“设计”→“选项”→“文档选项”命令，弹出如图 2.22 所示的“文档选项”对话框。

图 2.22　“文档选项”对话框

1. 图纸大小

Protel DXP 2004 提供了采用标准风格和自定义风格两种方法设置图纸的大小。

1）标准风格。在“图纸选项”选项卡的“标准风格”区域，单击“标准风格”右边的下三角按钮，弹出如图 2.23 所示所有图纸的标准类型。选择需要的标准图纸号，然后单击“确认”按钮，即可完成图纸大小的设定。

标准图纸默认为 A4。其中 A0～A4 为公制标准；A～E 为英制标准；A～E 为 OrCAD 标准；其他标准还有 Letter、Legal、Tabloid 三种。

2）自定义风格。在“图纸选项”选项卡的“自定义风格”区域，选中“使用自定义风格”复选框，激活各选项，如图 2.24 所示。改变图示参数的数值即可自定义图纸大小。

图 2.23 选择 A4 标准图纸

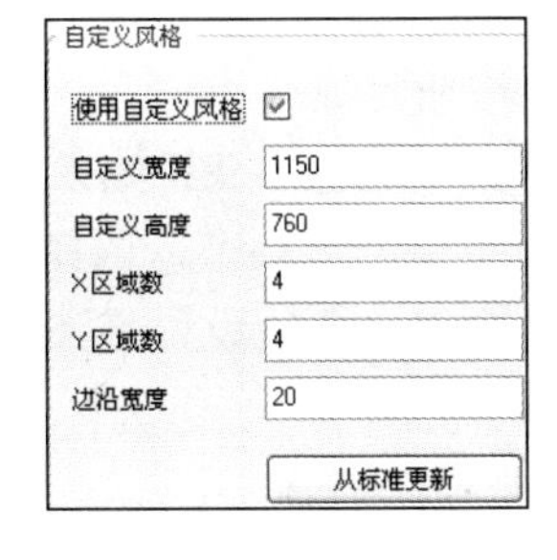

图 2.24 自定义图纸大小

要显示 X、Y 区域的坐标分格数，必须设定足够的边沿宽度，否则将无法正常显示。图 2.24 中 X、Y 区域数均为 4，边沿宽度为 20。

2. 图纸方向

在“图纸选项”选项卡的“选项”区域，单击“方向”右边的下三角按钮，在弹出的下拉列表中选择 Landscape（横向）或 Portrait（纵向），如图 2.25 所示。通常情况下，绘图及显示设为横向，打印设为纵向。

图 2.25 设置图纸方向

3. 图纸标题栏

在“图纸选项”选项卡的“选项”区域，单击“图纸明细表”右边的下三角按钮，如图 2.26 所示，可切换标题栏格式。Protel DXP 2004 提供了 Standard（标准格式）和 ANSI（美国国家标准协会支持格式）两种标题栏模式，如图 2.27 和图 2.28 所示。

图 2.26 设置图纸标题栏

Title			
Size A4	Number		Revision
Date:		Sheet of	
File:	D:\Program Files\..\电源电路.SCHDOC	Drawn By:	

图 2.27 Standard 模式标题栏

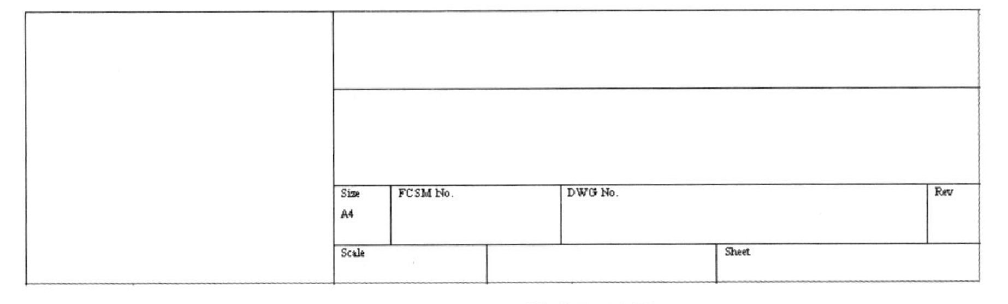

图 2.28 ANSI 模式标题栏

4. 图纸颜色

图纸颜色包括边缘色和图纸颜色。

1）“边缘色”选项用来设置图纸边框的颜色。单击“边缘色”右边的颜色框，弹出“选择颜色”对话框，如图 2.29 所示。该对话框包含“基本”“标准”“自定义”三个选项卡。“基本”选项卡中的“颜色”列出了当前可用的 239 种颜色，并定位于当前所使用的颜色。如果希望变更当前使用的颜色，可直接在“颜色”或“自定义颜色”栏中用鼠标单击选取，然后单击确认按钮完成选择。

边框的默认颜色是黑色，通常保持黑色不变；如果觉得颜色不够丰富，可以单击选择颜色对话框中的“标准”和“自定义”选项卡，选择喜欢的颜色。

2）“图纸颜色”选项用来设置图纸底色。设置方法与“边缘色”相同。通常可设置为长期观看而不易使眼睛疲劳的淡黄色。

5. 系统字体

系统字体为图纸插入的汉字或英文设置字体。系统默认字体为 Times New Roman 常规 10 号字。单击图 2.22 中的“改变系统字体”按钮，弹出“字体”对话框，如图 2.30 所示，可设置系统所使用文本的字体、字形、大小、颜色、效果等。

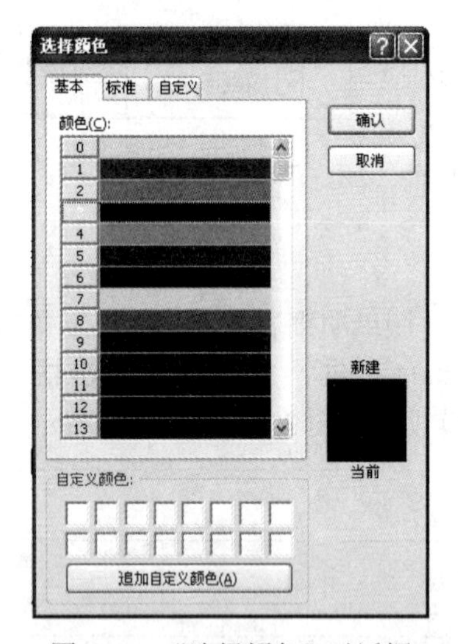

图 2.29 “选择颜色”对话框

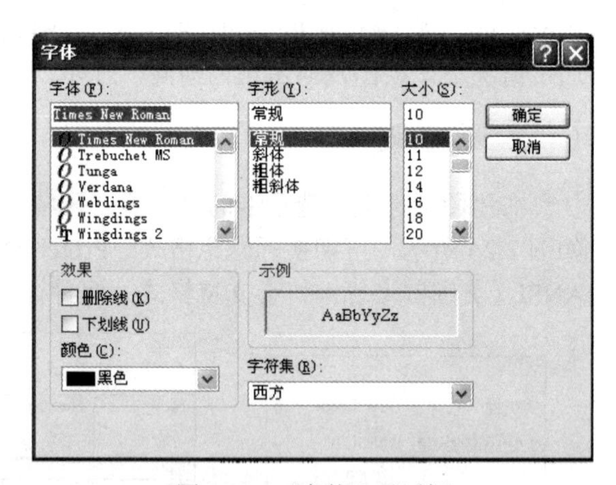

图 2.30 “字体”对话框

知识 2 图纸格点

格点是 PCB 设计中的一个基本概念，在 Protel DXP 2004 原理图设计界面看到的网格便是格点的一种。格点的存在为元器件的放置、电路的连线等设计工作带来极大的方便。

1. 网格

在图 2.22 中，“网格”栏中的选项可用来设定捕获网格及可视网格的尺寸，如图 2.31 所示。“捕获”选项用来改变光标的移动间距，单位是 mil（注：1mil=2.54×10^{-5}m，下同）。选中此项表示光标以“捕获”右边的设置值为基本单位移动；不选此项，则光标以 1mil 为基本单位移动。“可视”选项设置可视化网格的尺寸，以及是否显示可视网格。一般可视网格的尺寸和捕获网格的尺寸设为一致。因为捕获网格是看不到的，必须以可视网格作为参考。

2. 电气网格

设置是否采用电气网格，以及电气网格的作用范围，如图 2.32 所示。当“有效”复选框被选中后，系统自动以“网格范围”输入框内所设定的数值为半径，以当前光标所指位置为圆心，搜索可连接电气节点。

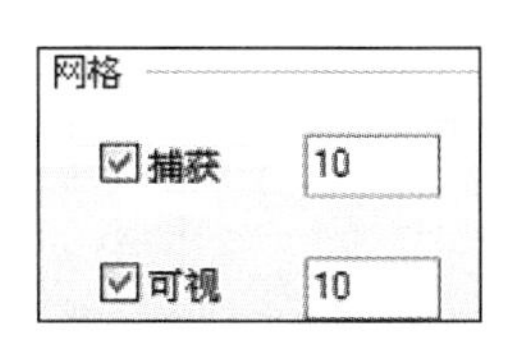

图 2.31 “网格”选项

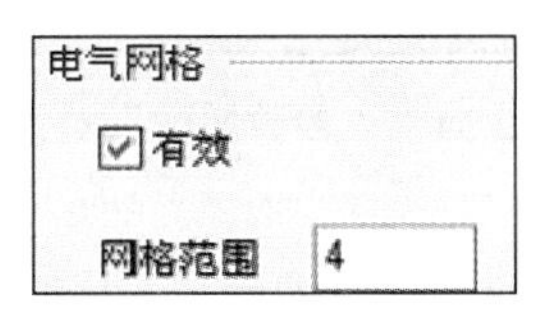

图 2.32 “电气网格”选项

电气网格应略小于捕获网格，否则将很难把一个电气对象（如导线）连接到另外一个已存在的对象引脚上。

知识 3 图纸参数

执行“设计”→“文档选项”命令，切换到“参数”选项卡，弹出如图 2.33 所示对话框。在该选项卡中，可以分别设置文档的各个参数属性。例如，设计公司名称、地址、图样的编号、图样的总数、文件的标题名称及日期等。

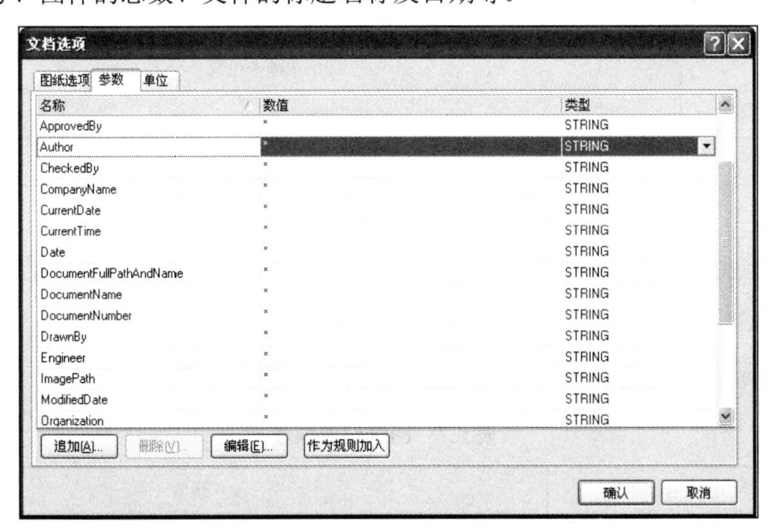

图 2.33 “参数”选项卡

具有这些参数的设计对象可以是一个元器件、元器件的引脚和端口、原理图的符号、PCB 指令或参数集。每个参数均具有可编辑的名称和数值，如图 2.34 所示。使用“追加”按钮可以向列表添加新的参数属性；使用“删除”按钮可以从列表中移去一个参数属性；使用“编辑”按钮可以编辑一个已经存在的属性。

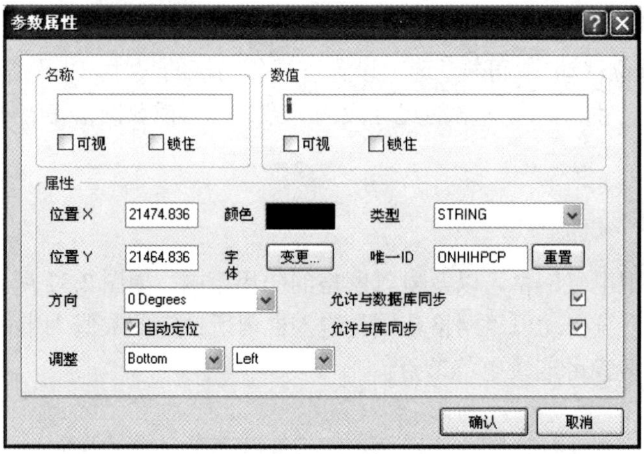

参数属性

名称

可视 锁住

数值

可视 锁住

属性

位置 X 21474.836 颜色 类型 STRING

位置 Y 21464.836 字体 变更... 唯一ID ONHIHPCP 重置

方向 0 Degrees 允许与数据库同步

自动定位 允许与库同步

调整 Bottom Left

确认 取消

图 2.34 “参数属性”对话框

实 训

实训 原理图图纸的设置

1. 原理图图纸

图纸的设置使用什么菜单？把对图纸设置在“图纸选项”中的具体位置填写在表 2.6 中。

表 2.6 图纸设置

设置选项	图纸选项卡位置
标准图纸	
图纸方向	
边缘色	
字体	

2. 实际操作

设置原理图图纸选项，并将操作步骤填写在表 2.7 中。

表 2.7 图纸设置操作

设置图纸内容	操作步骤
设定标准 A4 图纸，显示横向	
自定义图纸宽 1000，高 560，X、Y 区域数为 6、4，边框宽 15	
边缘色为红色，图纸颜色为黑色	
网格捕获 10，可视 20，电气网格 6	

3. 收获和体会

将设置图纸选项后的收获和体会写在下面空格中。

收获和体会：

4. 实训评价

将设置图纸选项实训工作评价填写在表 2.8 中。

表 2.8 实训评价表

项目 评定人	实训评价	等级	评定签名
自评			
互评			
教师评			
综合评定等级			

_________年_________月_________日

拓 展

拓展 设计个性化的标题栏

Protel DXP 2004 提供的两种标题栏模式的行和列是不能修改的。如果用户对默认的标题栏不满意，可以设计个性化的标题栏。设计如图 2.35 所示个性化标题栏，操作步骤如下。

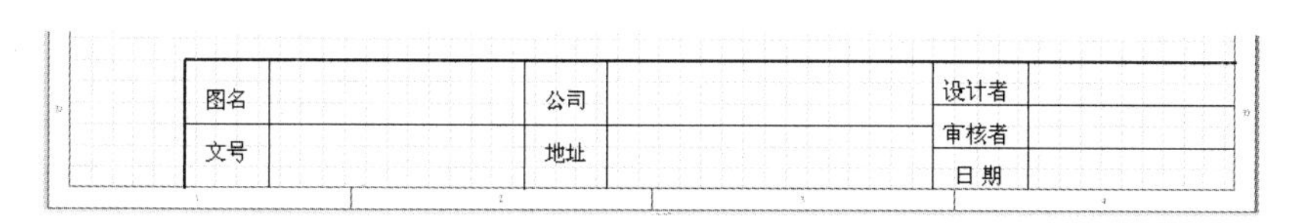

图 2.35 个性化标题栏

第 1 步，新建一个原理图文件。

第 2 步，执行“设计”→“文档选项”命令，打开原理图图纸设置对话框。取消勾选“图纸明细表”，单击“确认”按钮，则图纸右下角的标题栏消失。

第 3 步，执行“放置”→“描图工具”→“直线”命令，进行线的放置。画线时，指向起点位置，按住鼠标左键，移动鼠标拉出线条；在转弯之前单击，到达终点时先单击，再右击。

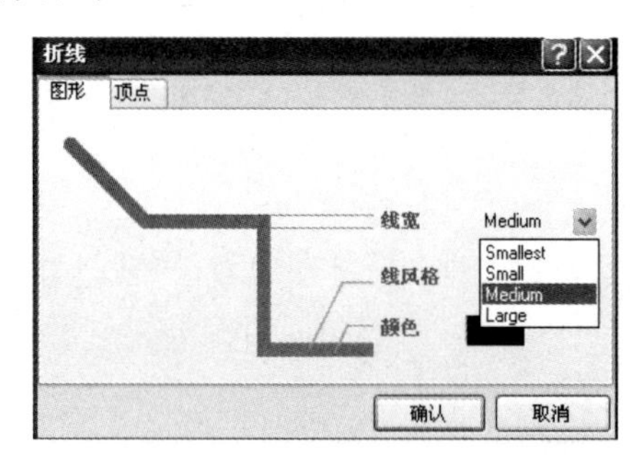

图 2.36 “折线”属性对话框

线宽的默认值为 Small（细），此标题栏的外框线选用 Medium（中）。在画线放置状态时按 Tab 键或放置完成后双击外框线，弹出如图 2.36 所示“折线”属性对话框。在该对话框线宽右侧的下拉列表中选取所需线宽，再单击“确认”按钮。

第 4 步，执行“放置”→“文本字符串”命令，光标上出现一个浮动的文字，按 Tab 键弹出如图 2.37 所示“注释”对话框。

第 5 步，单击“文本”文本框右侧的下拉按钮，在下拉列表中选择所要放置的文字，如此处为“图名”。

第 6 步，设置字体，可单击“变更”按钮，在打开“字体”对话框中指定所要采用的文字大小。设置完成，单击“确认”按钮退回“注释”对话框。

第 7 步，单击“确认”按钮，关闭“注释”对话框，所输入与设置的文字浮在光标上，指向所要放置的位置，再单击即可放置该文字。

此时系统仍在放置文字的状态，可继续放置其他文字，若不想再放置文字，则右击结束放置文字状态。完成所有字段名称如图 2.35 所示。

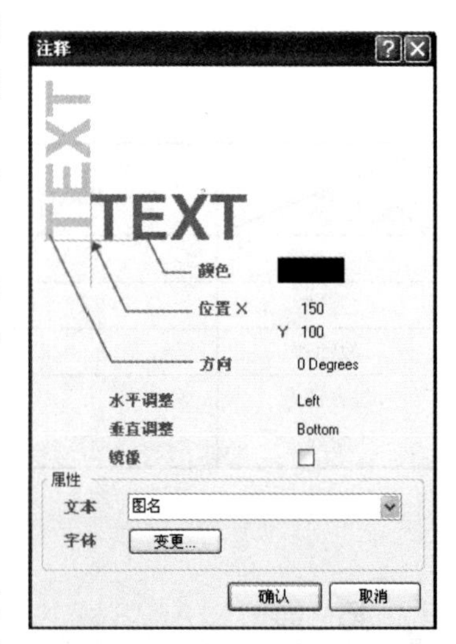

图 2.37 “注释”对话框

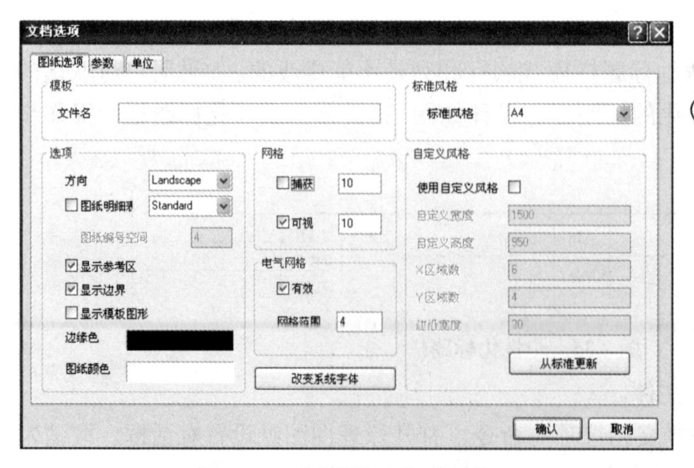

图 2.38 “文档选项”对话框

注意

若在放置文字时不能顺利定位，可能是由于隐藏格点的关系。可先关闭隐藏格点功能，执行“执行”→“文档选项”命令，弹出如图 2.38 所示“文档选项”对话框，取消勾选“捕获”，再单击“确认”按钮。文字放置完成后，务必再打开隐藏格点功能。

任务三 关于元件库

情 景

小明想设计一个电源电路，电路中有电阻、电容、二极管、晶体管等。小明尝试在 Word 中设计，但即使只是画一个电阻，既要画矩形框，又要画引脚线，稍不当心，线就放不到矩形框的中间位置，非常麻烦。正好小明表哥在大学读的是电子技术专业，看小明这么麻烦，告诉小明在 Protel 中这些常用元器件都是现成的，它们放在元件库中。

这里，我们就来学习有关使用元件库的基本知识。

讲解与演示

关于元件库

知识 1 装载/卸载元件库

1. 装载元件库

第 1 步，执行“设计”→“追加/删除元件库”命令（如图 2.39 所示）或者单击“元件库”面板的“元件库”按钮，弹出如图 2.40 所示的“可用元件库”对话框。

图 2.39 装载元件库菜单

第 2 步，在该对话框中列出了已经安装的元件库，如常用元件库“Miscellaneous Devices.IntLib”，常用接插件库存“Miscellaneous Connectors.IntLib”，以及几个有关 FPGA 的元件集成库。单击“安装”按钮，系统弹出如图 2.41 所示对话框。

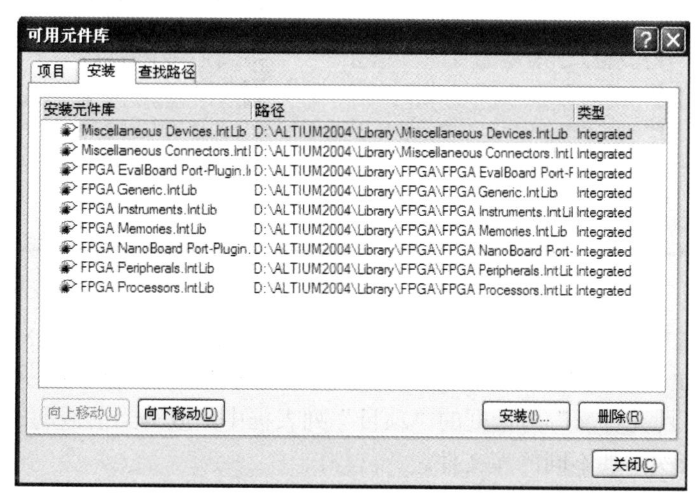

图 2.40 “可用元件库”对话框

图 2.41　选择元件库

第 3 步，双击需要装载的元件厂商的一级元件库文件夹。例如，打开 Motorola 文件夹，窗口中将显示摩托罗拉公司产品的二级子库名称，如图 2.42 所示。

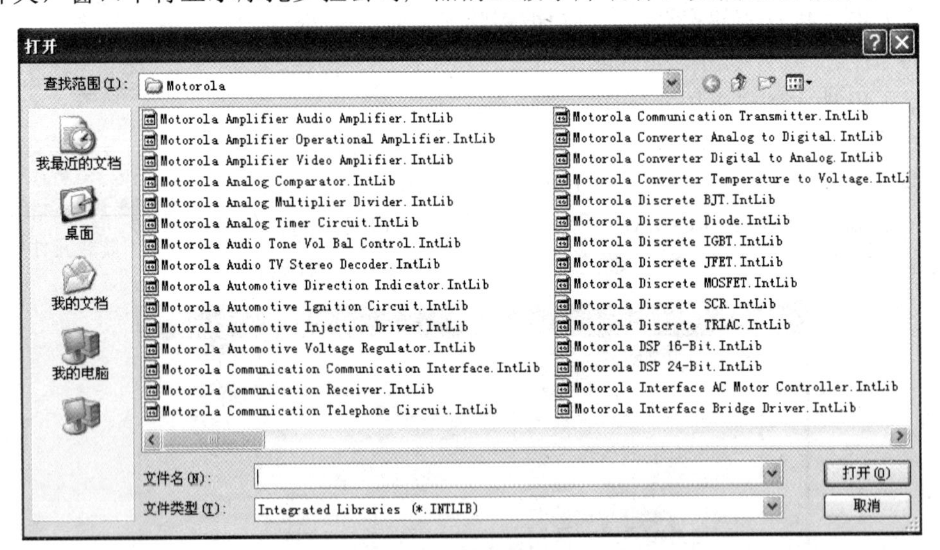

图 2.42　二级子库名称

第 4 步，选中需要装载的元件库，如摩托罗拉模拟比较器，选中 Motorola Analog Comparator.IntLib，单击“打开”按钮，即装载了该元件库，如图 2.43 所示。选中的库文件出现在“可用元件库”对话框的“项目”列表框中，成为当前活动的库文件。重复上述步骤，可依次添加不同的库文件。

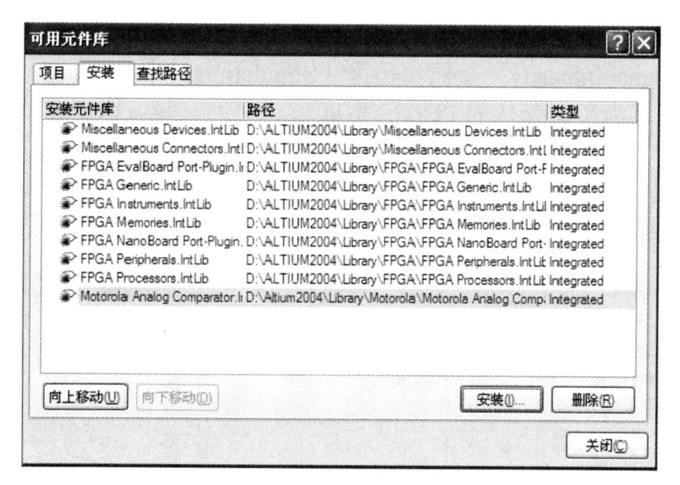

图 2.43　添加库文件后的对话框

第 5 步，单击“关闭”按钮。

2. 卸载元件库

第 1 步，在图 2.43 中，选中想要卸载的元件库，如刚添加的 Motorola Analog Comparator.IntLib 库文件。

第 2 步，单击“删除”按钮，则可将该元件库删除。

第 3 步，单击“关闭”按钮。完成卸载元件库操作。

卸载元件库只是表示在该项目中不再引用此元件库，并没有真正删除。

知识 2　浏览元件库

执行“设计”→“浏览元件库”命令，如图 2.44 所示，或者单击设计工作区右侧边缘的“元件库”标签，均可以启动如图 2.45 所示的“元件库”面板（也称其为元件库管理器）。

该面板提供了如下一些信息。

1）最上方 3 个按钮“元件库”、“查找”和“Place 2N3904”，表示元件库管理的 3 种功能，即装载元件库功能、查找元件库功能和放置元件功能。

2）第 1 个下拉列表框列出了已添加到当前开发环境中的所有集成库。默认情况下，自动装载 Miscellaneous Devices.IntLib 和 Miscellaneous Connectors.IntLib 两个集成库。

3）第 2 个下拉列表框为元件过滤下拉列表框，用来设置匹配条件，便于在该元件库中查找设计所需的元件。

4）第 3 个下拉列表框为元件信息列表，包括元件名、元件说明、元件所在集成库及封装等信息。

5）中间展示区为所选元件的原理图模型展示。

6）展示区下方区域展示所选元件的相关模型信息，如 PCB 封装模型（Footprint）、信号完整性模型（Signal Integrity）及仿真模型（Simulation）等。

7）最下方区域为所选元件的 PCB 模型展示。

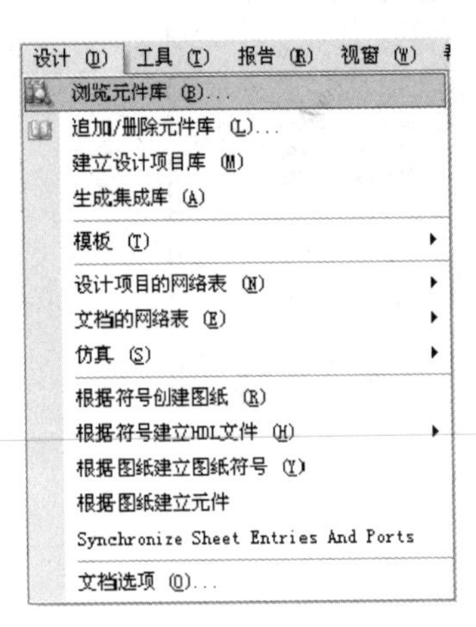

图 2.44 “浏览元件库”命令

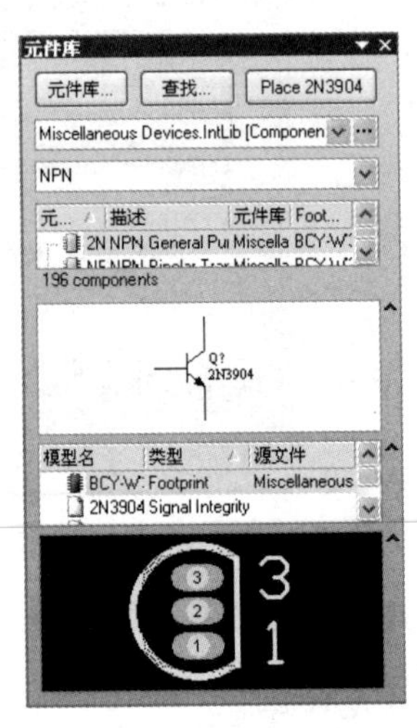

图 2.45 “元件库”面板

知识 3 查找元件

Protel DXP 2004 集成开发环境提供了友好的元件搜索功能，可以帮助我们快速定位元件及其元件库。下面以晶体管 2N2222A 为例说明查找步骤。

第 1 步，在图 2.45 中单击“查找”按钮或执行“工具”→“查找元件”命令，弹出“元件库查找”对话框，如图 2.46 所示。

图 2.46 “元件库查找”对话框

查找元件

第 2 步，在该对话框中设置元件搜索的范围和标准。

①“文本框”区域用于输入要查询的内容，如输入“*2N22*”。

②“选项”区域用于选择查找类型，在下拉列表中可以选择 3 种查询类型：Components（元件名称）、Protel Footprints（元件封装）、3D Models（3D 模型）。选择 Components 项。

③“范围”区域选择所要进行搜索的范围。“可用元件库”表示当前加载的所有元件库；“路径中的库”表示在右边“路径”栏中给定的路径下搜索元件。

④“路径”区域可以指定搜索的路径，在“范围”区域中选择“路径中的库”选项时才可用。

第 3 步，设置完成后，单击“查找”按钮，即可进行搜索。

搜索结果显示在“元件库”面板中，图 2.47 所示为搜索到的元件 2N2222A，从中可以看到元件名称、所在的元件库、元件的描述、元件的符号预览和各种模型的显示。若搜索到的元件所在元件库未装载，则会出现如图 2.48 所示询问框，询问是否装载该元件库。根据该元件在电路中的用途决定是否装载该元件库。不过，如果一次载入过多的元件库，将会占用较多的系统资源，同时也会降低应用程序的执行效率，所以最好只载入必要而且常用的元件库，其他特殊元件库在需要时再载入。

图 2.47　元件搜索结果

图 2.48　装载元件库询问对话框

实　训

实训　元件库操作

1. 元件库管理器

将元件库管理器面板中第一栏的主要功能简要填写在表 2.9 中。

表 2.9　元件库管理器面板

名称	功能
元件库	
查找	
Place…	

2. 实际操作

完成元件库的装载/卸载和查找元件的具体操作，并将操作步骤填写在表 2.10 中。

表 2.10　元件库操作

元件库操作	操作步骤
安装元件库“FPGA Memories.IntLib”	
卸载元件库“FPGA Memories.IntLib”	
查找元件 NPN 晶体管	

3. 收获和体会

将操作元件库后的收获和体会写在下面空格中。

收获和体会：

4. 实训评价

把操作元件库实训工作评价填写在表 2.11 中。

表 2.11　实训评价表

项目 / 评定人	实训评价	等级	评定签名
自评			
互评			
教师评			
综合评定等级			

________年________月________日

拓　展

拓展　快速查找元件技巧

用户要搜索某一个元件，如果知道该元件所在的库及原理图符号模型的首字母（如电阻的首字母为“R”），那么不使用“元件库”面板的过滤列表框就可以快速定位该元件。具体的方法是：在“元件库”面板的库文件下拉列表中选择该元件所在的元件库（用户应首先确保加载了该元件库），然后在元件列表框中任意选择一个元件，按“R”键，此时系统将自动地跳到第一个首字母以“R”开头的元件上，即快速定位到该元件。由于元件栏是按照字母的顺序排列的，用户可以通过按“↓”键详细地查看所有以“R”开头的元件。

思考与练习

一、判断题（对的打“√”，错的打“×”）

1. 电路原理图设计是整个电路设计的基础，它还涉及具体元件的封装。（　）
2. 电路原理图设计的第一步是新建原理图文件。（　）
3. 电路原理图元件之间的连线必须用具有电气意义的导线。（　）
4. Protel DXP 2004 设计系统对不同类型的文档操作时，菜单栏不变。（　）
5. 菜单项前面有“√”标志表示该菜单项已被选中，选中的菜单项所对应的工具就不会出现在工具栏中。（　）
6. 关闭面板，可单击面板右上角的“×”。（　）
7. 在放置元件之前要先加载完元件库并在库中找到要放置的元件。（　）
8. 图纸大小设置有标准风格和自定义风格两种方法，标准风格默认为A4。（　）
9. 图纸颜色设置包含“基本”“标准”“自定义”三个选项卡。（　）
10. 因为不知道要用多少元件，所以最好尽可能多地载入元件库备用。（　）

二、填空题

1. 原理图编辑器的________栏显示了该软件的标志和当前打开的工程项目等。
2. 原理图编辑器窗口，按字母________可打开“文件”子菜单，按字母________可打开“查看”子菜单。
3. 工作面板包括________面板、________面板和________面板。
4. 通过________面板可以浏览当前加载的所有元件库。
5. 所有缩放窗口的命令都集中于________菜单中。
6. 要放大窗口，可以按________键。
7. 通常情况下，绘图及显示设为________，打印设为________。（填：横向或纵向）
8. 将网格中“捕获”和“可视”均设置为10mil，光标每次移动________个网格；若“捕获”设置为10mil，“可视”设置为20mil，光标每次移动________个网格。
9. 通常情况下，电气网格应________于捕获网格。
10. 图纸设计公司名称、地址等可通过命令“________”→“________”→“________”标签设置。

三、简答题

1. 简述电路原理图设计的基本流程。
2. 怎样加载元件库？
3. 简述添加Motorola公司的“Motorola DSP 16-bit.IntLib”元件库，然后卸载该元件库的操作步骤。
4. 简述查找电位器的操作步骤。

项目三

原理图设计

学习目标

设计电路原理图就是将元件符号放置在原理图图纸上，然后用导线或总线将元件符号中的引脚连接起来，建立正确的电气连接。

通过本项目的学习，了解元件的放置及对元件参数的属性设置；理解对象的选取、取消、移动、旋转、复制、剪切、粘贴、删除等操作；元件的连接；电源/接地和节点的放置；使用绘图软件绘制电路总线、总线入口；学习网络标签、端口和ERC指示符的放置。

知识目标

- 了解元件的放置。
- 熟悉对象的编辑。
- 理解导线和总线等概念及设置方法。

技能目标

- 能绘制完整的电路原理图。

任务一 关于元件

情 景

关于绘制原理图的准备工作——菜单、工具栏的使用、图纸的设置及元件的查找，小明了解得差不多了。现在可以说是“万事俱备，只欠东风”。绘制原理图首先必须把需要的元件放到图纸上，小明在表哥的指导下很快就学会了操作方法。

同学们，想知道小明是怎样把元件放置到图纸上的吗？放好后是否就万事大吉呢？下面我们来学习关于元器件的基本操作。

讲解与演示

知识 1 放置元件

放置元件

下面以晶体管 2N2222A 为例，叙述元件的两种放置方法。

1. 通过“元件库”面板放置

第 1 步，单击图 2.47“元件库”面板右上角的“Place 2N2222A”按钮或选中元件的同时右击，也可以在元件管理器列表中双击元件名。

第 2 步，光标变成十字状，同时晶体管悬浮在光标上，如图 3.1 所示。

第 3 步，移动光标到图纸的合适位置，单击完成元件的放置。

第 4 步，右击或按 Esc 键结束放置。

2. 通过菜单放置

第 1 步，执行“放置”→“元件”命令，弹出如图 3.2 所示对话框。

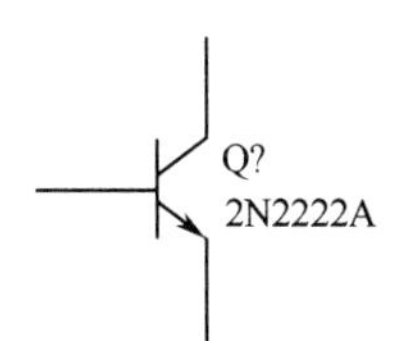

图 3.1 光标上的晶体管

图 3.2 “放置元件”对话框

第 2 步，单击“放置元件”对话框中的“…”按钮，弹出如图 3.3 所示的“浏览元件库”对话框，找到 2N2222A 所在元件库 ST Discrete BJT.IntLib 并从中选择 2N2222A 元件。

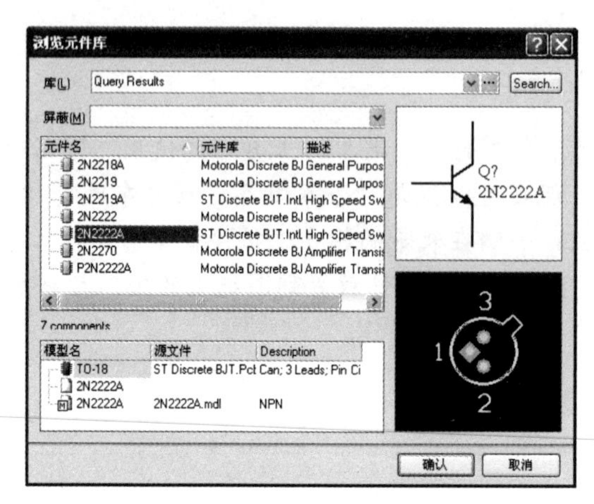

图 3.3　“浏览元件库”对话框

第 3 步，单击“确认”按钮，在弹出的“放置元件”对话框“库参考”文本框中将显示选中的元件，如图 3.4 所示。

图 3.4　显示已经选中的元件

放置完一个元件后，这个元件又会出现在鼠标指针上，便于连续放置该元件；右击或者按 Esc 键可终止相同元件的放置。同时，“放置元件”对话框自动弹出，还可以选择其他元件。

第 4 步，单击“确认”按钮，鼠标指针带着该元件处于放置状态，单击放置元件。

第 5 步，单击“取消”按钮，关闭对话框，退出元件放置状态。

Protel DXP 2004 还提供了其他几种快捷方式来放置元件：单击配线工具栏中的按钮；右击工作区，选择“放置元件”命令；使用键盘命令，按两次 P 键。

知识 2　删除元件

所需的元件放置完成后，当发现有些元件需要删除时，可以直接删除，也可以通过菜单删除。

1. 直接删除一个元件

在工作窗口中选择准备删除的对象后，如晶体管 2N2222A，晶体管周围会出现虚框，按 Delete 键即可实现删除。

2. 通过菜单删除元件

执行“编辑”→“删除”命令，光标变成十字状，将光标移到所要删除的晶体管2N2222A上，单击即可删除。此时鼠标指针仍为十字状，可以继续删除下一个。右击工作区或按Esc键即退出该操作。

知识3　设置元件属性

设置元件属性

刚放置的元件参数是默认值，在具体原理图设计中要修改它们，即设置元件属性。

1. 进入“元件属性”对话框的常用方法

1）在未放置元件时，元件对象处于浮动状态，按Tab键。
2）在已放置元件上右击，选择“元件属性”项。
3）在已放置元件上双击。
4）执行菜单中“编辑”→“变更”命令，光标变为十字状，在目标元件上单击。

2. “元件属性”对话框

“元件属性”对话框如图3.5所示，包含五个区域：“属性”区域、“子设计项目链接”区域、“图形”区域、“Parameters”区域及“Models”区域。在此只需关注“属性”区域的“标识符”选项、“注释”选项和“图形”区域的“方向”选项，其余一般为默认状态。

图3.5　“元件属性”对话框

1）标识符。元件的标号，用来区别不同的元件。选中“可视”复选框，可以显示该标号；选中“锁定”复选框，则无法编辑该项。对一般元件，常用大写英文字符串＋数字的形式，如 R1、C1 等；对多组件元件，常用元件标识＋零件号的形式，如 74LS00 内部四个与非门分别用 U1A、U1B、U1C、U1D 或 U1:1、U1:2、U1:3、U1:4 表示。

未对当前元件分配标识时，元件放置后其标识显示为 U?，U?A，U?:1，R?等形式，如图 3.1 中的“Q?”。所有元件放置完毕后，可以使用自动编号或重新编号功能对元件编号。

2）注释。对元件的说明，如 5k、100μ等。“可视”和“锁定”功能同上。

3）方向。设定元器件旋转角度，以旋转当前编辑的元件。可从其下拉列表中选取 0°、90°、180°、270°；右边“被镜像的”复选框选中可将元件镜像处理，即关于 X 轴对称翻转，图 3.6 所示为在原始元件的基础上应用不同的旋转角度及镜像后的效果。

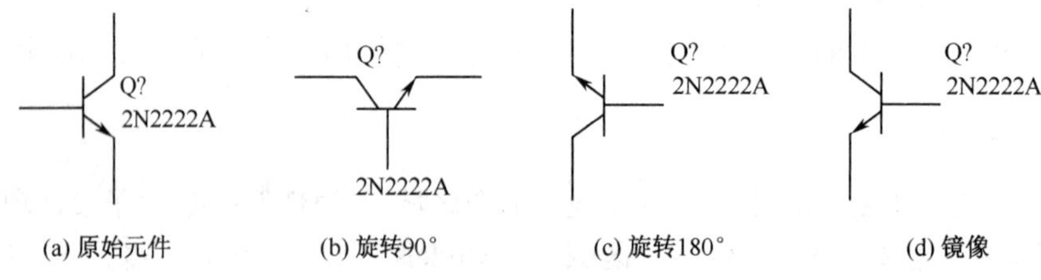

图 3.6 元件的旋转

在元件处于悬浮状态时，连续按空格键可以实现元件的旋转操作，按 X 键使元件沿 X 轴左右翻转，按 Y 键使元件沿 Y 轴上下翻转。

实 训

实训 元件操作

1. 放置元件的方法

任意选择放置元件的三种方法，并将操作步骤简要填写于表 3.1 中。

表 3.1 放置元件的方法

放置元件的方法	操作步骤

2. 实际操作

放置如图 3.7 所示元件，并编辑元件属性。

1）查找、放置元件，并将查找、放置步骤和结果按图 3.7 所示位置填写于表 3.2 中（提示：以上元器件所在元件库均为 Miscellaneous Devices.IntLib）。

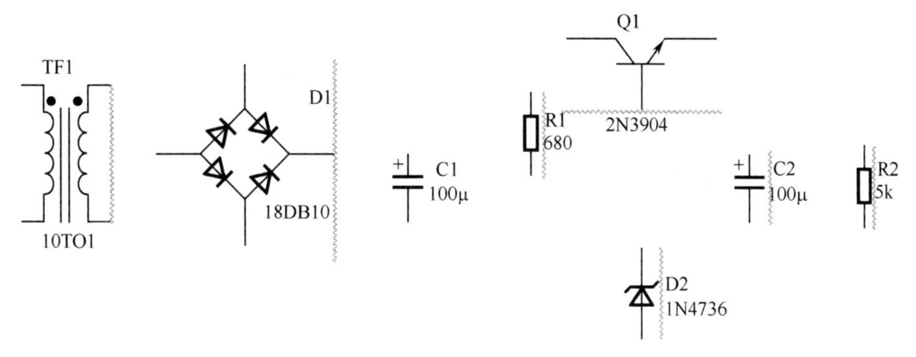

图 3.7 放置元件并编辑属性

表 3.2 查找、放置元件操作步骤

查找元件步骤	放置元件步骤	结果电路

2）编辑元件属性。双击要修改的对象，弹出该对象的属性对话框。为得到图 3.7，把设置记录于表 3.3 中。

表 3.3 元件属性编辑

元件名称	标识符	注释
变压器		
电桥		
电阻		
电容		
稳压二极管		
晶体管		

元件属性一般只修改标识符和参数值。

3）放置如图 3.8 所示多组件元件 LM358AD。

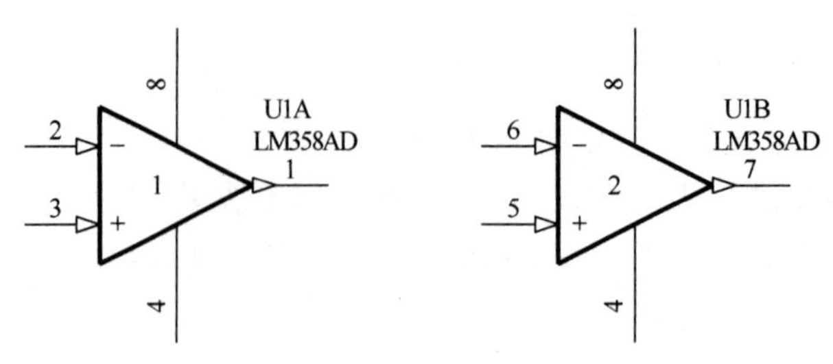

图 3.8　放置多组件元件 LM358AD

3. 收获和体会

把放置、编辑元件属性的收获和体会写在下面空格中。

收获和体会：

4. 实训评价

把放置、编辑元件属性的实训工作评价填写在表 3.4 中。

表 3.4　实训评价表

项目 / 评定人	实训评价	等级	评定签名
自评			
互评			
教师评			
综合评定等级			

______年______月______日

拓　展

拓展　“元件属性”对话框

这里，对图 3.5 中“元件属性”对话框的其他区域说明如下。

1）“属性”区域。

① 库参考。指示当前元器件在元件库中的名称。如图 3.5 中的电阻 Res2。单击右边的“…”按钮，可在打开的“浏览元件库”对话框内浏览并替换当前使用的元件。

② 库。指示该元件所在的元件库，如电阻所在库为 Miscellaneous Devices.IntLib。

③ 描述。对当前元件功能的描述，如 Res2 为 Resistor（电阻）。

④ 唯一 ID。系统给当前元件配置的识别码，用户一般无需修改。

⑤ 类型。指示元件类型，可以从下拉列表中选择。只有 Standard 类型具有电气属性，适用于绘制电路原理图，其他均无电气属性，建议采用默认值 Standard。

2）“子设计项目链接”区域。在该区域可以输入一个链接到当前原理图元件的子设计项目文件。子设计项目可以是一个可编程的逻辑元件或一张子原理图。

3）“图形”区域。“图形”区域用来设置元件的图形信息，合理的设置会让电路原理图更加美观，连线也更加容易。其中，“位置”指该元件在图纸上的位置。X 和 Y 值用来指示元件左上方在图纸中的横坐标和纵坐标，用户可以通过设置 X 和 Y 值来改变元件的位置。

任务二 电源/接地符号

情 景

记得小时候，小明曾和爸爸一起上街买过一辆遥控车，一到家就高高兴兴让妈妈来看表演。结果，小明一按开关，车子不动，再按还是不动，研究了好半天车子就是不动窝。只好返回到商场去找营业员，哪知闹了个大笑话，原来所卖摇控车未配带电池。凡是电路必须有电源，我们要绘电路原理图，图中也要有电源才行。

这里，我们就来学习原理图中如何放置电源/接地符号以及为何设置它们的属性。

讲解与演示

电源/接地符号

知识 1　放置电源/接地符号

电源和接地是电路设计中的电源系统，是电路图中不可缺少的组件，统称为电源端口。电源和接地符号有别于一般电气元器件，在 Protel DXP 2004 编辑环境下，使用“电源端口”命令可以放置各种电源及接地符号。在电路原理图中，电源和接地符号被当作一类部件看待，其放置的方法是相同的。启动放置电源端口，可以执行“放置”→“电源端口”命令，也可以在“配线”工具栏上单击放置 GND 电源端口图标或 VCC 电源端口图标，还可以在“实用工具”工具栏上单击，在弹出的如图 3.9 所示的子菜单上选取。

放置电源端口步骤如下。

第 1 步，执行“放置”→“电源端口”命令，光标指针变成十字形状并浮动着一个电源符号，如图 3.10 所示。

第 2 步，光标移到欲放置电源端口的位置，光标处“×”形标记变成红色，单击即完成放置。

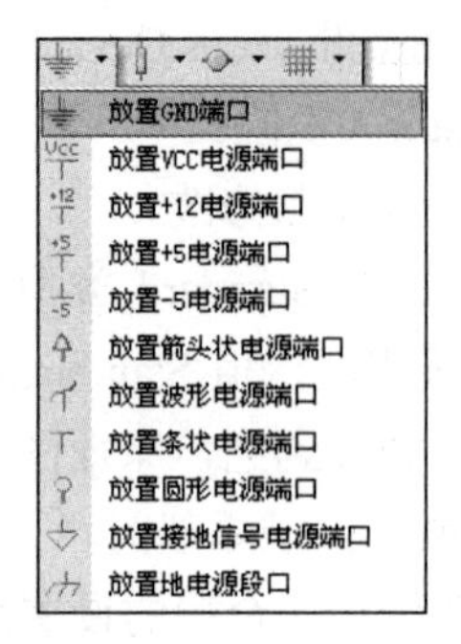

图 3.9 电源及接地子菜单

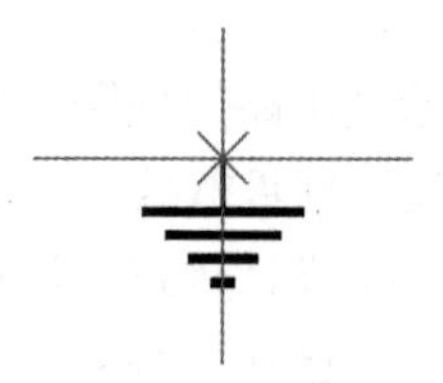

图 3.10 放置电源符号时鼠标的形状

光标仍为放置状态，移到其他位置，可继续放置另一个电源端口。右击工作区或按 Esc 键，可退出放置电源端口状态。

知识 2 设置电源/接地符号属性

双击已放置好的电源/接地符号，或者在放置状态下按 Tab 键，弹出“电源端口”属性对话框，如图 3.11 所示。该对话框中各部分的功能如下。

1）颜色。设置电源/接地符号的颜色。通常保持默认设置。

2）方向。设置电源/接地符号的方向。有 0 Degrees（度）、90 Degrees（度）、180 Degrees（度）、270 Degrees（度）四个方向，可以在放置时按空格键实现，每按一次逆时针方向变化 90°。

3）位置。定位 X、Y 的坐标，设定电源/接地符号的位置，一般采用默认值。

4）风格。设置电源端口符号风格。单击下拉菜单，弹出如图 3.12 所示列表。电源/接地符号有多种类型可供选择，其外形如图 3.13 所示。

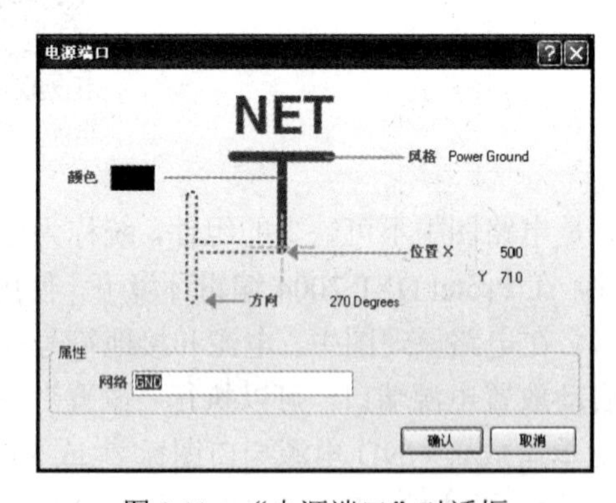

图 3.11 “电源端口”对话框

图 3.12 电源/接地符号的风格

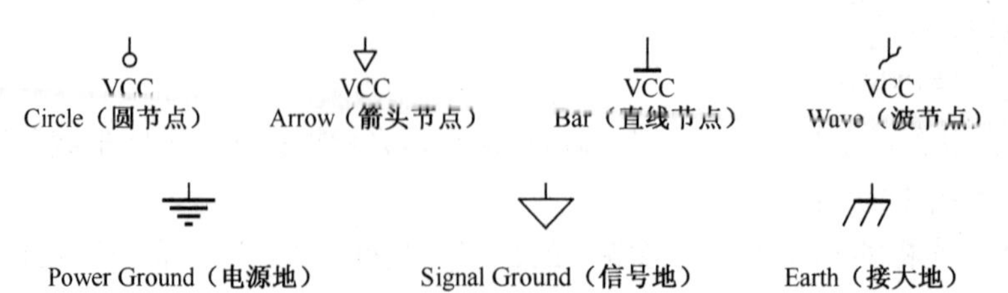

图 3.13 电源/接地符号的类型

5）网络。电源/接地符号所在的网络。这是电源/接地端口最重要的属性，确定了该电源/接地符号的电气连接特性。

1）一个电路原理图文件中只要“网络”相同，则所有的这些电源之间存在着电气连接特性。

2）“风格”只改变符号的外观，不改变电气连接特性。

3）当电路原理图中某些元器件的电源引脚为隐藏状态时，系统默认将其连接到具有相同“网络”的电源端口上。

实 训

实训 电源/接地符号操作

1. 电源/接地符号

电源/接地符号共有几种类型？任选三种并将设置符号属性对话框的操作步骤填于表 3.5 中。

表 3.5 放置电源/接地符号

放置电源/接地符号类型	设置风格的操作步骤

2. 实际操作

按图 3.14 所示将“Op Amp”设置电源/接地，并把属性设置要求填于表 3.6 中。

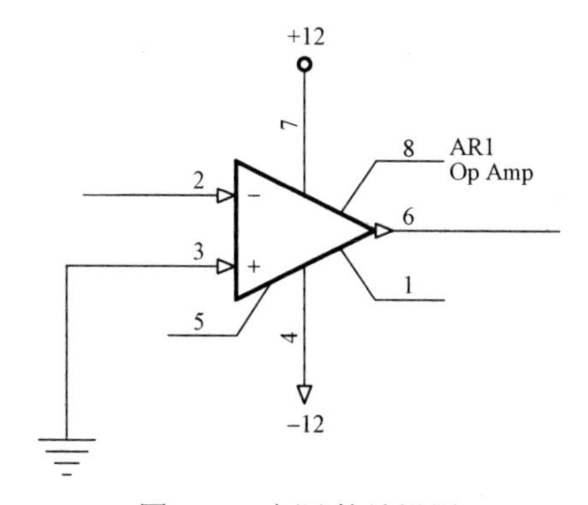

图 3.14 电源/接地设置

表 3.6 电源/接地设置

电源/接地		设置电源属性	
电路中位置	符号	网络	风格
与“Op Amp”7 脚相连的电源			
与“Op Amp”3 脚相连的电源			
与“Op Amp”4 脚相连的电源			

3. 收获和体会

将设置电源/接地符号属性的收获和体会写在下面空格中。

收获和体会：

4. 实训评价

将设置电源/接地符号属性实训工作评价填写在表 3.7 中。

表 3.7 实训评价表

项目 评定人	实训评价	等级	评定签名
自评			
互评			
教师评			
综合评定等级			

__________年__________月__________日

任务三 元件的连接

情 景

遥控车要按下开关才能开动，开关起着把线路接通的作用。在电路原理图中，放置了元件和电源/接地符号，如果没有用导线进行连接，那只是杂乱无章的一堆元件，没有具体的意义。只有把它们按照电路设计的要求建立网络的实际连通性，相应引脚之间具有了电气连接，电路才能发挥其应有的作用。

元件的连接

讲解与演示

知识 1　绘制导线

Protel DXP 2004 中的导线是指具有电气连接关系的一种原理图组件，是电路原理图中最重要的图元之一。绘制电路原理图工具中的导线具有电气连接意义，它不同于画图工具中的画线工具，后者没有电气连接意义。

绘制导线的步骤如下。

第 1 步，执行菜单中“放置”→“导线”命令，或者直接单击“配线”工具栏中放置导线图标，光标变成十字状，如图 3.15 所示。

第 2 步，将光标移到需要建立连接的一个元件引脚上，光标处将出现如图 3.16 所示的红色“×”形标记，表示可以从该点绘制导线，即导线的起点。

第 3 步，单击或按 Enter 键确定导线的第一个端点。

第 4 步，移动鼠标，随着鼠标的移动将出现尾随鼠标的导线，如图 3.17 所示。

第 5 步，将光标移动到下一个转折点或终点，单击或按 Enter 键确定导线的第二个端点，如图 3.18 所示。同时，该点也成为了下一段导线的起点，继续移动光标绘制第二条导线。

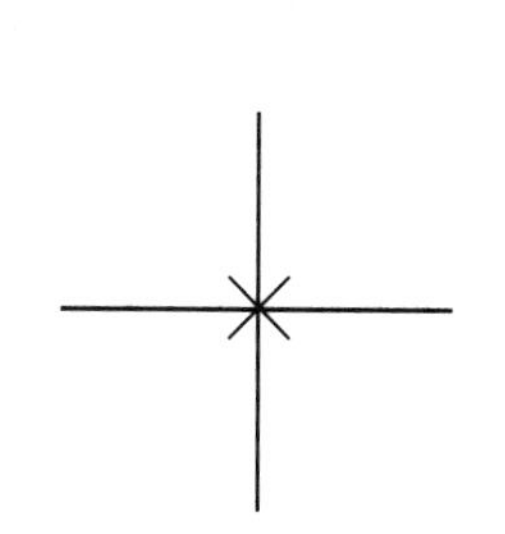

图 3.15　光标指针的状态

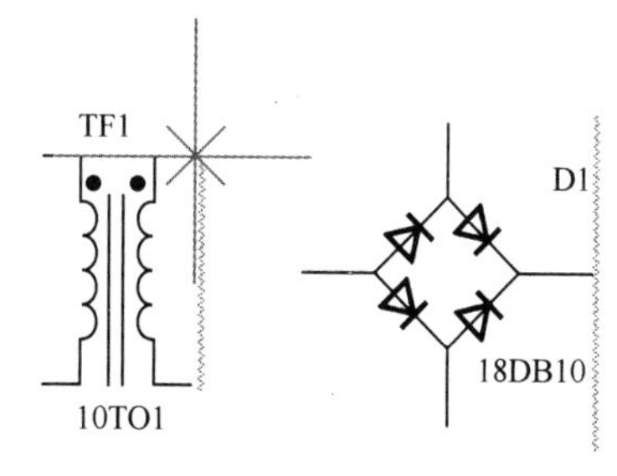

图 3.16　放置导线的起点

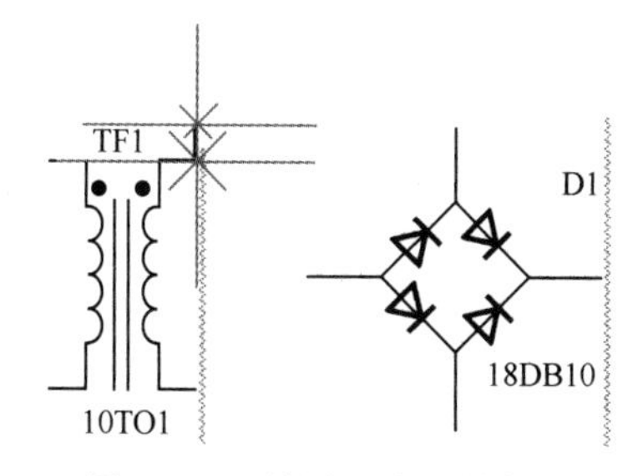

图 3.17　放置导线的转折点

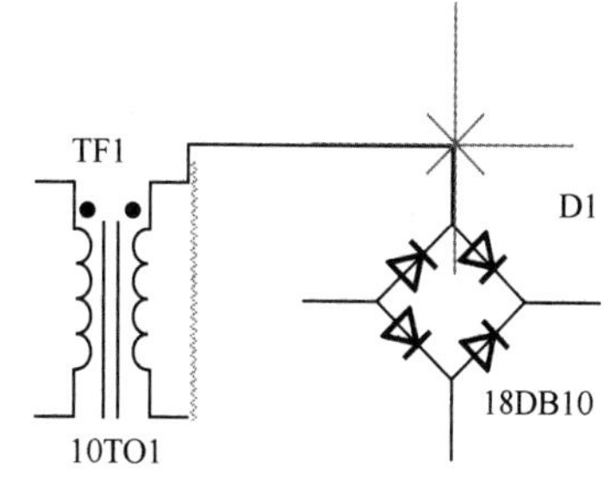

图 3.18　放置导线的终点

第 6 步，单击，结束这两个元件引脚之间的导线绘制。

此时系统仍处于绘制导线状态，将光标移到新导线的起点，再按前面的步骤绘制。画完所有导线后，右击两次，也可以右击工作区或按 Esc 键，退出导线绘制状态，光标由十字形状变成箭头形状。

1）导线的起始点一定要设置到元件的引脚上，否则绘制的导线将不能建立电气连接。

2）每次转折都需要单击或按 Enter 键。

3）在绘制电路原理图的过程中，按空格键可以切换画导线的模式。Protel DXP 2004 为用户提供了四种导线模式，分别是直角走线、45°走线、任意角度走线和自动走线。

知识 2　设置导线属性

双击该导线或在绘制导线状态下按 Tab 键，进入编辑导线属性对话框，如图 3.19 所示。

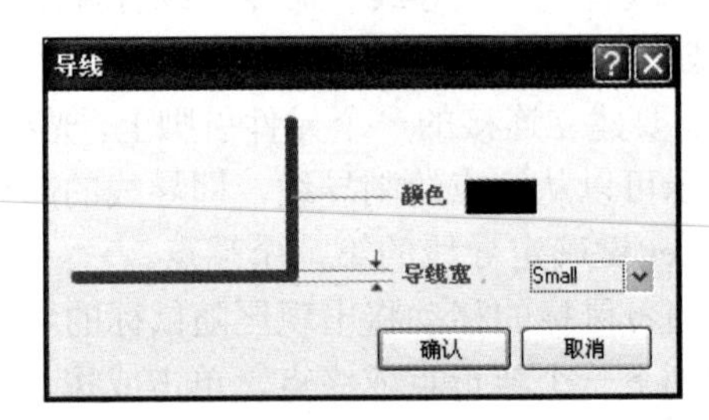

图 3.19　“导线”对话框

该对话框中各部分的功能如下。

1）导线宽：设置导线的宽度。单击右边的下拉按钮，可打开一个下拉列表，列出了四种宽度标准：Smallest（最细）、Small（细）、Medium（中）和 Large（粗）。导线的宽度应参考与其相连接的元件引脚线的宽度进行选择，系统默认的导线宽度为 Small（细）。

2）颜色：设置导线的颜色。单击颜色右边的色块后，屏幕会出现“颜色设置”对话框。选择所要的颜色，单击“确认”按钮，即可完成导线颜色的设置。用户也可以单击“颜色设置”对话框中的自定义按钮，选择自定义颜色。

单击“确认”按钮，完成导线的属性设置。

知识 3　导线的操作

导线作为电路原理图上的一种对象，对于对象的各种操作一般都可以应用于导线上。选中导线后可以很方便地执行移动、删除、剪切、复制等操作。除了以上的操作外，Protel DXP 2004 还提供了导线的拖动操作。

1. 延长（或缩短）导线

第 1 步，在选中的一根导线上单击，如图 3.20（a）所示。

第 2 步，移动鼠标到导线的端点，按住鼠标左键即可拖动导线，如图 3.20（b）所示。向右拖动，导线延长；若向左拖动，则为缩短。

第 3 步，松开鼠标，导线仍为选中状态。

第 4 步，在空白处单击，即可退出此操作，如图 3.20（c）所示。

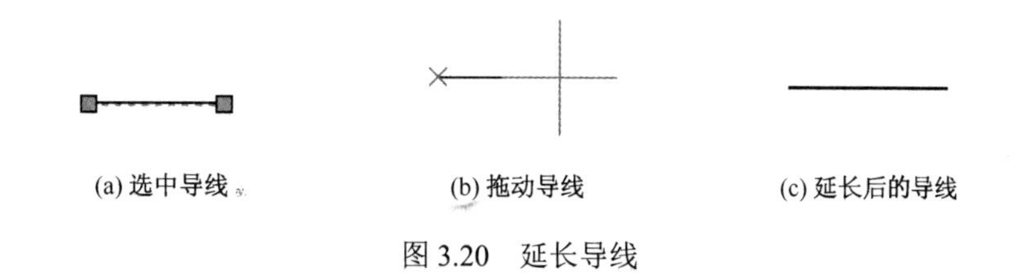

图 3.20 延长导线

2. 改变转折点

改变转折点操作步骤与延长（或缩短）导线操作第 1、2、4 三步相同，区别在于第 2 步鼠标应移到导线的转折点。其变化过程如图 3.21 所示。

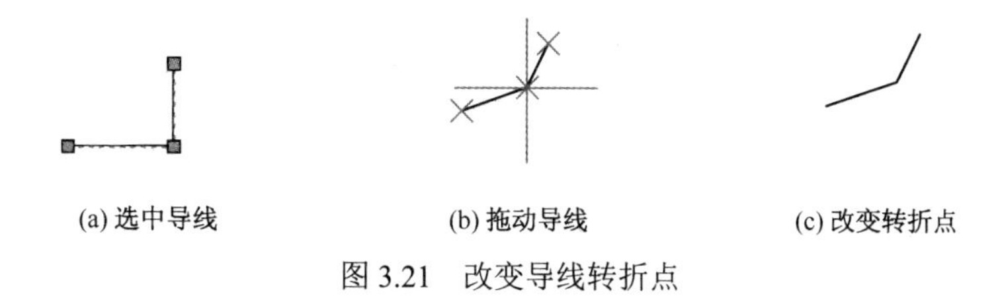

图 3.21 改变导线转折点

知识 4 节点

在电路原理图设计中，节点就是线路的连接点，主要是完成两条相交导线之间电路连接的。通常情况下，系统在 T 形交叉处会自动放置节点，但是在十字形交叉处不会自动放置节点，如图 3.22 所示。如果用户想让十字交叉的两条导线之间存在电气连接关系，就需要手动添加节点。

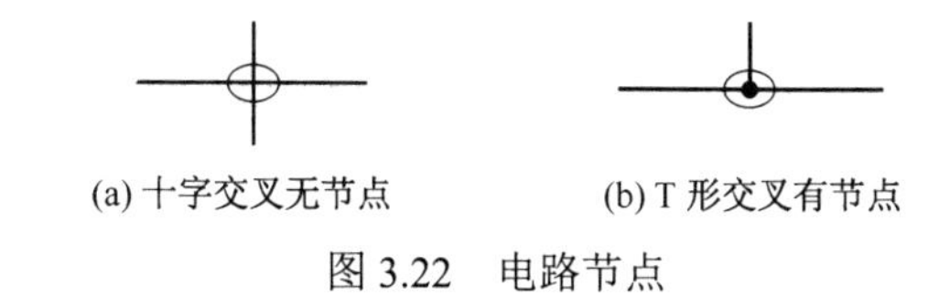

图 3.22 电路节点

1. 放置节点

放置节点的操作步骤如下。

第 1 步，执行“放置”→“手工放置节点”命令，光标变成十字形状，中间出现一个小红点，同时节点浮于光标上，如图 3.23 所示。

第 2 步，将光标移到欲放置节点的位置，单击即可放置节点。

第 3 步，光标仍处于放置节点的状态，可连续放置多个节点。

第 4 步，放置完毕后，右击工作区或者按 Esc 键退出该操作。

2. 设置节点属性

在放置节点状态下按Tab键或直接双击已放置的节点，打开如图3.24所示“节点”属性对话框。该对话框包括以下选项。

1）颜色。选择节点的显示颜色。

2）位置。节点中心点的X轴和Y轴坐标。

3）尺寸。选择节点的显示尺寸，提供了Smallest（最小）、Small（小）、Medium（中）和Large（大）四种尺寸。

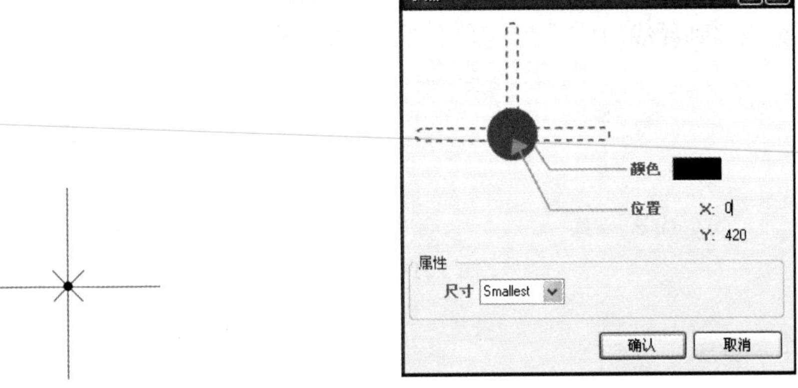

图3.23　电路节点　　　　图3.24　“节点”对话框

实　训

实训　元件的连接

1. 绘制导线操作步骤和设置属性

欲绘制如表3.8所示导线，把操作步骤和属性设置填于该表中。

表3.8　绘制导线操作步骤和属性设置

导线	操作步骤	属性设置
黄色细线		
红色粗线		

2. 连接元件并放置电源/接地符号

把图3.7中的元件用导线连接起来，并放置电源/接地符号，完成后如图3.25所示。把绘制导线和放置接地符号的步骤填于表3.9中。

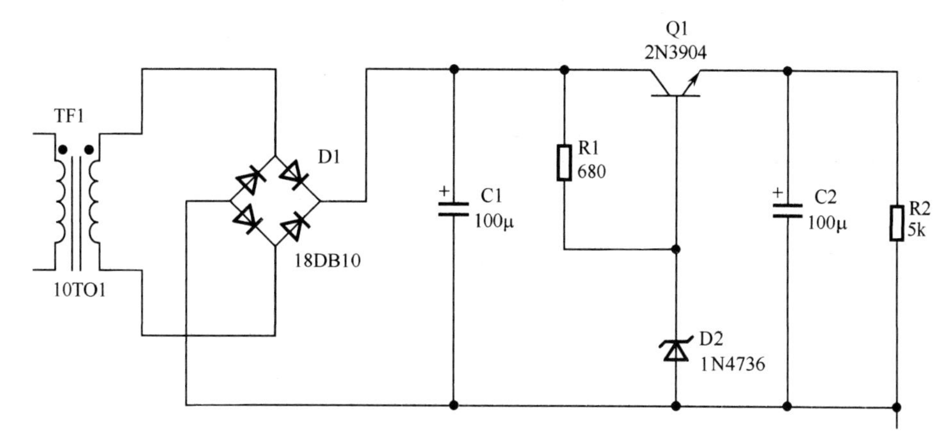

图 3.25 连接导线、放置电源端口后的电源电路

表 3.9 绘制导线和放置接地符号的步骤

绘制导线步骤	设置导线属性	放置接地符号步骤	接地符号属性设置

3. 设计比例放大电路

设计如图 3.26 所示比例放大电路。

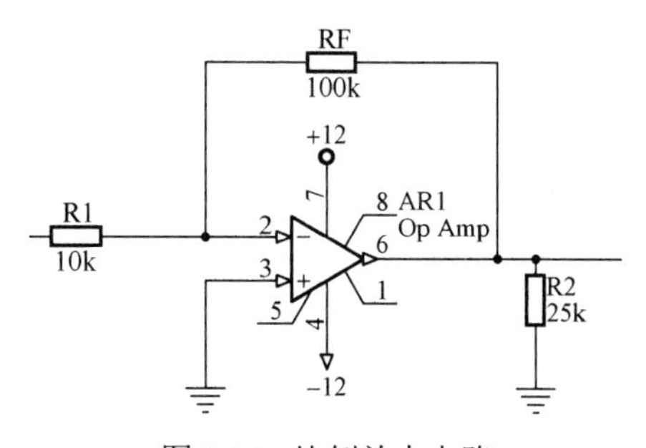

图 3.26 比例放大电路

4. 收获和体会

将绘制导线和设置导线属性后的收获和体会写在下面空格中。

收获和体会：

5. 实训评价

将绘制导线和设置导线属性实训工作评价填写在表3.10中。

表3.10 实训评价表

项目 评定人	实训评价	等级	评定签名
自评			
互评			
教师评			
综合评定等级			

________年________月________日

任务四 对象的编辑

情 景

小明学习比较粗心，在绘制电路原理图的过程中也是这样，经常出现找错元件，或者多放置元件等情况。有时，电路原理图中元件多，在放置时的位置只是估计的，又需要将放置的对象移动到合适的位置并旋转到合适的方向，如何才能实现呢？小明学习了对象的编辑方法后就轻松地解决了这些难题。

讲解与演示

对象的选取和取消

知识1 选取对象

对象的选取是进行对象调整操作的基础。对象的选取有很多方法，下面介绍最常用的几种方法。

1. 直接选取对象

选取对象最简单、最常用的方法是直接在图纸上拖出一个矩形框，框内的对象全部被选中。选取的步骤如下。

第1步，在图纸的合适位置按住鼠标左键，光标变成十字状。

第2步，拖动光标到合适位置，形成一个矩形框，如图3.27所示。

第3步，松开鼠标，即可将矩形区域内所有对象选中，如图3.28所示。

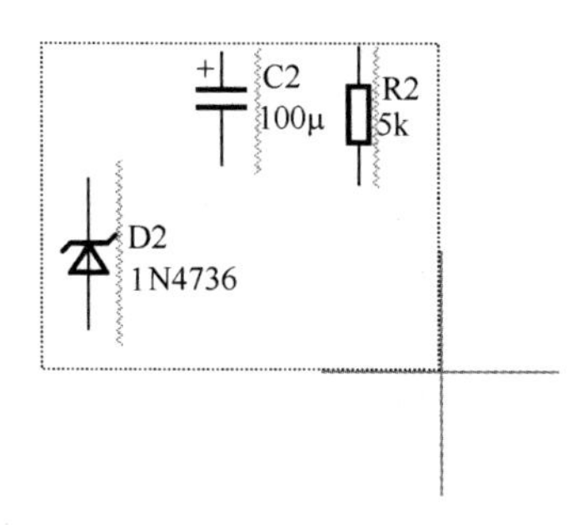

图 3.27 按住鼠标形成矩形框

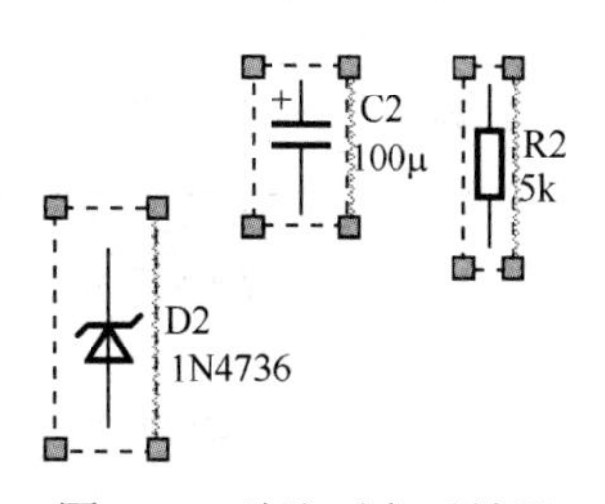

图 3.28 选取对象后效果

1）选取单个对象，只需在工作窗口中单击该对象，选中状态如图 3.29 所示；选取分散的多个对象，可以按住 Shift 键不放，然后分别用矩形框将多个对象选取，如图 3.30 所示。

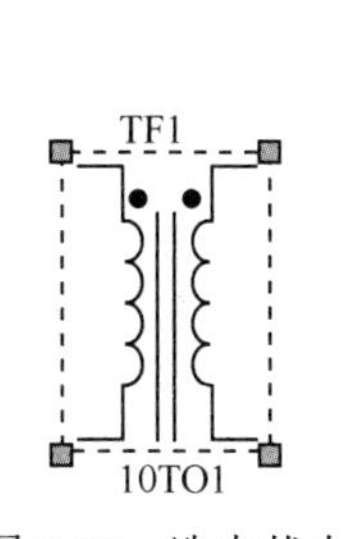

图 3.29 选中状态

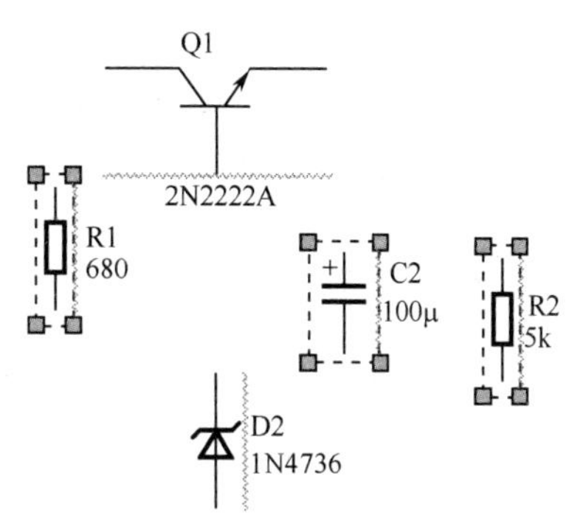

图 3.30 选取分散对象后效果

2）被选中对象可以有一个蓝色或绿色矩形框标志，表明该对象被选中，绿色框的对象为当前选中的对象。

3）拖动矩形框的过程中，不能将鼠标松开，光标应一直保持为十字状，且对象必须完全被包含在矩形框内。

2. 使用工具栏上的选取工具

使用标准工具栏上的区域选取工具进行区域选取。操作步骤如下。

第 1 步，单击标准工具栏按钮，光标变成十字状。

第 2 步，单击确定区域的一个顶点。

第 3 步，移动鼠标，在工作窗口中将显示一个虚线矩形框。

第 4 步，再次单击确定区域的对角顶点，此时在区域内的对象将全部处于选中状态。右击或者按 Esc 键将退出该操作。

执行该操作进行区域选取时，不需要一直按住鼠标，只需要在区域的左上角和右下角单击即可。

3. 使用菜单中相关命令选取

在菜单“编辑”→“选择”中有几个关于选取的命令，如图 3.31 所示。

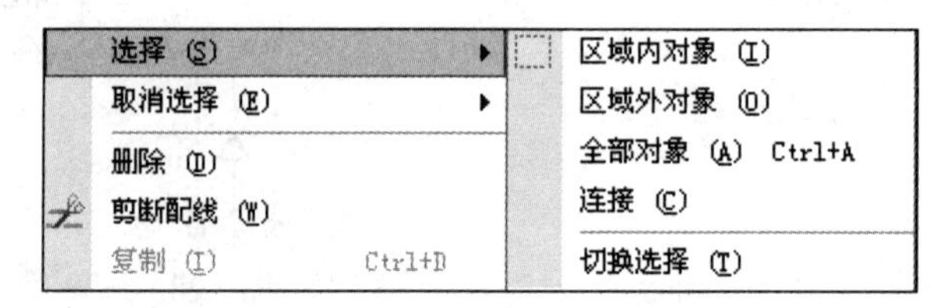

图 3.31　菜单中的选取命令

1）区域内对象：选取规划区域内的对象，功能上等价于工具栏上的区域选取工具。

2）区域外对象：规划区域外的所有对象全部被选中，与“区域内对象”命令相反。

3）全部对象：选取图纸内所有对象。

4）连接：选取指定的导线。使用该命令时，只要相互连接的导线就都被选中。

5）切换选择：通过该操作，用户可以转换对象的选中状态，即将选中的对象变成没有选中的，将没有选中的变为选中的。

知识 2　取消选择

已经选中对象后，想取消对象的选中状态，可使用如下两种方法解除对象的选取。

1. 使用快捷方式取消选择

工作窗口中如果有被选中对象，在窗口的空白区域单击或者单击工具栏上的取消选择工具，即可取消对当前所有对象的选中状态。

2. 使用菜单中的相关命令取消选择

取消对象的选择可以使用“编辑”→“取消选择”命令来实现，该菜单如图 3.32 所示。大多数时候用户并不经常使用这些菜单项，而且先取消所有对象的选中状态，然后再重新进行选择。

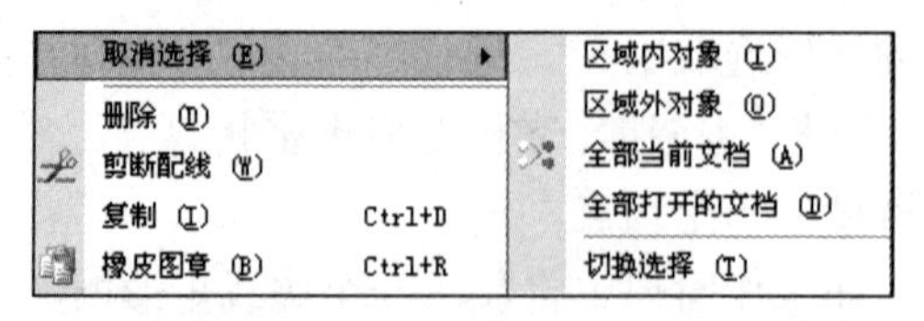

图 3.32　取消选择子菜单

知识 3　移动对象

移动对象

在 Protel DXP 2004 中，对象的移动可以分成平移和层移两种情况。平移是指对象在同一个平面里移动；层移是指当一个对象将另一个对象遮盖住的时候，需要移动对象来调整对象间的上下关系。简单的移动操作可以通过鼠标直接完成，但移动操作比较复杂时，就需要用“移动”子菜单了。下面介绍常用的对象移动方法。

1. 直接移动

第 1 步，选中想要移动的对象。

第 2 步，光标指向被选取的对象，当鼠标指针变成十字形状后，单击同时拖动鼠标。

第 3 步，将对象拖到合适位置，再松开鼠标左键，完成移动操作。

完成移动操作后，对象仍处于选中状态；用此法也可移动其他图形，如线条、文字标注等。若要移动单个对象，不需要选中，直接将光标移动到对象上按住鼠标左键，光标变成十字状后，拖动对象到合适位置，再松开鼠标左键即可。

2. 使用工具栏上的移动工具

第 1 步，选取欲被移动的对象。

第 2 步，单击标准工具栏上的移动工具按钮 ，光标变成十字状。

第 3 步，将光标定位到已选中的一个对象上单击，此时对象浮动在光标上。

第 4 步，移动对象到目标位置，单击即可完成移动操作。

在使用工具移动对象的过程中，右击或者按 Esc 键可以退出对象的移动。

3. 菜单中的移动命令

单击“编辑”菜单，选择“移动”菜单项，可看到如图 3.33 所示的“移动”子菜单。

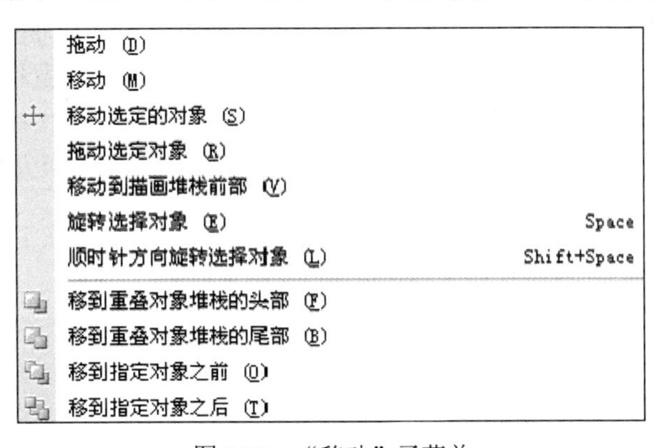

图 3.33 “移动”子菜单

拖动：使用此菜单命令，拖动时与对象相连的导线将同时被移动，而不会出现断线的情况。假设要移动如图 3.34（a）所示的对象，具体操作步骤如下。

第 1 步，执行“编辑”→“移动”→“拖动”命令，光标变成十字形状。

第 2 步，单击需要拖动的对象 TF1。

第 3 步，移动光标到目标位置，再单击，即完成拖动操作，如图 3.34（b）所示。拖动过程中，TF1 和 TF1 上连接的所有导线都会跟着移动，不会断线。

第 4 步，右击工作区，退出命令。

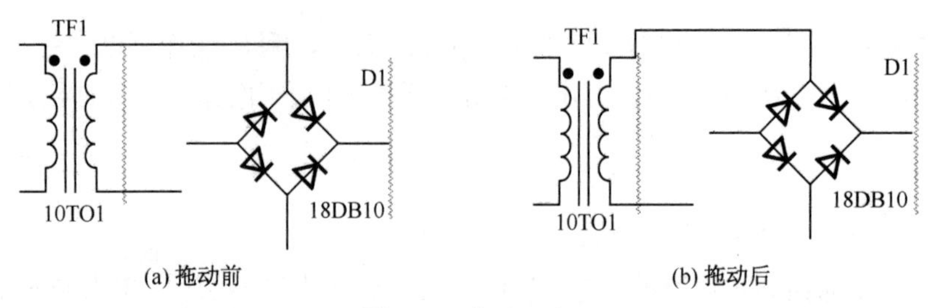

(a) 拖动前　　(b) 拖动后

图 3.34　拖动对象

其他菜单命令请读者自行操作并分析比较。

知识 4　旋转对象

旋转对象

在电路原理图的设计过程中，对象的旋转就是改变对象的方向，是使用非常频繁的一个编辑操作。进行旋转操作主要是为了使整个原理图界面更加美观大方，或者是为了使连线的操作更加简单方便。旋转操作分为普通的旋转操作和镜像操作两种。在元件的属性编辑中已经学过对单个对象的旋转和镜像操作，下面介绍关于多个对象的旋转操作。

1. 直接旋转

第 1 步，选取需要旋转的对象，如图 3.35 所示。

第 2 步，松开鼠标后按空格键，使对象按 90° 的步距角以逆时针方向旋转，如图 3.36 所示为按一次空格键。

第 3 步，转到合适位置后，在窗口空白处右击退出对象选取状态。

对单个对象旋转时，不必先选取对象，直接单击对象并按住鼠标左键不放，按空格键即可。实践中使用最多的还是快捷键操作。即选取对象后，多次按空格键即可使选中对象以鼠标为中心、以 90° 为单位连续逆时针旋转。图 3.37 所示为按三次空格键。

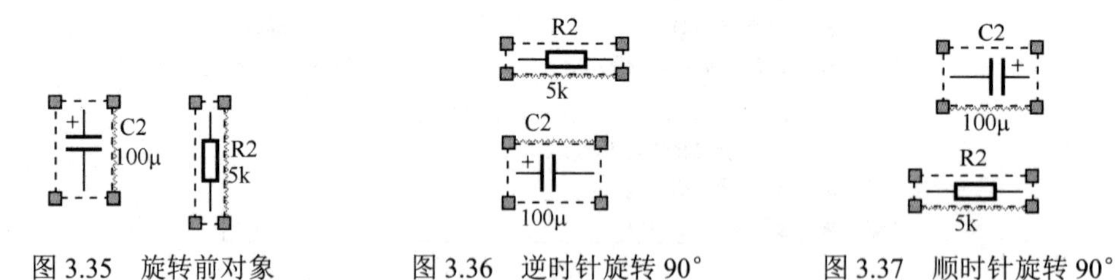

图 3.35　旋转前对象　　图 3.36　逆时针旋转 90°　　图 3.37　顺时针旋转 90°

2. 通过菜单命令实现

菜单“编辑”的子项“移动”下包含了一些跟旋转对象相关的命令，如图 3.38 所示。

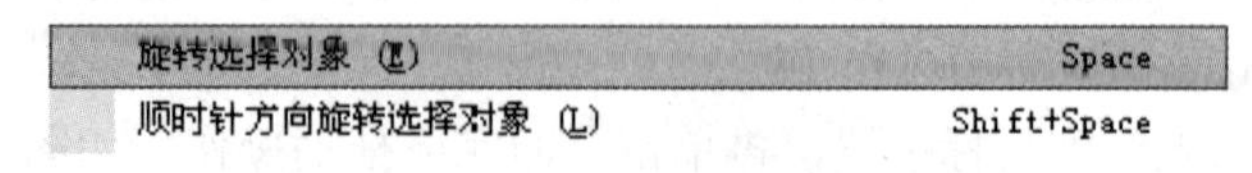

图 3.38　旋转对象菜单命令

以上两个命令操作方法相同，唯一的区别是旋转方向相反。

知识5 对象的复制、剪切、粘贴与删除

Protel DXP 2004 的复制、剪切、粘贴、删除操作主要是通过“编辑”菜单中对应的菜单项来完成的，其操作方法与 Word 文档的复制、剪切、粘贴、删除操作基本相同。

1. 复制

选中目标对象后，执行菜单中“编辑”→“复制”命令，可将选取的对象作为副本，放入剪贴板中。复制也可以用标准工具栏中图标或按 Ctrl+C 组合键来实现。

2. 剪切

选中目标对象后，执行菜单中“编辑”→“剪切”命令，可将选取的对象放入剪贴板中。剪切也可以用标准工具栏中图标或按 Ctrl+X 组合键来实现。

3. 粘贴

将剪贴板中的内容作为副本粘贴到原理图中。粘贴也可以用标准工具栏中图标或按 Ctrl+V 组合键来实现。

4. 阵列式粘贴

Protel DXP 2004 提供了阵列式粘贴，这是一种特殊的粘贴方式，可以一次按指定间距将同一个元件重复地粘贴到图纸上，大大地方便了电路原理图中有很多个相同元器件时的操作。其操作步骤如下：

第 1 步，选取对象。如图 3.39（a）所示，选取 R1。

第 2 步，执行“复制”或“剪切”命令，使得剪贴板中有内容，即 R1。

第 3 步，执行“编辑”→“粘贴队列”命令，或单击如图 3.40 所示的绘图工具栏上的图标，弹出如图 3.41 所示的“设定粘贴队列”对话框。其中该对话框中各项参数的意义如下。

①“项目数”文本框：设置要粘贴的元件个数。此处设为 4。

②“主增量”文本框：设置所要粘贴元件序号的增量值。此处设为 2。

③“次增量”文本框：在电路原理图库文件编辑环境下，当被复制的对象为元件引脚时，该文本框可输入引脚的递增量，在电路原理图编辑环境下，该文本框无效。

④“水平”文本框：阵列粘贴后两个元件在水平方向的偏移量。若为正数，则向右偏移；若为负数，则向左偏移。此处设为 20，即粘贴后每个元件均向右水平偏移 20。

⑤“垂直”文本框：阵列粘贴后两个元件在垂直方向的偏移量，若为正数，则向上偏移；若为负数，则向下偏移。此处设为 10，即粘贴后每个元件均向上偏移 10。

第 4 步，按图 3.41 中参数设置完毕后，单击“确认”按钮，光标变为十字状态，将光标移动到合适的位置，单击完成阵列粘贴，结果如图 3.39（b）所示。

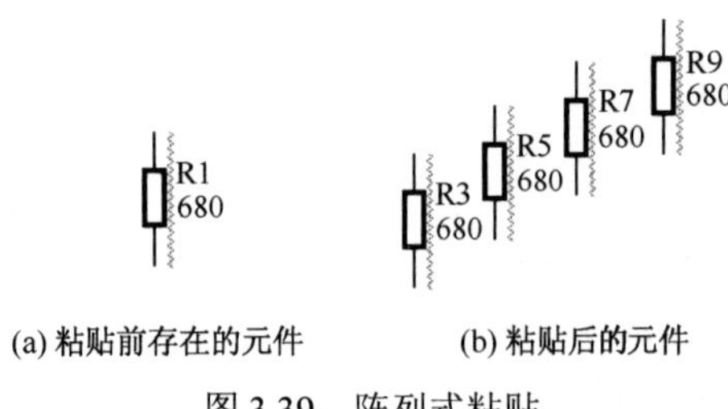

(a) 粘贴前存在的元件　　(b) 粘贴后的元件

图 3.39　阵列式粘贴

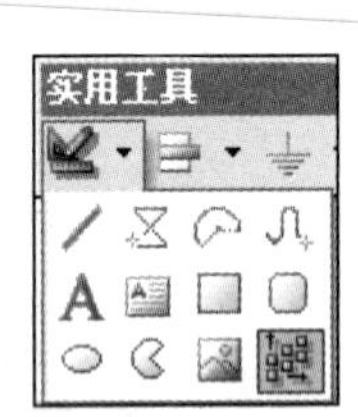

图 3.40　画图工具栏阵列式粘贴选项

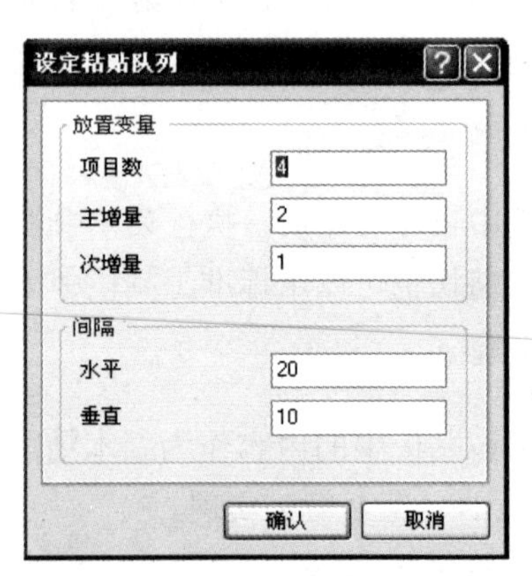

图 3.41　“设定粘贴队列”对话框

若“水平”或“垂直”设为 0，元件会重叠在一起，此时需要将元件进行移动并检查它们的属性。

5. 删除

在 Protel DXP 2004 中可以直接删除对象，也可以通过菜单删除对象。

1）直接删除对象。在工作窗口中选择对象后，对象周围会出现虚框，按 Delete 键即可实现删除。

2）通过菜单删除对象。Protel DXP 2004 提供两种删除命令，即“清除”和“删除”命令。

“清除”命令是删除已选取的对象。执行“编辑”→“清除”命令，已选取的对象立刻被删除。

“删除”命令可连续删除多个对象，并且执行“删除”命令前不需要选取对象。执行“编辑”→“删除”命令，光标变成十字状，将光标移到所要删除的对象上，单击即可删除对象。此时光标指针仍为十字状，可以继续删除下一个对象。右击工作区或按 Esc 键退出该操作。

实 训

实训 对象的编辑

1. 对象的复制和剪切

对象的复制和剪切有何异同？并将操作要领填写在表 3.11 中。

表 3.11 对象编辑

编辑名称	操作要领
复制	
剪切	

2. 实际操作

以图 3.27 为例，做对象的复制、剪切、旋转操作，并将操作步骤填写在表 3.12 中。

表 3.12 对象的复制、剪切、旋转

对象编辑	操作步骤
复制	
剪切	
逆时针 90° 旋转	

3. 收获和体会

将对象的编辑操作后的收获和体会写在下面空格中。

收获和体会：

4. 实训评价

将对象的编辑实训工作评价填写在表 3.13 中。

表 3.13　实训评价表

项目 评定人	实训评价	等级	评定签名
自评			
互评			
教师评			
综合评定等级			

＿＿＿＿＿年＿＿＿＿＿月＿＿＿＿＿日

拓　展

拓展 1　对象的排列和对齐

对象的排列和对齐命令主要集中在“编辑”→“排列”菜单项下，如图 3.42 所示，分成水平方向对齐和垂直方向对齐两大部分。水平方向的对齐有左对齐排列、右对齐排列、水平中心排列、水平分布；垂直方向的对齐有顶部对齐排列、底部对齐排列、垂直中心排列、垂直分布。其操作步骤均类似。

排列 (A)...	
左对齐排列 (L)	Shift+Ctrl+L
右对齐排列 (R)	Shift+Ctrl+R
水平中心排列 (C)	
水平分布 (D)	Shift+Ctrl+H
顶部对齐排列 (T)	Shift+Ctrl+T
底部对齐排列 (B)	Shift+Ctrl+B
垂直中心排列 (V)	
垂直分布 (I)	Shift+Ctrl+V

图 3.42　“排列”子菜单下的菜单项

1. 水平方向上的对齐

下面以图 3.43 为例，讲述水平方向左对齐排列命令的操作步骤。

第 1 步，选取需要进行左对齐排列的对象，即如图 3.43 所示的 4 个元器件。

第 2 步，选择“编辑”→“排列”→“左对齐排列”命令，或者单击“实用工具”工具栏上的“调准”按钮，在弹出的工具选项中选择左对齐图标，执行左对齐命令，如图 3.44 所示。

第 3 步，执行了左对齐命令后，如图 3.43 所示的 4 个被选取元器件最左边处于同一条直线上，如图 3.45 所示。

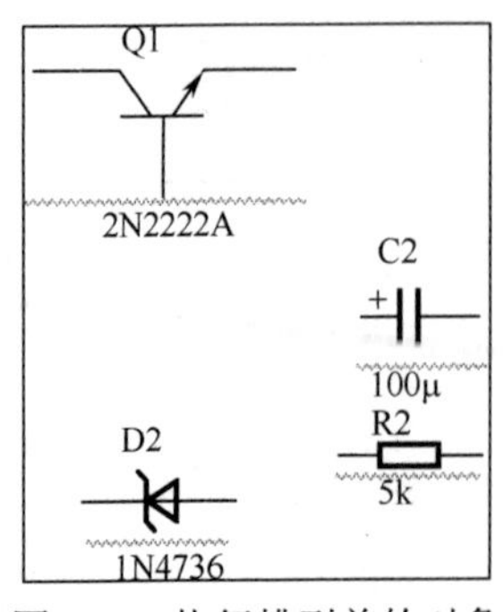

图 3.43　执行排列前的对象

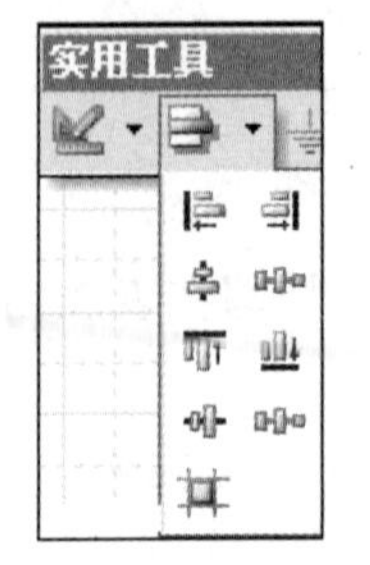

图 3.44　“实用工具”工具栏

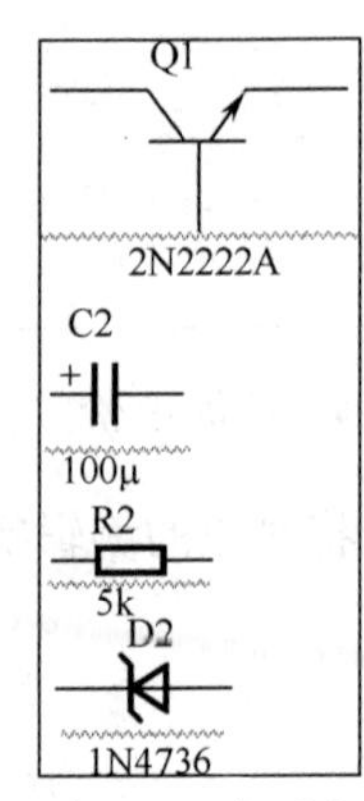

图 3.45　左对齐

第 4 步，在空白处单击取消对象选择状态，完成对齐操作。

如果被选取的对象在水平位置上，则左对齐后会出现对象重叠现象。

2. 垂直方向上的对齐

垂直方向上的对齐与水平方向上的对齐类似，同样，当被选取对象在垂直位置上时，对齐后会出现对象重叠现象。

3. 同时在水平和垂直方向上对齐

Protel DXP 2004 还提供了同时在水平和垂直方向上的对齐操作。操作步骤如下。

第 1 步，选取对象，如图 3.43 所示。

第 2 步，执行“编辑”→“排列”命令，弹出“排列对象”对话框，如图 3.46 所示。对话框分为“水平调整”和“垂直调整”两部分，分别用来设置水平和垂直方向上的排列对齐方式。

第 3 步，设置对话框“水平调整”为“右”对齐，“垂直调整”为“均匀分布”。

第 4 步，设置完毕后，单击“确认”按钮，结束对齐操作，结果如图 3.47 所示。从图中可以看出，Q1、C2、R2、D2 最右边对齐在同一直线上，且在垂直方向上间隔均匀。

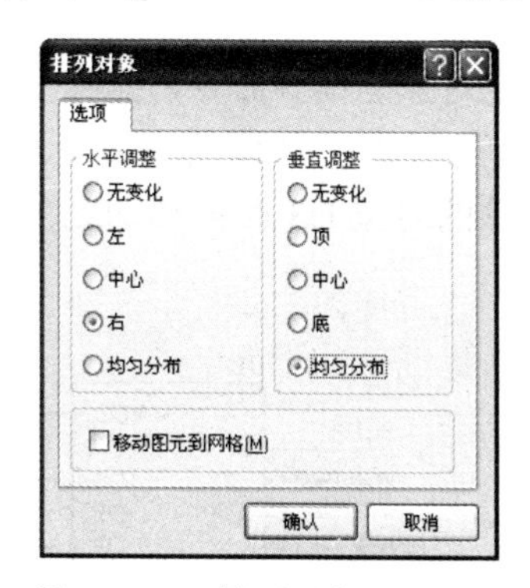

图 3.46 “排列对象”对话框

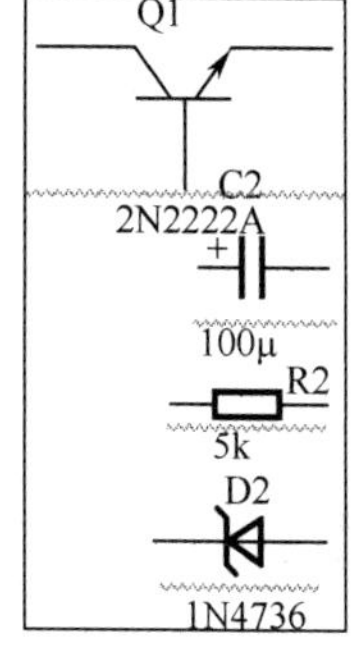

图 3.47 右对齐均匀分布

拓展 2 对象的层移

在“移动”子菜单（图 3.33）中以下几个选项的作用如下。

1）当多个对象重叠在一起时，使用“编辑”→“移动”→“移到重叠对象堆栈的头部”菜单项可以将某一个对象移动到所有重叠对象的最上层，并选择合适的位置进行放置。通常用于库元件制作。如图 3.48 所示，元器件 U1、U2、U3 重叠在一起，现在把 U3 移动到最上层，操作步骤如下。

第 1 步，执行“编辑”→“移动”→“移到重叠对象堆栈的头部”命令，光标变成十字状。

第 2 步，在需要移动的对象 U3 上单击，U3 立即被移动到重叠对象的最上层，如图 3.49 所示。

第3步，右击工作区，结束层移状态。

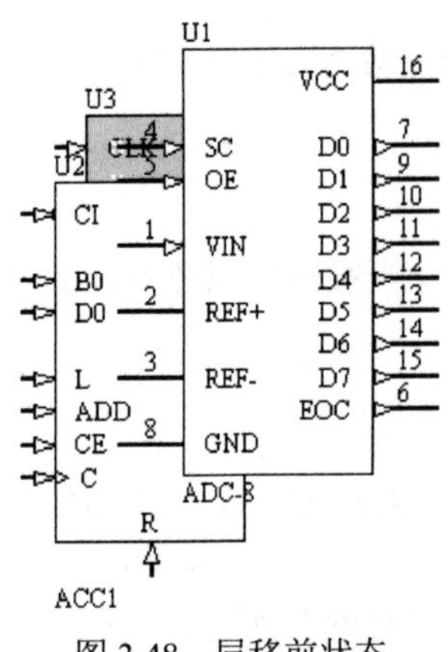

图 3.48　层移前状态

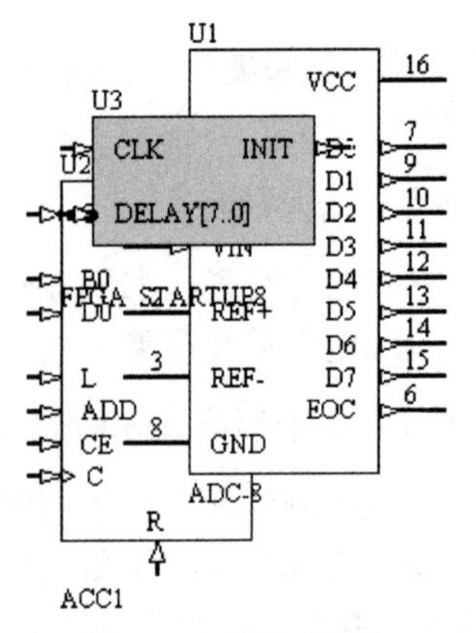

图 3.49　层移后状态

2）“移到重叠对象堆栈的尾部”是将对象移动到重叠对象的最下层。操作方法与“移到重叠对象堆栈的头部”完全相同。

3）“移到指定对象之前”用于将对象移动到指定的某一个对象上面。仍以如图3.48所示的三个重叠在一起的对象为例，现在把对象U3移动到对象U2的上面，即U2和U1之间。具体的操作步骤如下。

第1步，执行“编辑”→“移动”→“移到指定对象之前”命令，光标变成十字状。

第2步，单击需要层移的对象U3，此时光标呈十字状，如图3.50所示。

第3步，单击被选作参考的对象U2，需要层移的对象U3即被移动到参考对象U2的上层，如图3.51所示。

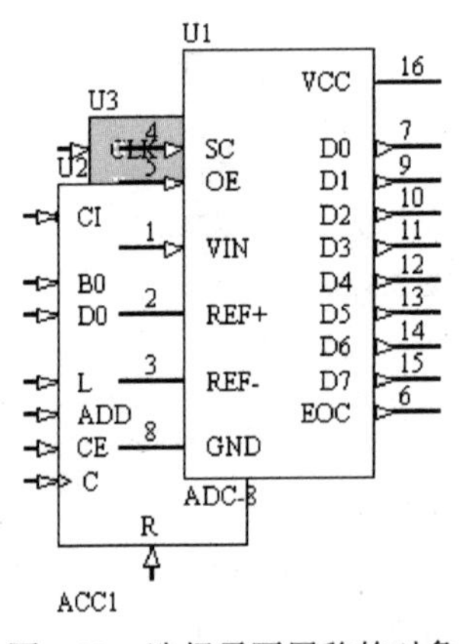

图 3.50　选择需要层移的对象

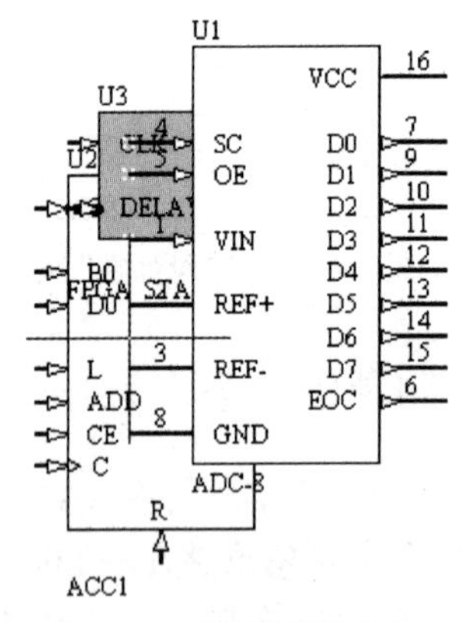

图 3.51　选择参考对象

此时，光标仍处于激活状态，重复第2步和第3步的操作可对其他的对象进行层次转换。右击或按Esc键则可退出该操作。

4）“移到指定对象之后”用于将对象移动到指定的某一个对象的下面。操作方法与“移到指定对象之前”完全相同。

任务五 使用电路绘图工具

情 景

小明的伯伯是修电视机的技术人员。小明去伯伯的店里玩，看到许多电视机的电路图，那些图上有集成块，甚至有单片机芯的，集成块的许多引脚都连在了一起，用一根粗线来表示。小明问伯伯那是什么意思，可伯伯虽会修电视机，但对电路为什么可以这样绘制也说不出个所以然。

这里我们就来学习电路绘图工具，然后告诉小明这些粗线是怎么回事。

讲解与演示

电路绘图工具

知识 1 绘制总线

总线是多条平行导线的集合，也就是用一条粗线来表示数条性质相同的导线，它类似于计算机系统的数据总线、地址总线及控制总线。在原理图绘制中，总线纯粹是为了迎合人们绘制原理图的习惯，其目的仅是为了简化连线的表现形式，使图面简洁明了。总线本身并不具有实际电气特性。

图 3.52 是总线及与总线相关概念的示意图。

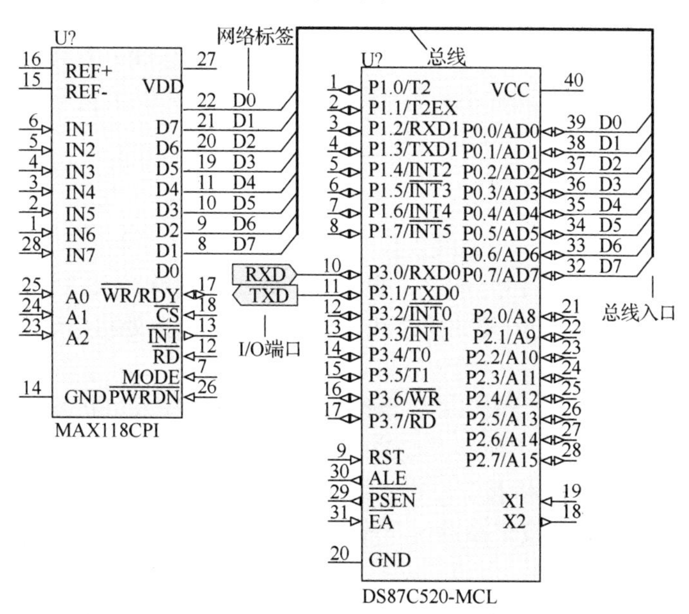

图 3.52 总线及相关概念

1. 总线的绘制

总线的绘制方法与导线绘制基本相同，具体操作步骤如下。

第1步，执行“放置”→“总线”命令或者单击工具栏按钮，光标变成十字状。

第2步，单击确定起点，再次单击确定多个固定点和终点。

第3步，右击结束当前总线的绘制，此时鼠标仍处于放置总线状态，可继续放置其他总线。

第4步，右击或按Esc键退出总线放置。

放置总线常采用45°模式，并且导线末端最好不要超出总线入口。

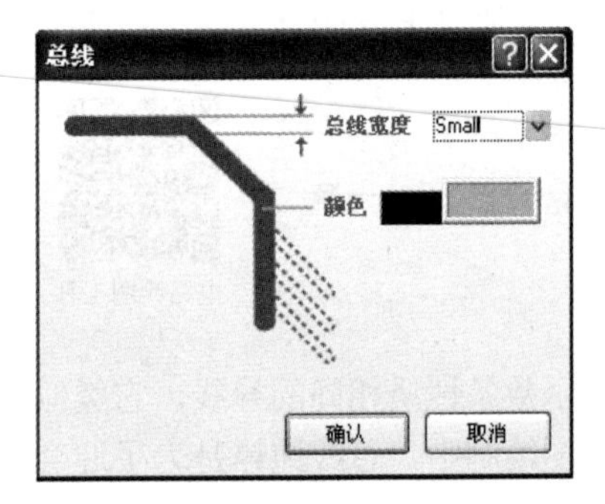

图3.53 “总线”属性对话框

2. 总线的属性设置

在放置总线状态下按Tab键，或在已放置的总线上双击，打开“总线”属性对话框，如图3.53所示。在该属性对话框中，可以设置总线的宽度、颜色等属性。系统默认总线宽度为粗线。

3. 改变总线的走线模式

在光标处于画线状态时，按Shift+空格键可自动转换总线的拐弯样式。

知识2 绘制总线入口

总线入口表示单一导线进出总线的出入端口，也称为总线分支线，在图中用斜线表示。总线入口跟总线一样，同样不具备实际电气特性，但可以美化电路图，使电路看上去更具有专业水准。

1. 放置总线入口步骤

第1步，执行“放置”→“总线入口”命令或者单击工具栏图标，光标变成十字状，并且上面有一段45°或135°的线，表示系统处于绘制总线入口状态。

第2步，将光标移动到所要放置总线入口的位置，光标处将出现红色的“×”形标记，单击即可完成一个总线入口的放置。

第3步，放置完一个总线入口后，系统仍处于放置总线入口状态，将光标移动到另一位置，重复操作直到放置完所有需要的总线入口。

第4步，右击工作区或者按Esc键，退出放置总线入口状态。

放置总线入口过程中，按空格键使总线入口方向逆时针旋转90°；按X键左右翻转；按Y键上下翻转。

2. 总线入口的属性设置

双击已放置好的总线入口，或者在放置总线入口的状态下按Tab键，打开“总线入口”属性对话框，如图3.54所示。

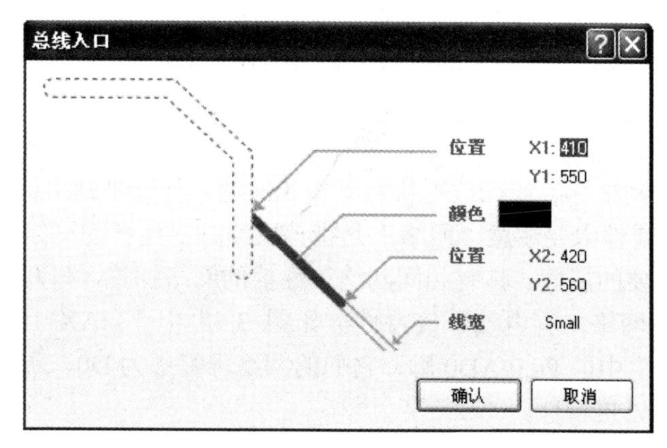

图 3.54 “总线入口”属性对话框

对话框中，“线宽”设置总线入口的宽度，系统默认用 Small（细）；“颜色”设置总线入口的颜色；“位置”X1、Y1 和 X2、Y2 设置总线入口起点和终点的 X 轴和 Y 轴坐标值。

知识 3 放置网络标签

在 Protel DXP 2004 中，元器件引脚之间用导线来表示电气连接。但在总线中聚集了多条并行导线，怎样来表示这些导线之间的具体连接关系呢？在比较复杂的电路图中，有时两个需要连接的电路距离很远，甚至不在同一张图纸上，这时又该怎样进行电气连接呢？这些都要用到网络标签，即通过放置网络标签来建立元器件引脚之间的电气连接，使整张图纸变得清晰易读。

与总线和总线入口不同，网络标签具有实际的电气连接特性。在电路图上具有相同网络标签的电气连接是连在一起的，即在两个以上没有相互连接的网络中，把应该连接在一起的电气连接点定义成相同的网络标签，使它们在电气含义上属于真正的同一网络。

图 3.52 中，单片机 DS87C520-MCL 和 A/D 转换芯片 MAX118CPI 的数据线（D0-D7）就是采用网络标签、总线和总线分支线在电气上连接在一起的。

网络标签多用于具有总线结构的电路和层次式电路中，简化线路连接。网络标签的作用范围可以是一张电路图，也可以是一个项目中的所有电路图。

1. 放置网络标签的步骤

第 1 步，执行菜单中“放置”→“网络标签”命令或单击工具栏快捷工具 Net，进入网络标签放置状态，光标呈十字状并浮动着一个初始标签“Net Label1”。

第 2 步，移动光标到网络标签所要指示的导线上，此时光标将显示红色的“×”形标记，提醒设计者光标指针已到达合适的位置。

第 3 步，单击，网络标签将出现在导线上方，即完成一个网络标签的放置。

第 4 步，重复第 2、3 步，为本网络中的其他元器件引脚设置网络标签。

第 5 步，右击工作区或按 Esc 键，退出网络标签放置状态。

Protel DXP 2004 系统提供了网络标签自加功能，即当网络标签的最后一个字符为数字时，在放置网络标签的过程中，每放置一个网络标签就自动加一个单位。如现在放置的网络标签是 D1，则下一个放置的网络标签自动设为 D2。

2. 设置网络标签的属性

双击已放置的网络标签或在放置状态下按 Tab 键，打开“网络标签”属性对话框，如图 3.55 所示。属性中要注意“网络”是指该网络标签所在的网络，确定了该标签的电气特性，是最重要的属性。具有相同网络属性值的网络标签，与其相关联的元器件引脚被认为属于同一网络，有电气连接特性。如图 3.52 中“MAX118CPI”的 D7 脚和“DS87C520-MCL”中的 P0.0/AD0 脚，它们的网络标签都为 D0，所以被认为处于同一网络，它们有电气连接特性。

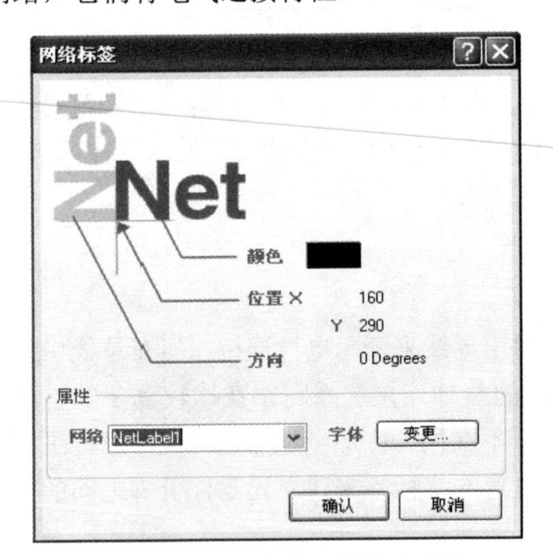

图 3.55 “网络标签”属性对话框

网络标签不能直接放置在元器件的引脚上，一定要放置在引脚的延长线上；网络标签是有电气意义的，千万不能用任何字符串代替。

知识 4 放置端口

在 Protel DXP 2004 中，通过导线和网络标签可以使两个网络具有相互连接的电气意义，还有第三种电气连接，那就是端口。端口通过导线和元器件引脚相连，两个具有相同名称的端口可以建立电气连接。与网络标签不同的是，端口通常表示电路的输入或输出，因此也称输入/输出端口，或称 I/O 端口，常用于层次电路图中。

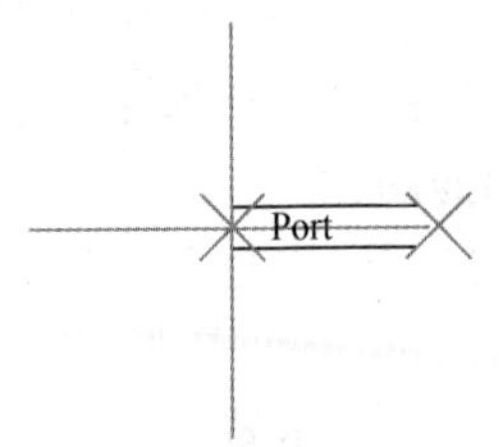

图 3.56 放置端口状态

1. 放置端口的步骤

第 1 步，执行“放置”→“端口”命令，或者单击“配线”工具栏 D1> 图标。

第 2 步，光标变成十字状，且有一个浮动的端口粘在光标上随光标移动，如图 3.56 所示。

第 3 步，移动光标到合适位置，光标处将出现红色的“×”形标记，单击确定端口的一端。

第 4 步，移动鼠标调整端口大小，单击完成一个端口的放置。

第 5 步，鼠标仍为放置端口状态，移动到其他位置，继续放置另一个端口。

第 6 步，完成所有端口的放置，右击工作区或按 Esc 键退出端口放置状态。

2. 设置端口属性

双击已放置的端口或在放置状态下按 Tab 键，弹出“端口属性”对话框，如图 3.57 所示，对话框中共有 10 个选项，下面介绍几个比较重要的选项。

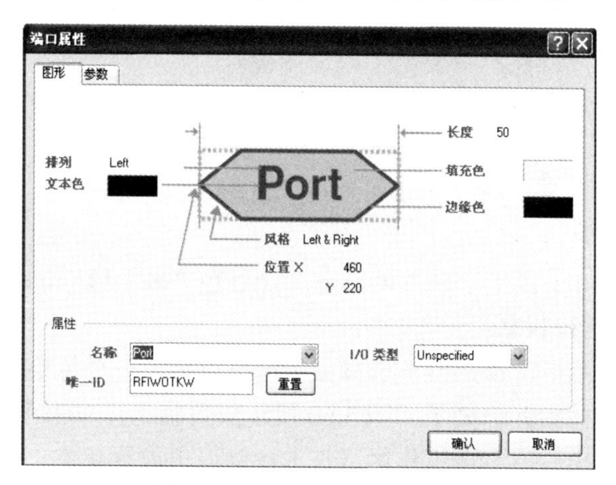

图 3.57 “端口属性”对话框

1）名称。端口的名称。这是端口最重要的属性之一，具有相同名称的端口在电气上是连接在一起的。在该下拉列表框中可以直接输入端口名称。端口默认值为 Port。

2）I/O 类型。指定 I/O 端口信号传输的方向。这是设置端口电气特性的关键，为以后的电气规则检查（ERC）提供依据。例如，当两个同属输入类型的端口连接在一起的时候，电气规则检查时，会产生错误报告。单击下拉按钮可以打开如图 3.58 所示下拉列表框。Protel DXP 2004 提供四种端口类型：Unspecified（未指明）、Output（输出型）、Input（输入型）和 Bidirectional（双向型）。

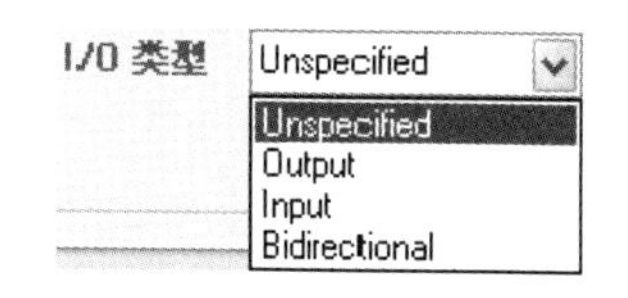

图 3.58 I/O 类型下拉列表框

3）风格。设定端口外形。单击下拉按钮，列表中提供 I/O 端口的 8 种外形。

端口的其他几个属性，如设置边缘色、填充色和文本框等的操作和元件中的相关操作类似。

I/O 类型应与信号传输方向一致。

设置完毕后，单击“确认”按钮。

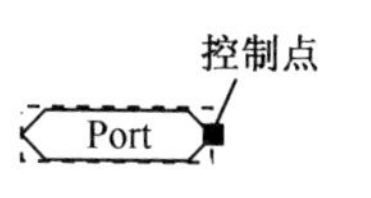

图 3.59 改变端口大小的操作

对于已放置好的端口，可以不通过属性对话框直接改变其大小。其方法是：单击已放置好的端口，端口周围出现虚线框，然后拖动虚线框上的控制点即可，如图 3.59 所示。

知识 5　放置忽略 ERC 检查指示符

忽略 ERC 检查指示符是指该点所附加的元器件引脚在 ERC 检查时，如果出现错误或警告，将被忽略过去，不影响网络报表的生成。例如，系统默认输入型引脚必须连接，但实际应用中某些输入型引脚不需要使用，如果不放置忽略 ERC 检查指示符，系统在编译时就会认为该引脚使用错误，并在该引脚上放置一个错误标记。忽略 ERC 检查点本身并不具有任何电气特性，主要用于原理图检查。

1. 放置忽略 ERC 检查指示符的步骤

第 1 步，执行“放置”→“指示符”→“忽略 ERC 检查”命令或单击“配线”工具栏中的×按钮。

第 2 步，光标指针变成十字状并附加着一个红色“×”形标记，如图 3.60 所示，表示忽略 ERC 检查指示符状态。

第 3 步，移动光标指针到元器件引脚上，单击即完成一个忽略 ERC 检查点的放置。

第 4 步，此时光标指针仍处于如图 3.60 所示放置状态，单击可继续放置。

第 5 步，放置完毕后，右击工作区或按 Esc 键退出放置状态。

2. 设置忽略 ERC 检查指示符属性

双击已放置的忽略 ERC 检查指示符或在放置状态下按 Tab 键，弹出“忽略 ERC 检查”属性对话框，如图 3.61 所示。从该属性对话框中也可以看出，忽略 ERC 检查点的标志只有颜色和位置两种属性，并没有什么电气特性。

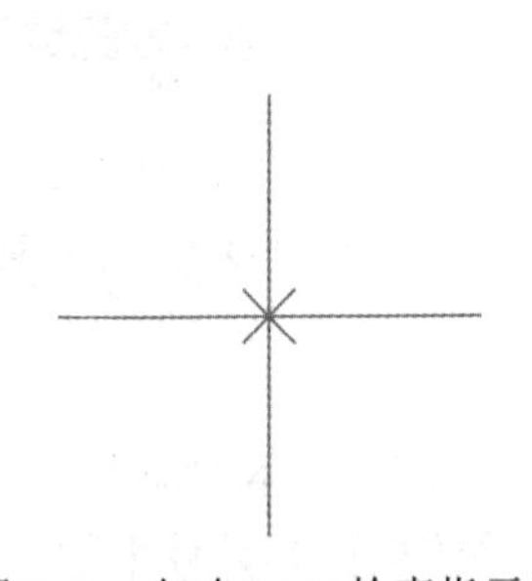

图 3.60　忽略 ERC 检查指示符

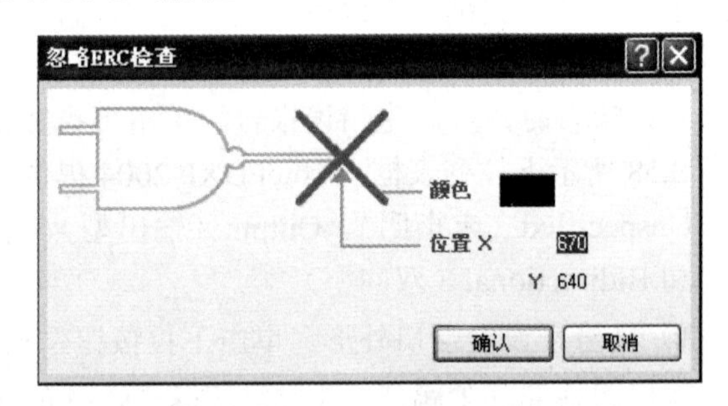

图 3.61　“忽略 ERC 检查”属性对话框

实　训

实训　电路绘图工具

1. 放置端口的步骤

在原理图上放置端口，并将操作步骤和属性设置填写在表 3.14 中。

表 3.14　放置端口操作步骤和属性设置

端口形状	操作步骤	属性设置		
		端口名	风格	I/O 类型
Data1				
Data2				
Data3				

2. 实际操作

完成如图 3.62 所示电路，并将放置导线、总线、总线入口、网络标签的操作步骤，填写在表 3.15 中。

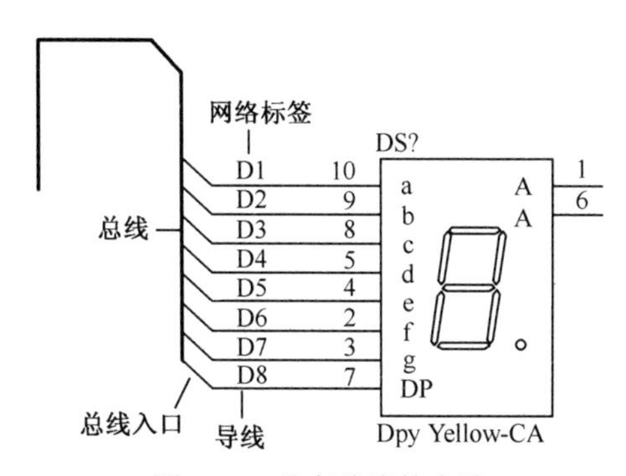

图 3.62　带有总线的电路

表 3.15　放置导线、总线、总线入口、网络标签的操作步骤

过程	操作步骤
绘制导线	
绘制总线	
绘制总线入口	
放置网络标签	

3. 收获和体会

将放置导线、总线、总线入口、网络标签后的收获和体会写在下面空格中。

收获和体会：

4. 实训评价

将放置导线、总线、总线入口、网络标签的实训工作评价填写在表 3.16 中。

表 3.16　实训评价表

项目 评定人	实训评价	等级	评定签名
自评			
互评			
教师评			
综合评定等级			

__________年__________月__________日

拓　展

拓展　“阵列式粘贴”工具的特殊用途

用“阵列式粘贴”工具一次可以按指定间距将同一个元件重复地粘贴到图纸上，这在前面已作过介绍。阵列式粘贴还可以一次完成网络标签的放置。下面以图 3.63 中 U1 和 U2 之间的连接导线和网络标签为例，介绍阵列粘贴的操作步骤。

第 1 步，在原理图中放置元件 U1、U2（U1、U2 为 DM74LS273M）。

第 2 步，在 U1 的 2 号引脚和 U2 的 3 号引脚间放置一条导线和两个网络标签 DA1，并选中该导线和两个网络标签，如图 3.64 所示。

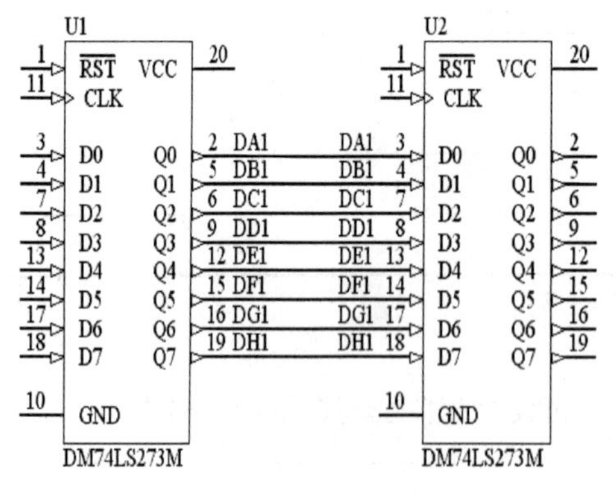

图 3.63　阵列式粘贴效果图

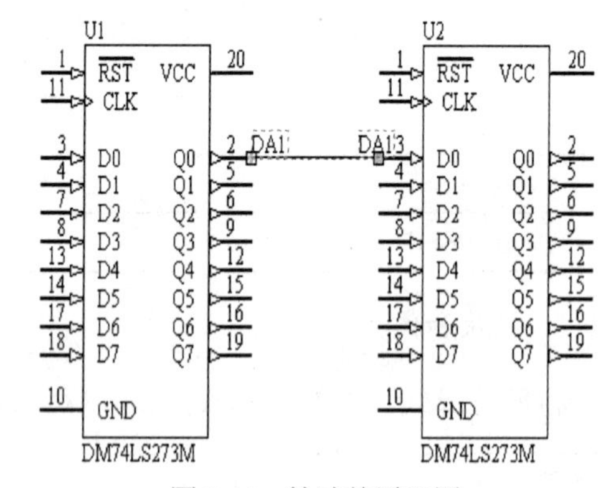

图 3.64　粘贴前原理图

第 3 步，执行“编辑”→“复制”命令。

第 4 步，执行“编辑”→“粘贴队列”命令或单击画图工具栏 中的 工具，系统弹出如图 3.65 所示的“设定粘贴队列”对话框。设置参数说明如下。

① 项目数。对象被重复粘贴的次数为 Q1～Q7（D1～D7），因此此处设置为 7。

② 主增量。粘贴对象序号的增加量，此处为 A～H，字符 D 和数字 1 不变，因此

设置为A，表示英文字母依次序递增，相当于数字增量1。

③ 水平。粘贴对象间的水平间距设置为0，指对象呈水平状态。

④ 垂直。粘贴对象间的垂直间距设置为-10，表示按从上到下的顺序放置对象。

第5步，设置完成后，单击“确认”按钮，关闭该对话框，光标处出现一个十字。

第6步，移动光标到合适位置，单击，即得到如图3.63所示的结果。

阵列式粘贴是一种类似批处理命令的特殊粘贴方式，它可以将同一对象（集）按指定间距一次性地粘贴到图纸中。

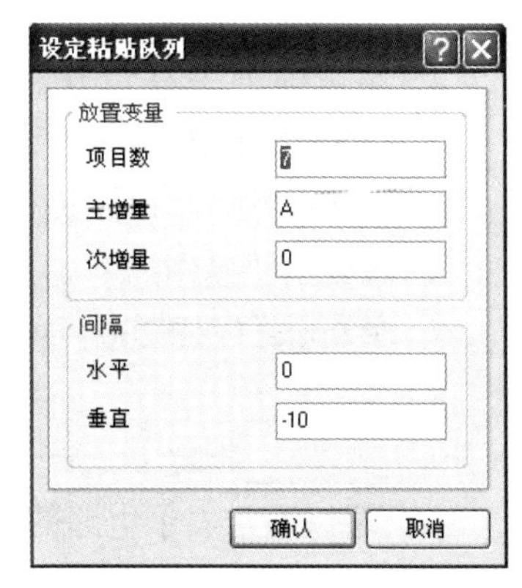

图3.65 “设定粘贴队列”对话框

思考与练习

一、判断题（对的打“√”，错的打“×”）

1. 放置元件可以采用单击配线工具栏中的按钮来完成。（ ）
2. 刚放置的元件参数是默认值，在具体的原理图设计中可以不加修改。（ ）
3. 元件的标号用来区别不同的元件。（ ）
4. 对象的旋转，必须先选取对象。（ ）
5. 子设计项目可以是一个可编程的逻辑元件或一张子原理图。（ ）
6. Protel DXP 2004原理图文件编辑器可以为同一个元件创建多达256个不同的显示模式。（ ）
7. 不管电源和接地符号的“风格”属性是否相同，只要所处的“网络”属性相同，即认为它们处于同一网络，存在着电气连接特性。（ ）
8. 当原理图中某些元件的电源引脚为隐藏状态时，系统默认接地。（ ）
9. 通常情况下，系统在T形和十字形交叉处都会自动放置节点。（ ）
10. 导线的宽度应参考与其相连接的元器件引脚线的宽度进行选择。（ ）
11. 总线入口跟总线一样，同样不具有实际电气特性。（ ）
12. 网络标签是有电气意义的，可以用任何字符串代替。（ ）
13. 通过导线可以把元件的引脚连接起来，形成一个完整的原理图。（ ）
14. 节点固定后，移动导线时节点仍然在原来的地方，不会随导线移动。（ ）

二、填空题

1. 在元件处于浮动状态时，按________键可以打开该元件的属性对话框，在该对话框中，包含五个区域：________、________、________、Parameters区域及Models区域。

2. 放置元件单击________上相应的元件按钮的图标即可。

3. ________或者________可终止相同元件放置。

4. 在元件处于悬浮状态时，连续按________键可以实现元件的旋转操作，按________键使元件沿 X 轴左右翻转，按________键使元件沿 Y 轴上下翻转。

5. 电源和接地是电路设计中的电源系统，统称为________。

6. 对象调整操作的基础是进行________。

7. 在 Protel DXP 2004 中，对象的移动可以分成________和________两种情况。

8. ________、________和________可以使两个网络具有相互连接的电气意义。

9. ________指定 I/O 端口信号传输的方向；________设定端口外形。

10. 端口通常表示电路的________或________。

三、简答题

1. 简要叙述放置元件的步骤。

2. 怎样编辑元件的属性？

3. 旋转对象和镜像对象有何不同？

4. 使两个网络具有电气连接意义的是哪三种方式？它们各有何特点？

四、作图题

1. 绘制如图 3.66 所示原理图。

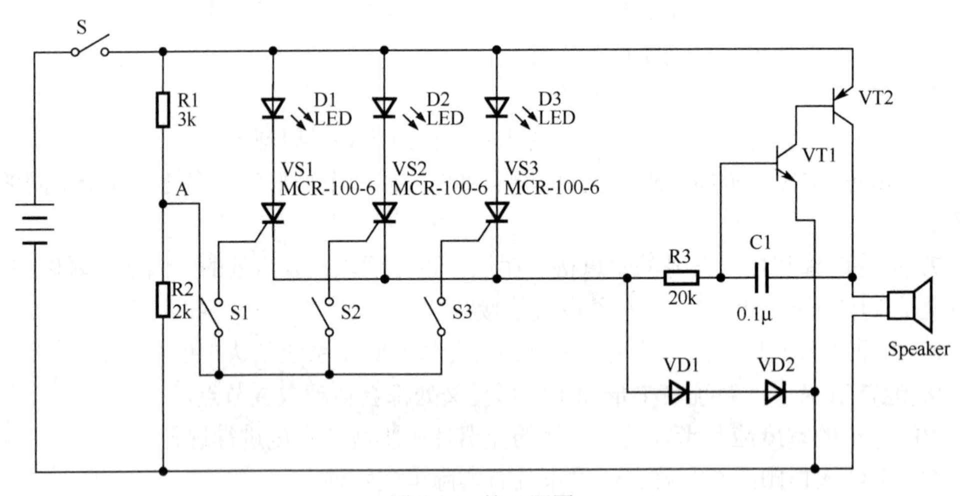

图 3.66 第 1 题图

2. 绘制如图 3.67 所示原理图。

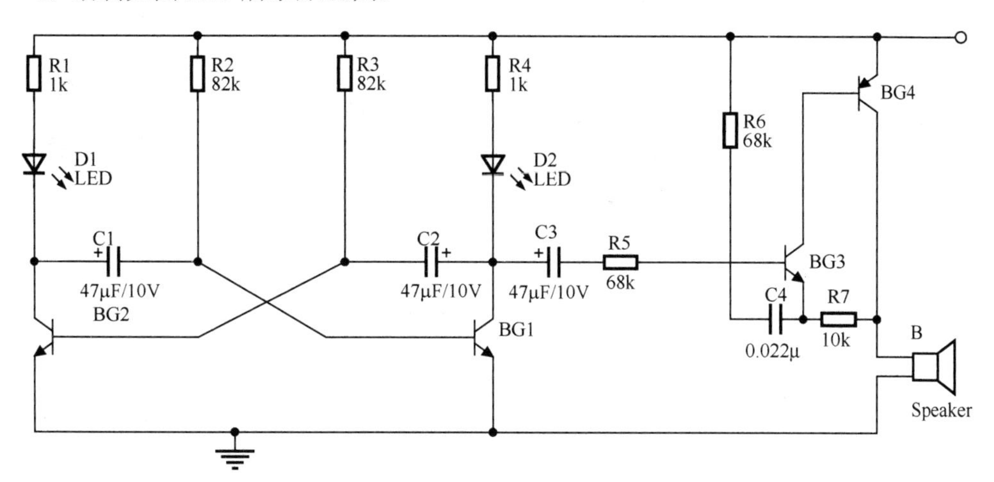

图 3.67 第 2 题图

3. 绘制如图 3.68 所示原理图。

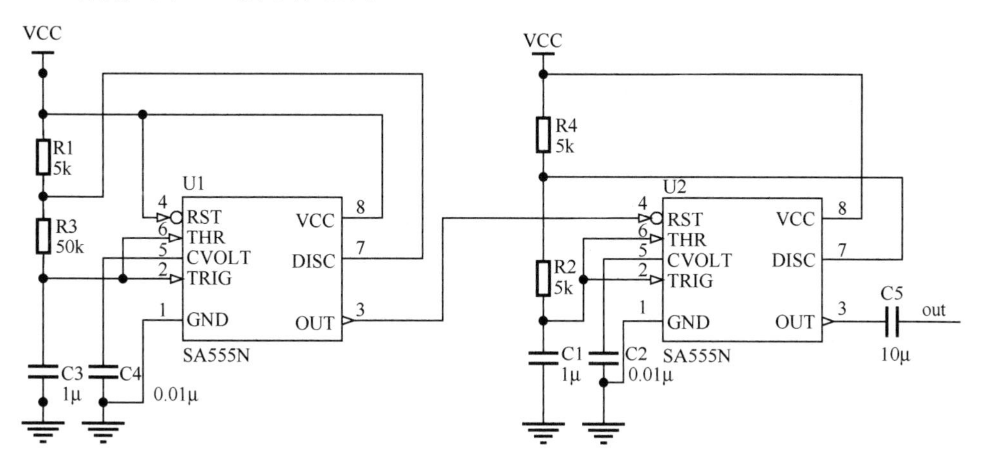

图 3.68 第 3 题图

4. 绘制如图 3.69 所示原理图。

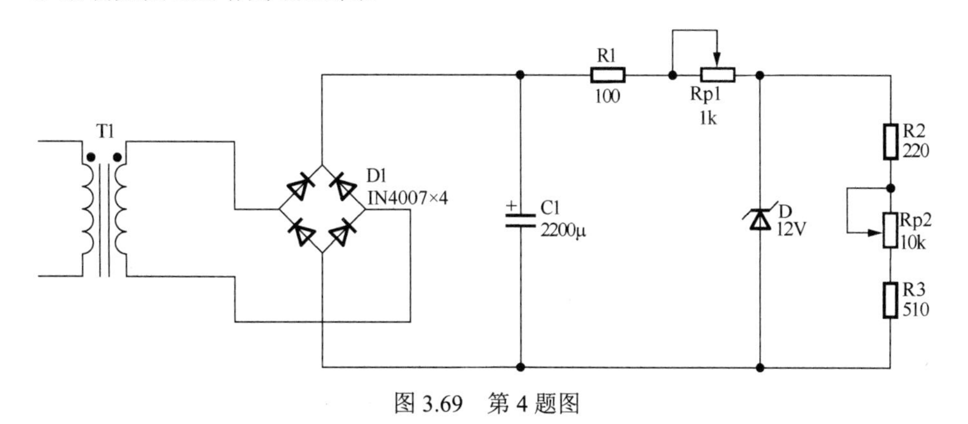

图 3.69 第 4 题图

5. 绘制如图 3.70 所示原理图。

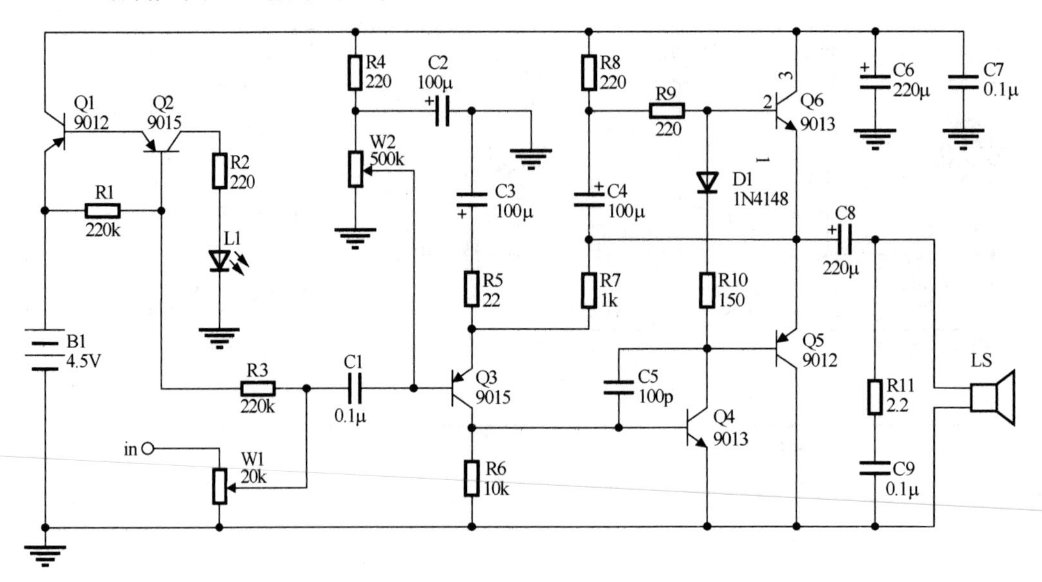

图 3.70　第 5 题图

6. 绘制如图 3.71 所示原理图。

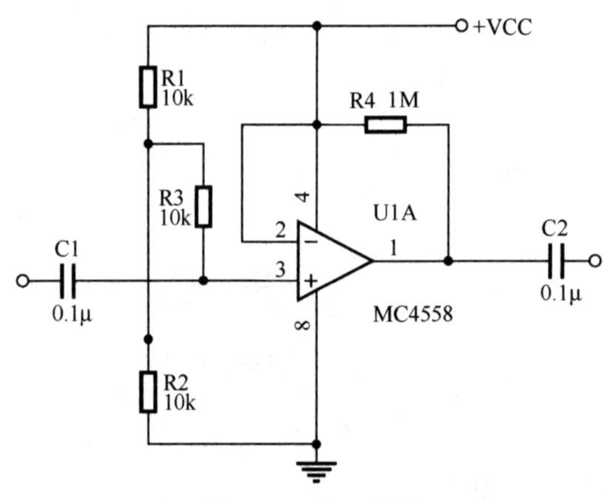

图 3.71　第 6 题图

7. 绘制如图 3.72 所示原理图。

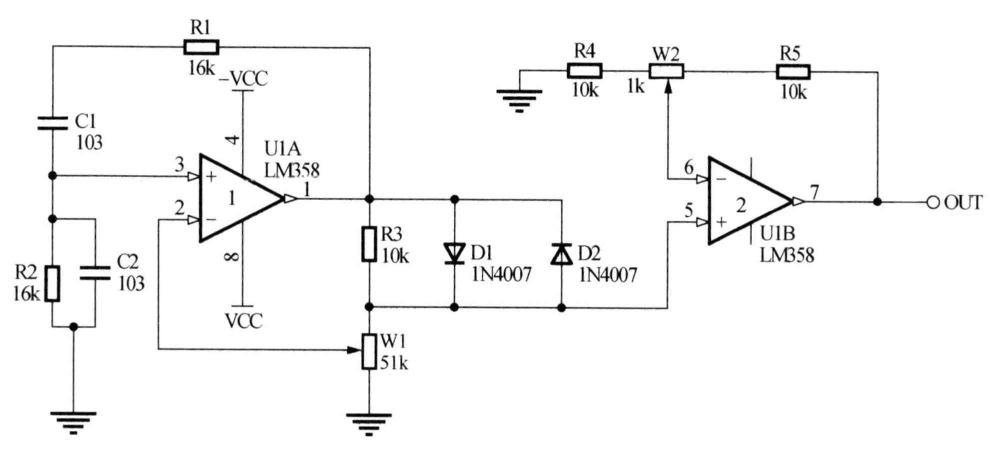

图 3.72　1kHz 正弦波发生器

8. 绘制如图 3.73 所示原理图，图中 U1：DS80C320MCG（40），U2：74LS373，U3：27C256。

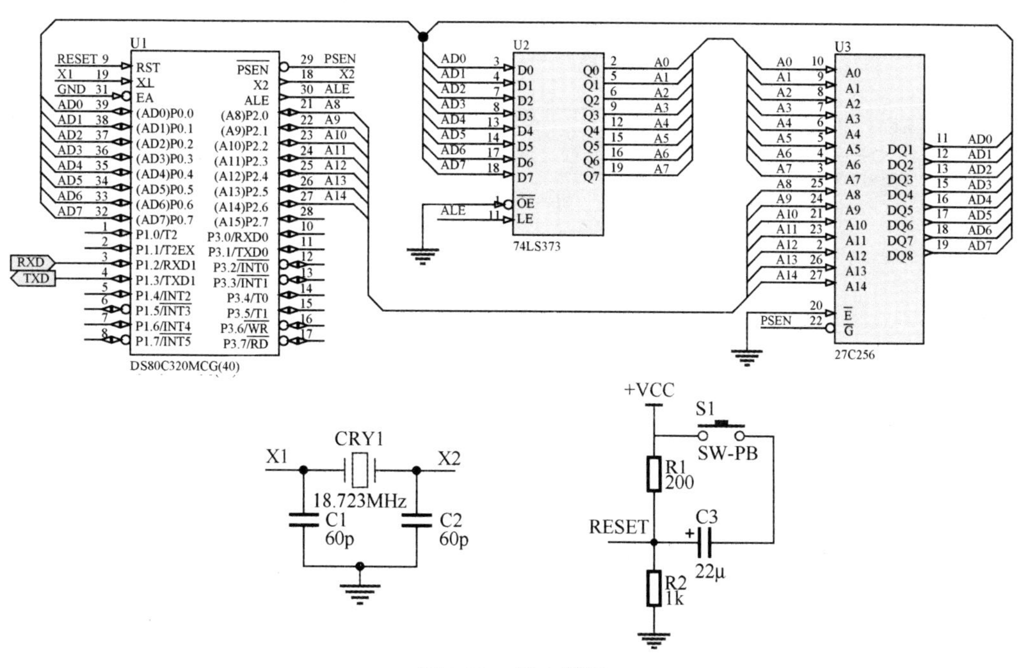

图 3.73　第 8 题图

9. 绘制如图 3.74 所示原理图，图中 U1、U2：4002，U3、U4：4011，S1～S4：SW-SPDT。

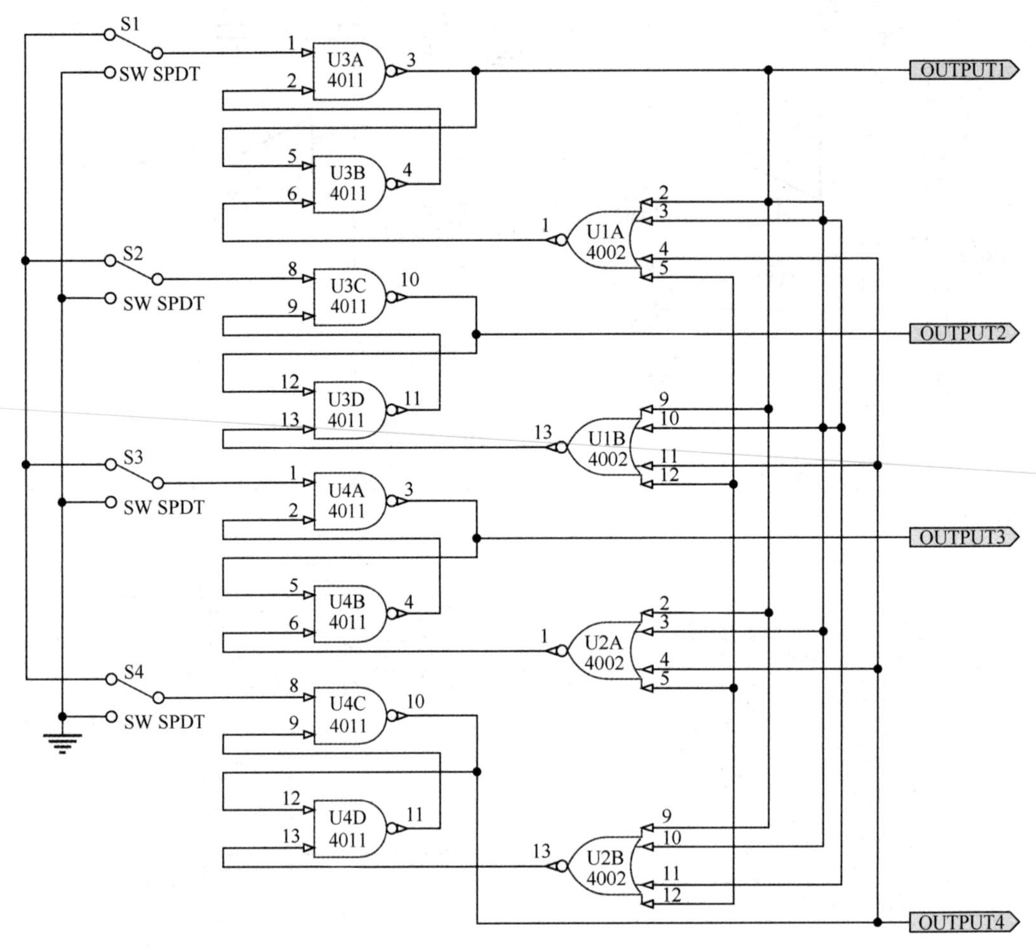

图 3.74　第 9 题图

项目四

原理图设计提高

学习目标

复杂的原理图通常采用层次式结构。原理图还常常需要加上注释以加强理解。

本项目介绍了原理图编辑的相关技巧、绘制图形及层次原理图的设计。原理图在编辑中调整元器件引脚以使原理图简洁明了；自动编辑元器件标识提高工作效率及精确度；对象的整体编辑适应设计者的特殊需要；使用图形工具对原理图进行注释；层次原理图设计思路和步骤。

知识目标

- 理解一些原理图的编辑技巧。
- 理解原理图注释方法。
- 了解层次原理图的基本概念。
- 熟悉层次原理图的设计过程及层次间的切换。

技能目标

- 会调整元器件的引脚及一些编辑技巧的使用。
- 掌握常用图形工具的操作技能。
- 会设计简单的层次原理图。

任务一　原理图编辑技巧

情　景

小明在绘制原理图时，经常碰到元器件引脚之间相对位置不合理而导致连接的导线过长或过于杂乱。此外，在编辑过程中，经常要添加或删除电路图中的元器件，以致使整个原理图的元器件标注出现混乱，如某些元器件标识重复使用，某些元器件标识不连续等。为了解决这些问题，提高原理图编辑效率，我们来学习一些原理图的编辑技巧。

讲解与演示

知识 1　调整元器件引脚

调整元器件引脚

元器件引脚是反映元器件之间电气连接的连接点。有时需要调整元器件的引脚位置以减少图纸上导线连接的复杂性。对图 4.1 和图 4.2 比较后可以看出，调整引脚后的电路原理图更清晰合理。

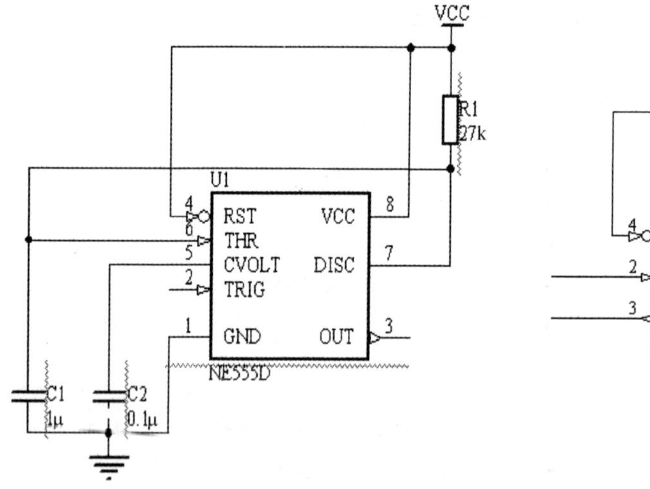

图 4.1　原始电路原理图设计

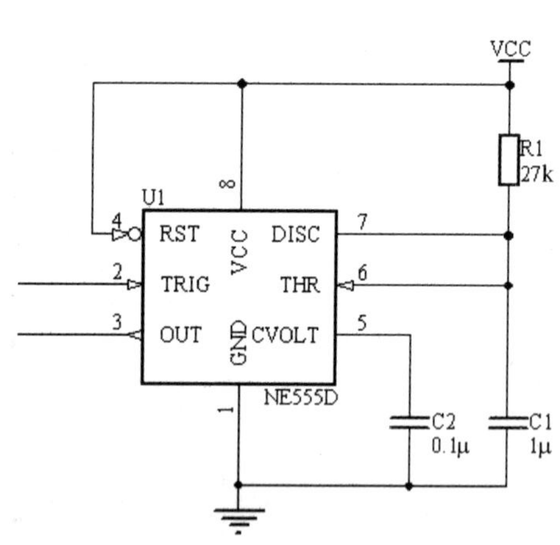

图 4.2　调整引脚位置后的原理图

下面以图 4.1 和图 4.2 中的 NE555D 集成块为例，介绍调整元器件引脚的具体操作步骤。

第 1 步，在如图 4.3 所示的放置元器件“NE555D”状态下按 Tab 键，弹出“元件属性”对话框。

第 2 步，取消对话框左下角的“锁定引脚”复选项，如图 4.4 所示，然后单击“确认”按钮。

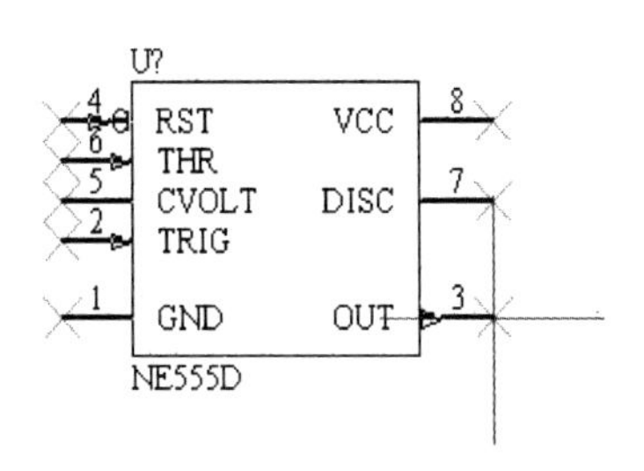

图 4.3　放置 NE555D 状态

图 4.4　取消“锁定引脚”

第 3 步，将鼠标移到欲拖曳的引脚上按下鼠标左键使其处于拖曳状态，如图 4.5 中的引脚 1。

第 4 步，按住鼠标左键不放，拖曳鼠标移动元器件引脚，将其放置到合适位置，如图 4.6 所示。在鼠标移动过程中，按下空格键可以旋转元器件引脚。

第 5 步，依次移动有关引脚，调整完所有引脚的 NE555D，如图 4.7 所示。

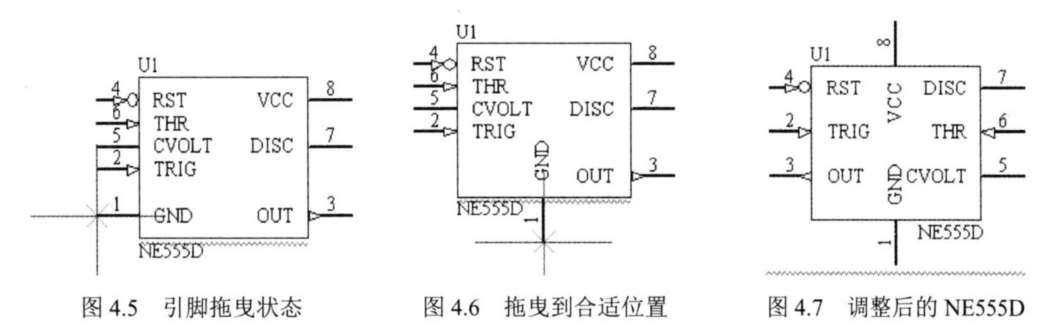

图 4.5　引脚拖曳状态　　图 4.6　拖曳到合适位置　　图 4.7　调整后的 NE555D

第 6 步，重新打开“元件属性”对话框，选中“锁定引脚”复选框，将元器件引脚锁定，以免以后由于误操作而引起引脚变动。

至此，按如图 4.2 所示的原理图要求将引脚调整完毕，连接导线即可完成电路原理图。

知识 2　自动编辑元器件标识

在绘制电路原理图时，标识是识别不同元器件的一个重要标志。放置在图纸上的每一个元器件都有一个唯一的标识(如 C1 和 R1 等)。Protel DXP 2004 提供了自动标注元器件标识的功能，不仅提高了效率，还不易出现重复或跳号等现象。

自动编辑元器件标识

下面以未分配元器件标识的原理图 4.8 为例，说明元器件自动标识的操作步骤。

第 1 步，执行“工具”→“重置标识符”命令，弹出如图 4.9 所示对话框。单击“Yes”按钮，取消元器件的原有标号，以“?”标识，如图 4.8 所示。

第 2 步，执行“工具”→“注释”命令，弹出“注释”对话框。此时“建议变化表”中的标识符均以“?”表示。

“注释”对话框包含以下选项。

①“处理顺序”区域：定义元器件自动标识的规则。单击下三角按钮，在下拉列表

中包含四种标识规则：Up Then Across（先自下而上，再自左至右）；Down Then Across（先自上而下，再自左至右）；Across Then Down（先自左至右，再自上而下）；Across Then Up（先自左至右，再自下而上）。每一种规则在对话框中都有图示，可以进行选择。

②“匹配的选项”区域：从中选择匹配参数以选择更新对象。常用的就是其中的“Comment”（注释）选项。

③“原理图纸注释”区域：选择执行自动标识的原理图。对每一张自动标识的原理图都可以设置标识的起始索引值和标识的后缀。通常情况下，选择一个项目内所有的原理图一起进行自动标识，以避免标识重复。

第 3 步，设置元器件标识的更新方式。此例中，“处理顺序”选择“Across Then Up”；“匹配的选项”选择“Comment”（注释）；“原理图纸注释”选择“变音警笛 1.SchDoc”，其他原理图前的“√”去掉。

第 4 步，完成规则定义后，单击“注释”对话框右下方的“更新变化表”，弹出如图 4.10 所示对话框，显示被重置的元器件标识个数。

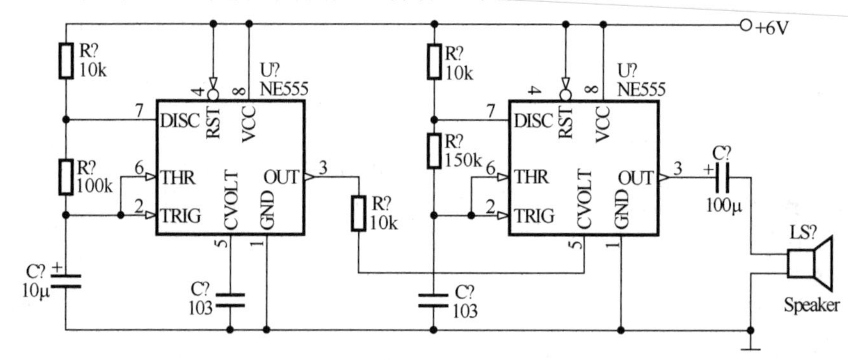

图 4.8　未分配元器件标识的原理图变音警笛 1.SchDoc

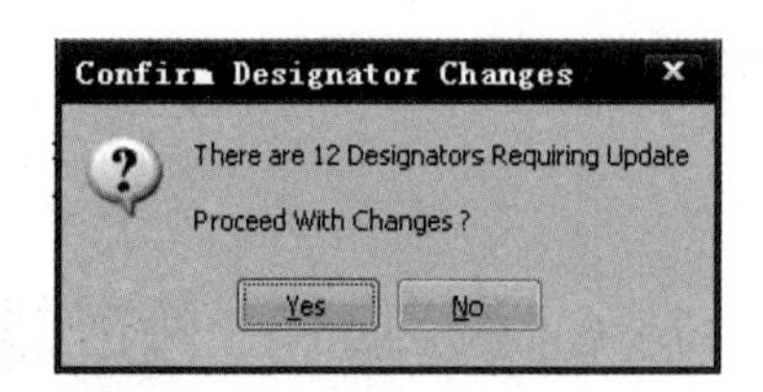

图 4.9　需重置标识元器件个数

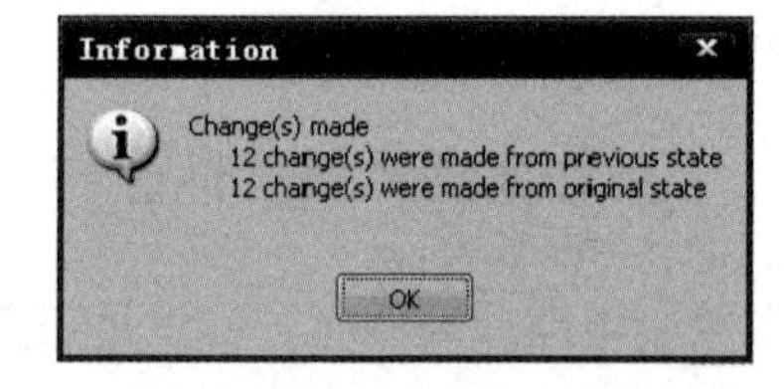

图 4.10　被重置元器件标识个数

第 5 步，单击“OK”按钮，所有按规则自动标识产生的标识变化将显示出来，如图 4.11 所示。

建议变化表

当前值		建议值		该部分所在位置
标识符	辅助	标识符	辅助	原理图图纸
C?		C2		变音警笛1.SCHDOC
C?		C1		变音警笛1.SCHDOC
C?		C3		变音警笛1.SCHDOC
C?		C4		变音警笛1.SCHDOC
LS?		LS1		变音警笛1.SCHDOC
R?		R3		变音警笛1.SCHDOC
R?		R4		变音警笛1.SCHDOC
R?		R5		变音警笛1.SCHDOC
R?		R1		变音警笛1.SCHDOC
R?		R2		变音警笛1.SCHDOC
U?		U1		变音警笛1.SCHDOC
U?		U2		变音警笛1.SCHDOC

图 4.11　自动标识

第 6 步，执行“工具”→“快捷注释元件”，完成自动标识，如图 4.12 所示。

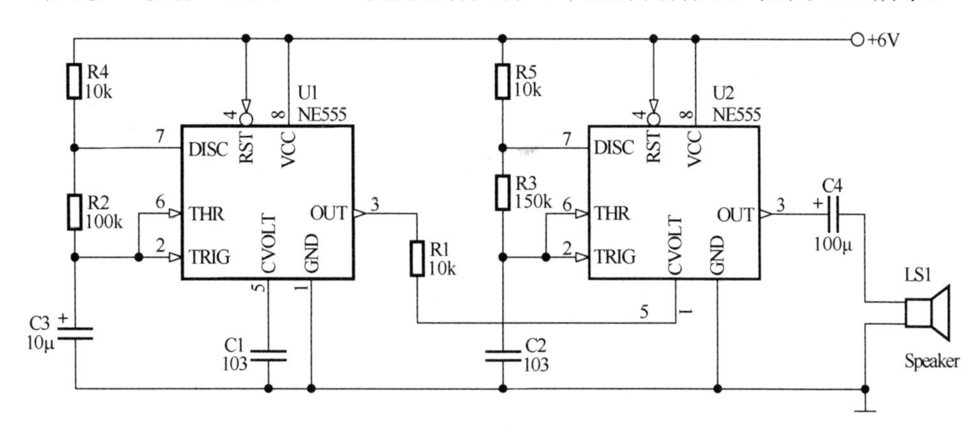

图 4.12　元器件标识自动排序后的效果图

通过元器件的自动标识后，原理图上的元器件标识分布将遵循一定的规则，方便了设计者的管理和查找。

知识 3　对象的整体编辑

原理图设计完成后，一般要打印输出。为了做到保密，设计人员都希望将元器件的一些参数隐藏。下面以如图 4.13 所示频率可调电路为例，利用对象的整体编辑功能隐藏图中元器件参数。

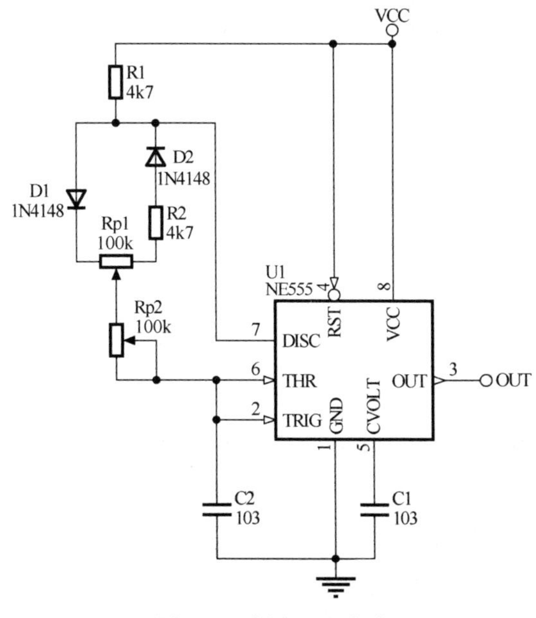

图 4.13　频率可调电路

对象的整体编辑

执行对象整体编辑的操作步骤如下。

第 1 步，执行菜单中“编辑”→“查找相似对象”命令，或者直接右击工作区选择“查找相似对象”命令，光标变成十字形，将光标移到工作窗口中任意元器件的参数上，如图 4.14 所示电容 C2。

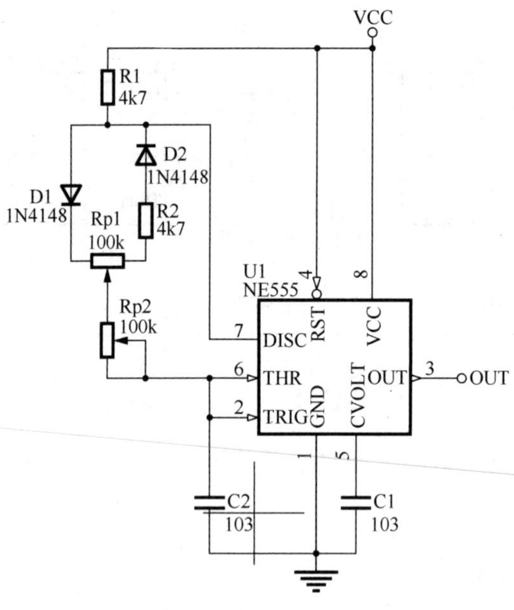

图 4.14　执行“查找相似对象”命令

第 2 步，单击，弹出如图 4.15 所示的“查找相似对象”对话框。

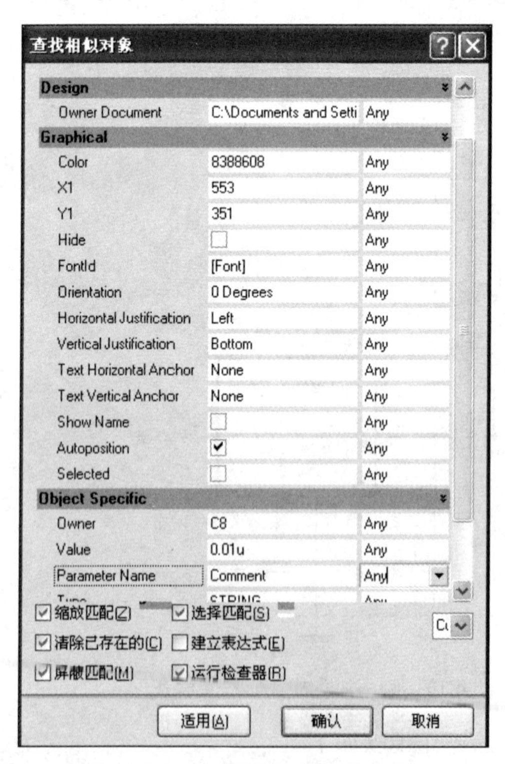

图 4.15　“查找相似对象”对话框

第 3 步，将该对话框中“Parameter Name”选项后的匹配参数设定为“Same”，并且选中“选择匹配”复选框，即将所有属性参数为“Parameter”的图件选中。

第 4 步，设置完查找的属性参数后，单击“适用”按钮，系统即可按照查找的参数设定，对当前原理图设计文件中的图件进行查找。再单击“确认”按钮。

第 5 步，系统弹出“Inspector”对话框，如图 4.16 所示，选中“Hide”复选框，然后按 Enter 键确认，即可完成对所有元器件参数的隐藏操作，结果如图 4.17 所示。

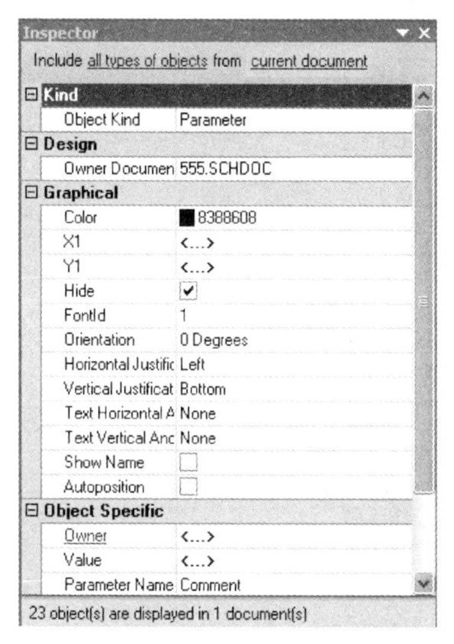

图 4.16 “Inspector”对话框

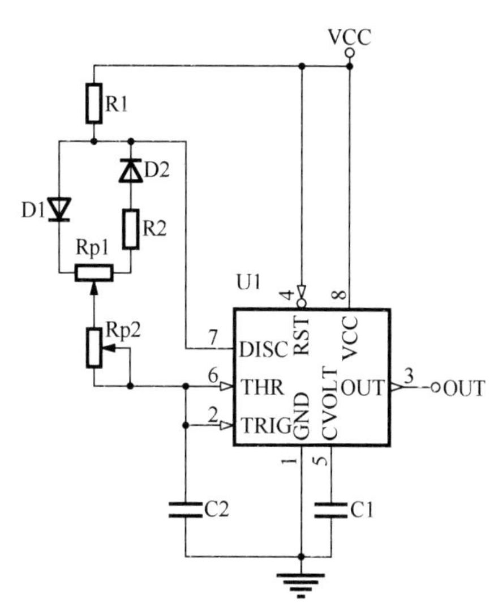

图 4.17 隐藏元器件参数的结果

实 训

实训 原理图编辑技巧

1. 自动排序操作步骤

在图 4.8 中以“处理顺序”Up Then Across（先自下而上，再自左至右）、Down Then Across（先自上而下，再自左至右）、Across Then Down（先自左至右，再自上而下）的方式分别对元器件标识进行自动排序，并将操作步骤填写于表 4.1 中。

表 4.1 自动排序操作步骤

<table>
<tr><th rowspan="2">排序方式</th><th colspan="2">操作步骤</th></tr>
<tr><th>不同点</th><th>相同点</th></tr>
<tr><td>Up Then Across</td><td></td><td rowspan="3"></td></tr>
<tr><td>Down Then Across</td><td></td></tr>
<tr><td>Across Then Down</td><td></td></tr>
</table>

2. 实际操作

做一个调整元器件引脚的练习，如图 4.18 所示，并将操作步骤填写在表 4.2 中。

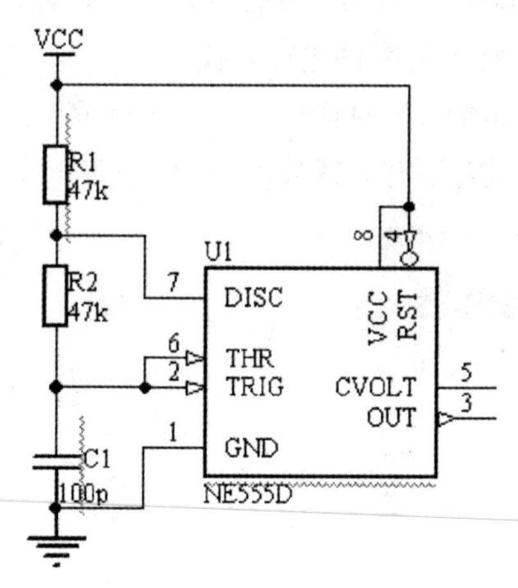

图 4.18 调整引脚练习原理图

表 4.2 调整引脚

引脚号	操作步骤	
	不同处	相同处
4		
5		
7		
8		

3. 收获和体会

将对元器件标识进行自动排序与调整元器件引脚实训后的收获和体会写在下面空格中。

收获和体会：

4. 实训评价

将对元器件标识进行自动排序与调整元器件引脚实训工作评价填写在表 4.3 中。

表 4.3 实训评价表

项目 评定人	实训评价	等级	评定签名
自评			
互评			
教师评			
综合评定等级			

________年________月________日

任务二 原理图注释

情 景

小明画好了一个原理图，想要打印出来，但总觉得欠缺点什么。因为要是一幅画，我们还可以从画上看出是树、花、草或人物，但就不知道原理图到底有什么功能。所以，在完成原理图绘制后，我们常需要对原理图进行注释，即在原理图中加一些说明性的文字或图形，以方便对原理图的阅读和检查。在调试电路时，如果在原理图中附上线路点的波形、参数，将会极大地方便线路的调试工作。当制作元器件库时，也需要绘制元器件库的图形单元（相关操作将在元器件库的设计和制作中介绍）。

讲解与演示

知识 图形工具栏的使用

Protel DXP 2004 除了提供一系列具有电气特性的对象外，还提供一系列图形工具。利用图形工具绘制的图形不具有任何电气特性，对电路的电气连接没有任何影响。使用图形工具不仅为原理图添加一些辅助信息，同时也用于自定义元器件和画轮廓。

单击“实用工具”工具栏上“绘图工具”按钮，弹出如图 4.19 所示的绘图工具，或者执行“放置”→“描画工具”命令，弹出如图 4.20 所示的子菜单，都可以看到系统所提供的各种图形对象。

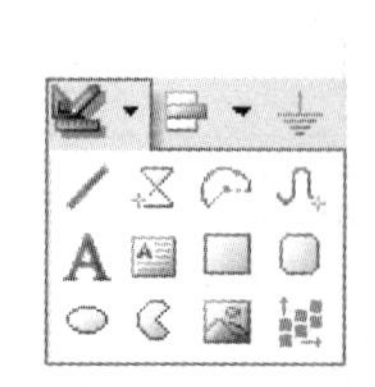

图 4.19　绘图工具栏

图 4.20　画图工具菜单

利用绘图工具栏（自左至右、自上而下）可以绘制直线、多边形、椭圆弧、贝塞尔曲线、放置字符串、放置文本框、绘制矩形、绘制圆角矩形、绘制椭圆、绘制饼图、粘贴图片和阵列粘贴。由于波形在电子技术中的广泛应用，在此讲述直线和贝塞尔曲线的绘制。其他绘图工具的使用技巧在今后的绘图操作练习过程中逐步掌握。

1. 绘制直线

绘制直线

直线（Line）在功能上完全不同于连接元器件的导线（Wire）。导线具有电气意义，用来表示元器件间的物理连通，而直线不具备任何电气意义。

（1）绘制直线的步骤

第 1 步，执行“放置”→“描画工具”→“直线”命令，或者在“实用工具”工具栏上，单击“绘图工具”按钮下的绘制直线图标，光标指针变成十字形。

第 2 步，移动鼠标到直线的起点，单击定位，如图 4.21 所示。

第 3 步，继续移动鼠标，在工作窗口显示直线，如图 4.22 所示。

第 4 步，到达直线终点，单击，再右击绘制好一条直线。

如绘制折线，只需当鼠标移动到转弯点时单击就可以定位一个拐角；继续移动鼠标到直线终点单击，如图 4.23 所示。绘制完毕，双击或按 Esc 键退出画线状态。

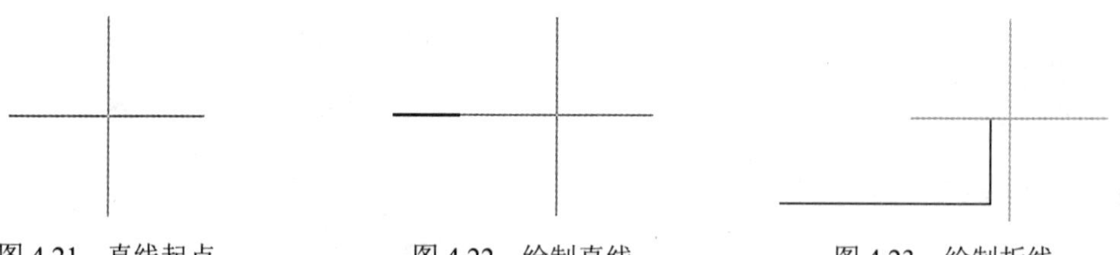

图 4.21　直线起点　　图 4.22　绘制直线　　图 4.23　绘制折线

画直线时，按空格键可以切换直线走线模式，即水平垂直模式、45° 倾角模式和任意倾角模式。

（2）编辑直线属性

双击已绘制好的直线或在绘制过程中按 Tab 键，弹出如图 4.24 所示的“折线”属性对话框。可对直线的线宽、颜色、风格等外观特性进行设置。

（3）改变直线的长短或位置

单击已画好的直线，在直线两端或折线转折点各自会出现一个方块，即控制点，如图 4.25 所示，拖动控制点可改变直线的长短，拖动直线本身可改变其位置。

绘制不同图形也可以用此法改变图形的形状或位置。

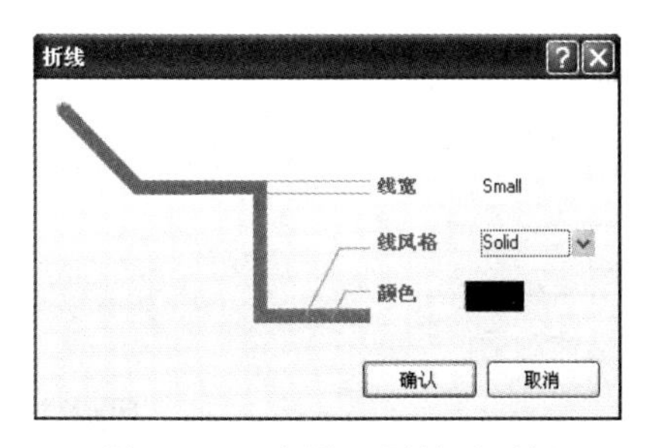

图 4.24　“折线”属性对话框

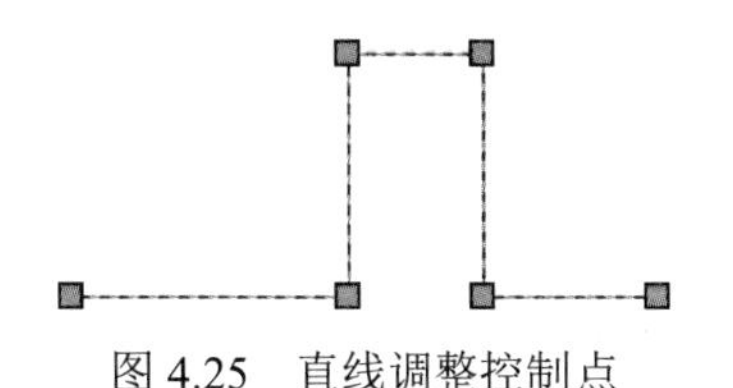

图 4.25　直线调整控制点

2. 绘制贝塞尔曲线

绘制贝塞尔曲线

贝塞尔曲线是一种常用的曲线模型，利用该工具可以根据 4 个相互分离的参考点绘制出正弦波、锯齿波、抛物线等曲线。

（1）绘制贝塞尔曲线步骤

第 1 步，执行“放置”→“描画工具”→“贝塞尔曲线”命令，或者单击“绘图工具”按钮下的绘制贝塞尔曲线图标，光标指针变成十字形。

第 2 步，将十字光标移动到所需绘制曲线的起点，单击确定第一个点。

第 3 步，移动光标拉出一条直线，单击确定第二个点，如图 4.26（a）所示。

第 4 步，移动光标可弯曲该直线，当曲线的曲率适当时，单击确定第三个点，如图 4.26（b）所示。

第 5 步，再次移动光标可改变该曲线的弯曲方向，最后单击确定第四个点，即可完成一段贝塞尔曲线的绘制，如图 4.26（c）所示。

此时系统仍然处于“绘制曲线”的命令状态下，用户可以继续绘制其他的曲线，也可以右击工作区或按 Esc 键退出。

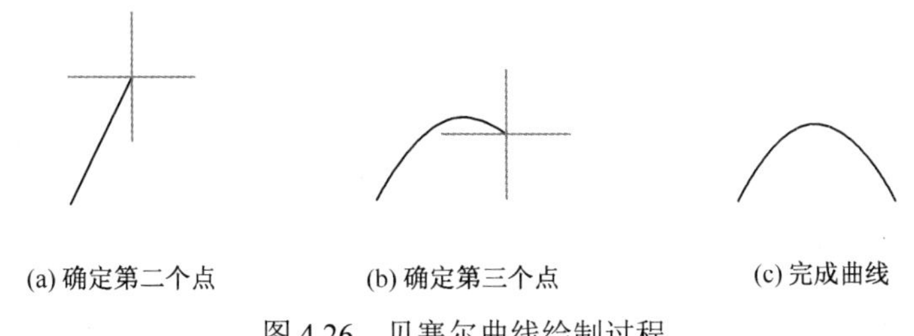

(a) 确定第二个点　(b) 确定第三个点　(c) 完成曲线

图 4.26　贝塞尔曲线绘制过程

（2）设置贝塞尔曲线属性

双击已绘制的贝塞尔曲线或在绘制状态下按 Tab 键，弹出“贝塞尔曲线”属性对话框，如图 4.27 所示，可以从中定制曲线的线宽和颜色。

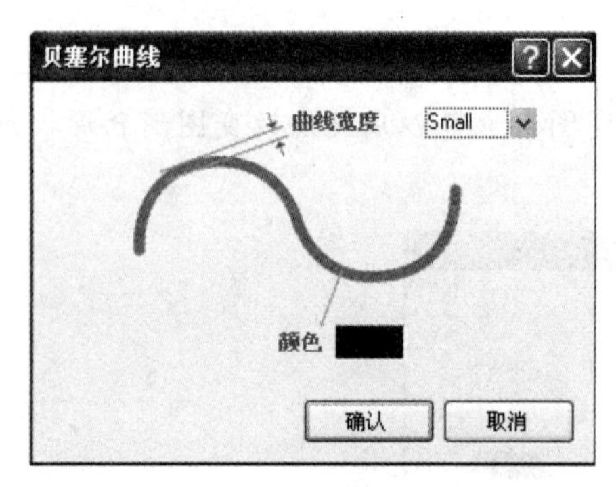

图 4.27 “贝塞尔曲线”属性对话框

3. 放置文本字符串

放置文本字符串

在原理图上最重要的注释方式就是文字说明。如果注释文字是单行的，可以直接使用放置文本字符串命令。

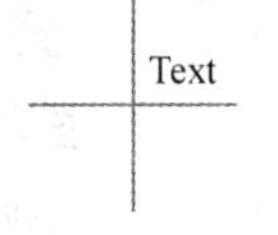

图 4.28 放置文本字符串状态

（1）放置文本字符串步骤

第 1 步，执行“放置”→“文本字符串”命令，或者单击“绘图工具”按钮下的放置文本字符串图标A，光标指针变成十字形并带有一个如图 4.28 所示的文本字符串。

第 2 步，在图纸中移动十字光标，在适当位置单击确定添加文字标注的位置。在图纸中放置的文字标注内容默认为 Text。

第 3 步，放置该文本字符串后，光标上仍带有一个浮动的文本字符串，用户可以用同样的方法放置下一个文本字符串。

第 4 步，完成全部放置后，右击工作区或按 Esc 键，退出放置文本字符串状态。

（2）设置文本字符串属性

双击已放置的文本字符串，或者在放置状态下按 Tab 键，弹出“注释”属性对话框，如图 4.29 所示。在“注释”属性对话框中可以设置文本字符串的颜色、位置、方向和对齐方式等参数。其中“文本”用于输入需要显示的字符串。

单击“变更”按钮打开“字体”设置对话框，如图 4.30 所示。从中可以设置该文字的字体和大小等。在放置文本字符串的状态下，按空格键可以改变文本字符串的方向。

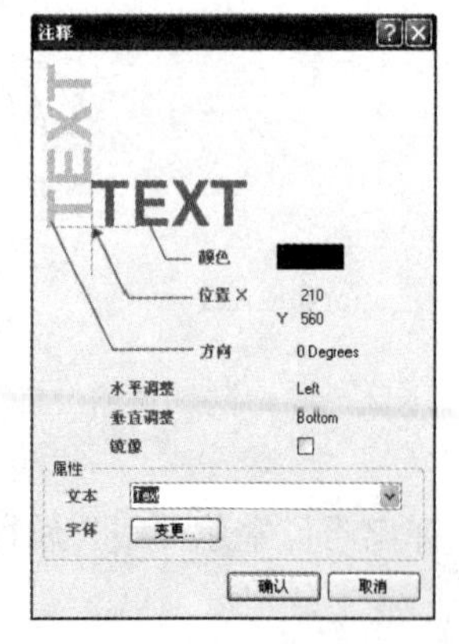

图 4.29 “注释”属性对话框

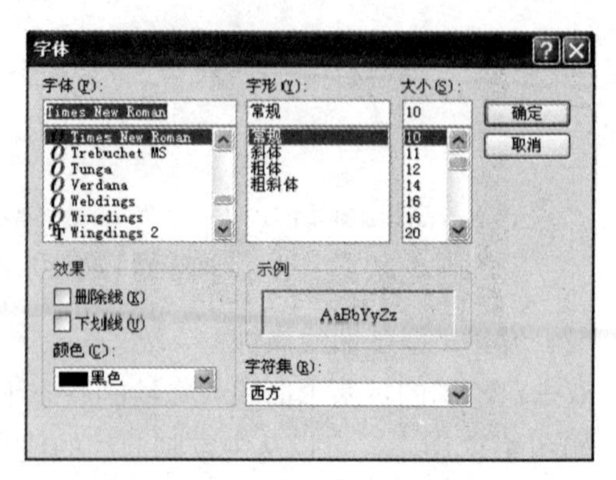

图 4.30 “字体”设置对话框

4. 放置文本框

放置文本框

文本字符串放置起来很方便，但是内容比较单薄，通常用于单行的注释。大块的原理图注释需要分成几行，通常采用文本框的方法来实现。

（1）放置文本框步骤

第 1 步，执行“放置”→“文本框”命令，或者单击“绘图工具”按钮下的文本框图标，光标指针变成十字形并浮动一个文本框，如图 4.31 所示。

第 2 步，在预放置文本框区域的一个边角处单击确定文本框的一个顶点。

第 3 步，移动鼠标拖出一个虚线框，单击确定文本框的另一个对角顶点，就放置了一个文本框，如图 4.32 所示，并自动进入下一个放置状态。

第 4 步，完成全部放置后，右击工作区或按 Esc 键，退出放置文本框状态。

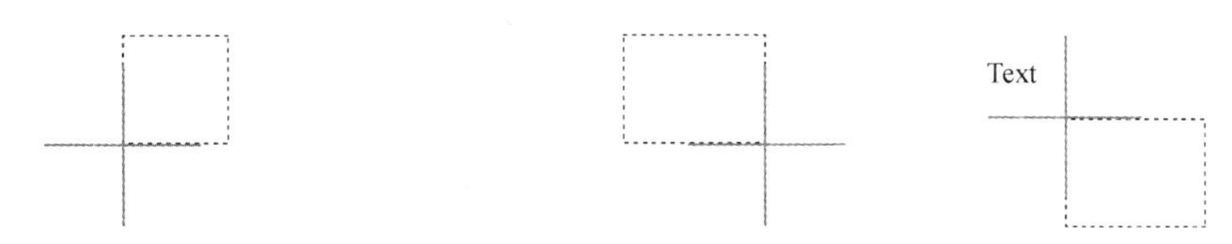

图 4.31　放置文本框状态　　　　图 4.32　放置文本框全过程

（2）设置文本框属性

双击已放置的文本框或在放置状态下按 Tab 键，弹出“文本框”属性对话框，如图 4.33 所示。

在“文本框”属性对话框中可以设置文本框的边缘宽、边缘色、填充色、位置和排列对齐方式等参数。单击“文本”右边的“变更”按钮，弹出文本输入窗口，如图 4.34 所示，用户可在其中编辑要显示的文字。“字体”右边的“变更”按钮，用来设置文字的字体和大小等。“自动换行”复选框用来设置当文字内容超出文本框边界时是否换行。“区域内表示”复选框用来设置当文字长度超出文本框边界时，是否截去超出部分。设置完毕后，单击“确认”按钮，完成文本框属性的设置。

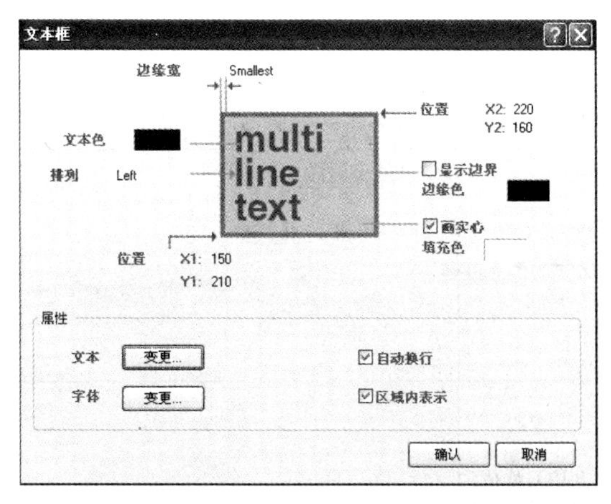

图 4.33　“文本框”属性对话框

图 4.34　文本输入窗口

在放置文本框的状态下，按空格键可以改变文本框的方向，但不改变文本框内文本的方向。

实 训

实训 绘制图形

1. 绘制正弦曲线的步骤

绘制如图 4.35 所示的正弦曲线，并将绘制过程的操作步骤填于表 4.4 中。

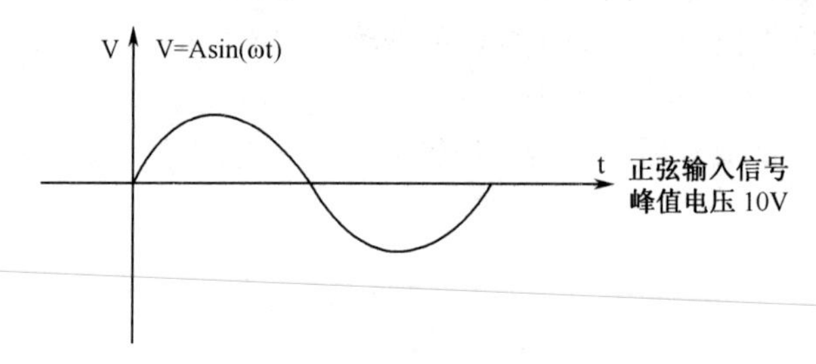

图 4.35 正弦波曲线

表 4.4 绘制正弦曲线的操作步骤

绘制过程	图形示例	操作步骤
绘制坐标轴（箭头用斜的短直线）		
绘制正弦曲线	1 2 3 4 5 6 鼠标单击位置及顺序示意图	
放置文本字符串（字体大小为 18）	V V=Asin(ωt) t	
放置文本框（字体大小为 20）	V V=Asin(ωt) t 正弦输入信号峰值电压 10V	

2. 收获和体会

把绘制图 4.35 正弦波曲线的收获和体会写在下面空格中。

收获和体会：

3. 实训评价

将绘制图 4.35 正弦波曲线的实训工作评价填写在表 4.5 中。

表 4.5 实训评价表

项目 / 评定人	实训评价	等级	评定签名
自评			
互评			
教师评			
综合评定等级			

_____年_____月_____日

拓 展

拓展 插入图片

有时为了让原理图更加美观，需要在原理图上粘贴一些图片。Protel DXP 2004 的绘图工具栏提供了一个添加图像的工具，利用它可以在图纸上放置图像文件，如公司的标志、广告等。

1. 插入图片步骤

第 1 步，执行“放置”→“描画工具”→“图形”命令，或者单击“绘图工具”按钮下的插入图片图标，光标指针变成十字形并浮动一个图片框。

第 2 步，移动光标到图纸中的适当位置，单击确定图片框一个顶点的位置。

第 3 步，再将光标移动到对角位置，定出图片区域，单击确定图片框的另一个顶点。

第 4 步，弹出如图 4.36 所示选择图片对话框。

第 5 步，在该对话框中指定正确的路径，在下拉列表框中指定正确的文件类型，选择合适的图片文件，然后单击“打开”按钮，即可完成一个图片的放置。

图 4.36　选择图片对话框

第 6 步，将光标移动到另一个位置，再按前面的步骤继续放置下一个图片。

第 7 步，完成全部放置后，右击工作区或按 Esc 键，退出放置图片状态。

在放置图片的状态下，按空格键可以改变图片框的方向，但不改变图片的方向。

2. 编辑图像属性

双击已放置的图像，或者在放置状态下按 Tab 键，打开如图 4.37 所示的"图形"属性对话框。在该对话框中，可设置图片框边缘宽、边缘色、位置等参数。

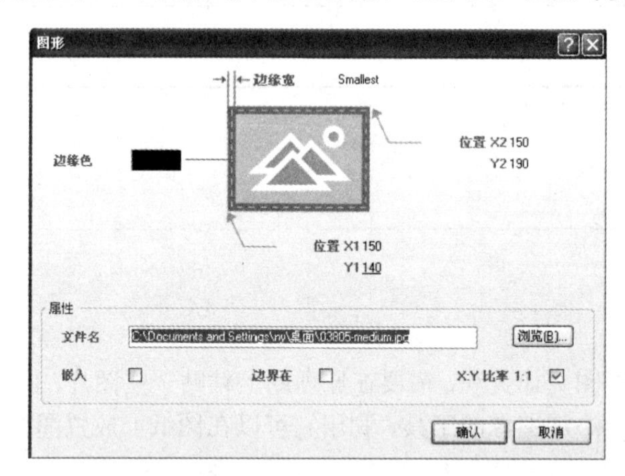

图 4.37　"图形"属性对话框

任务三　层次原理图

情　景

小明的叔叔在仪表厂做技术工作。叔叔知道小明在学 Protel，想考考小明，把一张图纸拿来让小明画。小明一看，头都大了，那么复杂的一大张！但小明可不服输，还是认真地画了起来。只不过图纸规模太大，使得图纸尺寸很大，要打印和浏览整张图的各部分功能层次结构比较麻烦。叔叔教了小明一种新的原理图绘制方法解决这个问题，小明学会了，感觉真开心。

同学们，想知道这种新的绘制方法吗？这就是层次原理图。

讲解与演示

知识 1 层次原理图概述

在原理图设计过程中，通常把规模较大的原理图分成几部分，按不同的功能模块分别画在几张小图上。这样做不但便于交流，更大的好处是可以使很复杂的电路变成相对简单的几个模块，使电路结构清晰明了，因此大大方便了设计人员进行分工合作、检查电气连接以及修改电路等。由此，引入了层次电路设计的方法。

Protel DXP 2004 提供了强大的层次电路原理图设计功能，整张原理图可以分成若干个子图，某个子图还可以再向下细分，如此下去，形成树状结构。同一个工程中，可以包含任意多层原理图。

层次式电路设计方法，是一种化整为零、聚零为整的电路图设计方法。原理图的层次化是指由子原理图、方块电路图、母原理图形成的层次化体系。层次原理图的结构可以用图 4.38 来表示。

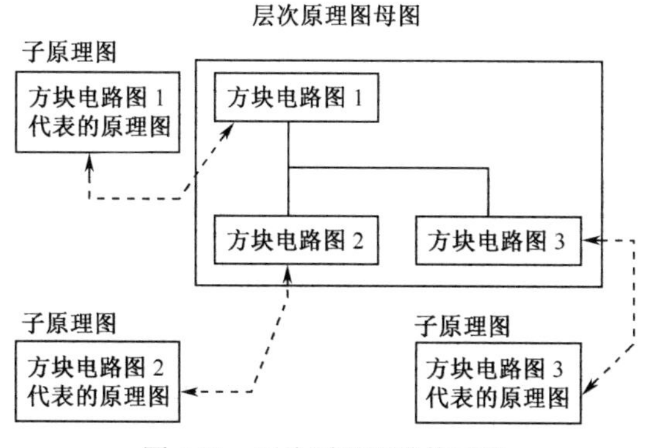

图 4.38 层次原理图结构示意

从图 4.38 中可以看出，层次原理图的母图以方块电路图来表示各个功能模块，每个方块电路都是一张下层电路图的等价表示，是母图和子图联系的纽带。层次式原理图的母图起到连接各子图的作用，其连接方法是通过放置在方块电路中的输入和输出端口实现的。母图中的方块电路图代表本图下一层的子原理图符号。每个方块电路都与特定的子原理图相对应，相当于封装了子原理图中的所有电路，将一张原理图简化为一个符号。

层次电路设计方法包括自上而下和自下而上两种。自上而下的设计方法是指首先根据项目结构，把整个电路分解成不同功能的子模块，并画出层次原理图母图，然后再分别画出层次原理图母图中各个方块电路图对应的子原理图，这样一层一层向下细化，最终完成整个项目原理图的设计。自下而上的设计方法则先设计原理图子图，再设计方块电路图，进而产生母图，这种方法常用于在模块设计前不清楚该模块具体有哪些端口的情况。

层次电路图不易设置过多的层次，否则会增加系统的负担。一个工程项目一般只允许设置两层。

知识 2　认识电路

这里以一个两层结构的工程为例，介绍自上而下和自下而上两种层次原理图设计的具体流程。图 4.39 和图 4.40 分别是“正弦波发生器”和“三端正、负电源稳压电路”原理图，“正弦波发生器”的电源由“三端正、负电源稳压电路”提供。在进行电路设计时，把这两个电路看成是母图的两个子图，分别画在不同的两张图纸上。

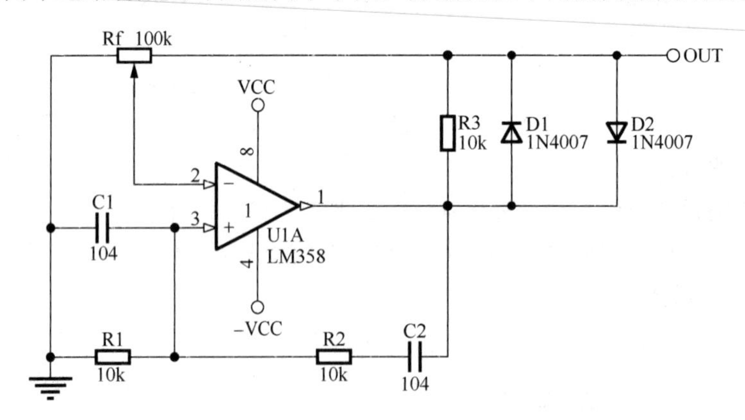

图 4.39　正弦波发生器

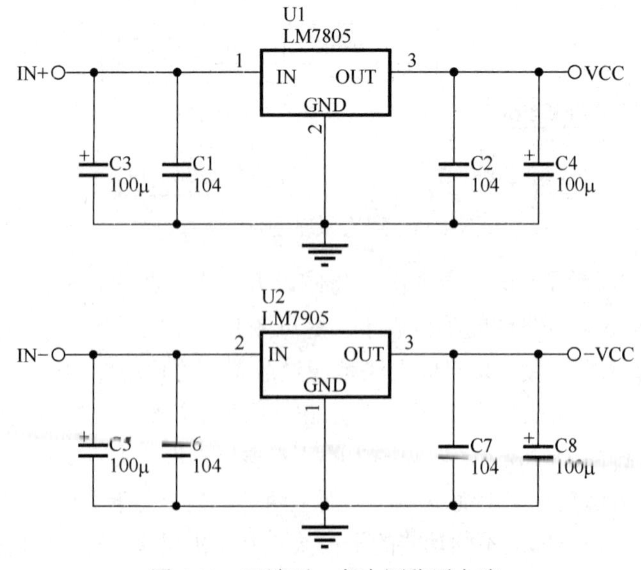

图 4.40　三端正、负电源稳压电路

知识 3 自上而下层次原理图设计

自上而下层次原理图设计

自上而下层次原理图设计方法，即由方块电路图产生原理图。设计的具体流程如下。

1. 创建 PCB 设计项目

第 1 步，执行“文件”→“创建”→“项目”→“PCB 项目”命令，创建一个 PCB 项目文档。

第 2 步，执行“文件”→“另存项目为”命令，保存创建的 PCB 项目文档，并命名为 UpToDown.PRJPCB。

所有的层次式电路都必须用项目文档来组织，因此，设计一个层次式电路的首要任务是创建一个 PCB 设计项目文档。

2. 创建母图

第 1 步，执行“文件”→“创建”→“原理图”命令，新建层次原理图母图，再执行“文件”→“另存为”命令，保存创建的原理图文档，并命名为 UpToDown.SCHDOC，建立原理图文档后的项目面板如图 4.41 所示。

第 2 步，放置方块电路。执行“放置”→“图纸符号”命令，或单击“配线”工具栏放置图纸符号按钮，光标变成十字状，并在光标上浮动一个如图 4.42 所示的方块电路。

图 4.41 建立层次原理图母图项目面板

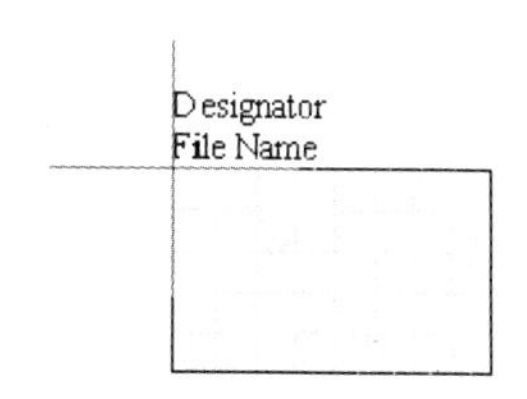

图 4.42 放置方块电路图状态

第 3 步，在放置方块电路图状态下按 Tab 键或双击已放置好的方块电路图，弹出“图纸符号”属性对话框，如图 4.43 所示。

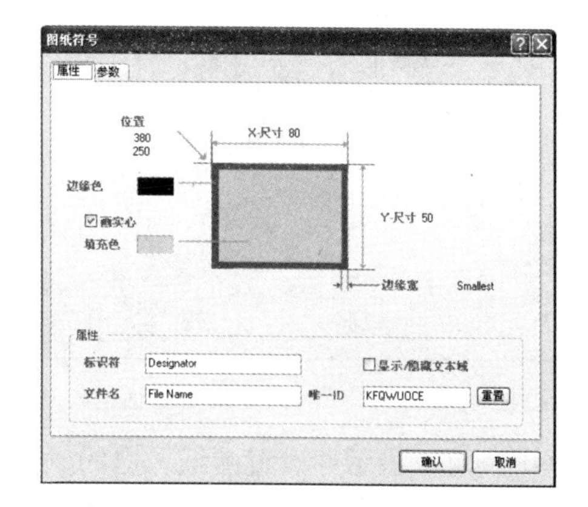

图 4.43 “图纸符号”属性对话框

第 4 步，在该对话框中，可以显示并设置图纸符号的位置、颜色和标识符等参数。在“文件名”文本框中设置文件名为 zxb.schdoc，在“标识符”文本框中设置标识符为正弦波。

第 5 步，在图纸适当位置处单击，确定方块电路图的左上角。

第 6 步，移动光标到合适的位置，单击确定方块电路图的右下角位置，完成一个方块电路图放置。

第 7 步，用同样的方法，继续放置另一个名为电源的方块电路图，绘制好如图 4.44 所示的方块电路原理图。

如需修改已放置的方块电路图，只要双击需要修改的方块电路，打开“图纸符号”属性对话框，在对话框中直接修改即可。

第 8 步，设置方块电路端口。执行“放置”→“加图纸入口”命令，或在“配线”工具栏上，单击放置图纸入口按钮。

第 9 步，光标变成十字形状，单击需要放置端口的方块电路图，光标处就会出现一个方块电路端口符号，如图 4.45 所示。该端口随着光标的移动而移动，并且它只能在方块电路图的边框上移动。

图 4.44 绘制好的方块电路原理图

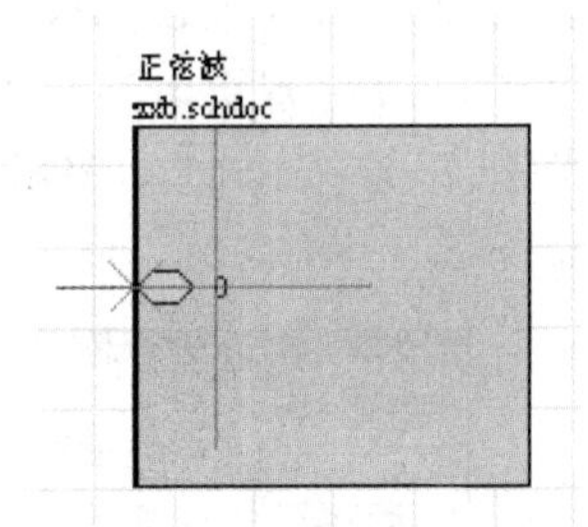

图 4.45 放置方块电路图端口

第 10 步，在放置方块电路端口状态下，按 Tab 键，弹出“图纸入口”属性对话框，如图 4.46 所示。

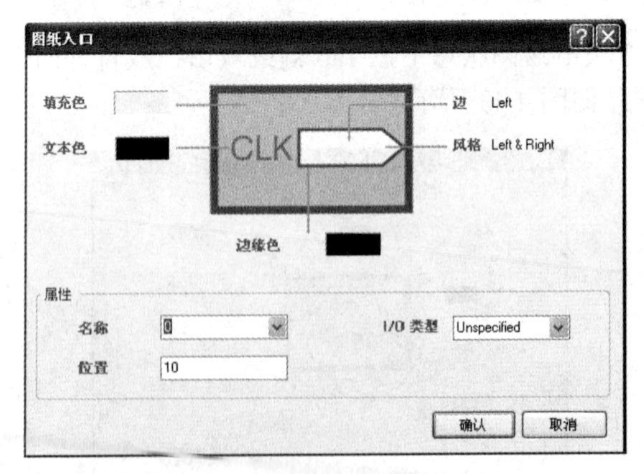

图 4.46 “图纸入口”属性对话框

第 11 步，在该对话框中，可以显示并设置图纸入口的颜色、风格和名称等属性。端口“名称”设置成“VCC”，“I/O 类型”选项设置为“Input”（输入）型，“边”选项设置为“Left”（左），“风格”设置为“Right”（右）。

第 12 步，设置完毕后，单击“确认”按钮，退出“图纸入口”属性对话框，回到放置方块电路端口状态。

第 13 步，在图纸的适当位置处单击，即完成一个名为 VCC 的方块电路端口的放置，如图 4.47 所示。

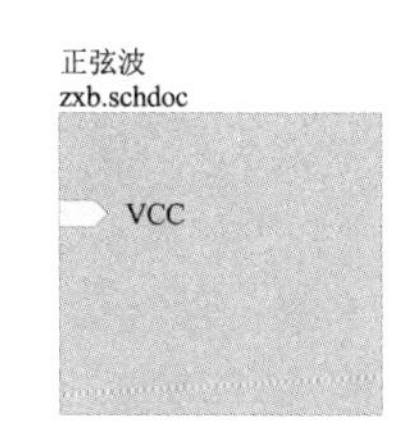

图 4.47　放置 VCC 端口

第 14 步，用同样的方法，继续放置其他端口，并进行相应的设置。

第 15 步，放置完毕后，右击工作区或按 Esc 键，退出放置方块电路端口状态。

第 16 步，将电气关系上具有相连关系的端口用导线或总线连接在一起，即完成了如图 4.48 所示层次式原理图的母图。

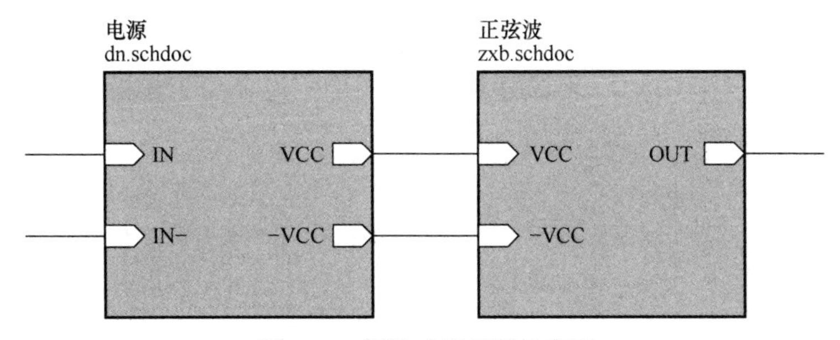

图 4.48　层次式原理图的母图

不同层次但具有电气相连关系的端口名称必须相同，如电源电路中的 VCC 端口和正弦波电路中的 VCC 端口。

3. 绘制方块电路对应的子原理图

子原理图与母图通过 I/O 端口发生联系，因此，子原理图的 I/O 端口符号必须与方块电路上的 I/O 端口符号相对应。

第 1 步，执行“设计”→“根据符号创建图纸”命令，光标变为十字形状。

第 2 步，光标移到名称为“电源”的方块电路内（注意不要指向端口）单击，弹出如图 4.49 所示的转换端口方向对话框。

第 3 步，在图 4.49 中单击“No”按钮，即子原理图中的 I/O 端口方向不转换，与方块电路图中的端口方向相同。此时产生一张新的子原理图，如图 4.50 所示。

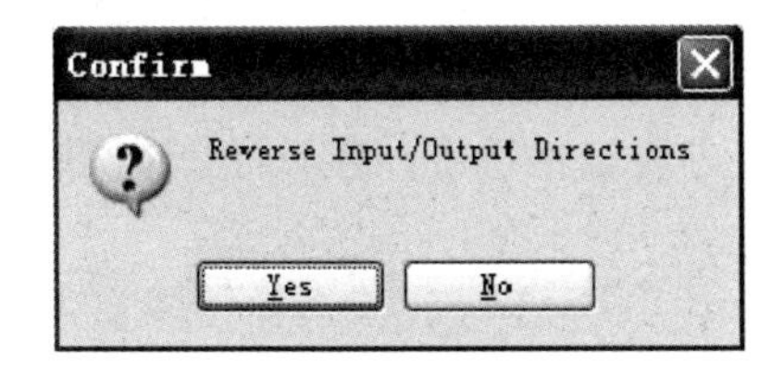

图 4.49　转换端口方向对话框

图 4.50　产生的子原理图

第 4 步，Protel DXP 2004 已经为该子原理图布置好 I/O 端口，放置各种所需的元器件并连接导线，绘制好如图 4.51 所示的原理图。

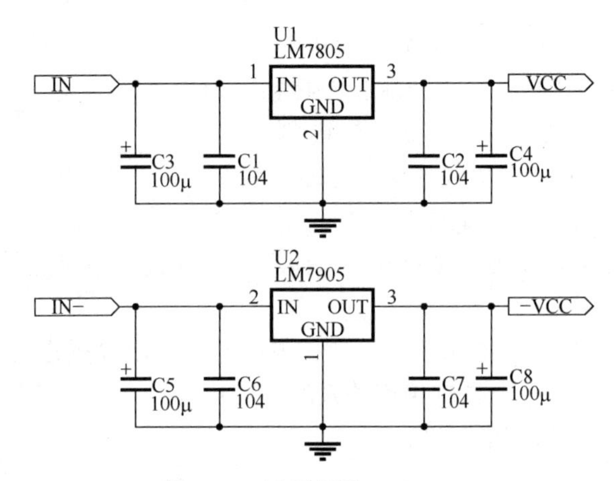

图 4.51　子原理图 dn.schdoc

第 5 步，按照上述方法再绘制如图 4.52 所示的子原理图 zxb. schdoc。

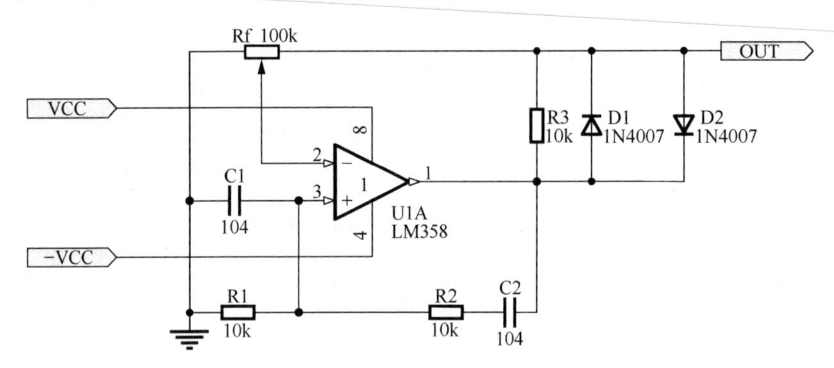

图 4.52　子原理图 zxb. schdoc

第 6 步，保存上述文件，至此完成了整个电路的设计。

对于一张含有方块电路的层次原理图，其中的方块电路其实并没有电气意义，它只代表下层的子原理图，在层次原理图中真正具有电气意义的是方块电路端口。

知识 4　自下而上层次原理图设计

自下而上层次原理图设计

自下而上层次原理图设计方法，是先设计原理图子图，再设计方块电路图，最后产生母原理图。Protel DXP 2004 提供了快捷的方法，即由一张已设置好端口的原理图子图直接产生方块电路符号。自下而上层次原理图的具体操作流程如下。

1. 创建 PCB 设计项目

第 1 步，执行“文件”→“创建”→“项目”→“PCB 项目”命令，创建一个 PCB 项目文档。

第 2 步，执行“文件”→“另存项目为”命令，保存创建的 PCB 项目文档，并命名为 DownToUp.PRJPCB。

2. 创建原理图子图

第 1 步，执行“文件”→“创建”→“原理图”命令，创建一个原理图文档。

第 2 步，执行“文件”→“保存”命令，保存创建的原理图文档为 dn1.SchDoc。

第 3 步，在原理图编辑窗口中，放置元器件、连接线路，绘制出具体的原理图，放置 I/O 端口表示子原理图的外部接口。完成一张子原理图的绘制，如图 4.51 所示。

第 4 步，以同样方法绘制另一张名为 zxb1.SchDoc 子原理图，如图 4.52 所示。

3. 创建原理图母图

第 1 步，在已设计好原理图子图的同一目录下，执行“文件”→“创建”→“原理图”命令，创建一个新的原理图文件，并命名为 DownToUp. SchDoc。

第 2 步，在新原理图文件编辑窗口，执行“设计”→“根据图纸建立图纸符号”命令。

第 3 步，出现如图 4.53 所示对话框，系统将列出当前打开的所有原理图。选择要产生方块电路的文件 dn1.SchDoc，单击“确认”按钮。

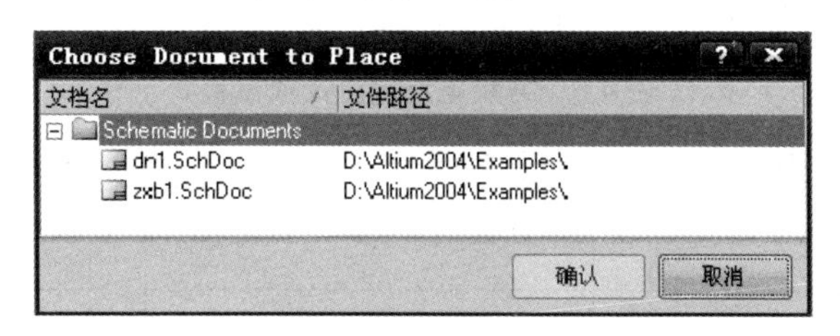

图 4.53　“Choose Document to Place”对话框

第 4 步，弹出如图 4.49 所示“Confirm”转换端口对话框，单击“No”按钮，确认端口 I/O 方向。

第 5 步，将光标移到适当位置，按照前面放置方块电路的方法，将其定位，自动生成名为“dn1.SchDoc”的方块电路。

在此方块电路属性对话框中，“文件名”项一定不能改，否则方块图与原理图就不对应。

第 6 步，同理，自动生成名为“zxb1.SchDoc”的方块电路，如图 4.54 所示。

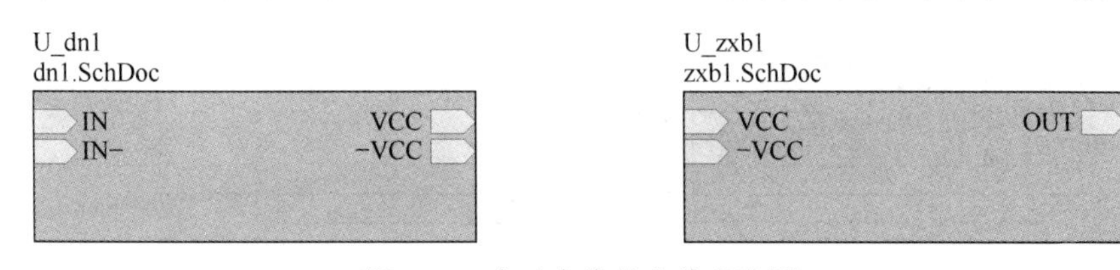

图 4.54　自动产生的方块电路图

第 7 步，根据层次原理图的需要，对方块电路图端口进行适当调整，以便于连线。

第 8 步，根据电路需要，将有电气关系的端口用导线或总线连接在一起，完成母图设计，如图 4.55 所示。

总之，对于设计层次原理图，如果在一个模块设计之前并不清楚该模块到底有哪些端口，这时采用自上向下的设计方法是没有办法画出一张详尽的总图的，而采用自下而上的方法来设计就非常有效。

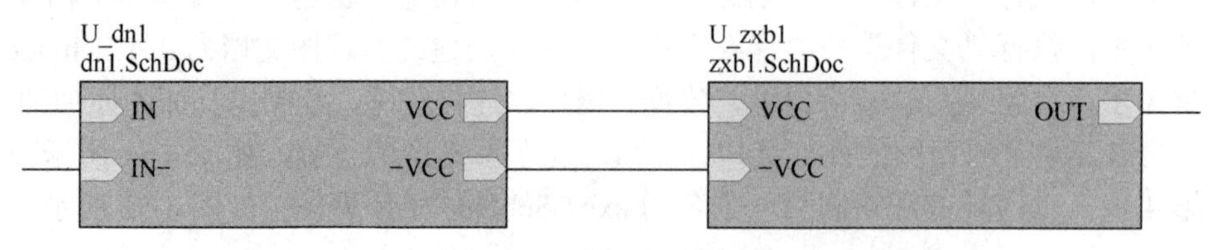

图 4.55　层次原理图母图

实　训

实训　层次原理图绘制

1. 设置方块电路端口

设置图 4.48 方块电路端口，并把设置状态填于表 4.6 中。

表 4.6　方块电路端口选项设置

方块电路	端口名称	I/O 类型	边	风格
电源	IN+			
	IN-			
	VCC			
	-VCC			
正弦波	VCC			
	-VCC			
	OUT			

2. 实际操作

绘制如图 4.56 所示的层次原理图（图 4.57 为其子图之一），并把操作过程填于表 4.7 中。

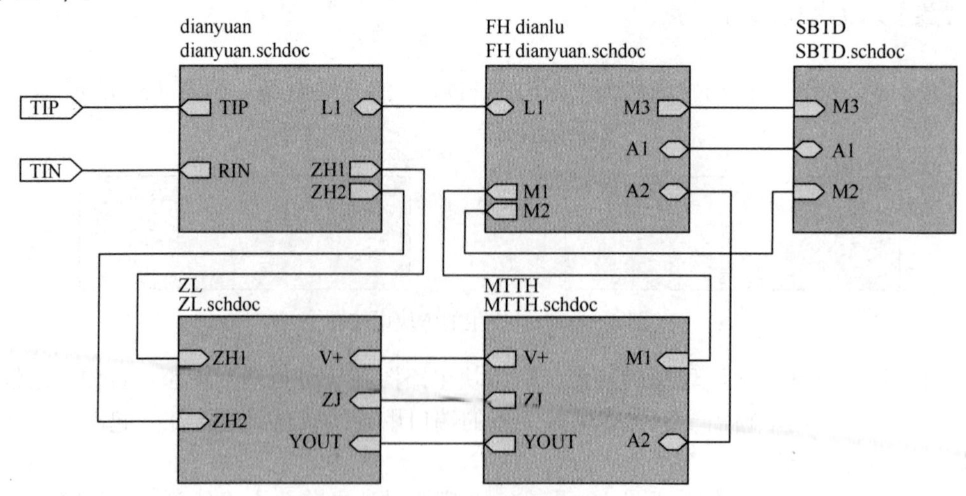

图 4.56　层次原理图母图练习

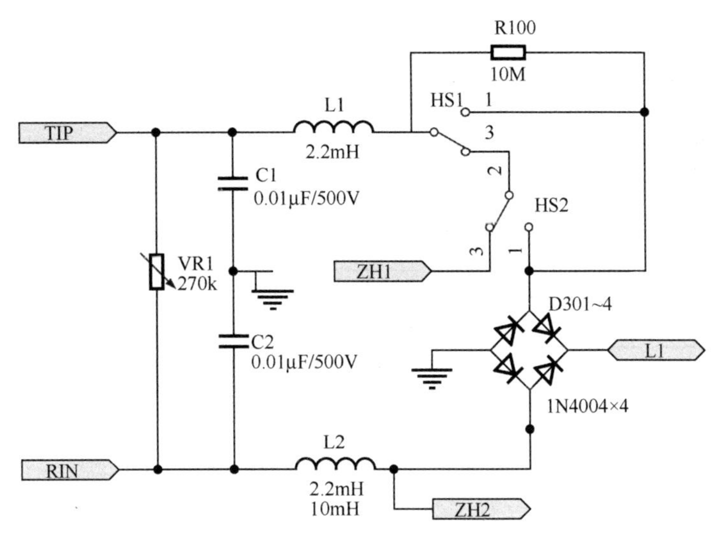

图 4.57 层次原理图母图的子图之一

表 4.7 绘制层次原理图具体的操作步骤

操作流程	操作具体步骤
创建 PCB 设计项目	
创建母图	
绘制方块电路对应的子原理图	

3. 收获和体会

将绘制层次原理图实训后的收获和体会写在下面空格中。

收获和体会：

4. 实训评价

将绘制层次原理图的实训工作评价填写在表 4.8 中。

表 4.8 实训评价表

项目 评定人	实训评价	等级	评定签名
自评			
互评			
教师评			
综合评定等级			

__________年__________月__________日

拓 展

拓展 各层电路图间的切换

对于简单的层次原理图，在设计管理器中，单击层次原理图文件前的“+”号，展开树状结构，再单击相应原理图的图标，即可切换到相应的原理图。对于复杂的层次原理图，Protel DXP 2004 提供了更方便的方法来切换各层次原理图。现以知识 4 自下而上层次原理图为例讲述不同层次电路间如何进行切换。

1. 从母图切换到子图

第 1 步，打开原理图母图 DownToUp.SchDoc。

第 2 步，执行“工具”→“改变设计层次”命令，或者单击“标准”工具栏上的改变设计层次按钮，光标变成十字状。

第 3 步，移动光标指向方块电路 dn1.SchDoc（或 zxb1.SchDoc），如图 4.55 所示。

第 4 步，单击此方块电路，即可切换到此方块电路所代表的子原理图，如图 4.51 所示。

第 5 步，此时光标仍保持十字状，右击工作区退出切换状态。

2. 从子图切换到母图

第 1 步，打开原理图子图，如图 4.51 所示。

第 2 步，执行“工具”→“改变设计层次”命令，或者单击“标准”工具栏上的改变设计层次按钮，光标变成十字状。

第 3 步，移动光标指向如图 4.51 所示原理图的其中任意一个 I/O 端口，如 VCC，即可切换到代表该原理图子图的方块电路上，如图 4.58 所示。

第 4 步，此时光标仍保持十字形，右击工作区即可退出切换状态。

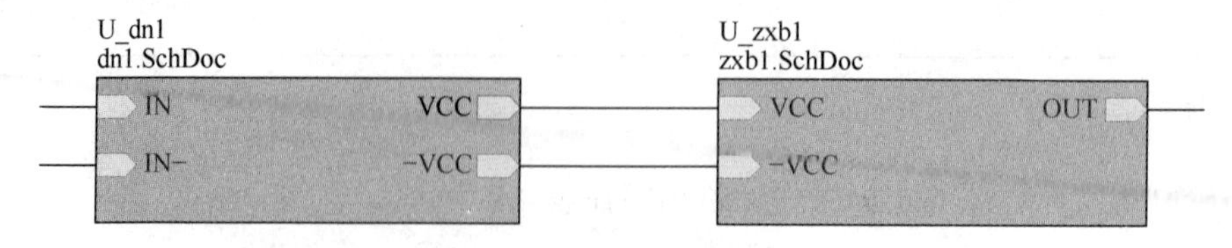

图 4.58 切换后的母图显示

任务四 原理图打印

情 景

电路图绘制完成后总希望把它打印出来，在屏幕上看到的效果与在纸上所看到的感觉不一样。可小明打印出来的原理图经常在图纸的角落上，看上去很不协调。其实，从电路图的打印稿有时可看出一个人的实力，一定要养成调整图纸的好习惯。

讲解与演示

原理图打印

知识 1 调整图纸

画好一张电路图后，如只想在图纸合适位置放置，具体步骤如下。

第 1 步，执行“设计”→“文档选项”命令，进入如图 4.59 所示原理图“图纸选项”选项卡。

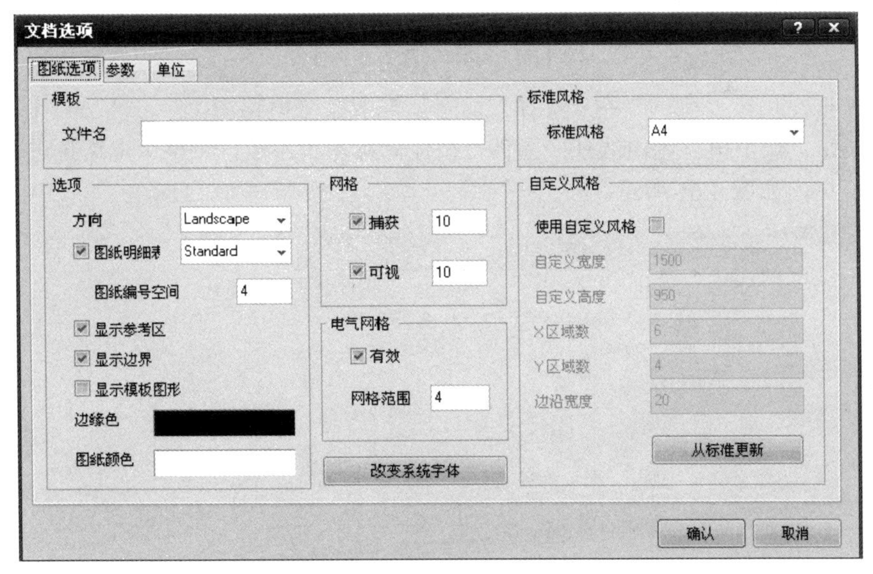

图 4.59 “图纸选项”选项卡

第 2 步，在此不用标题栏，取消“图纸明细表”选项勾选。

第 3 步，选中“使用自定义风格”复选框。

第 4 步，指定图纸宽度和高度，“自定义宽度”栏输入 500，“自定义高度”栏输入 350。

第 5 步，单击“确认”按钮，结果发现如图 4.60 所示电路图显示位置不在图纸中。

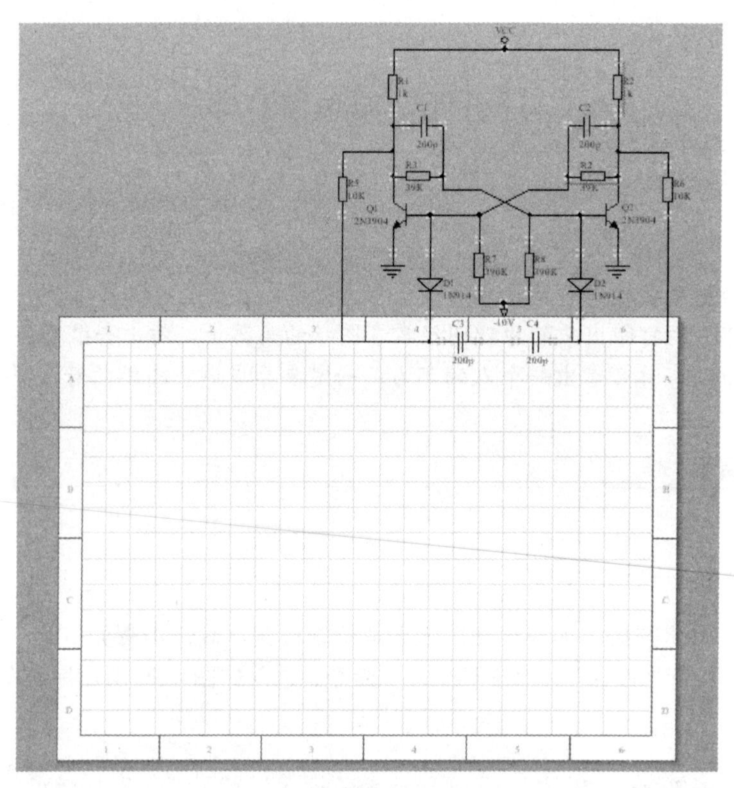

图 4.60　显示位置不在图纸中

第 6 步，执行“编辑”→“选择”命令，选取整张电路图。

第 7 步，选中电路图内的任一图件，按住鼠标左键不放，将整个电路拉进来，摆放在图纸中央，如图 4.61 所示。

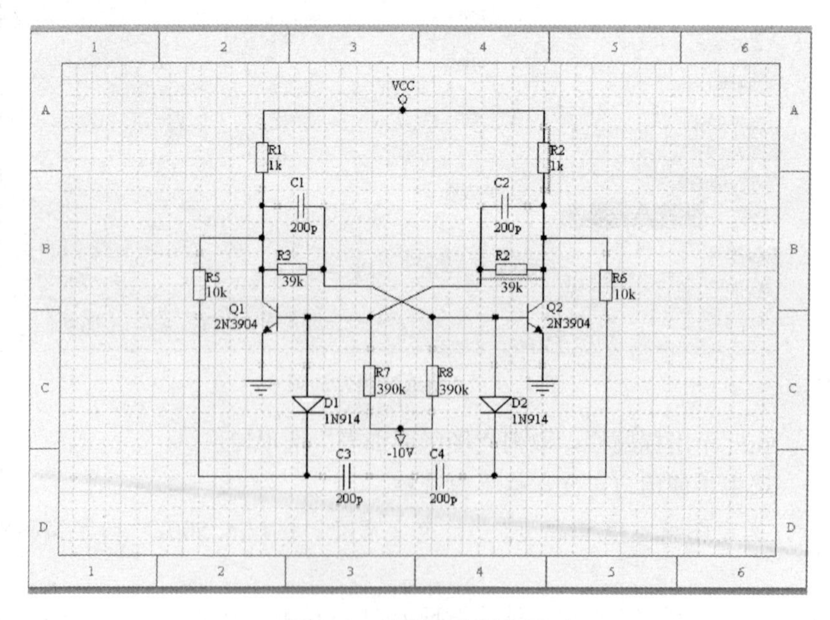

图 4.61　调整电路图位置

若图纸还是太大，则依前述方法将图纸调小一点。重复这些操作直到图纸适当为止。

第 8 步，执行“文件”→“保存”命令，保存文件。

知识 2　原理图打印设置

除了工具栏上的按钮外，Protel DXP 2004 提供的打印命令全部在“文件”菜单里，如图 4.62 所示。

1. 页面设定

页面设定命令的功能是进行打印的设置。第一次打印时，一定要先进行打印页面的设置。启动这个命令后，屏幕出现如图 4.63 所示对话框。其中各项说明如下。

图 4.62　打印相关命令

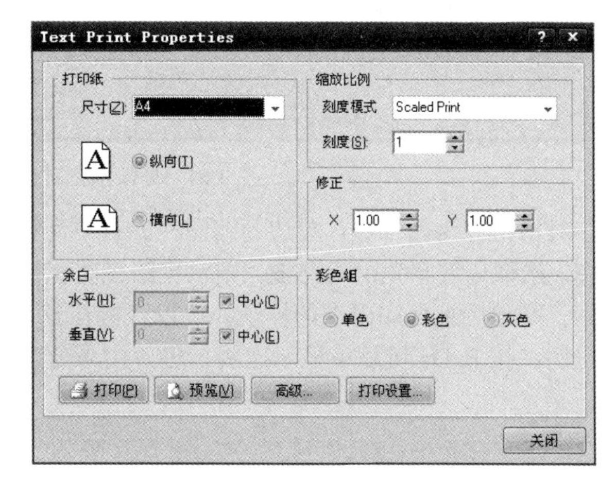

图 4.63　打印页面设置对话框

1）“打印纸”区域：设置打印纸张的尺寸及方向。可以在“尺寸”字段中指定所要采用的纸张，以及打印的方向是纵向还是横向。

2）“余白”区域：设置页边距。可以在“水平”字段中指定左边起印点位置，但最好是选取其右边的“中心”选项，让所打印的图自动水平居中；在“垂直”字段中指定下方起印点位置，但最好是选取其右边的“中心”选项，让所打印的图自动垂直居中。

3）“缩放比例”区域：设置打印比例。“刻度模式”指定打印比例的模式。

4）“修正”区域：设置误差调整量。X、Y 字段分别指定打印机 X 轴、Y 轴打印误差调整量。

5）“彩色组”区域：设置打印的色彩。“单色”选项设置以单色打印；“彩色”选项设置以彩色打印，若是黑白打印机，则会以灰度打印；“灰色”选项设置以灰度打印。

2. 打印预览

打印预览命令的功能是进行打印预览，启动这个命令后屏幕出现如图 4.64 所示对话框。

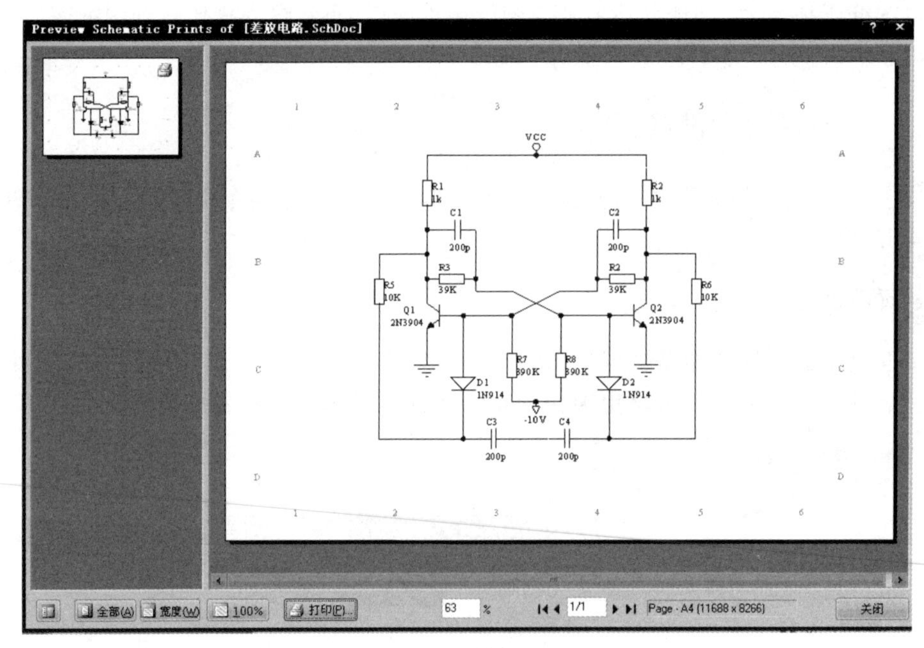

图 4.64　打印预览对话框

该对话框分为两部分，左边为缩图栏、右边为预览区。在缩图栏中列出所有电路图的缩图，选取所要预览的电路图，则该电路图将出现在右边的预览区。预览区所显示的电路图就是该图被打印出来的样子，可以直接在预览区缩放显示比例，按 PgUp 键放大显示比例，按 PgDn 键缩小显示比例。也可由下方工具栏中的工具来操作。

3. 打印

执行“文件”→“打印”命令的功能是进行打印，启动这个命令后屏幕弹出图 4.65 所示对话框。对其中各项说明如下。

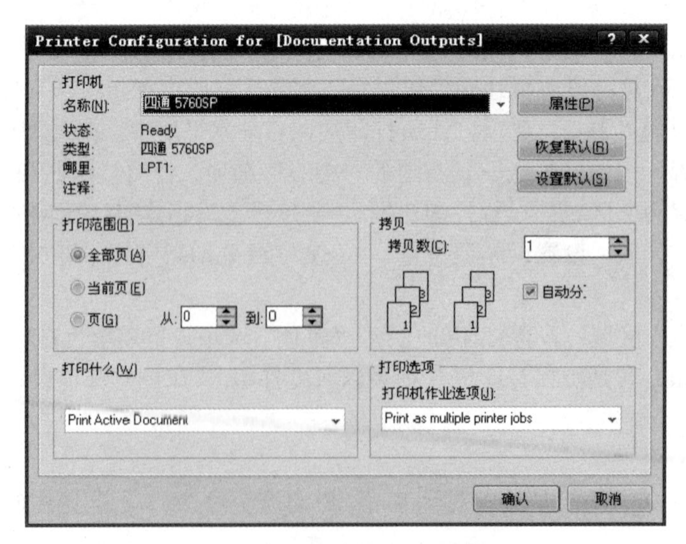

图 4.65　打印属性设置对话框

1）“打印机”区域。在“名称”字段中指定所要使用的打印机，所选取的打印机的相关数据将列在其下。若要设置该打印机的属性，可单击“属性”按钮打开其属性对话框。若要把打印机设置套用到整台计算机，可单击“恢复默认”按钮；若要恢复为程序默认的打印机设置，可单击“设置默认”按钮。

2）“打印范围”区域设置打印范围。“全部页”选项设置打印所有图；“当前页”选项设置打印预览区里的图；“页”选项设置指定打印范围的图，可以在“从”字段中设置开始打印的图、在“到”字段中设置结束打印的图。

3）“拷贝”区域设置打印的份数。

4）“打印什么”区域设置所要打印的文件。

5）“打印选项”区域设置打印机工作选项。

4. 默认打印

“执行”→“默认打印”命令，屏幕弹出图 4.66 所示对话框。

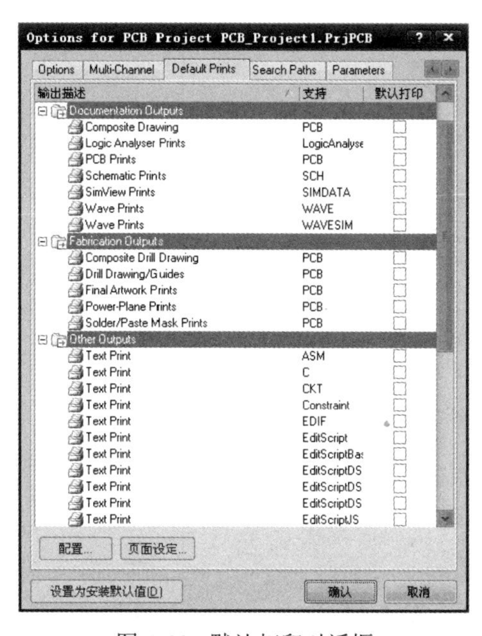

图 4.66 默认打印对话框

其中只有 Schematic Prints 项目为电路图的默认打印项目，其余皆为电路板的默认打印项目。

实 训

实训 原理图图纸调整

1. 回答问题

原理图打印设置有哪些命令？

2. 绘制原理图，并调整图纸

绘制如图 4.64 原理图，在不要标题栏的情况下，进行图纸调整。

3. 收获和体会

将图纸调整后的收获和体会写在下面空格中。

收获和体会：

4. 实训评价

将图纸调整的实训工作评价填写在表 4.9 中。

表 4.9　实训评价表

项目 评定人	实训评价	等级	评定签名
自评			
互评			
教师评			
综合评定等级			

＿＿＿＿＿年＿＿＿＿＿月＿＿＿＿＿日

拓　展

拓展　个性化标题栏的功能变量设置及应用

项目二中任务二的拓展内容中讲到了个性化标题栏的设计，其中所放置的文字是固定的文字，通常用在字段名称中，而字段的内容除了文字格式与位置外，可由用户自行输入。可在定义图纸模板时，利用程序所提供的“功能变量”实现。

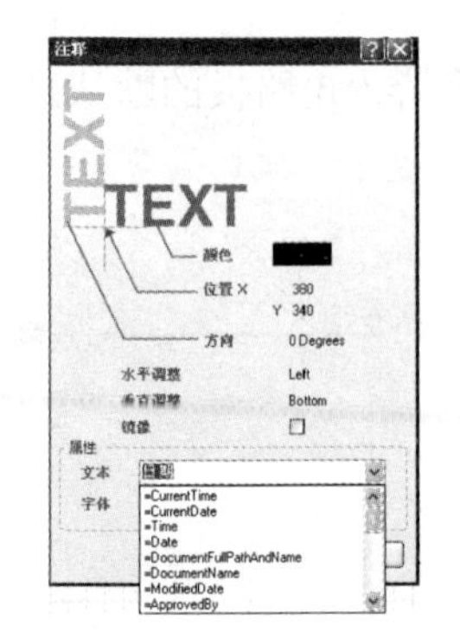

图 4.67　“注释”对话框

1. 放置功能变量

第 1 步，执行“放置”→“文本字符串”命令，光标上出现一个浮动的文字，按 Tab 键弹出如图 4.67 所示“注释”对话框。单击“文本”右侧的下拉按钮，拉下功能变量菜单，其中各项说明如表 4.10 所示。

表 4.10 功能变量及其说明

功能变量	说明	功能变量	说明
=Organization	公司行号、单位	=Date	打印日期
=Address1	第一列地址	=DocumentFullPathAndName	文件名称（含路径）
=Address2	第二列地址	=DocumentName	文件名称（不含路径）
=Address3	第三列地址	=ModifiedDate	修改日期
=Address4	第四列地址	=ApprovedBy	认证者
=Title	电路图图名	=CheckedBy	检验者
=DocumentNumber	文件号码	=Author	设计者
=Revision	版本	=CompanyName	公司名称
=SheetNumber	电路图图号	=DrawnBy	绘图者
=SheetTotal	总图数	=Engineer	工程师
=CurrentTime	现在的时间	=Rule	设计规则
=CurrentDate	现在的日期	=ImagePath	图片文件路径
=Time	打印时间		

第 2 步，指定所要放置的功能变量与其字体属性后，单击“确认”按钮关闭“注释”属性对话框，功能变量浮在光标上。

第 3 步，光标移到所要放置的位置，单击即可放置该功能变量。

第 4 步，系统仍处在放置文字状态，继续放置其他文字，放置完毕后右击退出。按图 4.68 所示填入所有功能变量。

2. 输入功能变量的内容

执行“设计”→“文档选项”命令，切换到“参数”选项卡，如图 4.68 所示。其中各字段名称对应相应的功能变量。例如要指定公司名称，则可在 Organization 字段中进行输入，再单击“确认”按钮，关闭此对话框。

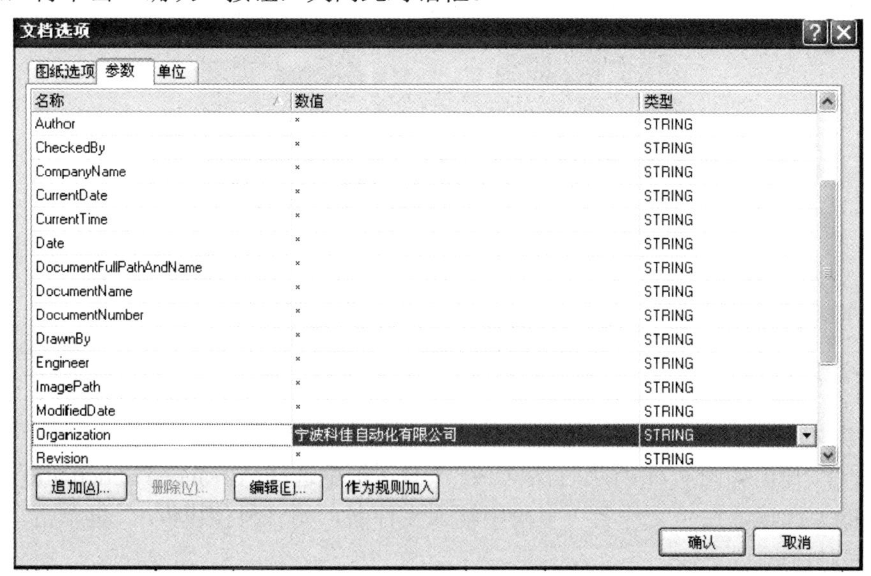

图 4.68 填写功能变量的内容

3. 显示功能变量的内容

输入功能变量的内容后，该功能变量的内容并未显示到图纸上，需要打开功能变量转换功能。

执行“工具”→“优先设定”命令，再切换到 Graphical Editing 选项卡，选取“转换特殊字符串”选项，如图 4.69 所示。单击“确认”按钮关闭对话框，个性化标题栏如图 4.70 所示。

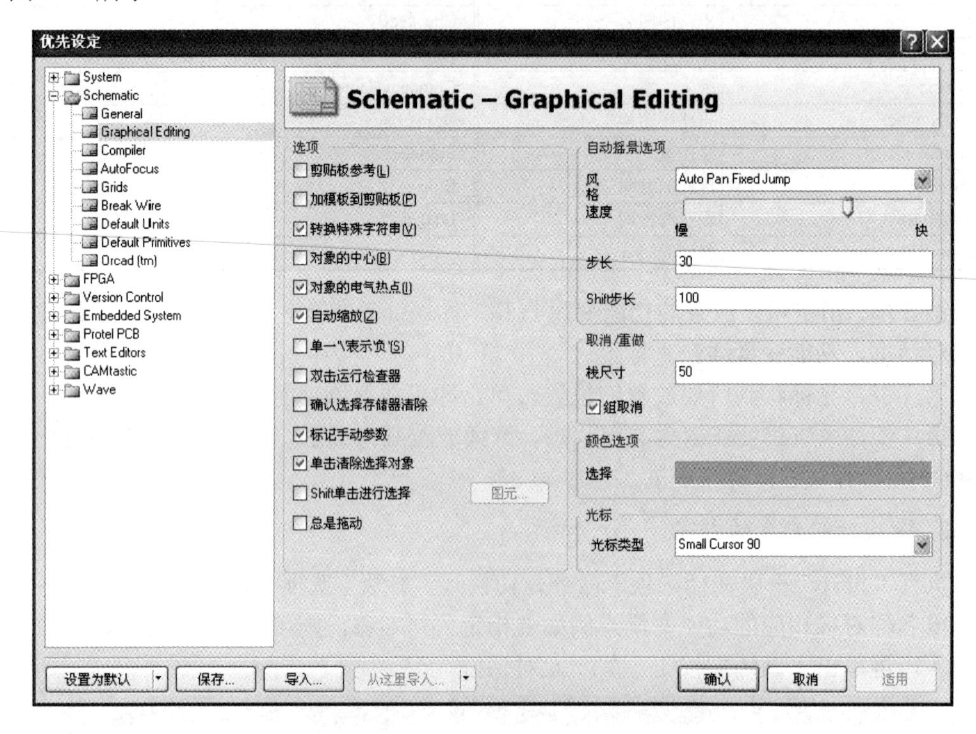

图 4.69　设置功能变量转换功能

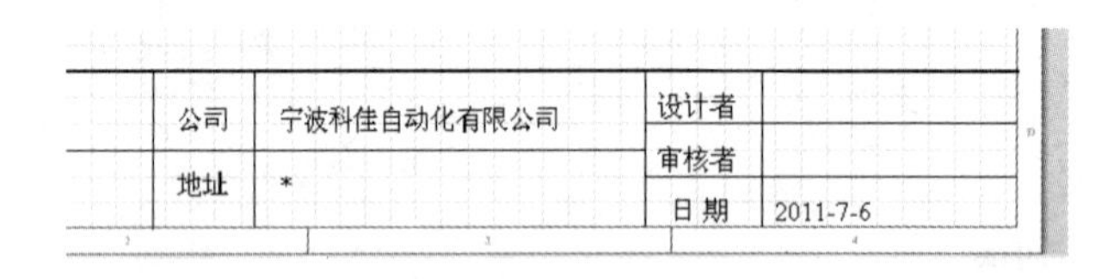

图 4.70　显示功能变量

4. 模板应用

1）一切都设置完成后，可将此电路图图纸保存成模板文件。执行“文件”→“另存为”命令，弹出如图 4.71 所示对话框。在该对话框中选择 Advanced Schematic template（*.schdot）选项，在“文件名”字段中输入文件名，如“科佳模板”。再单击“保存”按钮关闭对话框。

保存模板文件之前，必须确定将图纸上任何不想在模板上出现的元器件清除掉；再次确定已打开隐藏格点的功能。

图 4.71　保存模板文件

2）套用模板。执行“设计”→“模板”命令，弹出如图 4.72 所示菜单。其中包括 3 个命令，说明如下。

“更新”功能是将原本已套用的模板文件更新到目前所编辑的电路图编辑区中。

“设定模板文件名”功能是将指定的模板文件套用到目前所编辑的电路图编辑区中。

“删除当前模板”功能是将目前所编辑电路图的编辑区中所套用的模板删除。

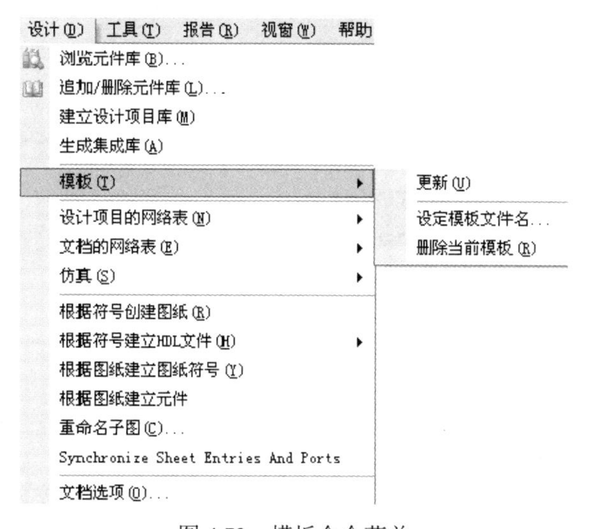

图 4.72　模板命令菜单

若要将指定的模板文件（科佳模板.SchDot）套用到目前所编辑电路图的编辑区中，则选取“设定模板文件名”选项，弹出如图 4.73 所示对话框。

在该对话框中指定了模板文件“科佳模板.SchDot”后，单击“打开”按钮关闭此对话框，弹出如图 4.74 所示“更新模板”对话框。在该对话框中选取所要套用的对象后单击“确认”按钮，程序即进行套用动作。

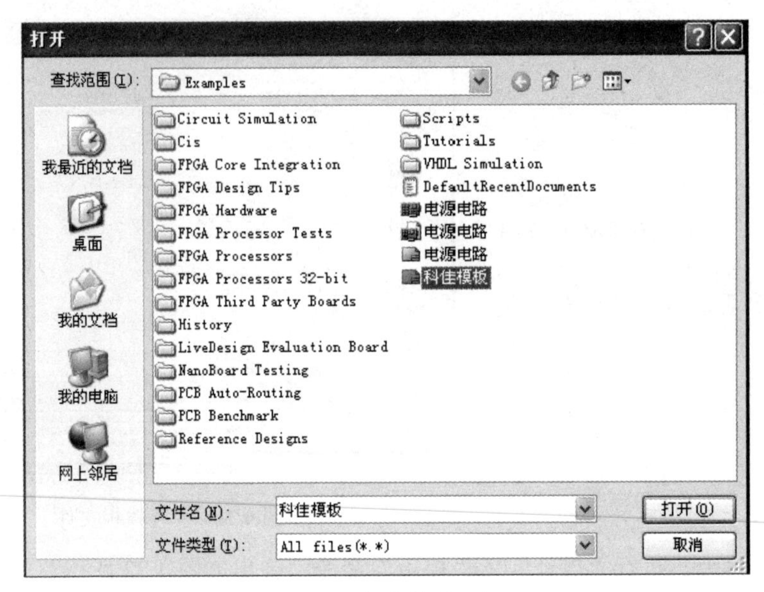

图 4.73　指定模板文件

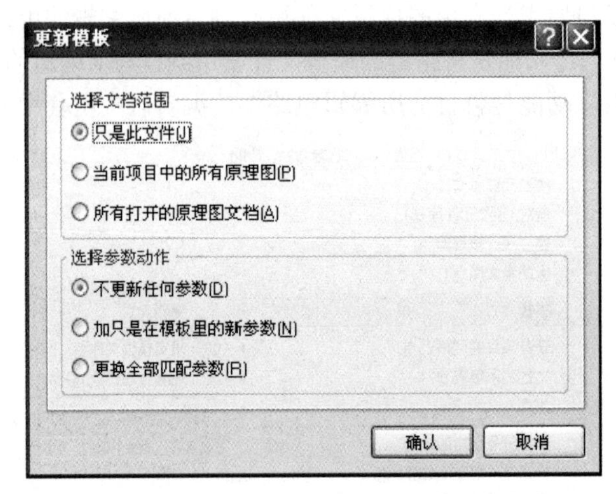

图 4.74　“更新模板”对话框

思考与练习

一、判断题（对的打“√”，错的打“×”）

1. 调整元器件引脚位置有时可以减少图纸上导线连接的复杂性。（　）
2. 自动标注元器件标识功能，使原理图容易出现重复或跳号等现象。（　）
3. 通常情况下，选择一个项目内所有的原理图一起进行自动标识。（　）
4. 在 Protel DXP 2004 中，绘制圆与椭圆的工具是一样的。（　）

5. 同一个工程中，可以包含任意多层原理图。 （ ）
6. 自下而上的设计方法，即由方块电路图产生原理图。 （ ）
7. 设计一个层次式电路的首要任务是创建一个 PCB 设计项目文档。 （ ）
8. 方块电路属性对话框中，“文件名”项可以修改。 （ ）
9. 层次式电路图不易设置过多的层次，否则会增加系统负担。 （ ）
10. 层次原理图设计中，方块电路图端口不能调整。 （ ）

二、填空题

1. 调整元器件引脚是通过________对话框中取消________复选项进行的。
2. 旋转元器件引脚是在鼠标移动引脚过程中，通过按下________完成的。
3. 利用菜单命令“________”→“________”可实现对元器件参数的隐藏操作。
4. ________曲线是一种常用的曲线模型，利用该工具可以根据________个相互分离的参考点绘制出正弦波。
5. 图形工具栏中画出来的直线不具有________特性。
6. 如果注释文字是单行的，可以直接使用放置________的命令；大块的原理图注释需要分成几行来放置，通常采用放置________的方法来实现。
7. 原理图的层次化是指由________、________和________形成的层次化体系。
8. 层次电路设计方法包括________和________两种。
9. 简单的层次原理图，在设计管理器中，单击层次电路图文件前的________号，展开________结构，再单击相应原理图的图标，即可切换到相应的原理图。
10. 自下而上的层次原理图设计方法，先设计________，再设计________，进而产生________。

三、简答题

1. 调整元器件引脚的意义是什么？
2. 简要概述元器件的整体编辑功能。
3. 如何打开绘图工具栏？
4. 怎样设置贝塞尔曲线的属性？
5. 文字标注分几种类型？
6. 为什么要采用层次原理图设计？层次原理图有哪几种设计方法？
7. 简述自上而下层次原理图设计流程。
8. 简述自下而上层次原理图设计流程。

四、作图题

1. 利用贝塞尔曲线绘制正弦波、抛物线和锯齿波。
2. 在绘制好的原理图下方放置“原理图练习”的说明文字，并设置成楷体 4 号字。
3. 完成如图 4.75 所示原理图。

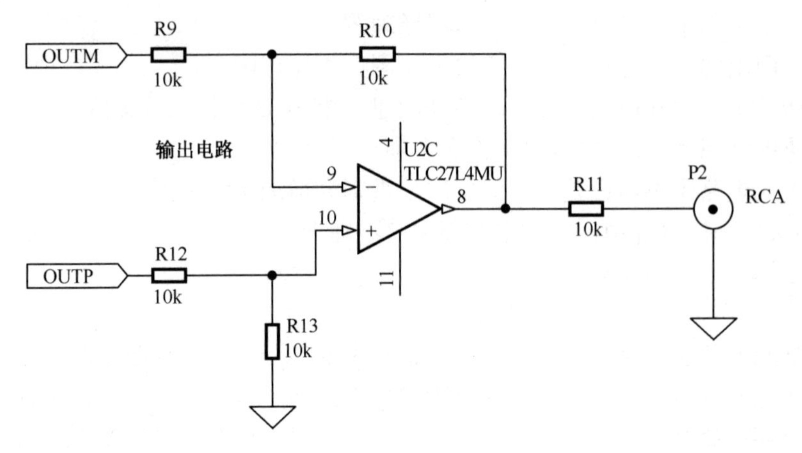

图 4.75　第 3 题图

4. 绘制如图 4.76 所示原理图。

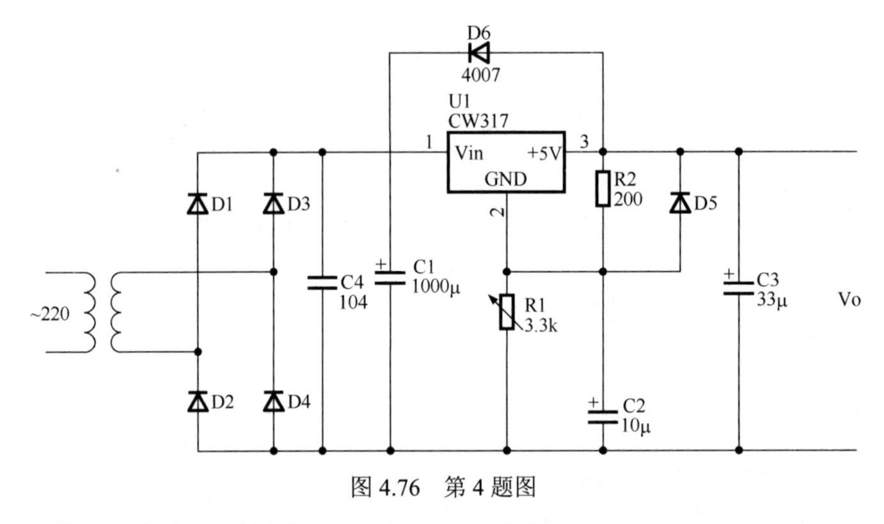

图 4.76　第 4 题图

5. 调整元器件引脚，绘制图 4.77 和图 4.78 电路。

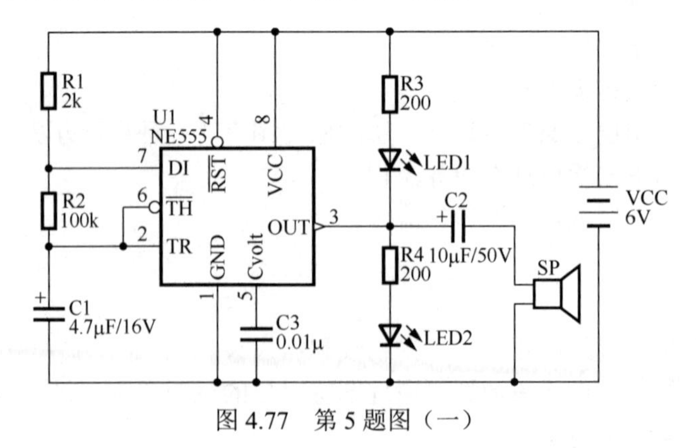

图 4.77　第 5 题图（一）

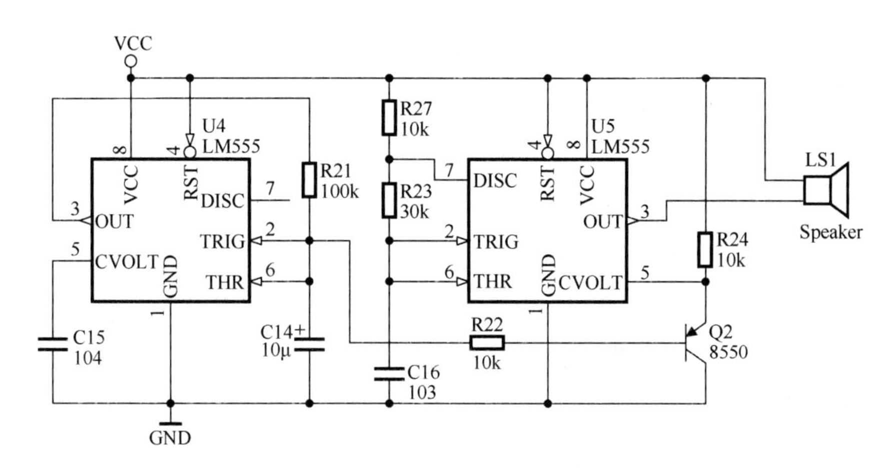

图 4.78 第 5 题图（二）

6. 绘制图 4.79 电路，调整元器件引脚并能应用自动标识元器件。

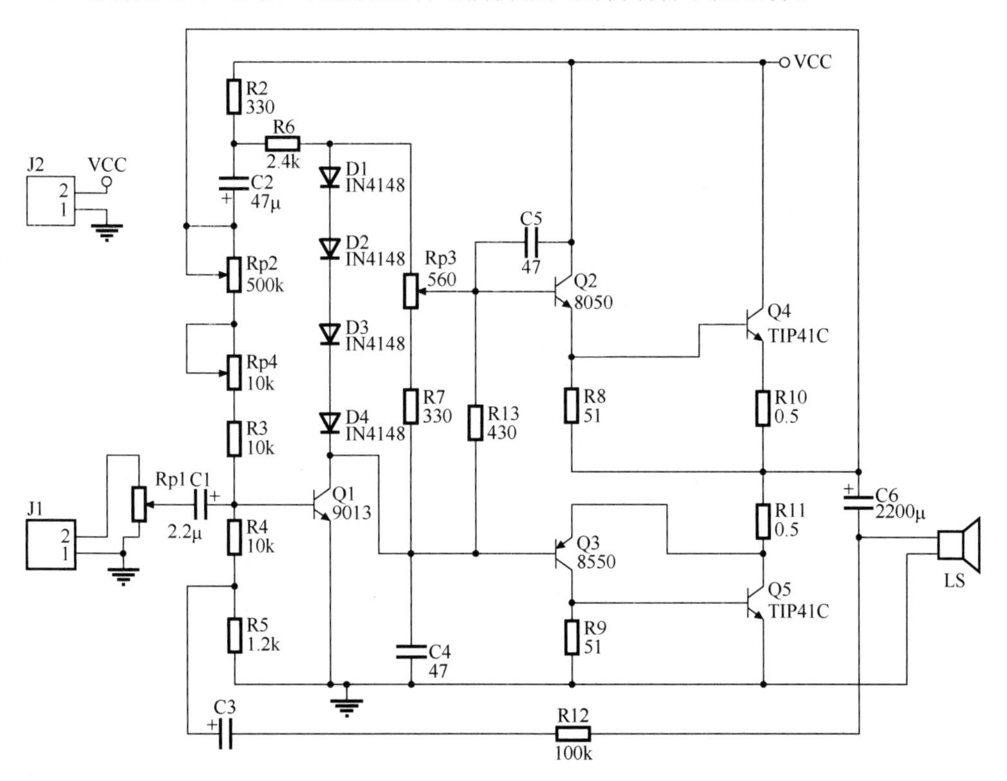

图 4.79 第 6 题图

7. 绘制图 4.80 电路，调整元器件引脚并能隐藏元器件参数。

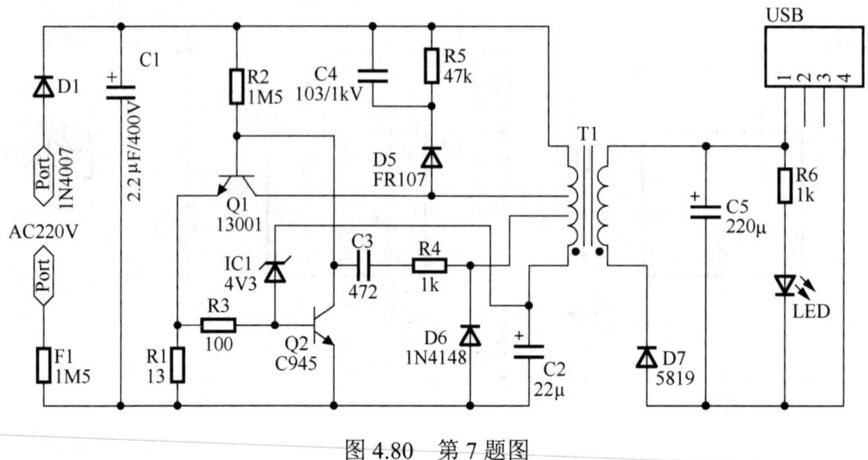

图 4.80　第 7 题图

8. 绘制图 4.81 和图 4.82 电路并应用自动标识元器件、隐藏元器件参数。

9. 图 4.83 和图 4.84 为层次原理图的子原理图，试采用自上而下层次原理图设计方法，在 E 盘根目录下建立一个名为“练习”的文件夹。所有文件均保存在该文件夹中。

新建一个名为“UpToDown.PrjPCB”的工程文件；

新建一个名为“mt.SchDoc”的原理图文件；

新建一个名为“A.SchDoc”的原理图文件；

新建一个名为“B.SchDoc”的原理图文件。

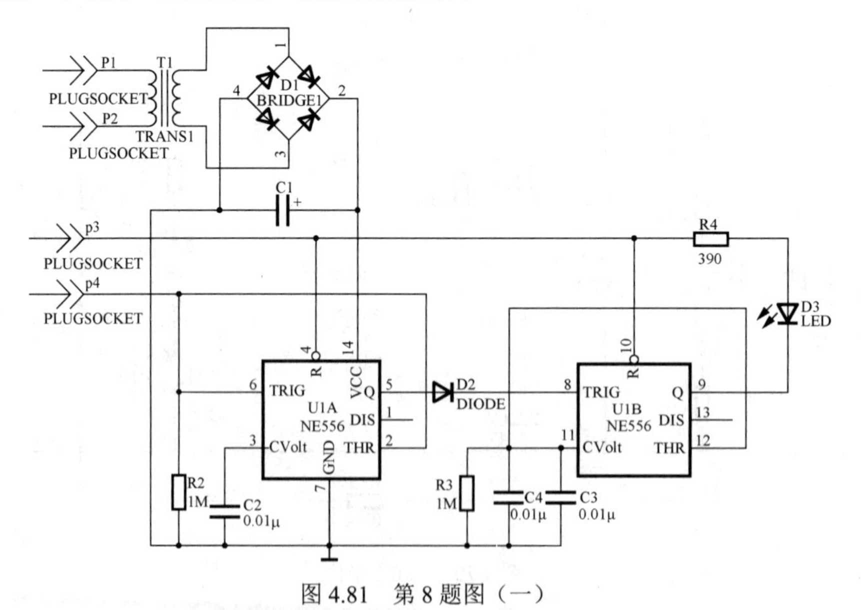

图 4.81　第 8 题图（一）

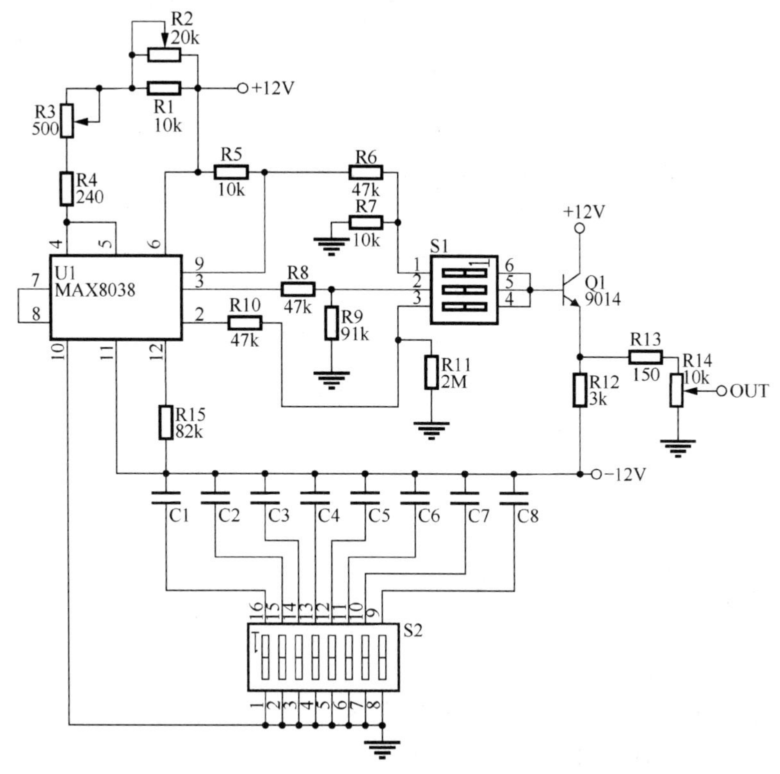

图 4.82 第 8 题图（二）

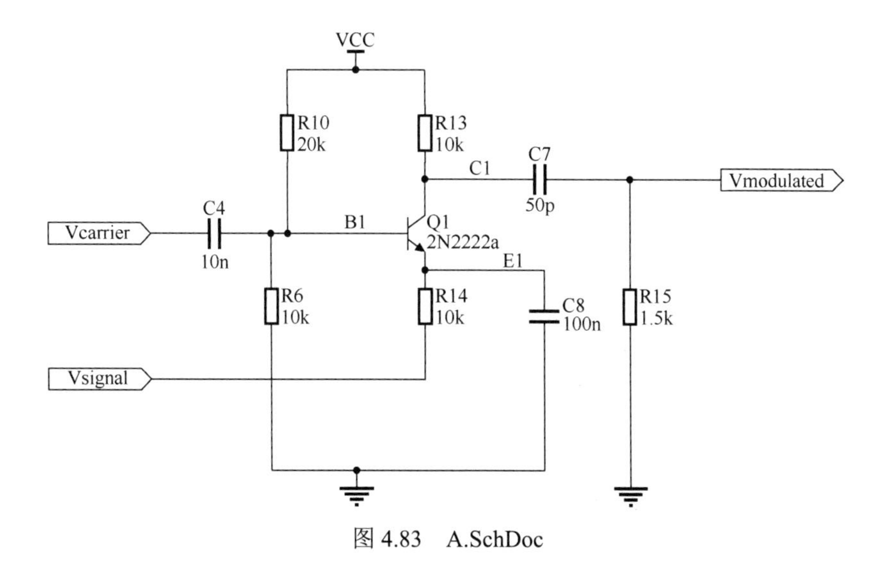

图 4.83 A.SchDoc

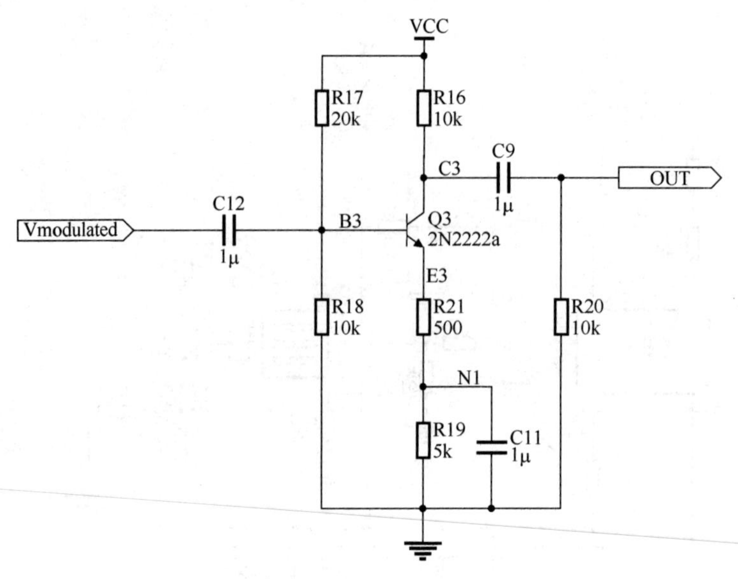

图4.84　B.SchDoc

10. 采用自下而上层次原理图设计方法，绘制如图4.83和图4.84所示电路原理图。
新建一个名为“DownToUp.PrjPCB”的工程文件；
新建一个名为“mt1.SchDoc”的原理图文件；
新建一个名为“A1.SchDoc”的原理图文件；
新建一个名为“B1.SchDoc”的原理图文件。

项目五 元件与元件库

学习目标

集成库中并不能包括这个世界上所有的元件，而且有些自带的元件模型可能并不符合设计者所需要的形状或者大小。因此，设计者自己制作元件也是学习 Protel 的一项基本操作技能。

通过本项目的学习，了解元件库编辑管理器的使用；手工制作元件；库元件报表生成和规则检查；生成项目元件库和集成元件库；掌握元件符号库的创建、保存、绘制及管理。

知识目标

- 了解创建元件的意义。
- 掌握创建元件的操作界面及流程。
- 熟悉生成项目元件库和创建集成元件库。

技能目标

- 能创建元件。
- 会使用和管理原理图元件库。

任务一　新建原理图库文件

情　景

到目前为止，一般的电路原理图小明已不在话下。但是，在电子专业的报刊中，小明经常发现一些新发明，有的元件在Protel DXP 2004元件库中找不到，好不容易找到了，但封装形式等要素又不符合要求。那怎么办呢？

Protel DXP 2004提供了一个功能强大而完整的建立元件库的工具，即元件库编辑器，可以帮小明解决上述问题。下面我们就来学习有关创建元件库的知识和技能。

讲解与演示

元件库创建

知识1　元件库的创建

创建元件和建立元件库是使用Protel DXP 2004的元件库编辑器来进行的，元件库编辑器用于创建、调整和编辑元件。

执行“文件”→“创建”→“库”→“原理图库”命令，如图5.1所示，新建一个原理图库文件。系统默认文件名为Schlib1.SchLib，此时已启动元件库编辑器。

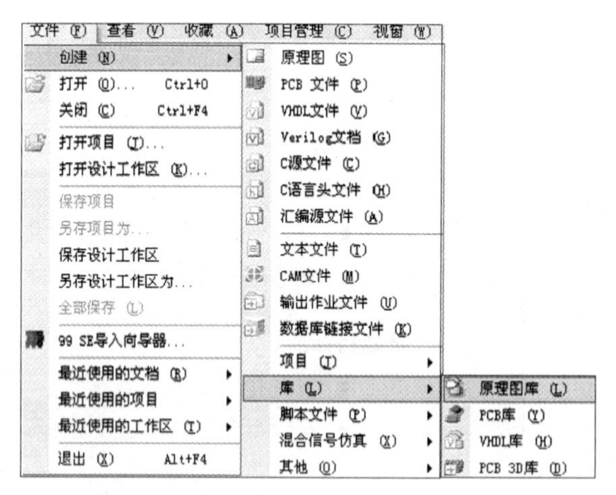

图5.1　用菜单命令打开元件库编辑器

知识2　元件库的保存

执行“文件”→“另存为”命令，弹出如图5.2所示对话框。在该对话框中选择合适的路径，将库文件更名为Myschlib.SchLib，单击“保存”按钮，元件库即被保存在目标文件夹。

图 5.2 保存新建元件库

知识 3 元件设计界面

元件库建立之后，执行“查看”→“工作区面板”→“SCH”→“SCH Library”命令，或者单击窗口左下角的“SCH Library”选项，系统即可进入新建元件符号的界面。该界面如图 5.3 所示，由左边的元件库编辑管理器面板、上面的主菜单栏及工具栏和右边的工作窗口等组成。与原理图界面不同的是，在工作窗口有一个十字形坐标轴，将窗口分为 4 个象限。

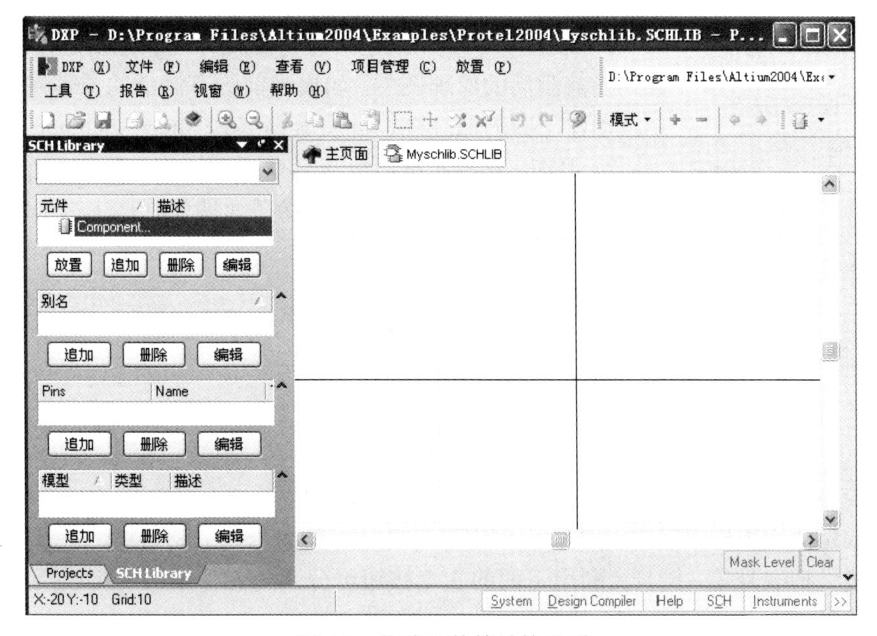

图 5.3 新建元件符号的界面

任务二　元件库的管理

情　景

小明已学会建立一个新的元件库，打开了元件库编辑器。编辑器工作窗口如同一张白纸，但要创建一个元件，仅有纸是不够的，创建元件需要有相应的工具，这就是元件库编辑管理器和一些绘制工具。

讲解与演示

知识1　元件库编辑管理器

元件库编辑管理器面板如图5.4所示，共有4个区域："元件"区域、"别名"区域、"Pins"（引脚）区域和"模型"区域。

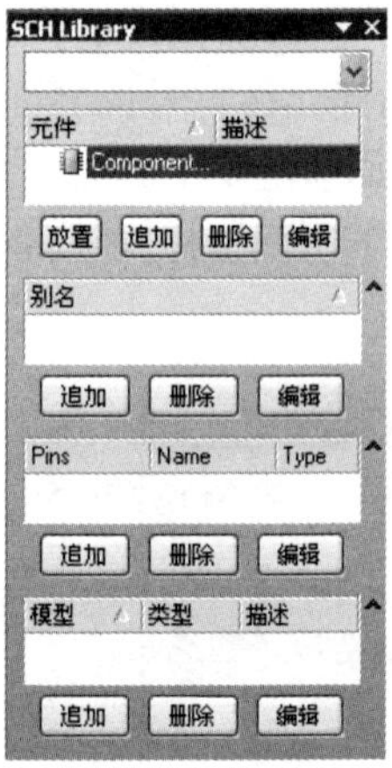

图5.4　SCH Library面板

1. "元件"区域

列出了当前打开元件库中的所有元件，主要功能是显示、选择、放置及编辑元件的操作。第一行空白文本框用于筛选元件，列表框下边4个按钮功能如下所述。

1）放置。单击此按钮，可将在元件列表框中选中的元件放置到当前激活的原理图中。如果当前没有激活的原理图，则系统会自动建立新的原理图，并将其命名为Sheet1.SchDoc。

2）追加。单击此按钮可在当前原理图库中添加一个新元件。

3）删除。单击此按钮可删除在元件列表框中选中的元件。

4）编辑。单击此按钮可打开元件属性对话框，在此对话框中可设置元件属性。

2. "别名"区域

该区域用于查看和设置元件别名。

3. "Pins"（引脚）区域

显示元件列表框中选中元件的引脚信息，包括引脚编号、引脚名称、引脚电气类型以及封装引脚编号等，同样，利用下面的3个按钮可分别为元件增加引脚以及删除和编辑选定的引脚。

4. “模型”区域

显示元件列表框中选中元件的模型信息，如元件的封装模型和信号模型等。

知识 2 菜单栏和工具栏

1. 菜单栏

在绘制元件符号的界面（图 5.3）中，主菜单栏如图 5.5 所示，其中各项操作与 Word 相应操作基本相同，此处不再单独介绍。

文件（F） 编辑（E） 查看（V） 项目管理（C） 放置（P） 工具（T） 报告（R） 视窗（W） 帮助（H）

图 5.5 绘制元件符号界面中的主菜单

2. 工具栏

Protel DXP 2004 的原理图库编辑器为用户提供了 4 个工具栏，分别为“导航”工具栏、“显示模式”工具栏、“实用工具”工具栏和“原理图库 标准”工具栏。

1）“原理图库 标准”工具栏。如图 5.6 所示为 SCH Library 的标准工具栏。该工具栏的使用和原理图编辑器中“原理图库 标准”工具栏对应工具的使用相同。

图 5.6 “原理图库 标准”工具栏

2）“导航”工具栏。如图 5.7 所示，该工具栏的使用方法和“原理图库 标准”工具栏对应工具的使用方法相同。

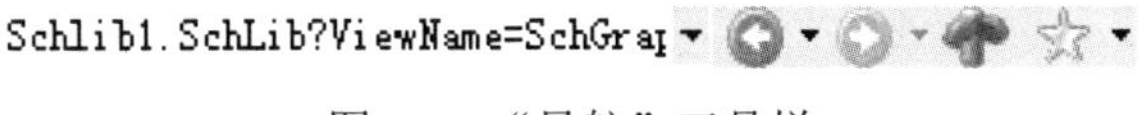

图 5.7 “导航”工具栏

3）“模式”工具栏。如图 5.8 所示为“模式”工具栏，共有 5 个按钮，用来列出模式（模式▾）、添加（+）、删除（−）和切换（⇦或⇨）当前显示模式。

4）“实用工具”工具栏。如图 5.9 所示为“实用工具”工具栏。Protel DXP 2004 的原理图库主要编辑工具都由此提供。

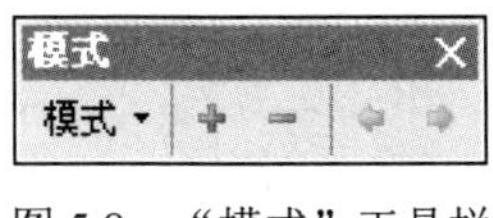

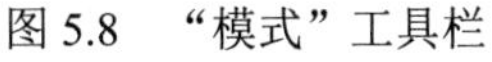

图 5.8 “模式”工具栏

图 5.9 “实用工具”工具栏

知识 3 元件绘制工具

制作元件可以利用绘图工具来进行，常用的绘图工具集成在“实用工具”栏中，包括一般绘图工具栏和 IEEE 工具栏。

1. 一般绘图工具

单击按钮可以显示绘图工具列表，如图 5.10 所示，这些命令中大部分与绘图工具操作一致。绘图工具栏的打开与关闭也可以通过菜单栏“放置”命令来选取。

2. IEEE 符号

单击“实用工具”工具栏中的按钮可以显示 IEEE 符号列表，如图 5.11 所示。列表中图标也对应菜单栏“放置”中“IEEE 符号”子菜单上的各命令。鼠标停留在图标上 1～2s，即显示该图标对应的功能，如图 5.11 中表示“放置信号左移传输符号”。使用该工具栏可以在所创建的元件引脚上放置 IEEE 的各种标准电气符号，因此，在制作元件和元件库时，IEEE 符号很重要。

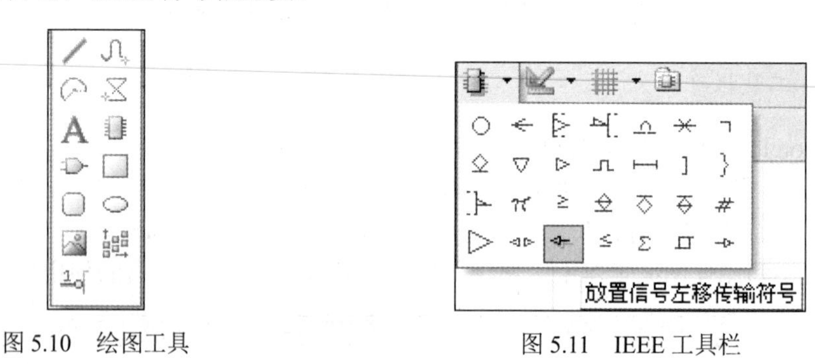

图 5.10　绘图工具　　　　图 5.11　IEEE 工具栏

任务三　创建一个新元件

情　景

小明已经会创建原理图库文件，了解了绘制元件的工具，也就是把创建一个新元件的准备工作都做好了。现在，就让我们一起来手工制作一个新元件。

讲解与演示

创建新元件

知识 1　创建库文件

手工制作如图 5.12 所示的 LT1763 系列直流电压芯片，并将它保存在 Myschlib.SchLib 元件库中。首先创建库文件，具体操作步骤如下。

第 1 步，执行“文件”→“创建”→“库”→“原理图库”命令，系统进入原理图元件库编辑工作界面，默认文件名为 Schlib1.Schlib，当前默认的新元件名称为“COMPONET1”，如图 5.13 所示。

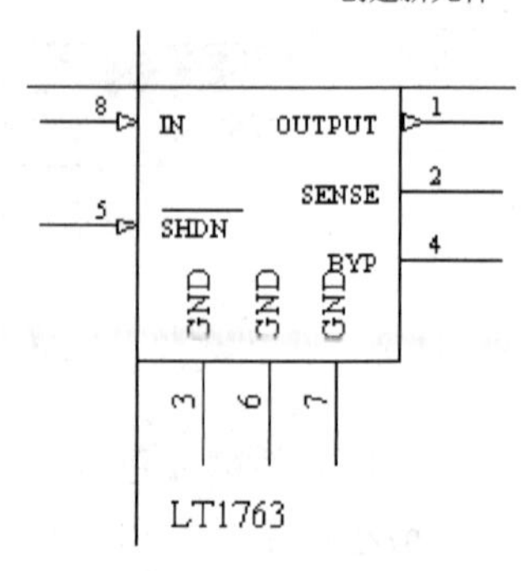

图 5.12　LT1763 元件

第 2 步，执行“工具”→“重命名元件”命令，弹出如

图 5.14 所示的对话框，在此对话框中输入“LT1763”，然后单击“确认”按钮，设置该元件的名称。

第 3 步，在主工具栏中连续单击放大/缩小按钮，将工作窗口的图纸放大到合适比例。

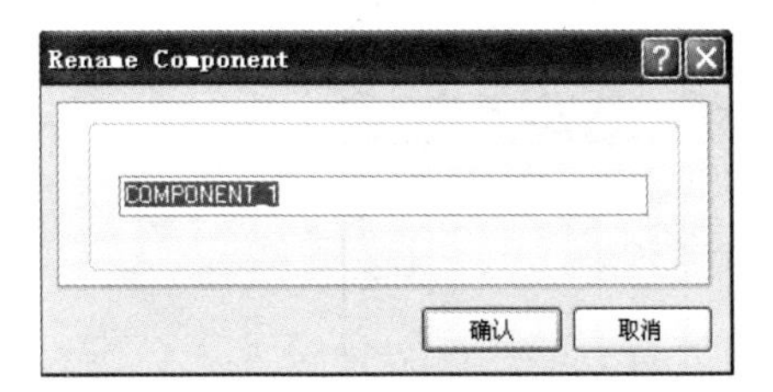

图 5.13　新元件名称对话框

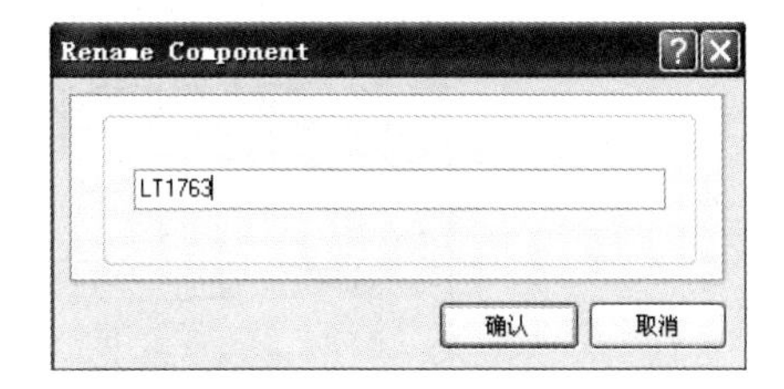

图 5.14　改变元件名称对话框

知识 2　绘制元件外形

第 1 步，执行“放置”→“矩形”命令，光标变成十字形。

第 2 步，将光标移动到十字坐标的原点单击，确定矩形的第一个顶点。

第 3 步，移动光标到矩形的对角处，再次单击即完成当前矩形的绘制，如图 5.15 所示。

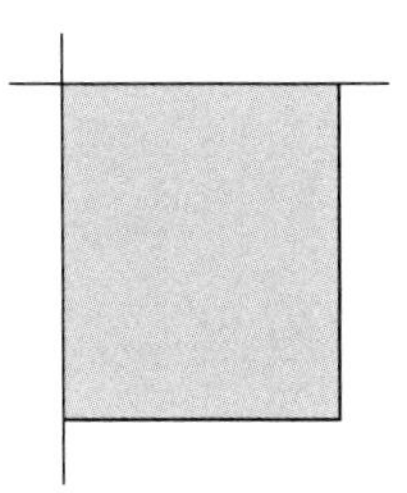

图 5.15　放置矩形

第 4 步，在图纸中双击矩形，弹出如图 5.16 所示对话框，设置矩形属性。

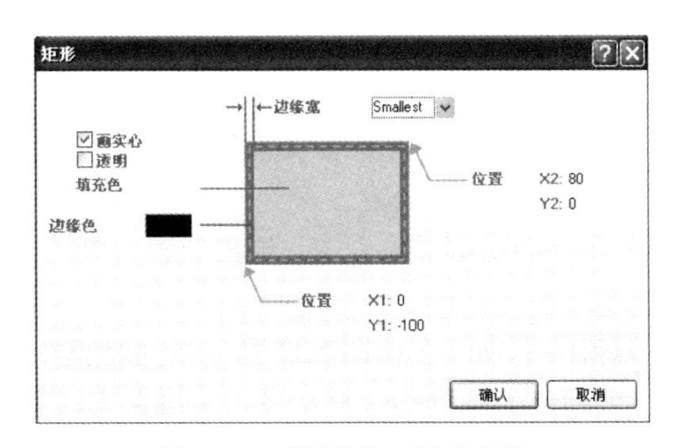

图 5.16　“矩形”属性对话框

第 5 步，在图纸中单击矩形，在矩形周围显示控制点，拖动可调整高度和宽度。

第 6 步，设置完成矩形的属性后，单击“确认”按钮，返回工作窗口。

绘制元件时，一般元件均放置在第四象限，而象限交点即为元件基准点。

知识 3　绘制引脚

绘制引脚的步骤如下。

第 1 步，执行“放置”→“引脚”命令，或单击一般绘图工具栏上的按钮，光标箭头变为十字状且带有元件引脚的形状，在图纸中移动十字光标，在适当位置单击，放置元件引脚。

在放置引脚状态下按空格键可以旋转引脚；若放置时，第一根引脚编号不为 1，按 Tab 键，弹出如图 5.17 所示“引脚属性”对话框，将其中的显示名称和标识符均改为 1，这样在连续放置引脚时名称和标识符会自动递增。

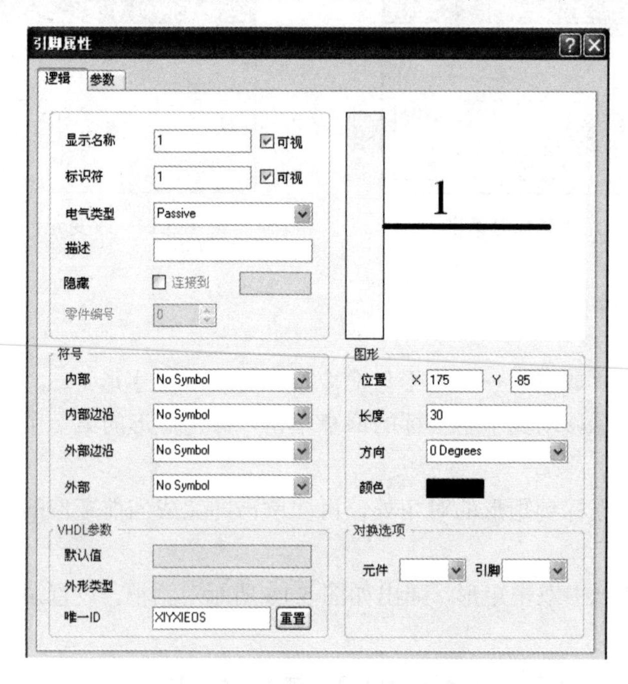

图 5.17 “引脚属性”对话框

第 2 步，放置了一个元件引脚后，光标箭头仍保持为十字形，可以在适当位置继续放置引脚。

第 3 步，放置完所有需要的引脚后，右击，退出放置引脚的工作状态，此时得到的元件如图 5.18 所示。

第 4 步，双击需要编辑的引脚，在如图 5.17 所示的对话框中对引脚属性进行修改。具体修改内容见表 5.1，未列出的选项均按默认设置。设置完成后如图 5.19 所示。

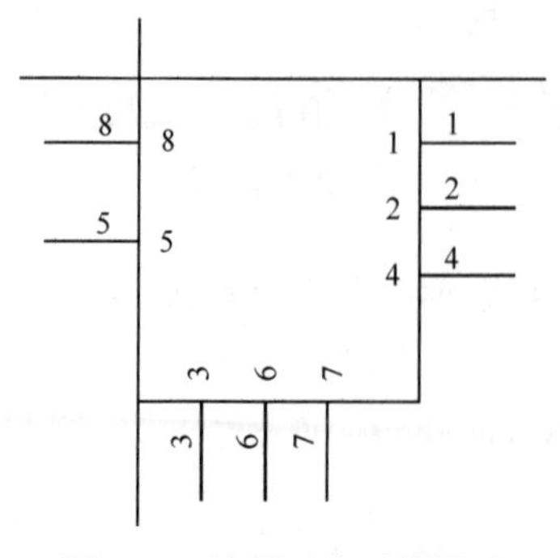

图 5.18 放置引脚后的图形

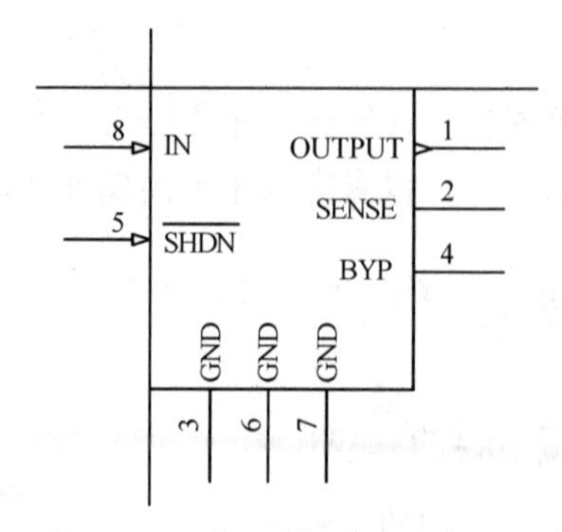

图 5.19 修改引脚属性后的图形

表 5.1 引脚属性修改

标识符	1	2	3	4	5	6	7	8
显示名称	OUTPUT	SENSE	GND	BYP	$\overline{\text{SHDN}}$	GND	GND	IN
电气类型	Output	Passive	Power	Passive	Input	Power	Power	Input

引脚显示名称上面的短划线可以通过两种方法来实现。一是在字母后加反斜杠“\”，如输入“S\H\D\N\”；二是用绘图工具画一细实线，然后执行“工具”→“文档选项”命令，弹出“库编辑器工作区”对话框，在对话框的“网格”区域“捕获”文本框中输入数值“1”，“可视”文本框中输入数值“10”，如图 5.20 所示，单击“确认”按钮后返回工作窗口。在图纸中单击直线，按住鼠标，即可调整直线位置。

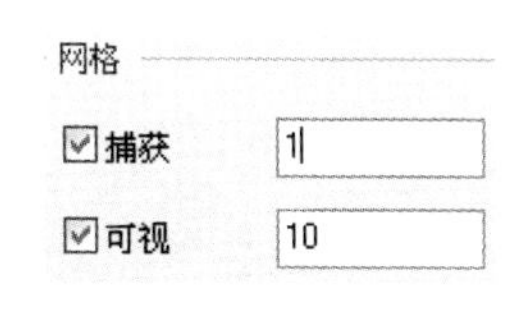

图 5.20 网格设置

电气类型用于设置引脚的电气属性，在进行电气规则检查时起作用。

知识 4 设置元件说明信息

第 1 步，执行“查看”→“工作区面板”→“SCH”→“SCH Library”命令，打开元件管理器窗口，在“元件”区域中已经含有一个名称为 LT1763 的元件，如图 5.21 所示，这就是已经绘制好的元件。

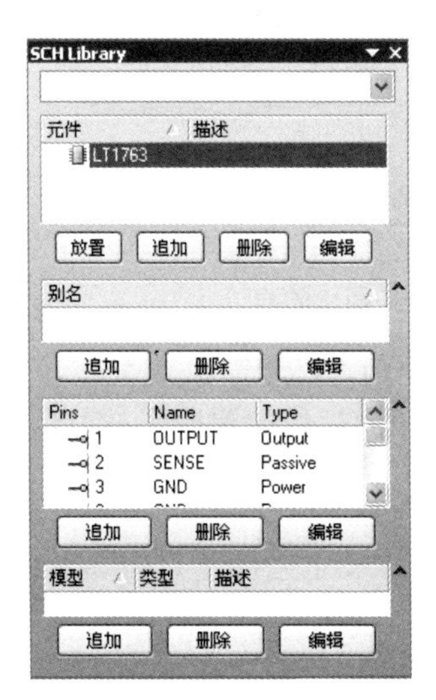

图 5.21 元件库管理器窗口

第 2 步，单击“元件”区域中的 LT1763，弹出如图 5.22 所示的元件属性设置对话框。

第 3 步，在 Default Designator 文本框中输入“U?”，在“注释”文本框中输入 LT1763。

第 4 步，单击“确认”按钮，返回到原理图元件库编辑器工作窗口。

第 5 步，在绘图工具栏中单击**A**图标，放置文本字符串，此时光标箭头变为十字形，并带有一个虚线方框，在图纸中移动十字光标到适当位置单击，放置文字标注。

第 6 步，双击文字标注，弹出如图 5.23 所示的对话框，在“文本”选项中输入 LT1763。单击“字体”选项后的“变更”按钮，设置文字的字体、字体样式和字体大小等属性。

第 7 步，放置好文字标注的属性后，单击“确认”按钮，返回工作窗口，得到如图 5.24 所示的最后结果。

第 8 步，单击按钮保存库元件。

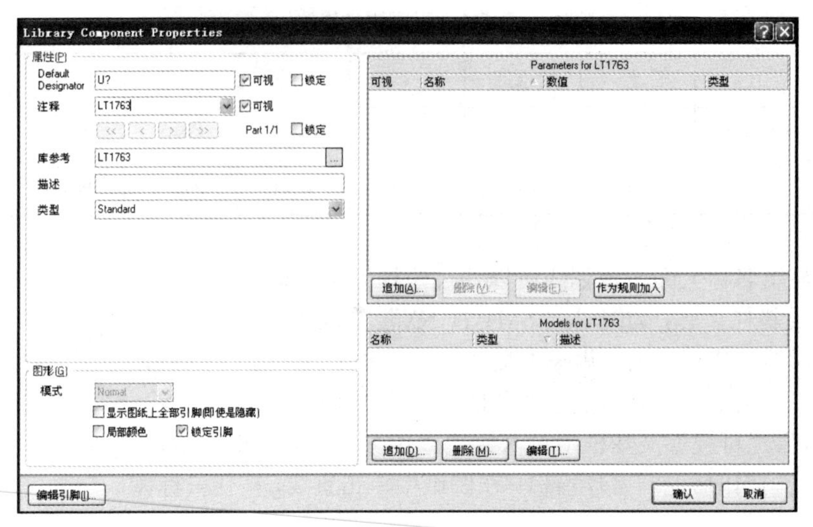

图 5.22　元件属性设置对话框

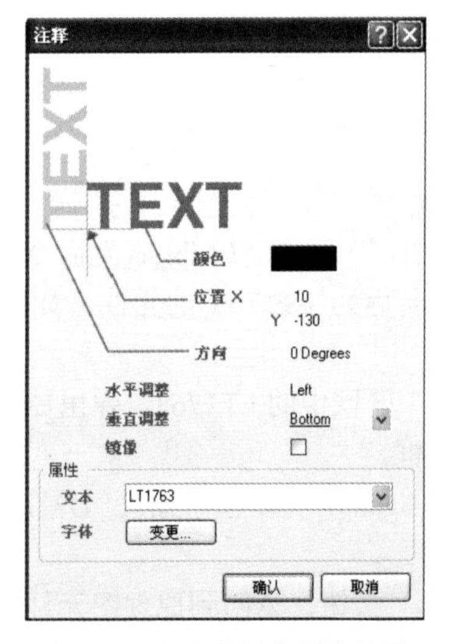

图 5.23　文本字符串属性设置

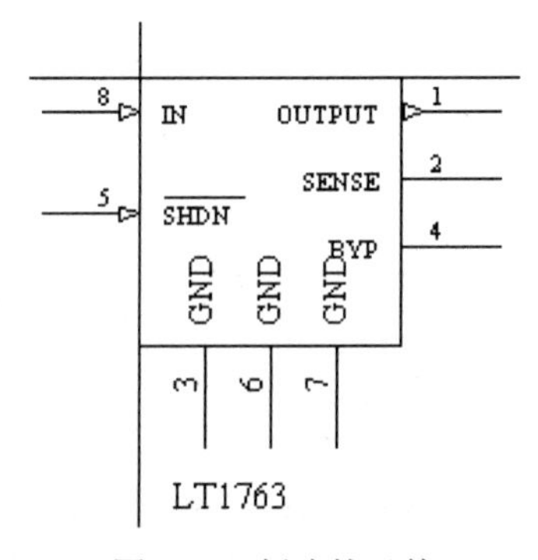

图 5.24　创建的元件

至此，完成了 LT1763 元件的创建，要把该元件放置到原理图上，只需在图 5.21 中选中该元件，单击“放置”按钮，系统将跳转到当前的原理图中，具体放置操作与项目二中讲述的相同。

实　训

实训　创建元件

1. 设计 74LS373 芯片的操作步骤

设计 74LS373 芯片，将操作步骤填于表 5.2 中。

提示：图中引脚的电气类型均为“Passive”；引脚 1 的小圆圈在“引脚属性”对话

框的“符号”区域，“外部边沿”选项下拉列表中选择“Dot”项。

表 5.2 创建元件步骤

元件外形	操作步骤				
	创建库文件	绘制元件外形	绘制引脚	设置说明信息	添加 PCB 封装
3 D0 Q0 2 4 D1 Q1 5 7 D2 Q2 6 8 D3 Q3 9 13 D4 Q4 12 14 D5 Q5 15 17 D6 Q6 16 18 D7 Q7 19 1 OE 11 LE 74LS373					

2. 收获和体会

将创建元件后的收获和体会写在下面空格中。

收获和体会：

3. 实训评价

将创建元件实训工作评价填写在表 5.3 中。

表 5.3 实训评价表

项目 评定人	实训评价	等级	评定签名
自评			
互评			
教师评			
综合评定 等级			

_________年_________月_________日

拓　展

拓展　添加 PCB 封装

添加 PCB 封装的操作步骤如下。

第 1 步，在如图 5.22 所示的元件属性对话框右下角的 Models for LT1763 区域，单击“追加”按钮，弹出“加新的模型”对话框，如图 5.25 所示。

第 2 步，在该对话框的下拉列表中选择“Footprint”项，单击“确认”按钮，弹出“PCB 模型”对话框，如图 5.26 所示。

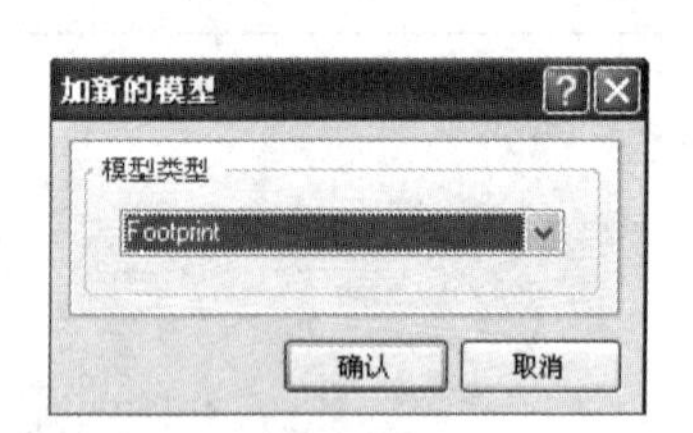

图 5.25　“加新的模型”对话框

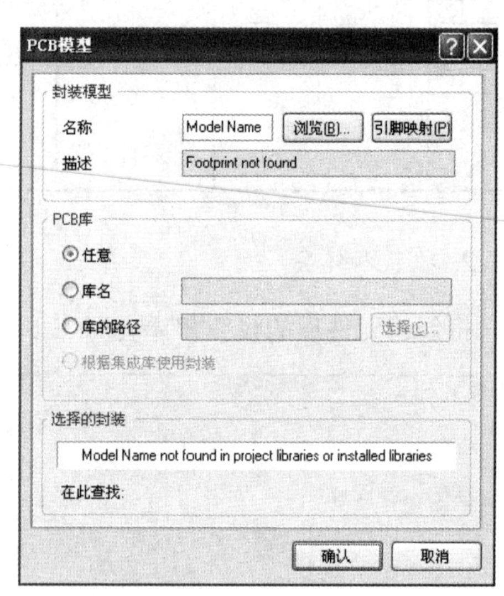

图 5.26　“PCB 模型”对话框

第 3 步，单击“浏览”按钮，在弹出的“库浏览”对话框中单击右上角的“…”按钮，弹出“可用元件库”对话框，如图 5.27 所示。

第 4 步，单击“安装”按钮，在弹出的对话框中选择 PCB 目录下的 Small Outline（～1.27mm Pitch）-6to20 Leads.PcbLib，单击“确认”按钮返回“可用元件库”对话框。

第 5 步，单击“关闭”按钮，返回如图 5.28 所示的“库浏览”对话框。

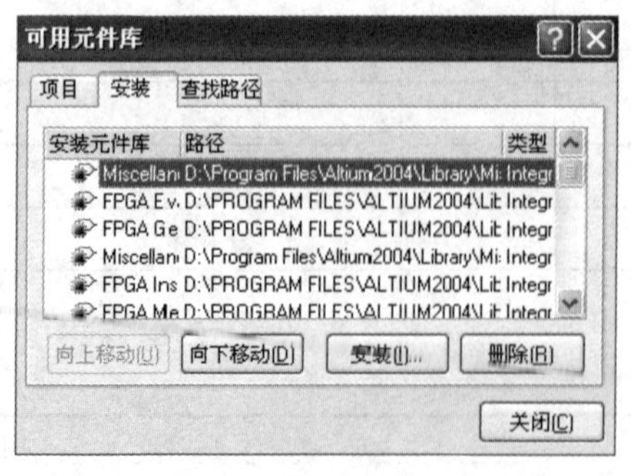

图 5.27　“可用元件库”对话框

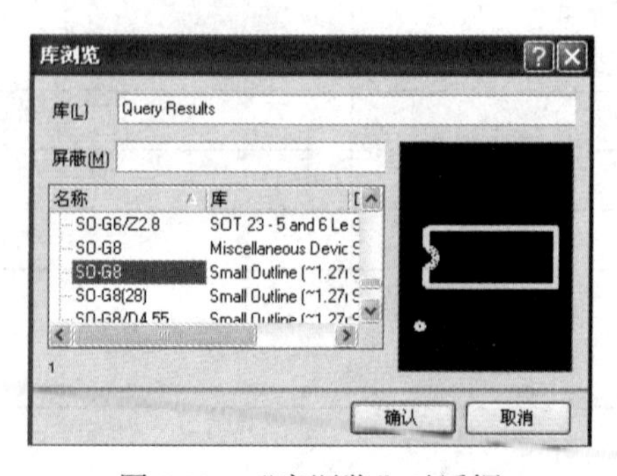

图 5.28　“库浏览”对话框

第 6 步，对话框左侧列出库中所有的封装名称，右面显示封装示意图。LT1763 系列电压调整芯片是 8 引脚 SO 封装，选择“SO-G8”。

第 7 步，依次单击“确认”按钮返回元件属性设置对话框，完成 PCB 封装的添加。同一个元件可以添加多个 PCB 封装。

任务四 创建多组件元件

情 景

小明开始学习数字电路的集成门电路。这些门电路内部是由多个组件构成的。例如，74 系列 74LS08 就是由 4 个二输入的与门构成，内含 4 个完全相同的与门。当放置 74LS08 时，原理图图纸上会出现一个与门，而不是实际所见的双列直插元件。这种多组件的元件小明用任务三中的方法怎么也画不出来。下面，我们就以 74LS08 为例，来和小明一起学习多组件元件的制作。

讲解与演示

多组件元件

知识 1 多组件元件外形

74LS08 的外形引脚排列如图 5.29 所示，由 4 个二输入与门构成，内含 4 个完全相同的逻辑组件，其中 A、B 为输入端，Y 为输出端。

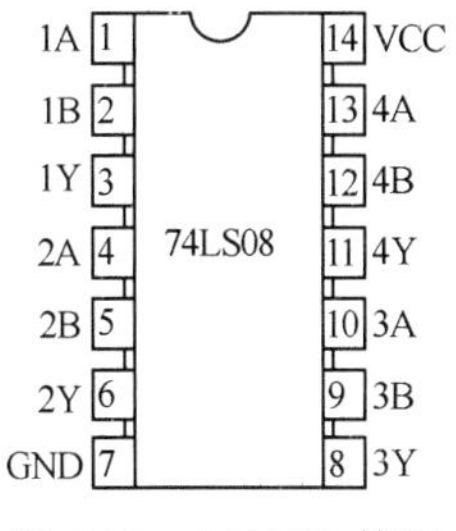

图 5.29 74LS08 外形

知识 2 绘制多组件元件步骤

第 1 步，打开元件库编辑管理器，单击其中的“追加”按钮，创建一个名为 74LS08 的元件。

第 2 步，参照任务三介绍的方法，分别选中原理图库绘图工具栏中的放置椭圆弧工具、放置直线工具绘制元件。

第 3 步，选中放置引脚工具为元件增加引脚，在放置引脚状态下按 Tab 键设置引脚属性，如图 5.30 所示。这是第一个与门的输入端，所以“显示名称”中填“1A”，标识符”内填“1”，“电气类型”通过右侧下拉菜单选择“InPut”。

第 4 步，依次放置完 3 个引脚后，第一个与门已经画好，如图 5.31 所示。各个引脚的设置见表 5.4。

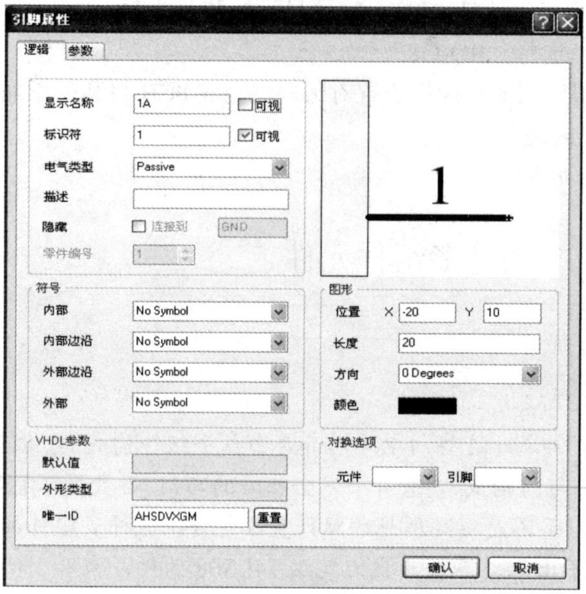

图 5.30 “引脚属性”对话框

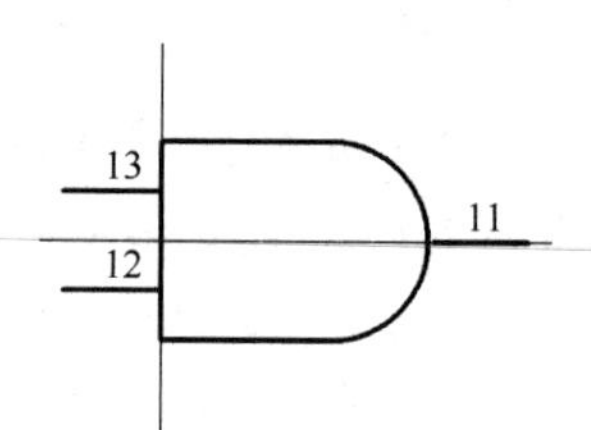

图 5.31 与门符号

表 5.4 引脚设置

引脚号		引脚名		电气类型	隐藏	连接到	零件编号
标识符	可视	显示名称	可视				
1、4、10、13	√	1、4、10、13	×	Input	×	×	1
2、5、9、12	√	2、5、9、12	×	Input	×	×	1
3、6、8、11	√	3、6、8、11	×	Output	×	×	1
7	√	GND	×	Power	√	GND	0
14	√	VCC	×	Power	√	VCC	0

图 5.32 增加元件部件

第 5 步，执行“工具”→“创建元件”命令，此时所绘元件被自动作为元件的第 1 个部件（即 Part A），采用此法，新增加的元件部件依次被作为第 2 个部件、第 3 个部件和第 4 个部件。完成后库编辑器面板中元件列表区如图 5.32 所示。

由于 4 个部件形状完全相同，只是引脚编号不同，因此可采用菜单栏中“复制”和“粘贴”，把引脚参数逐一修改过来，即可完成其他 3 个部件的绘制。

第 6 步，第 4 个部件完成后，如图 5.33 所示。

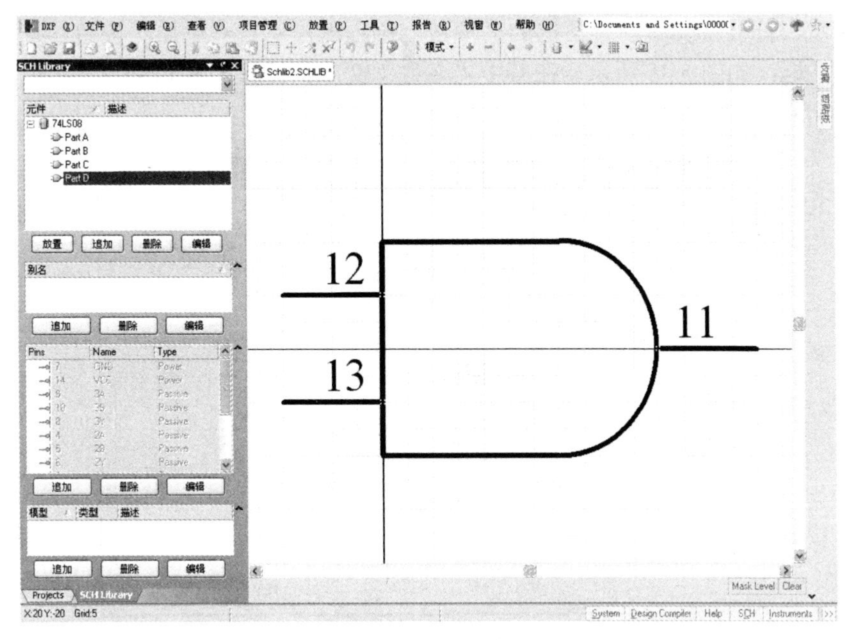

图 5.33 绘制第四个与门

知识 3 绘制电源/接地

第 1 步，打开任意部件编辑画面，单击原理图绘图工具栏中的放置引脚工具，按 Tab 键，打开“引脚属性”编辑对话框，在该对话框中设置显示名称、标识符等参数，如图 5.34 所示。

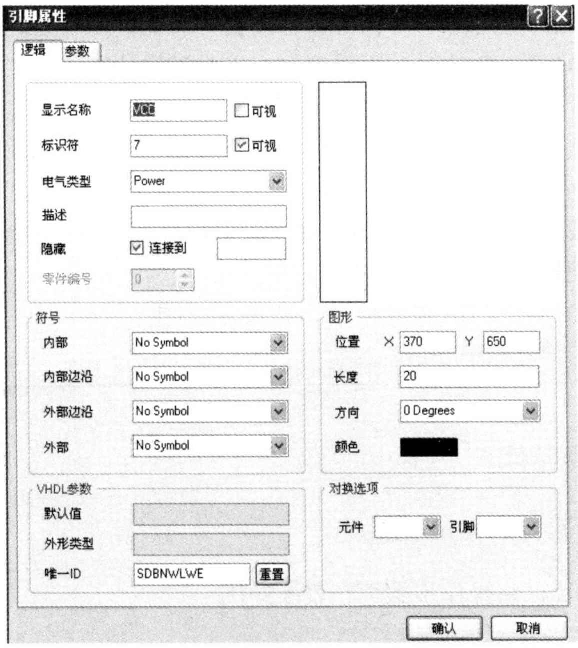

引脚属性
逻辑 参数
显示名称 VCC 可视
标识符 7 可视
电气类型 Power
描述
隐藏 连接到
零件编号 0
符号
内部 No Symbol
内部边沿 No Symbol
外部边沿 No Symbol
外部 No Symbol
图形
位置 X 370 Y 650
长度 20
方向 0 Degrees
颜色
VHDL参数
默认值
外形类型
唯一ID SDBNWLWE 重置
对换选项
元件 引脚
确认 取消

图 5.34 “引脚属性”设置对话框

第 2 步，打开引脚属性对话框的“参数”选项卡，单击“追加”按钮，打开“参数属性”对话框，如图 5.35 所示。在其中“名称”文本框输入 DefaulNet，“数值”文本框中输入 GND，并取消名称设置区中的“可视”勾选。

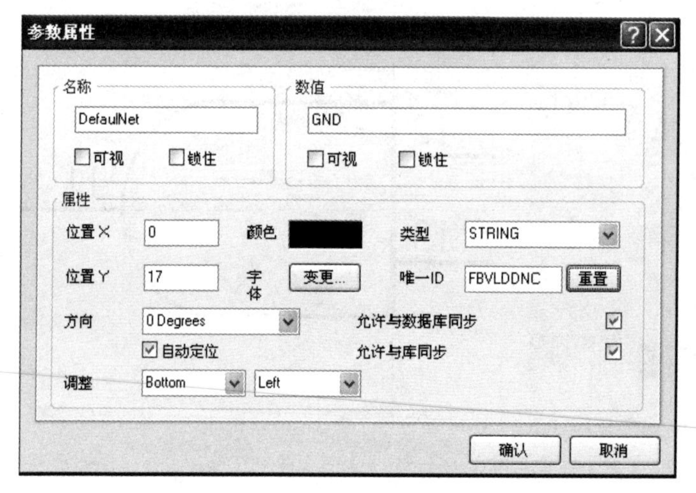

图 5.35 “参数属性”设置对话框

第 3 步，设置结束后，单击“确认”按钮，在编辑区单击放置该引脚。

电源引脚的放置和属性设置方法与此类似，不再重复。设置结束后，保存原理图库文件。

元件编号 0 是一个特殊的组件，用来表示对所有组件都通用的引脚。当任何一个组件被放置到原理图上时，元件编号为 0 的引脚都会一同放置在原理图中。引脚 7 和 14 都设置为隐藏，在原理图中分别默认连接到“GND”和“VCC”。尽管用户无法看到该引脚，但它已被定义。

在使用元件库文件时，要注意一个编辑画面上只能绘制一个元件符号，因为系统将一个编辑画面中的所有内容都视为一个元件。在绘制元件符号时，要注意元件的引脚是具有电气特性的，必须用专门放置引脚的命令。在学习了原理图的编辑以及本项目内容以后，应该说任何电路图都可以绘制了。

实 训

实训 创建多组件元件

1. 设计 74LS08 芯片的操作步骤

设计 74LS08 芯片，将操作步骤填在表 5.5 中。

表 5.5 创建元件步骤

部件外形	操作步骤				
	创建库文件	绘制部件外形	绘制电源/接地	设置说明信息	添加 PCB 封装
1 2 3					

注：74LS08 采用元件封装为 DIP-14。

2. 收获和体会

将创建多组件元件后的收获和体会写在下面空格中。

收获和体会：

3. 实训评价

将创建多组件元件实训工作评价填写在表 5.6 中。

表 5.6 实训评价表

项目 评定人	实训评价	等级	评定签名
自评			
互评			
教师评			
综合评定等级			

______年______月______日

拓 展

拓展 编辑已有元件以创建新元件

设计中有时会遇到在库中可以找到所需元件的原理图符号，但该符号又不能完全满足设计者绘制图纸的要求。此时可对已有元件进行适当编辑，创建一个新元件。如软件自带的电位器符号，如图 5.36 所示，而设计图中想要的是如图 5.37 所示的符号，修改的具体操作步骤如下。

图 5.36 自带电位器符号　　　　图 5.37 需创建的新电位器符号

第 1 步，创建原理图库文件。执行“文件”→“创建”→“原理图”命令，系统进入原理图编辑界面。

第 2 步，打开“元件库”工作面板，找到软件自带的电位器符号，并进行放置。

第 3 步，执行“设计”→“建立设计项目库”命令，系统自动生成与该原理图同名的原理图库文件。元件编辑区显示了当前处于被选择状态的电位器原理图符号，如图 5.38 所示。

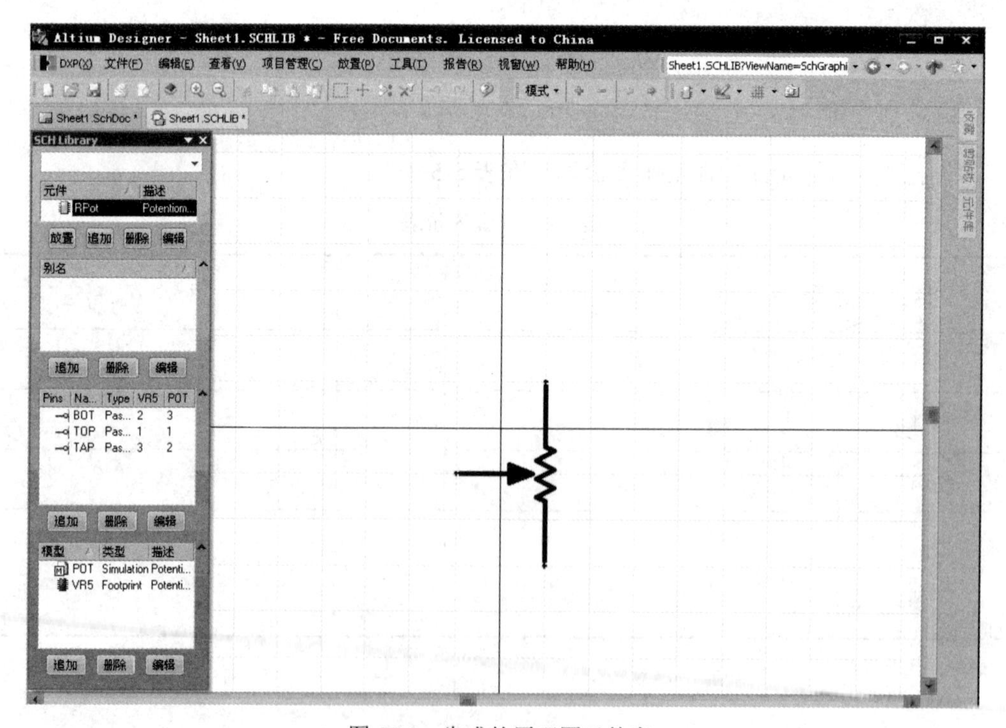

图 5.38 生成的原理图元件库

第 4 步，对该原理图符号进行编辑。删除曲线部分以矩形框代替。最后得到如图 5.39 所示结果。

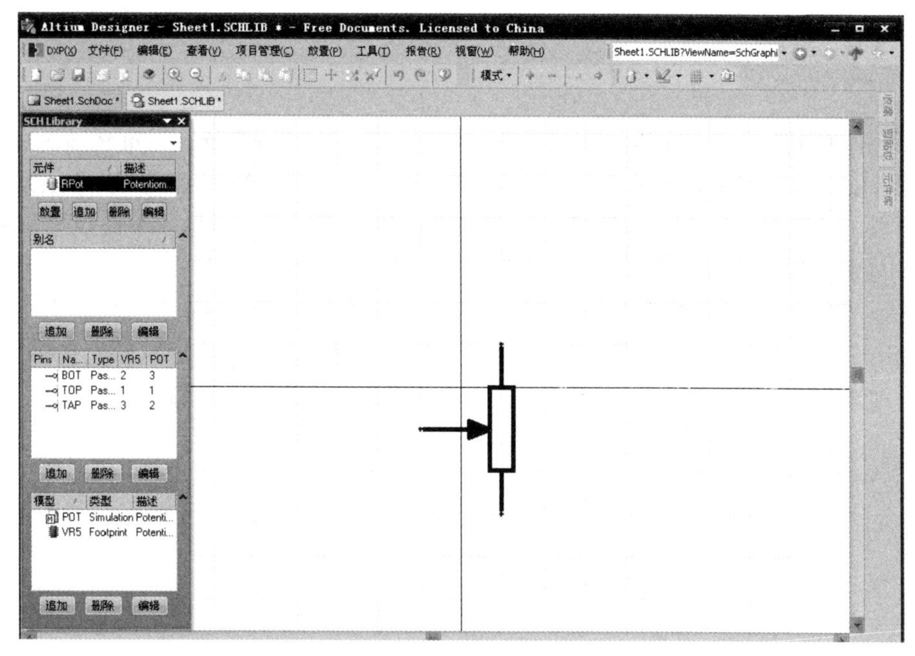

图 5.39 编辑后的新元件

第 5 步，保存。把编辑结果保存到合适的路径下。设计需要时可以查找该元件库找到该元件进行放置，放置操作与自带元件库相同。

1）放置矩形框时，可能出现矩形框没法画小，致使元件引脚不在中间位置的情况。执行“工具”→“文档选项”，在弹出的“库编辑器工作区”对话框中，“网格”选项设置“捕获”为 1，“可视”为 10 即可。

2）在绘制矩形状态下按 Tab 键，或在绘制好的矩形上双击，弹出“矩形”属性对话框。设置“填充色”为“透明”，“边缘宽”下拉列表框中选择“Small”。

任务五 创建元件报表

情 景

小明已经能够创建新的元件，稍微复杂的多组件元件也会创建了。但是，创建完成后，过了一段日子，小明想用以前创建的元件时，却忘记当时创建的元件引脚及其引脚的属性等信息，那是否有办法重新去查看或修改呢？

这里，我们就来学习元件报表的相关知识。

讲解与演示

知识1 元件报表

在元件库编辑器里，可以产生以下3种报表：元件报表（Component Report）、元件库报表（Library Report）和元器件规则检查报表（Component Rule Check Report）。通过报表可以了解某个元件符号的信息，也可以了解整个元件库的信息。下面以 Myschlib.SchLib为例来说明各报表。

执行“报告”→“元件”命令，系统将自动生成扩展名为“.cmp”的当前元件报表，内容如图5.40所示。列表中给出了元件的几个组成部分，每个部分包含的引脚以及引脚的各种属性。特别给出了隐藏引脚以及具有IEEE说明符号的引脚等信息。

```
Component Name : LT1763

Part Count : 2

Part : U?
     Pins - (Normal) : 0
          Hidden Pins :

Part : U?
     Pins - (Normal) : 8
          OUTPUT          1          Output
          SENSE           2          Passive
          GND             3          Power
          GND             6          Power
          GND             7          Power
          BYP             4          Passive
          S\H\D\N\        5          Input
          IN              8          Input
          Hidden Pins :
```

图5.40 元件报表

知识2 元件库报表

执行“报告”→“元件库”命令，系统将自动生成扩展名为“.rep”的元件库报表，内容如图5.41所示。在报表中列出了所有的元件符号名称和对它们的描述。

```
CSV text has been written to file : Myschlib.csv

Library Component Count : 2

Name                Description
----------------------------------------------------

74LS373
LT1763
```

图5.41 元件库报表

知识 3 元件规则检查表

执行“报告”→“元件规则检查”命令，系统弹出“库元件规则检查”对话框，如图 5.42 所示。在该对话框中可以设置规则检查的属性，帮助用户进行元件的基本验证工作。

各项规则的意义如下。

图 5.42 “库元件规则检查”对话框

1. “复制”栏

1）“元件名”：检查元件库中是否有重名的元件符号。

2）“引脚”：检查元件库中是否有重名的引脚。

2. “缺少”栏

1）“描述”：检查是否缺少元件符号的描述。

2）“引脚名”：检查是否缺少引脚名称。

3）“封装”：检查是否缺少元件封装描述。

4）“引脚数”：检查是否缺少元件引脚号。

5）“默认标识符”：检查是否缺少默认标识符。

6）“序列内缺少的引脚”：检查元件引脚顺序是否有空缺。

选中所有复选框，单击“确认”按钮，生成如图 5.43 所示元件规则检查表。

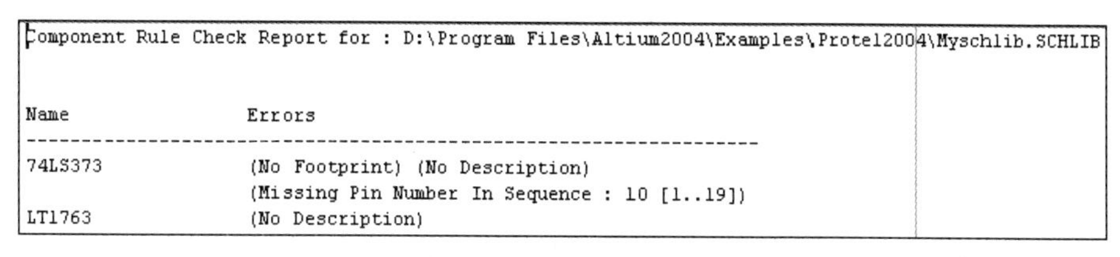

```
Component Rule Check Report for : D:\Program Files\Altium2004\Examples\Protel2004\Myschlib.SCHLIB


Name                    Errors
--------------------------------------------------------------------
74LS373                 (No Footprint) (No Description)
                        (Missing Pin Number In Sequence : 10 [1..19])
LT1763                  (No Description)
```

图 5.43 元件规则检查表

从信息表中可以看出，LT1763 没有描述，74LS373 引脚号 1～19 中缺少引脚 10，缺少描述，缺少封装。因此，通过这项检查，设计者可以打开元件库中的元件符号，将没有完成的元件绘制完成。

实 训

实训 元件报表

1. 元件报表的创建

将 3 种元件报表的创建过程填在表 5.7 中。

表5.7　元件报表创建过程

元件报表	元件库报表	元件规则检查表

2. 实习操作

对任务四实训中的74LS04进行各种元件报表的操作，并把结果填在表5.8中。

表5.8　元件报表

元件报表	元件库报表	元件规则检查表

3. 收获和体会

将生成元件报表后的收获和体会写在下面空格中。

收获和体会：

4. 实训评价

将生成元件报表实训工作的评价填写在表5.9中。

表5.9　实训评价表

项目 评定人	实训评价	等级	评定签名
自评			
互评			
教师评			
综合评定等级			

________年________月________日

任务六 建立元件库

情 景

小明在进行工程项目的设计时，要用到不同元件库的元件，也会自己制作一些元件。但是，当整个工程项目复制到另外一台计算机上的时候，就不能对整个工程项目进行修改管理，给设计带来了很大的麻烦。这是为什么呢？原来是因为在另一台计算机上没有安装相应的元件库。想要解决这个问题，需要生成项目元件库和集成元件库。

讲解与演示

知识 1 生成项目元件库

项目元件库是指将当前工程项目中用到的所有元件的原理图库文件，以及对应的 PCB 封装等都存入一个元件库中。因此，当已经绘制好原理图后，如果原理图中有些元件是自己设计绘制的，那么有必要生成项目元件库。生成项目元件库的步骤如下。

第 1 步，执行“文件”→“打开项目”命令，在弹出的对话框中选择一个 PCB 工程项目。

第 2 步，打开该工程项目中的原理图文件。

第 3 步，执行“设计”→“建立设计项目库”命令，系统即可生成以项目名来命名的元件库文件，文件扩展名为“.SchLib”。

知识 2 生成集成元件库

集成元件库是指将与原理图元件库相关的 PCB 封装库和用于仿真的信号完整性模型整合在一起而成的元件库。由 PCB 工程项目文件直接生成用户自己的集成元件库步骤的前两步与生成项目元件库相同，只需在第 3 步的命令中把“建立设计项目库”改成“建立集成库”即可，集成元件库的扩展名为“.IntLib”。

思考与练习

一、判断题（对的打“√”，错的打“×”）

1. 新建一个原理图库文件的系统默认文件名为 Schlib1.Schdoc。 （ ）

2. 单击放置按钮，可将在元件库编辑管理器列表框中所有元件放置到当前激活的原理图中。 （ ）

3. “导航”工具栏使用方法和“原理图库 标准”工具栏对应工具的使用方法相同。（ ）

4. 系统进入原理图库编辑工作界面，当前默认的新元件名称为“COMPONET_1”。（ ）

5. 绘制元件时，元件可以放置在任何一个象限内。（ ）

6. 放置引脚状态时按 Shift 键可以旋转引脚。（ ）

7. 元件的 PCB 封装可以添加多个。（ ）

8. 一个编辑画面上只能绘制一个元件符号。（ ）

9. 当整个工程项目复制到另外一台计算机上的时候，就不能对整个工程项目进行修改管理。（ ）

10. 项目元件库是指将与原理图元件库相关的 PCB 封装库和用于仿真的信号完整性模型整合在一起而成的元件库。（ ）

二、填空题

1. 元件库编辑器用于________、________和________元件。

2. 新建元件符号的界面由上面的________、________和右边的________等组成。

3. 元件库编辑器工作窗口有一个________字坐标轴，将窗口分为________个象限。

4. 元件库编辑管理器面板共有________、________、________和________4 个区域。

5. Protel DXP 2004 的原理图库编辑器为用户提供了 4 个工具栏，分别为________工具栏、________工具栏、________工具栏和“原理图库 标准”工具栏。

6. 制作元件的工具栏一般包括________工具栏和________工具栏。

7. 绘制元件时，一般元件均放置在第________象限，而________为元件基准点。

8. 修改引脚属性可以________需要编辑的引脚，在________对话框中修改。

9. 执行“报告”→“元件”命令，系统将自动生成扩展名为________的当前元件报表。

10. 执行“报告”→“元件库”命令，系统将自动生成扩展名为“.rep”的________报表，在报表中列出了所有元件的________和对它们的描述。

三、简答题

1. 简述元件库的创建方法。

2. 如何设计一个简单的元件符号？写出操作步骤。

3. 写出设计一个复杂元件符号的操作步骤。

4. 写出生成集成元件库步骤。

四、制作原理图元件符号

1. 新建原理图库文件，制作如图 5.44 所示原理图元件符号，并保存。

2. 制作 74LS164 的电气符号，如图 5.45 所示（注：第 14 脚为 VCC，第 7 脚为 GND，隐藏处理）。

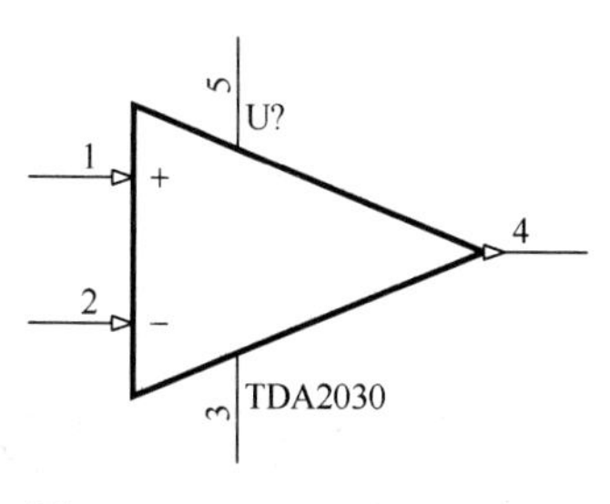

图 5.44 TDA2030 的电气符号

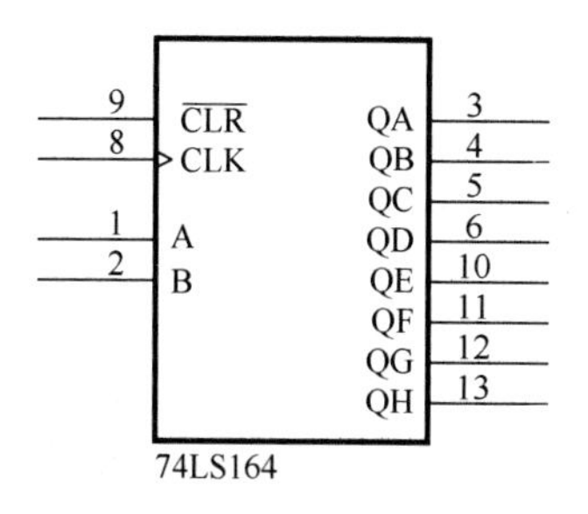

图 5.45 74LS164 的电气符号

3. 绘制一个二组件元件并进行 PCB 封装。元件名称为 SN74LS109，元件图如图 5.46 所示，其中各引脚属性设置如表 5.10 所示。

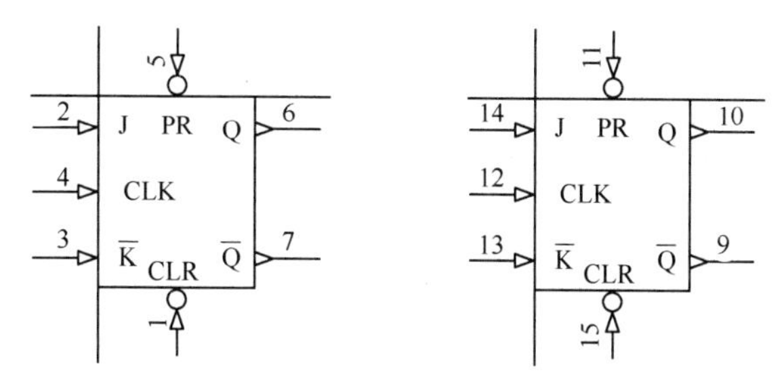

图 5.46 二组件元件

表 5.10 引脚属性设置

标识符	1、15	2、14	3、13	4、12	5、11	6、10	7、9	8	10
显示名称	CLR	J	K	CLK	PR	Q	Q	GND	VCC
电气类型	Input	Input	Input	Input	Input	Output	Output	Power	Power

说明：

1）该元件库文件名为 74LSxx.SchLib。

2）引脚 4、12 内部边沿为 Clock；1、15、5、11 外部边沿为 Dot，且在放置过程中先不选择名称后的“可视”复选框，用放置字符串命令放置文字。

3）引脚 8、10 在“引脚属性”对话框中选中“隐藏”复选框，放在任一组件中。

4）设置元件流水号 U?，元件的描述为“双 J-K 正边缘触发器”。

5）封装模式为 DIP-16。

项目六 电气规则检查及相关报表

学习目标

原理图绘制完成后，为了生成PCB，需要对设计工作进行电气连接检查，并生成网络表。

本项目主要介绍电气规则检查的基本方法和网络表的生成。合理地进行检错规则的设置可保证原理图设计的正确无误，通过编译，对原理图中存在的错误及时地进行修改。元件报表、元件交叉参考报表、层次报表可以让用户非常方便地采购元件、查阅元件的引用情况、查看设计项目之间的层次关系。原理图生成的网络表是自动布线的基础。

知识目标

- 了解项目的编译和查错方法。
- 理解由原理图生成网络表的方法。

技能目标

- 能编译项目及查看系统信息并改错。
- 掌握原理图生成各种网络表的方法。

任务一　电气规则检查

情　景

小明虽然能够绘制原理图了，但是，绘好的原理图应如何检查而确保正确呢？例如，某个输出引脚连接到另一个输出引脚就会造成信号冲突；未连接完整的网络标签会造成信号断线；重复的元件标识符会使系统无法区分出不同的元件等。对于这些错误，计算机能否给出信息，提示我们注意呢？

Protel DXP 2004 提供的电气检测法则可以帮助我们根据问题的严重性分别以错误（Error）或警告（Warning）等信息来提醒用户注意。

讲解与演示

电气规则检查

知识 1　电气规则检查的设置

电气规则检查（Electrical Rule Check，ERC）可检查原理图中是否有电气特性不一致的情况。它可以对原理图的电气连接特性进行全方位自动检查，并将错误信息在 Messages 工作面板中列出，同时也可以在原理图中在线显示错误。用户可以对检测规则进行设置，然后根据面板中所列出的错误信息对原理图进行修改。

进行电气规则检查，首先要打开项目下的原理图文档。执行“项目管理”→“项目管理选项”命令，弹出 Options for PCB Project（项目选项）对话框，如图 6.1 所示。在项目选项中，主要对 Error Reporting（错误报告类型）、Connection Matrix（电气连接矩阵）、Comparator（差别比较器）进行设置。

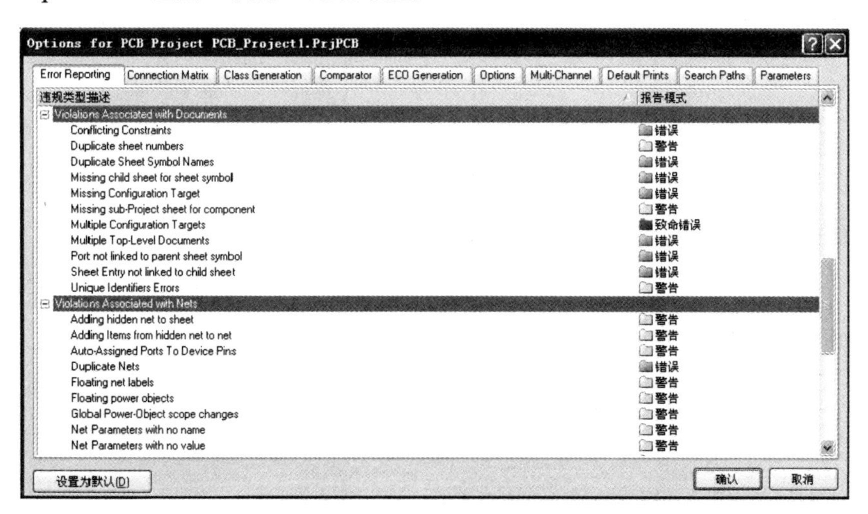

图 6.1　Options for PCB Project（项目选项）对话框

1. 设置 Error Reporting（错误报告）

“Error Reporting（错误报告）”选项卡用于设置原理图的电气检查规则，包括总线、网络以及文档等规则设置，如图 6.1 所示。“违规类型描述”和“报告模式”区域分别用来显示违反规则和错误程度。单击需要修改的违反规则对应的“报告模式”，从下拉列表中选择错误程度：“致命错误”“错误”“警告”“不报告”。当进行文件的编译时，系统将根据此选项卡中的设置对原理图进行电气法则检测，并将错误信息在 Messages 面板中列出。

2. 设置 Connection Matrix（电气连接矩阵）

“Connection Matrix（电气连接矩阵）”选项卡如图 6.2 所示。该矩阵设置作为电气规则检查的执行标准。单击要修改的方块，方块颜色会由绿、黄、橙、红循环变化，表示方块代表的错误类型在不同错误程度间切换。例如，在矩阵图右边找到 Output Pin，从这一行找到 Open Collector Pin 列，在它的相交处是一个橙色方块，则表示在编译原理图时，一个 Output Pin 连接到一个 Open Collector Pin 将会产生一个“错误”（Error）信息。同样，把 Power Pin 和 Out Pin 相交的方块设置为“红色”，表示当原理图中电气规则为 Power Pin 的引脚和电气规则为 Out Pin 的引脚连接时，错误报告将显示“致命错误”（Fatal Error）。

3. Comparator（差别比较器）

“Comparator（差别比较器）”选项卡如图 6.3 所示。用于在发生了改变时，可以识别或忽略的改变项目。在“模式”中可以通过设置改变的项目是“查找差异”或者“忽略差异”。例如，希望当改变元件封装后，系统在编译时给予一定的信息，可以在图 6.3 的选项卡中找到元件封装变化这一栏，单击其右侧，在随后出现的下拉列表中选择“查找差异”。如果用户对这类改变并不关心，可以选择“忽略差异”。

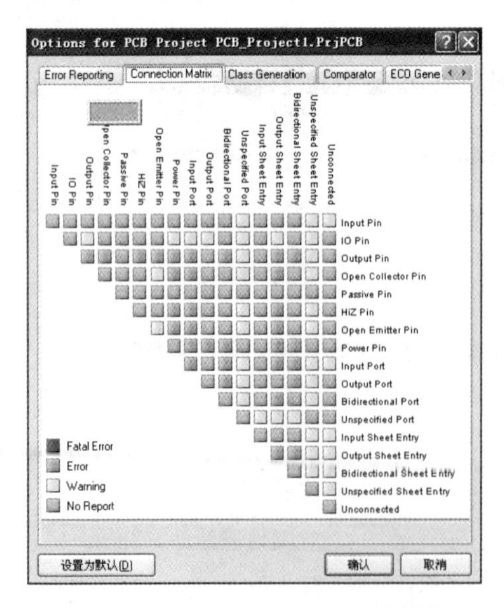

图 6.2 “Connection Matrix”选项卡

图 6.3 “Comparator”选项卡

Options for PCB Project（项目选项）对话框还有 ECO 启动、输出路径等设置。在该对话框中进行修改后，系统将会按照对话框指定的规则工作。

对话框中默认的规则是最为常用的规则设置，一般情况下不要对其进行修改，以免因为考虑不够全面而造成设计者工作上的不便。

知识 2　编译项目及查看系统信息

执行“项目管理”→“Compile All Projects”命令，可对当前原理图或者整个项目文件进行编译。下面以如图 6.4 所示的差动放大器电路为例，说明编译项目及查看系统信息的操作步骤。

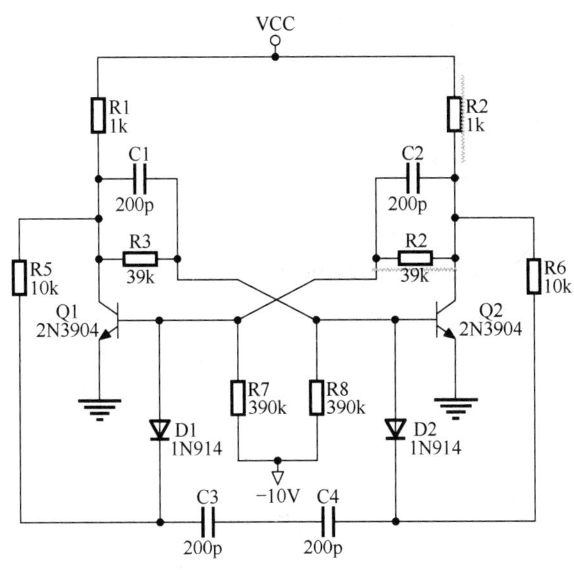

图 6.4　待编译差动放大器电路原理图

第 1 步，打开工程项目 PCB-Project1.PrjPCB 中的“差放电路.SCHDOC”原理图，如图 6.4 所示。

第 2 步，执行“项目管理”→“项目管理选项”命令，弹出“Options for PCB Project”（项目选项）对话框，在“Error Reporting”选项卡中把条目“Nets with no driving source”模式改为“无报告”（因为已知该项在本例中没有作用，编译时无需给出报告信息），如图 6.5 所示。

第 3 步，执行“项目管理”→“Compile PCB Project”命令，弹出如图 6.6 所示“Messages”面板，即编译信息报告，也称电气规则检查报告。

从报告中，可以看到“Error”（错误）信息：元件标识符 R2 位置有两处，（450，530）和（430，460）。

在错误类型中，Error 属于比较严重的错误，应慎重对待。Warning 属于不严重的错误，如某个引脚浮接等。有时 Warning 并不是实质性错误，有经验的工程师一般对此不是很在意。

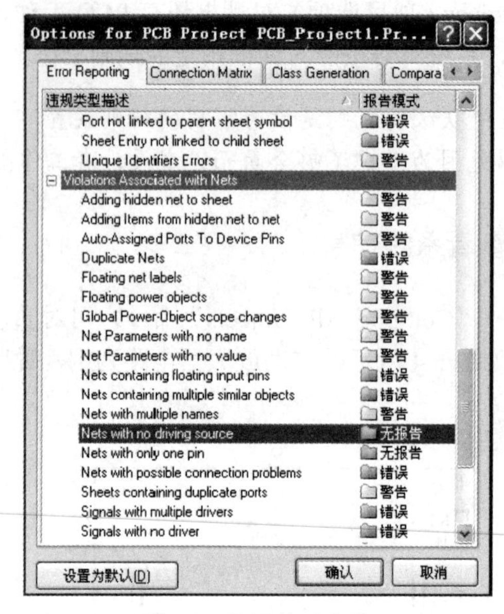

图 6.5　设置编译参数

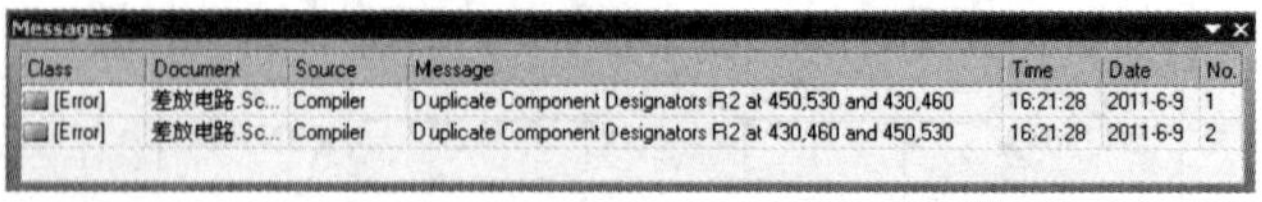

Messages

Class	Document	Source	Message	Time	Date	No.
[Error]	差放电路.Sc...	Compiler	Duplicate Component Designators R2 at 450,530 and 430,460	16:21:28	2011-6-9	1
[Error]	差放电路.Sc...	Compiler	Duplicate Component Designators R2 at 430,460 and 450,530	16:21:28	2011-6-9	2

图 6.6　编译信息

第 4 步，根据提示信息，检查原理图 6.4，发现图纸右上方两个电阻确实使用了同样的标识符 R2，且在图中已用下划线标出。

第 5 步，修正原理图，把其中一个 R2 改成 R4，如图 6.7 所示。

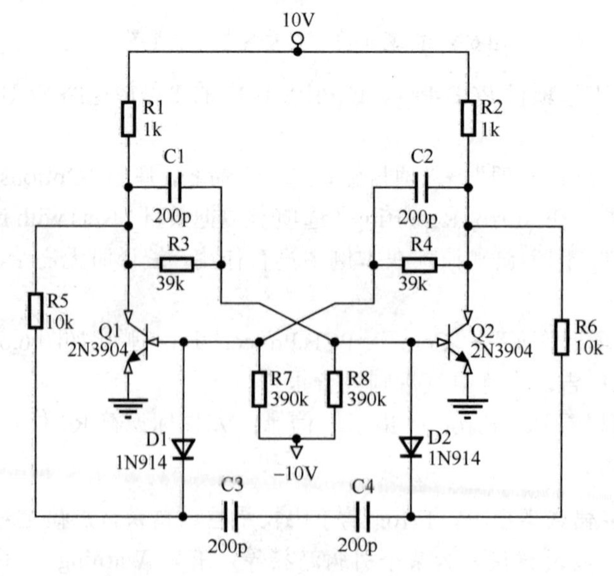

图 6.7　图 6.4 的修正结果

第 6 步，再次编译项目，使用命令“System”→“Messages”打开“Messages”面板，其内容为空，证明电路绘制正确。

原理图自动检测机制只是按照用户所绘制原理图中的连接进行检测，系统并不知道原理图到底要设计成什么样子，完成何种功能，所以，即使“Messages”工作面板中无错误信息出现，并不表示该原理图设计完全正确。用户还需要将网络表内容与所要求的设计反复对照、修改，直至完全正确为止。

实 训

实训 编译项目及查看系统信息

1. 实际操作

修改图 6.4 中的电容 C2 为 C1，进行原理图编译并修正，并将编译步骤填写在表 6.1 中。

表 6.1 原理图编译过程

编译步骤	编译过程中“Messages”面板信息

2. 收获和体会

将对原理图编译并修正的收获和体会写在下面空格中。

收获和体会：

3. 实训评价

将对原理图编译并修正的实训工作评价填写在表 6.2 中。

表 6.2 实训评价表

项目 评定人	实训评价	等级	评定签名
自评			
互评			
教师评			
综合评定等级			

________年________月________日

任务二　网络表的生成

情　景

小明画原理图的目的是进行PCB设计。如何把原理图转换成PCB？PCB编辑器和原理图编辑器之间该如何联系，也就是它们之间的信息接口是什么？这里，我们将学习如何将原理图中的所有网络信息导入到PCB文件。

讲解与演示

网络表的生成

知识1　网络表

原理图产生的各种报告，以网络表最为重要。网络表被称为原理图和PCB之间沟通的桥梁，它是原理图编辑器和PCB编辑器之间的信息接口。用户通过网络表即可将原理图的所有网络信息导入到PCB文件中，从而可省略对元器件PCB封装模型的放置以及网络的建立。同时网络表也是系统检查核对原理图和PCB是否正确的基础。

Protel DXP 2004可以生成多种格式的网络表，如图6.8所示，用户通常只生成Protel格式的网络表，用于以后的PCB绘制以及自动布局和布线等操作。

知识2　单张原理图网络表的生成

下面以图6.7所示差动放大器电路为例，介绍生成单张原理图网络表的一般步骤。

第1步，打开工程项目PCB_Project1.PrjPCB中的原理图“差放电路.SCHDOC”。

第2步，执行“设计”→“文档的网络表”→“Protel”命令，产生网络表文本文件“差放电路.NET”，该网络表自动加载到本项目工程PCB_Project1.PrjPCB下，如图6.9所示。

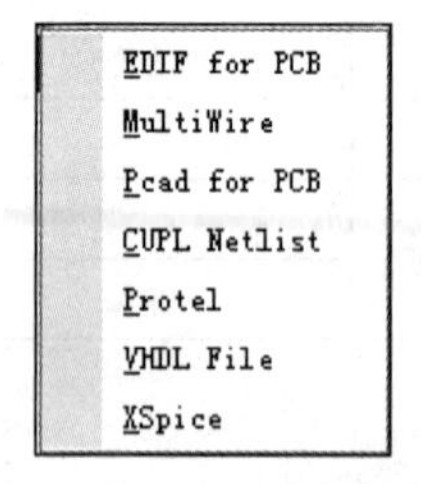

图6.8　多种格式的网络表

图6.9　网络表的文本文件

网络表可以从电路原理图中直接得到，也可以从已完成布线的 PCB 中得到。

第 3 步，双击该网络表文件“差放电路.NET”，即可查看网络表内容，如图 6.10 所示。

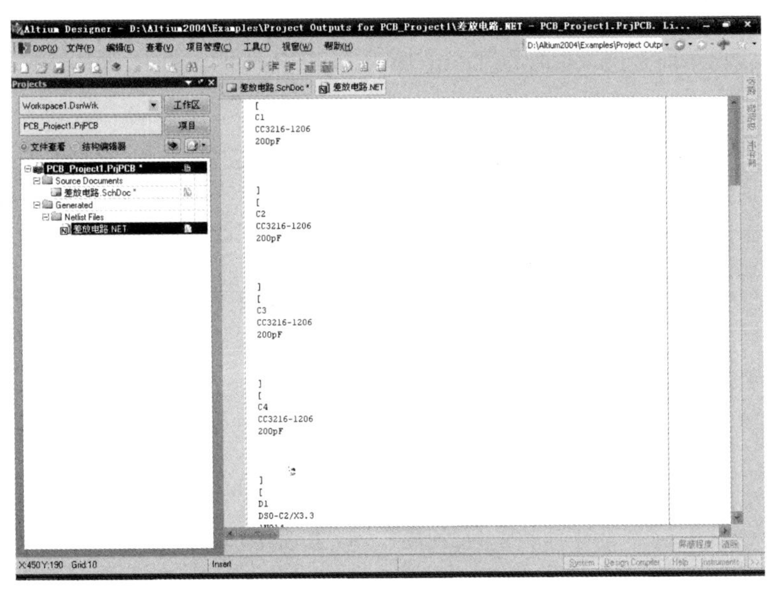

图 6.10 生成网络表

下面是网络表中的一部分内容，类似格式的部分以“……”代替。

```
[                         元件声明开始
C1                        元件的标识符
CC3216-1206               元件的封装名称
200pF                     元件的注释



]                         元件声明结束

……
(                         网络定义开始
NetC1_1                   网络名称“Net”
C1-1                      元件 C1 的 1 号引脚
Q1-3                      元件 Q1 的 3 号引脚
R1-1                      元件 R1 的 1 号引脚
R3-2                      元件 R3 的 2 号引脚
R5-2                      元件 R5 的 2 号引脚
)                         网络定义结束
……
```

从上述内容可以看出，网络表文件主要由两部分组成：元件列表部分和网络列表部分。元件列表部分由“[”开始，“]”结束，内容为各元件的数据（标识符、注释与封装信息）；网络列表部分由“(”开始，“)”结束，描述了元件之间的网络连接。

知识3　层次原理图网络表的生成

以项目四自下而上层次原理图 DownToUp.PrjPCB 为例，打开子图 zxb1.SchDoc，如图6.11所示。

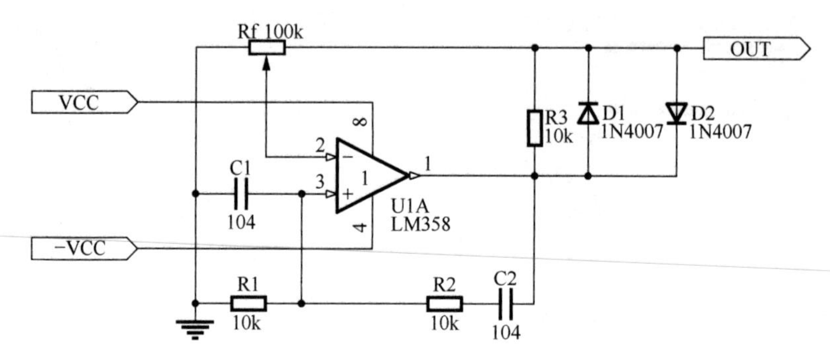

图6.11　层次原理图子图 zxb1.SchDoc

执行“设计”→“设计项目的网络表”→“Protel”命令，即可完成层次原理图项目中所有原理图网络表的生成。网络表内容与单张原理图格式基本相同，但子原理图端口和方块电路图中的端口都被省略了。下面是层次原理图网络表的一部分。

```
[                       元件声明开始
C1                      元件的标识符
RAD-0.3                 元件的封装名称
104                     元件注释

]                       元件声明结束
……
(                       网络定义开始
NetC1_2                 网络名称“Net”
C1-2                    元件 C1 的 2 号引脚
R1-1                    元件 R1 的 1 号引脚
R2-2                    元件 R2 的 2 号引脚
U1-3                    元件 U1 的 3 号引脚
)                       网络定义结束

……
```

虽然打开的是层次原理图中的一个子图，但网络表是针对整个项目的，只有一个网络表文件。层次原理图网络表涉及多张子原理图中的通信，因此在ERC检查无误后，仍然需要对网络表仔细检查，重点应注意方块图上的端口和子原理图端口的电气连接，它们必须处于同一个网络中。

由于网络表是纯文本文件，所以用户可以利用一般文本编辑程序自行建立或修改已存在的网络表。如用手工方式编辑网络表，在保存文件时必须以纯文本格式的方式保存。建议初学者不要直接对网络表进行修改。网络表只对以后的 PCB 设计有影响，并不能改变原理图中的各项信息。

实 训

实训 单张原理图网络表的生成

1. 生成 Protel 格式网络表的命令

生成 Protel 格式网络表应使用哪些命令？

____

____

____

2. 实际操作

在工程项目下绘制如图 6.7 所示原理图，生成 Protel 格式网络表，把操作步骤、元件列表部分和网络列表部分按要求填写在表 6.3 中。

表 6.3 生成网络表操作步骤及部分列表内容

生成网络表步骤	元件 C2 列表	元件列表对应项含义	部分网络列表	网络列表对应项含义

3. 收获和体会

将生成 Protel 格式网络表的收获和体会写在下面空格中。

收获和体会：

4. 实训评价

将生成 Protel 格式网络表实训工作评价填写在表 6.4 中。

表6.4 实训评价表

项目 评定人	实训评价	等级	评定签名
自评			
互评			
教师评			
综合评定 等级			

_________年_________月_________日

任务三 生成/输出各种报表和文件

情 景

小明设计了一个电子门铃，打算装在家门口。但没有时间去电子市场买元件，让妈妈代买，可妈妈看不懂图纸，要求小明列一张清单。小明列好清单后，想到若是一个大型的工程，元件的种类繁杂、数目众多，人工统计元件就会很困难，电脑是否可以帮忙呢？通过学习各种报表和文件，小明了解到Protel DXP 2004能够提供功能强大的报表文件，可以轻松地完成这一工作。

讲解与演示

生成/输出报表文件

知识1 “报告”菜单

除了网络表以外，Protel DXP 2004还可以将整个项目中元件类别和总数以多种格式的报表文件输出、保存和打印。这些报表文件的生成主要是通过“报告”菜单中各个菜单项来完成，如图6.12所示。

图6.12 “报告”菜单

知识2 元件报表

元件报表主要用于整理一个电路或一个项目文件中的所有元件，其内容包括元件名称、标注、封装等信息，是原理图制作后采购元件的依据，因此元件报表又叫元件清单。通过软件自动生成元件报表可以避免因手工统计而出现漏记、错记等纰漏。下面仍以“差放电路”原理图为例，介绍生成元件清单的具体步骤。

第1步，打开原理图文件“差放电路.SCHDOC”。

第 2 步，执行“报告”→“Bill of Material”命令，系统弹出如图 6.13 所示元件报表。

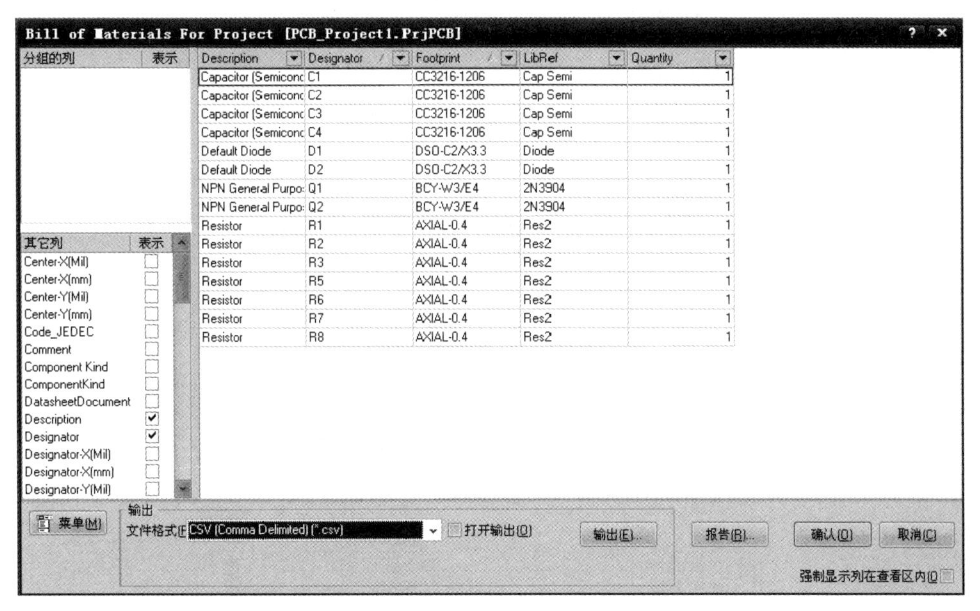

图 6.13　元件报表

第 3 步，在“元件报表”中，单击“报告”按钮，生成如图 6.14 所示预览元件报表。

报告预览

Report Generated From DXP

Description	Designator	Footprint	LibRef	Quantity
Capacitor (Semiconductor SIM Model)	C1	CC3216-1206	Cap Semi	1
Capacitor (Semiconductor SIM Model)	C2	CC3216-1206	Cap Semi	1
Capacitor (Semiconductor SIM Model)	C3	CC3216-1206	Cap Semi	1
Capacitor (Semiconductor SIM Model)	C4	CC3216-1206	Cap Semi	1
Default Diode	D1	DSO-C2/X3.3	Diode	1
Default Diode	D2	DSO-C2/X3.3	Diode	1
NPN General Purpose Amplifier	Q1	BCY-W3/E4	2N3904	1
NPN General Purpose Amplifier	Q2	BCY-W3/E4	2N3904	1
Resistor	R1	AXIAL-0.4	Res2	1
Resistor	R2	AXIAL-0.4	Res2	1
Resistor	R3	AXIAL-0.4	Res2	1
Resistor	R5	AXIAL-0.4	Res2	1
Resistor	R6	AXIAL-0.4	Res2	1
Resistor	R7	AXIAL-0.4	Res2	1
Resistor	R8	AXIAL-0.4	Res2	1

Page 1 of 1

全部(A)　宽度(W)　100%　60 %　1

输出(E)...　打印(P)...　打开报告(O)...　停止(S)　关闭(C)

图 6.14　预览元件报表

第 4 步，图在 6.14 中，选择左下方“输出”按钮，系统弹出如图 6.15 所示导出项目的元件表对话框。

第 5 步，在该对话框中，选择文件保存类型，如在此选择“Microsoft Excel Worksheet 95-2003（*.xls）”作为保存类型，单击“保存”按钮，即可生成 Excel 格式的元件报表文件，如图 6.16 所示。

图 6.15　导出项目的元件表对话框

PCB_Project1.xls

	A	B	C	D	E
1	Description	Designator	Footprint	LibRef	Quantity
2	Capacitor (Semicon	C1	CC3216-1206	Cap Semi	1
3	Capacitor (Semicon	C2	CC3216-1206	Cap Semi	1
4	Capacitor (Semicon	C3	CC3216-1206	Cap Semi	1
5	Capacitor (Semicon	C4	CC3216-1206	Cap Semi	1
6	Default Diode	D1	DSO-C2/X3.3	Diode	1
7	Default Diode	D2	DSO-C2/X3.3	Diode	1
8	NPN General Purpo	Q1	BCY-W3/E4	2N3904	1
9	NPN General Purpo	Q2	BCY-W3/E4	2N3904	1
10	Resistor	R1	AXIAL-0.4	Res2	1
11	Resistor	R2	AXIAL-0.4	Res2	1
12	Resistor	R3	AXIAL-0.4	Res2	1
13	Resistor	R5	AXIAL-0.4	Res2	1
14	Resistor	R6	AXIAL-0.4	Res2	1
15	Resistor	R7	AXIAL-0.4	Res2	1
16	Resistor	R8	AXIAL-0.4	Res2	1

PCB_Project1

图 6.16　Excel 格式的元件报表

若在图 6.13 中文件格式选择“Web Page(*.htm；*.html)”作为保存类型，系统将自动用网页浏览器打开保存的文件，如图 6.17 所示。

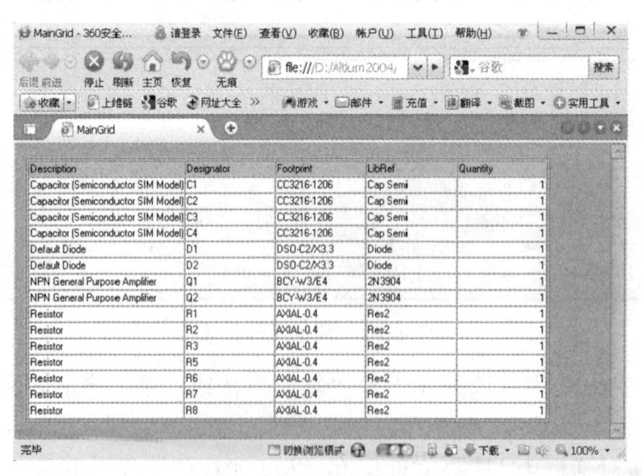

Description	Designator	Footprint	LibRef	Quantity
Capacitor (Semiconductor SIM Model)	C1	CC3216-1206	Cap Semi	1
Capacitor (Semiconductor SIM Model)	C2	CC3216-1206	Cap Semi	1
Capacitor (Semiconductor SIM Model)	C3	CC3216-1206	Cap Semi	1
Capacitor (Semiconductor SIM Model)	C4	CC3216-1206	Cap Semi	1
Default Diode	D1	DSO-C2/X3.3	Diode	1
Default Diode	D2	DSO-C2/X3.3	Diode	1
NPN General Purpose Amplifier	Q1	BCY-W3/E4	2N3904	1
NPN General Purpose Amplifier	Q2	BCY-W3/E4	2N3904	1
Resistor	R1	AXIAL-0.4	Res2	1
Resistor	R2	AXIAL-0.4	Res2	1
Resistor	R3	AXIAL-0.4	Res2	1
Resistor	R5	AXIAL-0.4	Res2	1
Resistor	R6	AXIAL-0.4	Res2	1
Resistor	R7	AXIAL-0.4	Res2	1
Resistor	R8	AXIAL-0.4	Res2	1

图 6.17　用网页浏览器打开的元件报表文件

元件报表的导出也可在图 6.13“元件报表”对话框中，直接在“文件格式”选项选择需要导出的元件报表类型，然后单击“输出”按钮。

知识 3 元件交叉参考报表

如果一个设计项目由多个原理图完成，那么整个项目所用元件还可以按它们所处原理图的不同以报表形式进行分组显示，这种报表就是元件交叉参考报表。元件交叉参考报表（Component Cross Reference）可为多张原理图中每个元件列出元件类型、标识和隶属图纸名称。通过元件交叉参考报表，可以清楚地查阅元件引用情况。下面以项目四中自下而上层次原理图“DownToUp.PrjPCB”为例，介绍生成元件交叉参考报表的操作步骤。

第 1 步，打开项目下任意一个原理图子图，如 zxb1.SchDoc。

第 2 步，执行“报告”→“Component Cross Reference”命令，弹出元件交叉参考报表对话框，如图 6.18 所示，该对话框界面与元件报表基本相同。

第 3 步，单击对话框下方“报告”按钮，生成如图 6.19 所示预览元件交叉参考报表。

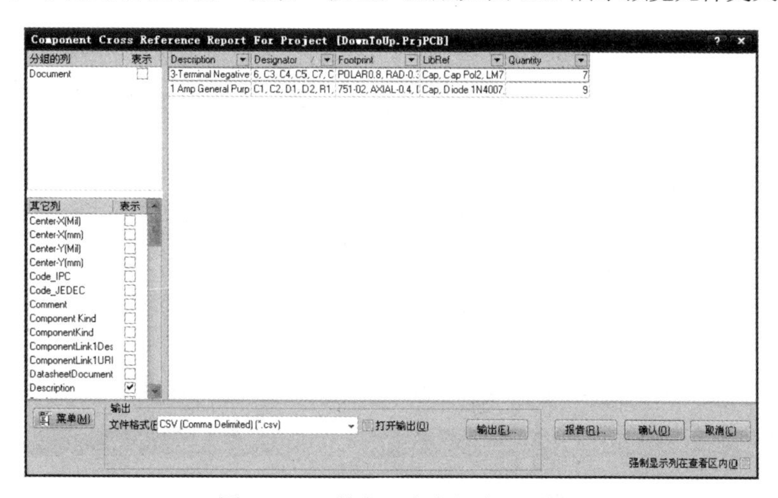

图 6.18 元件交叉参考报表对话框

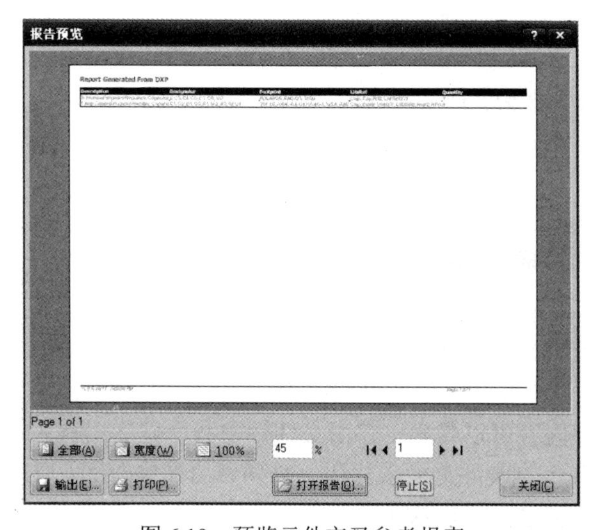

图 6.19 预览元件交叉参考报表

第 4 步，单击图 6.18 所示元件交叉参考报表对话框下方 Excel 按钮，同时选中“打开输出”复选框，调出元件交叉参考报表，如图 6.20 所示。

DownToUp.XLS

	Description	Designator	Footprint	LibRef	Quantity	
1	Report Generated From DXP					
2	Description	Designator	Footprint	LibRef	Quantity	
3	3-Terminal Negative Regulator, Ca	6, C3, C4, C5, C7, C8, U2	POLAR0.8, RAD-0.3, T03B	Cap, Cap Pol2, LM7905CT	7	
4	1 Amp General Purpose Rectifier, C	C1, C2, D1, D2, R1, R2, R3, Rf, U1	751-02, AXIAL-0.4, DIO10.46-5.3x	Cap, Diode 1N4007, LM358D, Re	9	
5						
6	六月 9, 2011 7:02:00 PM					Page 1 of 1

图 6.20　Excel 格式的元件交叉参考报表

知识 4　层次报表

层次报表主要用于显示层次原理图的层次结构数据。利用层次报表可以方便地查看项目的层次关系或文件结构。仍以项目四层次原理图“DownToUp.PrjPCB”为例，介绍生成层次报表的操作步骤。

第 1 步，打开工程 DownToUp.PrjPCB 下任意一张原理图。

第 2 步，执行“项目管理”→“Compile PCB Project”命令，完成项目编译。

第 3 步，执行“报告”→“Report Project Hierarchy”命令，系统自动生成层次报表文档“DownToUp.Rep”并添加到项目文件“Generated\Text Documents”文件夹下，如图 6.21 所示左侧项目面板。

第 4 步，双击层次报表文件“DownToUp.REP”，打开层次报表内容，如图 6.21 所示。

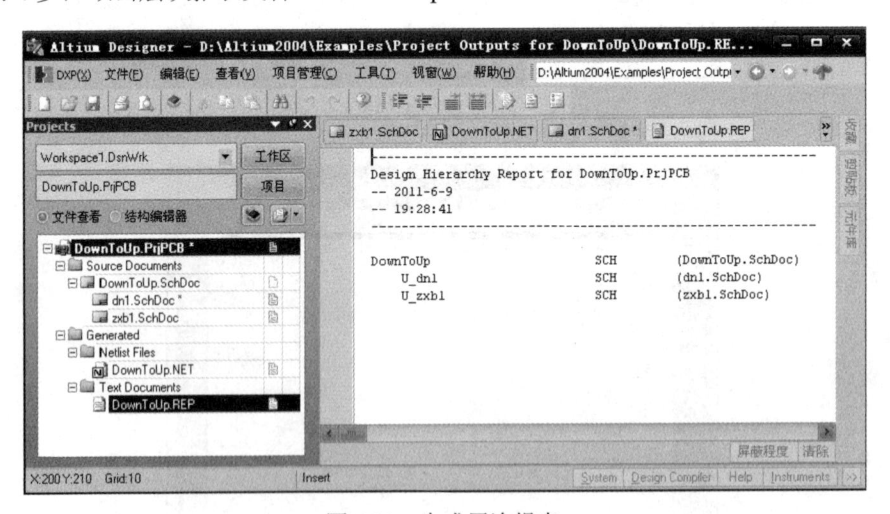

图 6.21　生成层次报表

从层次报表文件内容可以看出，它由文件标题和原理图层次关系两部分组成。文件标题主要包括层次设计的项目文件名称和生成列表的具体时间，原理图层次关系则列出了该设计中多个原理图之间的层次关系。

知识 5 输出任务配置文件

前述网络表、元件报表、元件交叉参考报表等各种报表需要使用相应命令来分别输出，如果这些报表需要全部生成，就显得不够简便。Protel DXP 2004 提供了批量输出功能，使用输出任务配置文件，只需要一次设置，就可完成所有任务输出。以项目四层次原理图“DownToUp.PrjPCB”为例，介绍输出任务配置文件的生成步骤。

第 1 步，打开工程项目 DownToUp.PrjPCB。

第 2 步，执行“文件”→“创建”→“输出作业文件”命令，创建如图 6.22 所示输出任务配置文件。

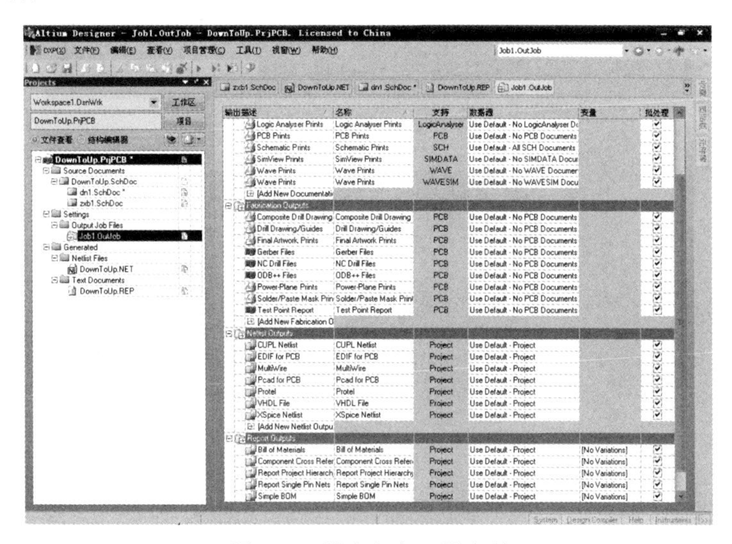

图 6.22 输出任务配置文件

输出任务配置文件按数据类别将输出文件分为以下几类。

① Assembly Drawing：PCB 汇编数据输出。

② Documentation Outputs：原理图文档及 PCB 文档打印输出。

③ Fabrication Outputs：PCB 加工数据输出。

④ Netlist Outputs：网络表输出。

⑤ Report Outputs：报表输出。

第 3 步，数据输出。

① 单项数据输出。在输出任务配置文件内，单击一个需要输出的任务，执行“工具”→“选择执行”命令，如图 6.23 所示，或者直接单击“任务管理”工具栏▶按钮，即可输出选中的任务。

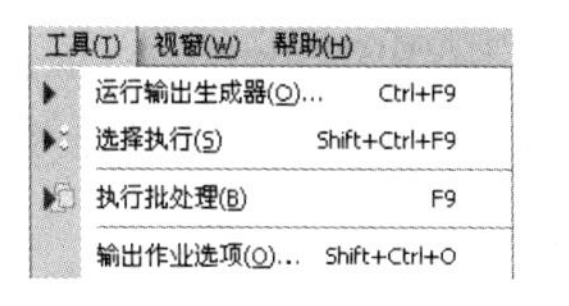

图 6.23 “选择执行”命令菜单

② 批量数据输出。在输出任务配置文件“批处理”列选中需要批量输出的任务，再右击需要批量输出任务中任意一项，右击选择“执行批处理”命令或按 F9 键，如图 6.24 所示。弹出如图 6.25 所示“Batch Output”对话框，单击“Yes”按钮，系统按顺序自动输出各项任务。

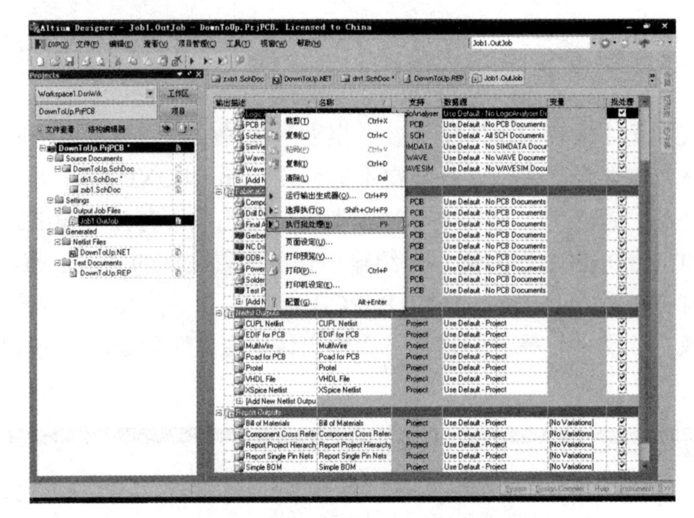

图 6.24　选择需要批量输出的任务

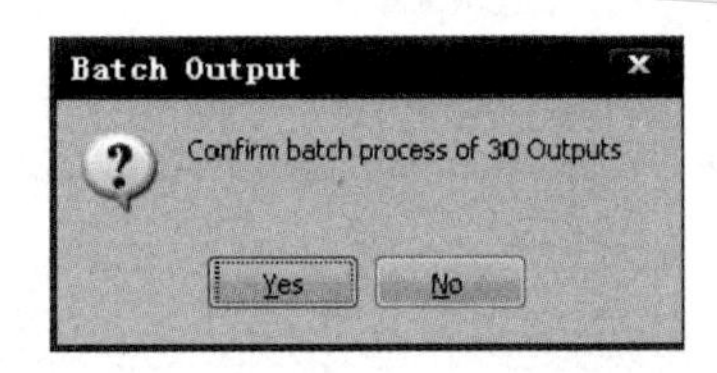

图 6.25　“Batch Output”对话框

实　训

实训　生成/输出元件报表和文件

1. 回答问题

Protel DXP 2004 报表和文件有哪些？

____

____

____

2. 实际操作

绘制图 4.78 原理图，文件名为 555.SchDoc。生成该原理图 Excel 格式的元件报表，把操作步骤填写在表 6.5 中。

表 6.5　生成网络表操作步骤及部分列表内容

<table>
<tr><th>原理图名</th><th>生成元件报表步骤</th></tr>
<tr><td rowspan="5">555.SchDoc</td><td>第 1 步，</td></tr>
<tr><td>第 2 步，</td></tr>
<tr><td>第 3 步，</td></tr>
<tr><td>第 4 步，</td></tr>
<tr><td>第 5 步，</td></tr>
</table>

3. 收获和体会

将生成 Protel 格式网络表的收获和体会写在下面空格中。

收获和体会：

4. 实训评价

把生成 Protel 格式网络表实训工作评价填写在表 6.6 中。

表 6.6 实训评价表

项目 评定人	实训评价	等级	评定签名
自己评			
同学评			
老师评			
综合评定等级			

______年______月______日

任务四 设计实例

情景

小明学习了原理图绘制、电气规则设置和生成各种报表。虽然内容不少，但总感觉没有把那些知识联系起来，似一盘散沙。为了对所学知识有一个更全面、更系统的把握，现以实例形式把重点内容作一简单回顾练习。

讲解与演示

知识 1 绘制原理图

绘制原理图

绘制如图 6.26 所示原理图，文件名为 Ex.SchDoc。

1. 建立文件

第 1 步，启动 Protel DXP 2004，进入集成开发环境。在 Windows 环境中，执行“开始”→“程序→“Altium”→“DXP 2004”命令，或者直接双击 Protel DXP 2004 快捷

图标进入 Protel DXP 2004 界面。

第 2 步，创建电路图设计工程。执行“文件”→“创建”→“项目”→“PCB 项目”命令，新建工程名为“PCB_Project1.PrjPCB”，如图 6.27 所示。

第 3 步，选中“PCB_Project1.PrjPCB”并右击，执行“另存项目为”命令，在弹出的“另存为”对话框中选择合适路径，更改工程文件名为“Ex.PrjPCB”，如图 6.28 所示。

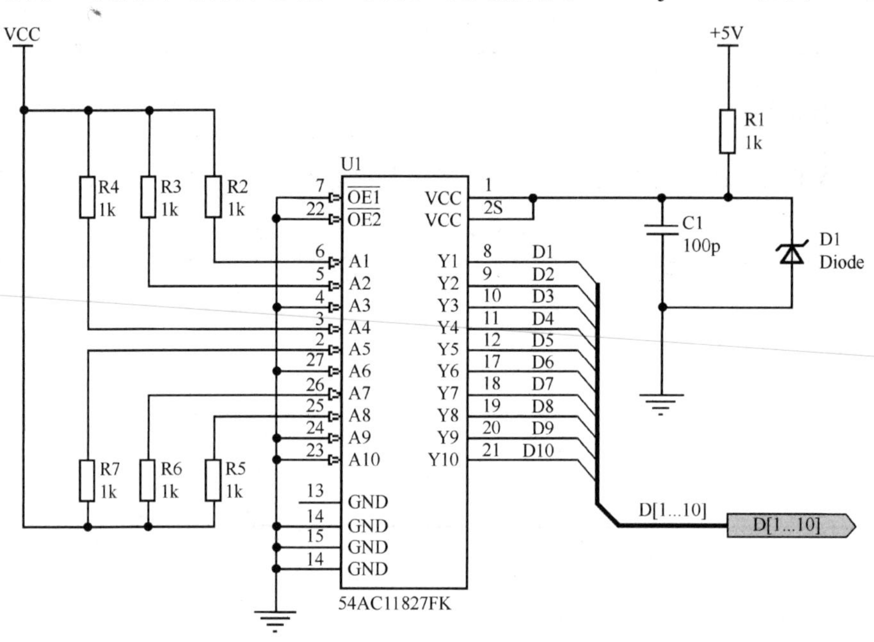

图 6.26　原理图实例

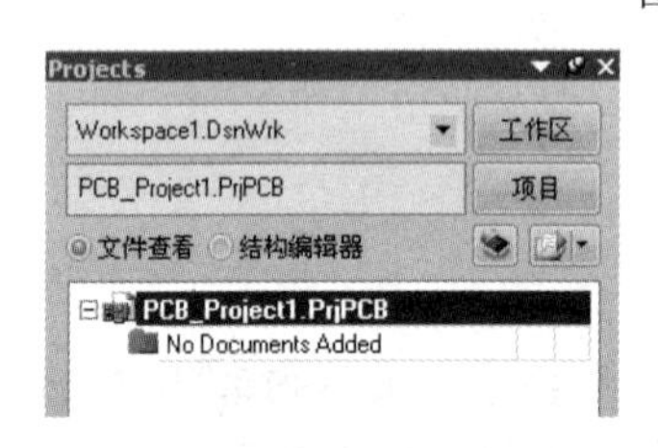

图 6.27　新建 PCB 工程界面

图 6.28　更名后 PCB 工程界面

第 4 步，选中“Ex.PrjPCB”，执行“文件”→“创建”→“原理图”命令，新建原理图文件名为“Sheet1.SchDoc”，如图 6.29 所示。

第 5 步，选中“Sheet1.SchDoc”并右击，执行“另存为”命令，在弹出的“另存为”对话框中更改原理图文件名为“Ex.SchDoc”，如图 6.30 所示。

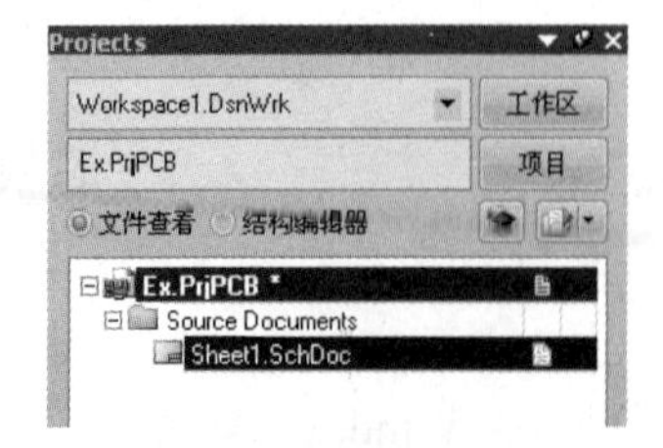

图 6.29　新建文件界面

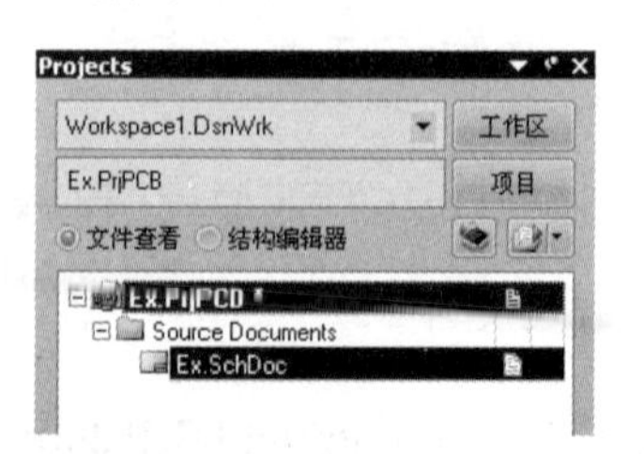

图 6.30　更名后文件界面

至此，一个基本 PCB 工程项目的框架建立好了，下面进行电路设计。

2. 加载元件库

第 1 步，执行“设计”→“追加/删除元件库”命令，弹出“可用元件库”对话框，如图 6.31 所示。

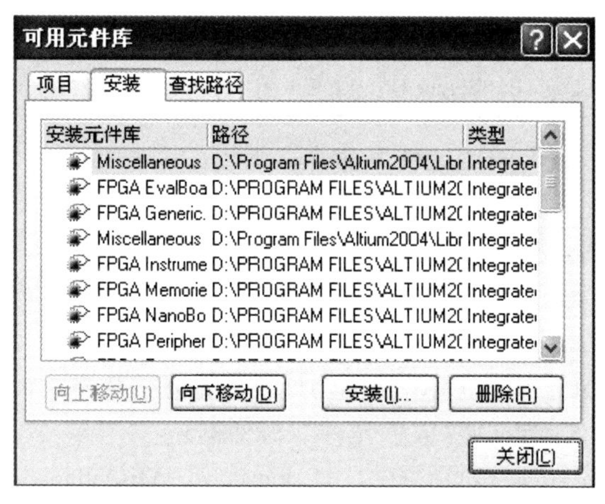

图 6.31 “可用元件库”对话框

第 2 步，单击“安装”按钮，在图 6.32 所示对话框中选择“Miscellaneous Devices.IntLib”和“TI Logic Buffer Line Driver.IntLib”两个集成库，再单击“打开”按钮。

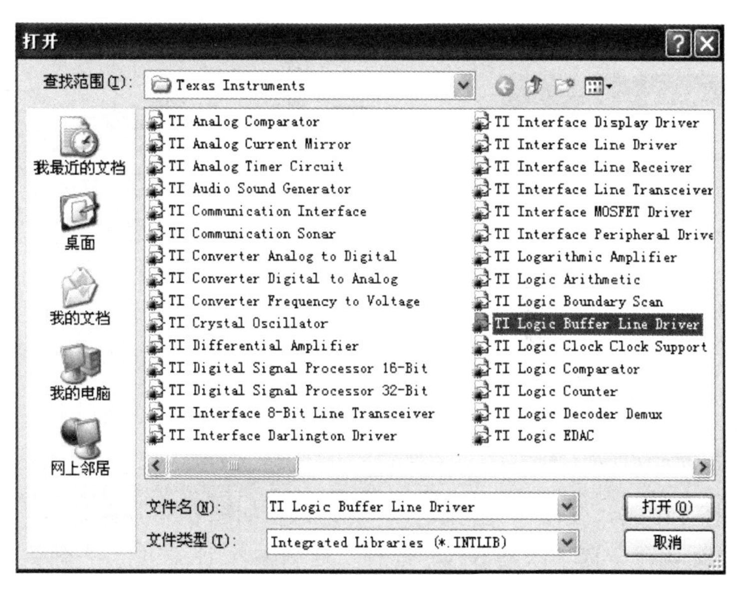

图 6.32 添加所需元件库对话框

3. 放置元件

本实例中用到的所有元件明细见表 6.7。

表 6.7　元件明细表

元件标识	所属元件库	注释	封装
C1	Miscellaneous Devices.IntLib	Cap	RAD0.3
R1~R7	Miscellaneous Devices.IntLib	Res2	AXIAL0.4
D1	Miscellaneous Devices.IntLib	D Zener	DIODE-0.7
U1	TI Logic Buffer Line Driver.IntLib	54AC11827FK	FK028D

第 1 步，执行“放置”→“元件”命令，弹出如图 6.33 所示对话框。

第 2 步，在“库参考”文本框输入 54AC11827FK，对话框中显示该元件的标识符、注释、封装和库路径等。

第 3 步，将元件标识改为 U1，单击“确认”按钮，返回原理图图纸。此时在光标附近浮动一个标识符为 U1 的元件，如图 6.34 所示。

第 4 步，在合适位置放置 U1，光标仍处于放置元件状态，而浮动的元件标识符自动变为 U2，右击工作区，返回“放置元件”对话框。

第 5 步，在元件库管理器对话框中，打开元件库“Miscellaneous Devices.IntLib”，选择“Res2”项，返回原理图图纸。此时光标附近浮动一个电阻，如图 6.35 所示。

图 6.33　“放置元件”对话框

图 6.34　放置 54AC11827FK

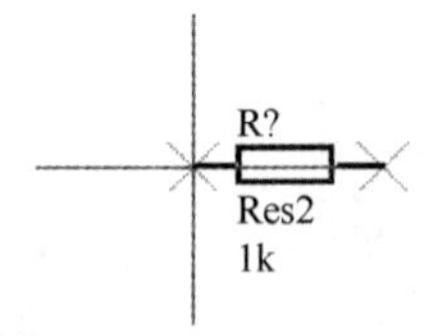

图 6.35　放置电阻

第 6 步，按 Tab 键，弹出“元件属性”对话框，如图 6.36 所示。

第 7 步，“标识符”选项改为 R1，“注释”选项输入 1K，单击“确认”按钮，返回放置元件状态。

第 8 步，在图纸适当位置连续单击放置 7 个电阻（R1～R7），放置过程中按空格键旋转元件。最后右击工作区结束放置电阻状态。

第 9 步，使用同样方法，放置 C1 和 D1。

第 10 步，单击后再单击“放置元件”对话框中的“取消”按钮，终止元件放置。

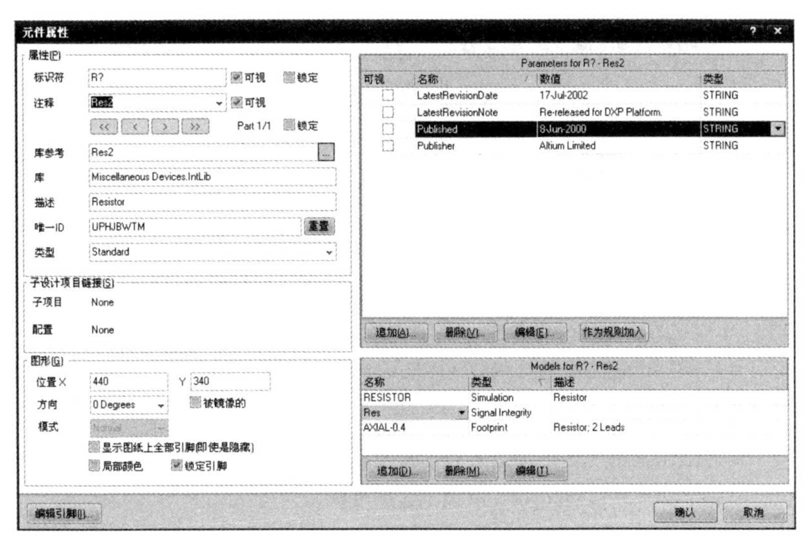

图 6.36 “元件属性”对话框

放置完所有元件的原理图如图 6.37 所示。

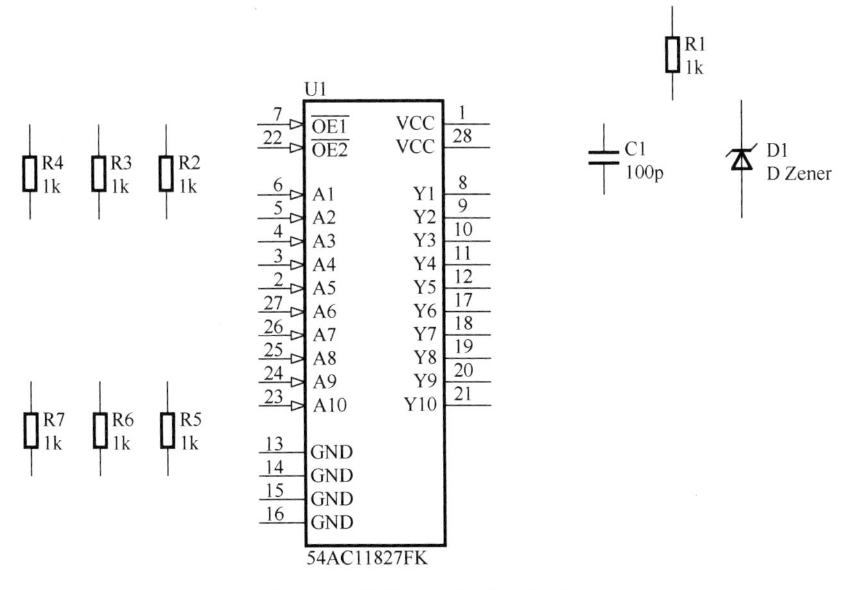

图 6.37 放置完元件后的原理图

4. 放置电源端口

第 1 步，单击工具栏工具⏚，把光标移到原理图区域，进入放置电源端口状态。

第 2 步，按 Tab 键，进入其属性编辑对话框，如图 6.38 所示。

第 3 步，在“网络”栏输入“GND”，“风格”栏输入“Power Ground”，单击“确认”按钮关闭对话框，在原理图中放置两个数字地。

第 4 步，使用工具栏工具VCC，在原理图适当位置放置两个电源符号，“网络”栏分别设置为 VCC 和+5V，“风格”设置为 Bar。

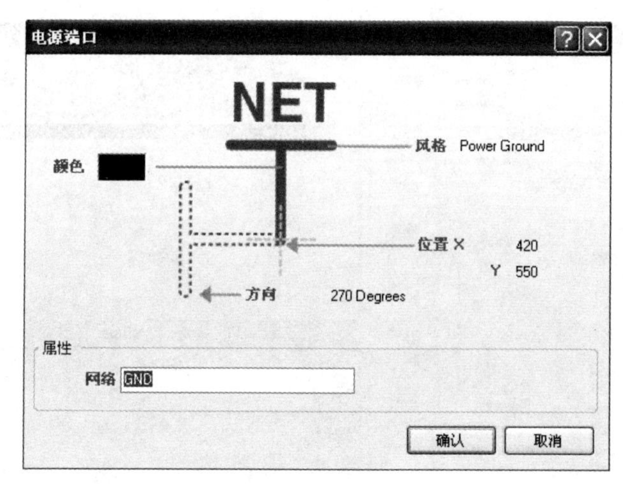

图 6.38 电源符号属性编辑对话框

放置电源端口后的电路如图 6.39 所示。

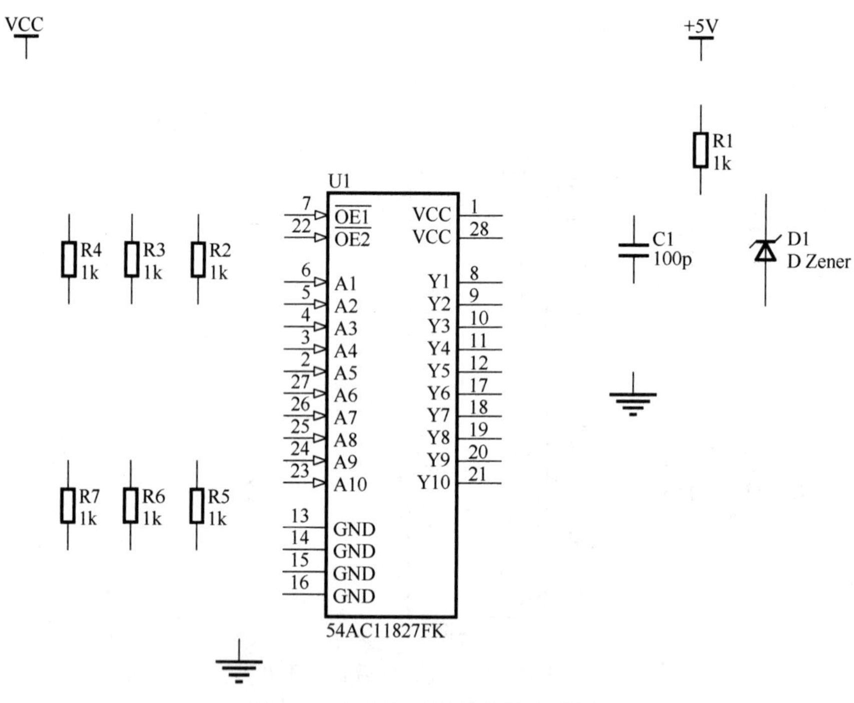

图 6.39 放置电源符号后的电路图

5. 连接线路

（1）放置导线

选择工具栏导线快捷工具，或者执行“放置”→“导线”命令，进入连线状态。光标指针变成十字状，找到起始点后，单击确定起始点，每到一个端点就单击确定这个端点，按 Esc 键结束本线段。将所有元件连接起来，连接完毕后的原理图如图 6.40 所示。

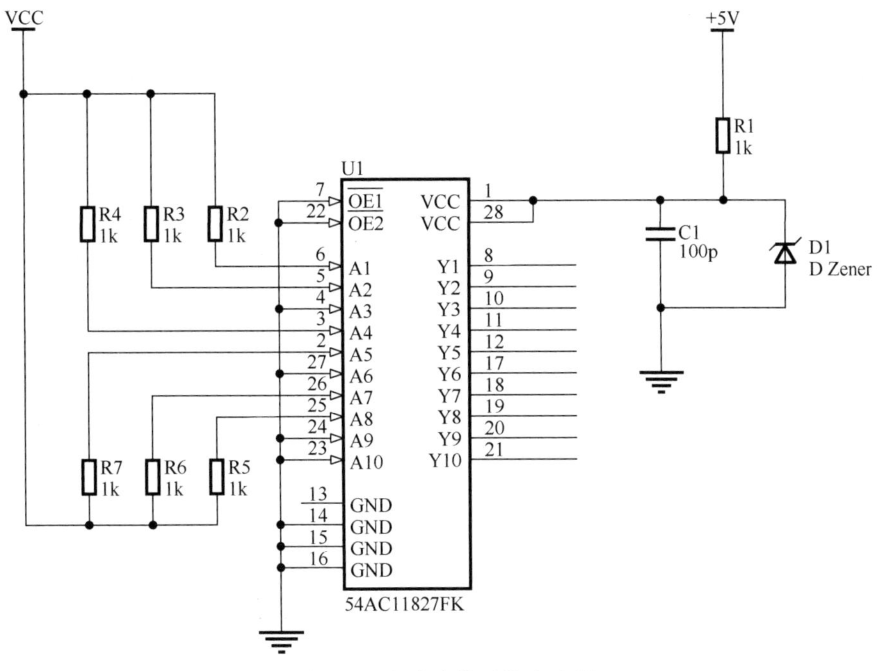

图 6.40　完成连线后的电路图

（2）放置总线

选择总线快捷工具，或者执行“放置”→“总线”命令，按图 6.41 所示合适的位置放置总线。

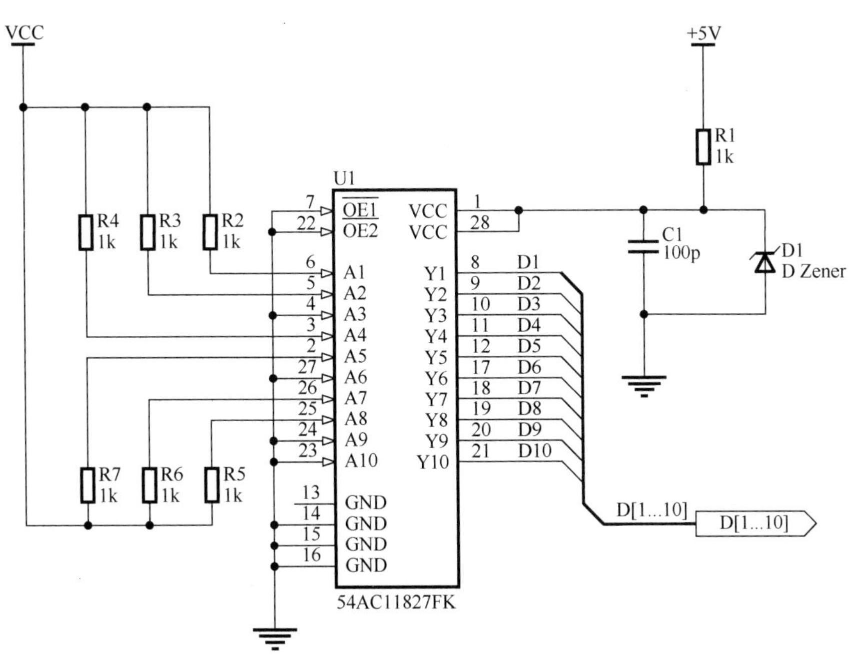

图 6.41　最终电路图

（3）放置总线入口

选择总线入口快捷工具，或者执行“放置”→“总线入口”命令，按图 6.41 所示合适位置放置总线入口。

6. 放置网络标签和线路标签

第 1 步，单击工具栏工具，把光标移到原理图区域，进入放置网络标签状态。

第 2 步，按 Tab 键，启动网络标签属性编辑对话框，修改参数“网络”值为 D1，并按图 6.41 所示，放置网络标签。

第 3 步，依次放置网络标签 D2～D10。

第 4 步，按 Tab 键，修改参数“网络”值为 D[1…10]，并按图 6.41 所示放置线路标签。

7. 放置 I/O 端口

第 1 步，单击工具栏工具，把光标移到原理图区域，进入放置原理图 I/O 端口状态。

第 2 步，按 Tab 键，打开 I/O“端口属性”对话框。参数设置如图 6.42 所示：“名称”为“D[1…10]”，“I/O 类型”为“Output”，“风格”为“Right”，“排列”为“Center”，其他参数使用默认值。

第 3 步，按图 6.42 所示位置放置 I/O 端口。

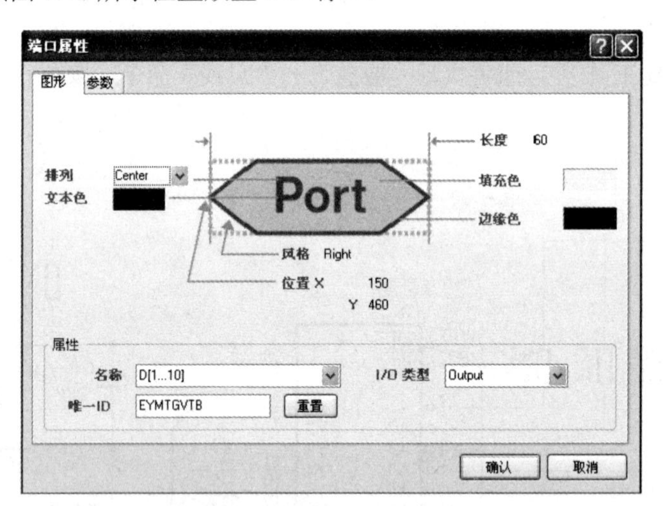

图 6.42 I/O“端口属性”对话框

最终完成如图 6.41 所示原理图。

知识 2 编译原理图

为了验证原理图制作是否正确，现对原理图进行电气检查。

1. 电气规则检查

第 1 步，执行“项目管理”→“项目管理选项”命令，弹出“Options for PCB Project”对话框。

第 2 步，在对话框“Error Reporting”选项卡中把条目“Nets with no driving source”模式改为“无报告”，如图 6.43 所示。

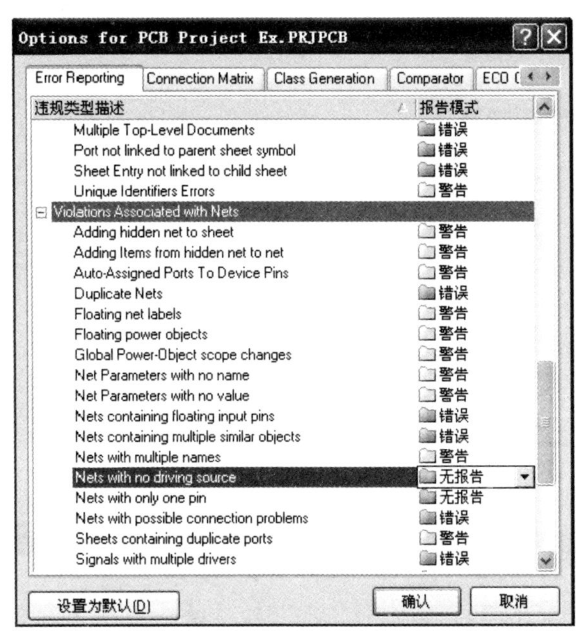

图 6.43 电气规则检查设置

2. 编译原理图

第 1 步，执行“项目”→“Compile PCB Project Ex.PrjPCB”命令，系统开始编译原理图。

第 2 步，执行状态栏命令“System”→“Messages”查看编译结果，面板内容为空，表明原理图绘制正确。

知识 3 生成报表

生成网络表和元件报表

1. 生成网络表

执行“设计”→“设计项目的网络表”→“Protel”命令，产生原理图网络表文件“Ex.NET”，如图 6.44 所示。

2. 生成元件报表

第 1 步，打开原理图 Ex.SchDoc，执行“报告”→“Bill of Material”命令，系统弹出如图 6.45 所示报表对话框。

第 2 步，单击窗口下方“报告”按钮，打开“报告预览”对话框，如图 6.46 所示。

第 3 步，单击图 6.46 左下方“输出”按钮，选择需要导出的一个文件保存类型即可将元件报表导出。如选择 Microsoft Excel Worksheet(*.xls)生成如图 6.47 所示 Excel 格式的元件报表文件。

第 4 步，单击“打印”按钮并进行打印设置后，打印元件报表。

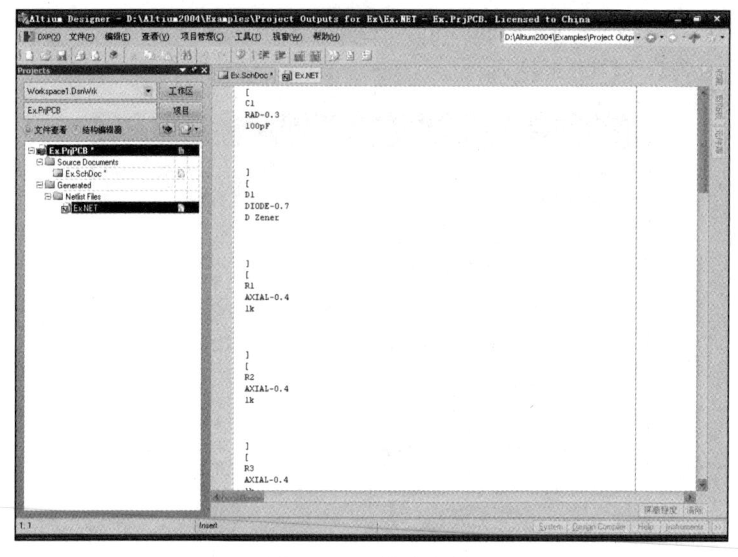

图 6.44　网络表文件

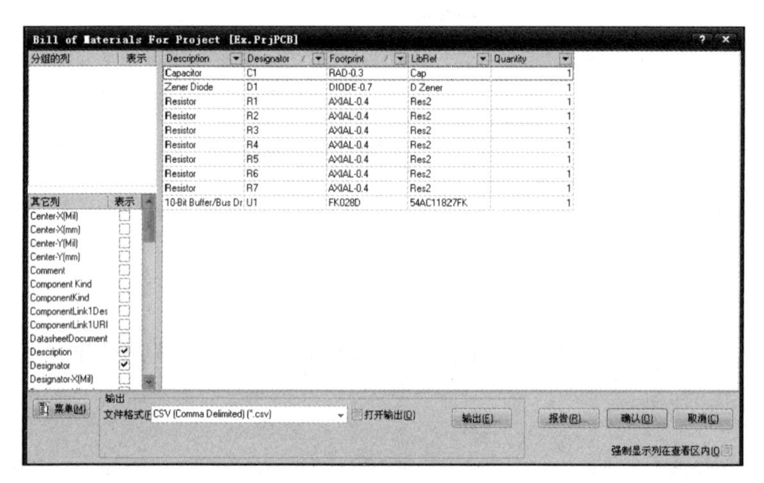

图 6.45　元件报表对话框

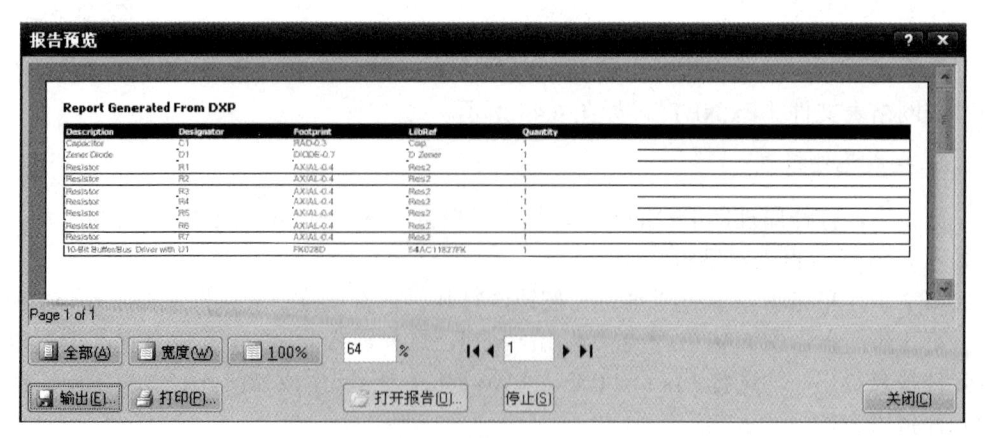

图 6.46　“报告预览”对话框

Ex.xls

	A	B	C	D	E
1	Description	Designator	Footprint	LibRef	Quantity
2	Capacitor	C1	RAD-0.3	Cap	1
3	Zener Diode	D1	DIODE-0.7	D Zener	1
4	Resistor	R1	AXIAL-0.4	Res2	1
5	Resistor	R2	AXIAL-0.4	Res2	1
6	Resistor	R3	AXIAL-0.4	Res2	1
7	Resistor	R4	AXIAL-0.4	Res2	1
8	Resistor	R5	AXIAL-0.4	Res2	1
9	Resistor	R6	AXIAL-0.4	Res2	1
10	Resistor	R7	AXIAL-0.4	Res2	1
11	10-Bit Buffer/Bus Dr	U1	FK028D	54AC11827FK	1
12					
13					

图 6.47　Excel 格式的元件报表

实　训

实训　编译原理图并生成网络表和元件报表

1. 绘制原理图的简单步骤

绘制如图 6.48 所示原理图，并写出简要步骤。

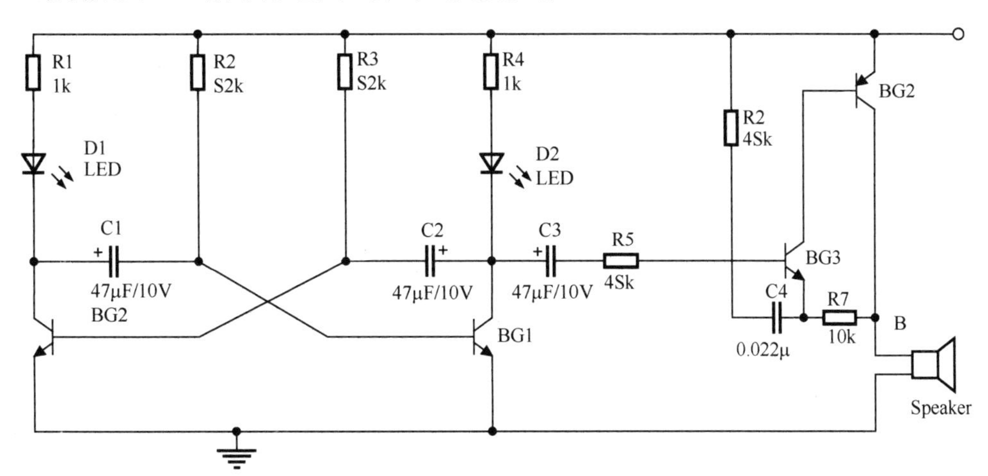

图 6.48　原理图练习

2. 原理图的编译和修正

对原理图进行编译并修正，生成网络表和元件报表，将简要步骤填写在表 6.8 中。

表 6.8　生成网络表和元件报表

生成网络表步骤	元件 R1 列表	部分网络列表	生成元件报表步骤	元件报表部分内容

3. 收获和体会

将生成元件报表后的收获和体会写在下面空格中。

收获和体会：

4. 实训评价

将生成元件报表实训工作评价填写在表6.9中。

表6.9 实训评价表

项目 评定人	实训评价	等级	评定签名
自评			
互评			
教师评			
综合评定等级			

______年______月______日

拓 展

拓展 显示隐含引脚

隐含引脚就是不显示的引脚。设计者常常记不住所有隐含引脚的标识，甚至出现隐含引脚标识错了也发现不了的情况。通常可用网络表查找隐含引脚。

打开要查看的原理图，再双击要查看的元件，如图4.2中的“NE555”，弹出如图6.49所示“元件属性”对话框。

单击对话框左下角“编辑引脚”按钮，弹出如图6.50所示引脚编辑器。

在引脚编辑器“表示”这一栏中没有被勾选的引脚就是隐含引脚。将其勾选，然后单击“确认”按钮，就可以将该隐含引脚显示出来。

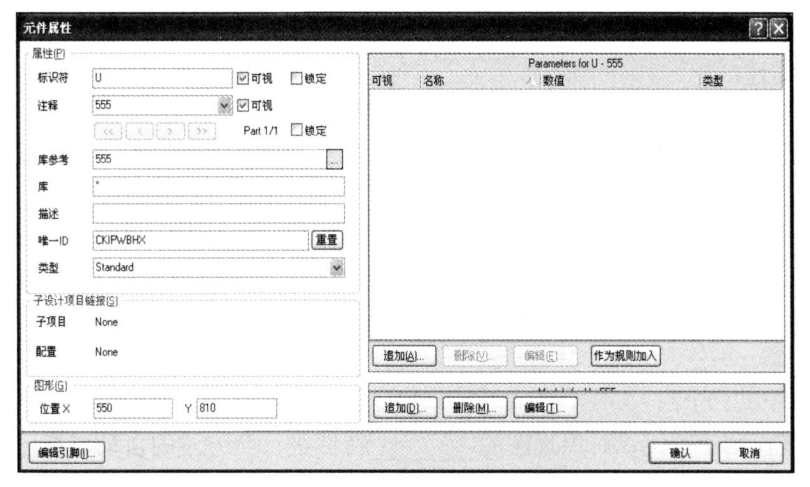

图 6.49　“元件属性”对话框

图 6.50　“元件引脚编辑器”对话框

思考与练习

一、判断题（对的打“√”，错的打“×”）

1. 用户可以对电气检测规则进行设置，但不能对原理图进行修改。（　）
2. 进行电气规则检查，首先要打开项目下原理图文档。（　）
3. Error Reporting（错误报告）选项卡用于设置电气规则检查的执行标准。（　）
4. Connection Matrix（电气连接矩阵）选项卡中方块颜色不会变化。（　）
5. 电气规则对话框中默认规则是最为常用的规则设置，一般情况下不要修改。（　）
6. 在错误类型中，Error 属于比较严重的错误，应慎重对待。（　）
7. 某个引脚浮接属于比较严重的错误。（　）
8. 原理图中所有错误利用 Protel DXP 2004 的错误诊断功能都能检查出来。（　）
9. 如果 Messages 工作面板中无错误信息，原理图肯定完全正确。（　）

10. 网络表中元件的声明部分是由“[”和“]”来描述的，而网络的定义是由“(”和“)”来描述的。（　）

11. 层次原理图每一个子图对应一个网络表文件。（　）

12. 网络表只对以后的 PCB 设计有影响，并不能改变原理图中的各项信息。（　）

13. 层次报表文件扩展名为“.rep”。（　）

14. 使用输出任务配置文件，只需要一次设置，即可完成所有任务的输出。（　）

15. 元件报表只能用于整理一个原理图的所有元件，其内容包括元件的名称、标注、封装等信息，是原理图制作后采购元件的依据。（　）

二、填空题

1. 电气检测法则可以对原理图的________特性进行全方位的自动检查，并将错误信息在________工作面板中列出，同时也可以在________中在线显示错误。

2. 网络表文件主要由________部分和________部分组成。

3. 元件报表内容包括元件的________、________、________等信息，是原理图制作后采购元件的依据，因此元件报表又叫________。

4. ________可为多张原理图中每个元件列出元件类型、标识和隶属的图纸名称。

5. 层次报表主要用于显示________的层次结构数据，利用层次报表可以方便地查看项目的________或________。

6. 层次报表文件内容由文件的________和原理图________两部分组成。

7. 数据输出分为________数据输出和________数据输出。

8. Error Reporting（错误报告）选项卡的________中，错误程度：“致命错误”“错误”“警告”“不报告”。

9. Connection Matrix（电气连接矩阵）选项卡中________循环变化，表示代表的错误类型在不同错误程度间切换。

10. Comparator（差别比较器）选项卡，在“模式”选项中可以通过设置改变的项目是________或者________。

三、简答题

1. 简述原理图电气规则设置的方法。

2. 如何从电气规则检查的错误结果中找到原理图中的错误。

3. 原理图中常见电气规则错误有哪几种？Protel DXP 2004 能检查出所有的电气规则错误吗？

4. 简述编译项目及查看系统信息的操作步骤。

5. 原理图编辑器能生成哪几种报表？各有什么用途？

四、综合题

1. 新建工程及相关文件。

在 D 盘根目录下建立一个名为“556 警笛”的文件夹。

所有文件均保存在“556 警笛”文件夹中。

新建一个名为“556.PrjPCB”的工程文件；

新建一个名为“556.SchDoc”的原理图文件；

新建一个名为“NE556.SchLib”的原理图库文件。

2. 绘制原理图。

1）打开“NE556.SchLib”原理图库文件，在其中绘制一个名为NE556的集成元件符号，并根据表6.10设置相关属性，然后将其应用到如图6.51所示的电路中。

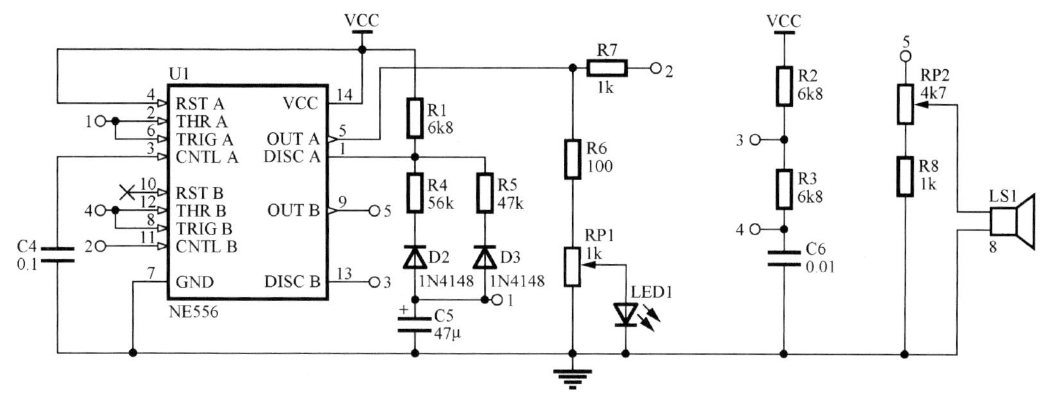

图6.51　556警笛电路

表6.10　556引脚属性

标识符	1	13	2	12	3	11	7
显示名称	DISC A	DISC B	THR A	THR B	CNTL A	CNTL B	GND
电气类型	OpenCollector		Input		Input		Power
标识符	4	10	5	9	6	8	14
显示名称	RST A	RST B	OUT A	OUT B	TRIG A	TRIG B	VCC
电气类型	Input	Passive	Output		Input		Power

2）打开“556.SchDoc”原理图文件，绘制如图6.40所示电路图，并保存。

3. 编译工程项目及查看系统相关信息。

1）原理图中对元件NE556放置忽略ERC检查指示符。

2）电气规则检查设置。项目管理选项中Options for PCB Project对话框，在Error Reporting选项卡中把条目Nets with no driving source模式改为“无报告”。

3）编译工程项目。直到Messages面板中无错误信息为止。

4）编译工程的具体操作步骤填入表6.11中。

表6.11　编译工程操作步骤

步骤1	
步骤2	
步骤3	
步骤4	
步骤5	
……	

4. 生成网络表。

生成网络表的具体步骤及部分列表内容填入表 6.12 中。

表 6.12　生成网络表操作步骤

步骤 1		元件 R1 列表	部分网络列表
步骤 2			
步骤 3			
……			

5. 生成 Excel 格式的元件报表。

生成 Excel 格式的元件报表的具体操作步骤填入表 6.13 中。

表 6.13　生成 Excel 格式元件报表操作步骤

步骤 1	
步骤 2	
步骤 3	
……	

6. 修改元件外形并新建原理图库。

把原理图 6.50 中的电位器外形由波浪形修改成矩形框。新建一个新的原理图库，重做上述步骤。

项目七

PCB 设计基础

学习目标

PCB 设计基础是每个设计者必须掌握的。我们在设计电路板前必须了解有关印制电路板的基础知识，对各项操作术语有个概念上的把握，以便我们能够更好地理解和掌握 PCB 设计过程。

通过本项目的学习，要求学生了解印制电路板的基础知识，Protel DXP 2004 PCB 的启动及设计界面，PCB 基本组件的操作。

知识目标

- 了解印制电路板的种类及结构。
- 了解 Protel DXP 2004 PCB 的启动及设计界面。
- 了解 PCB 设计的一般流程。
- 掌握 PCB 的基本组件。
- 掌握 PCB 文件的创建。

技能目标

- 能利用 PCB 向导创建 PCB 文件，规划 PCB。
- 对 PCB 基本组件能进行放置和属性设置。
- 掌握查找元器件的方法。

任务一　PCB 设计初步

情　景

今天的电子技能课上，老师布置了一个课外作业，让大家收集几种印制电路板。小明犯愁了，从来没有接触过印制电路板。印制电路板是什么样子的？又有哪几种呢？

讲解与演示

知识 1　PCB 简介

PCB（Printed Circuit Board）是印制线路板或印制电路板的简称。通常把在绝缘材料上，按预定设计，制成印制线路、印制元件或两者组合而成的导电图形称为印制电路。而在绝缘基材上提供元件之间电气连接的导电图形，称为印制线路板。这样就把印制电路或印制线路的成品板称为印制线路板，亦称为印制板。

Protel DXP 2004 提供了丰富、全面的集成输入系统，全面支持 PCB 设计，是业界第一款板级设计系统，其庞大的功能和灵活的使用方法使之成为 PCB 设计领域内一款非常好的应用软件。设计 PCB 的目的就是要得到加工制作在绝缘覆铜板上的导电图形和孔位特征的电路板版图。最后在绝缘覆铜板上经过印刷、蚀刻、钻孔及一些后续处理生成电子产品所需要的印制电路板。

知识 2　PCB 的种类及结构

PCB 根据导电层数不同，分为单层板、双面板、多层板。

1. 单层板

单层板所用的覆铜板只有一面覆铜箔，另外一面是基板，因此也只能在覆铜面上制作导电图形。单层板具有不用打过孔、成本低等优点，但因其只能单面布线而使实际的设计工作往往比双面板和多层板困难，所以适用于布线简单的 PCB 设计。

2. 双面板

双面板基板的上、下两面都覆有铜箔。双面板包含顶层（Top Layer）和底层（Bottom Layer）两个信号层。两面都有覆铜，中间为绝缘层。双面板两面都可以布线，两层之间的走线一般由过孔或焊盘连通。习惯上顶层为“元件面”，底层为“焊锡面”。

双面板可用于比较复杂的电路。双面板的生产工艺比单面板复杂，成本高。但由于可以双面走线，因而布线相对容易，布线率高。双面板是目前使用最广泛的印制电路板。

3. 多层板

多层板是包含了多个工作层面的电路板。多层印制板除了顶层和底层之外，还包括中间层，中间层可以是信号层，也可以是电源层和接地层。层与层之间相互绝缘，两层之间的连接常通过金属化过孔来实现。

知识 3 PCB 的材料

PCB 的制作材料主要是绝缘材料、金属铜、银、焊锡等。PCB 就是绝缘的板子，把电路做成铜膜走线，放在其上，而这绝缘板子的材料，从早期的电木到现在的玻璃纤维，其厚度越来越薄，韧性却越来越强。在板子的顶层和底层都可以放置元器件，用焊锡把元器件焊接在 PCB 上。

印制电路板根据基底材料不同，可分为刚性覆铜薄板、复合材料基板、特殊基板。

知识 4 PCB 基本元素

图 7.1 是一块实际的 PCB，其中包含了 PCB 的基本元素。

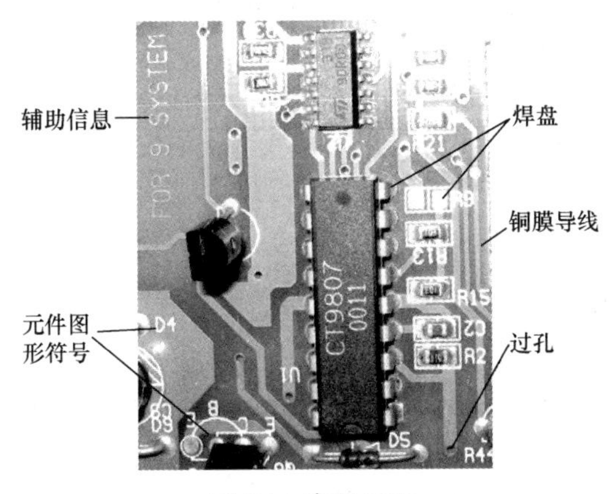

图 7.1 实际 PCB

1. 铜膜导线

铜膜导线也称铜膜走线，简称导线，用于连接几个焊点，是 PCB 最重要的部分。PCB 设计都是围绕如何布置导线来进行的。导线的主要属性为宽度，它取决于承载电流的大小和铜箔的厚度。

与导线有关的另外一种线，常称之为预拉线或飞线。预拉线是在引入网络表之后，系统根据规则自动生成，用来指引布线的一种连线。预拉线只是在形式上表示出各个焊盘间的连接关系，没有电气连接意义。

2. 焊盘

焊盘的作用是放置焊锡、连接导线和元件引脚。焊盘的形状有圆、方、八角等。焊盘的主要参数是焊盘尺寸和孔径尺寸。对于插脚式元件，Protel DXP 2004 将其焊盘自动设置在 MultiLaywr 层；对于表面贴装式元件，焊盘与元件处于同一层。

3. 过孔

过孔又称为导孔，是用来连接不同板层间的导线。当铜膜导线走不通时，就需要打个过孔，通过过孔连接到另一个布线层。过孔有从顶层贯通到底层的通过孔、从顶层通到内层或从内层通到底层的盲过孔以及内层间的隐藏过孔。过孔只有圆形，主要有孔径大小和过孔直径两个参数。

4. 元件图形符号

元件图形符号反映了元件外形轮廓的形状及尺寸，与元件的引脚布局一起构成元件的封装形式。印制元件图形符号的目的是显示元件在 PCB 上的布局信息，为装配、调试及检修提供方便。

5. 辅助信息

为了阅读 PCB 或装配、调试等需要，可以加入一些辅助信息，包括图形或文字。这些信息一般应设置在丝印层，但在不影响布线的情况下，也可以设置在顶层或底层。

拓 展

拓展 PCB 的制造

为进一步认识 PCB，我们有必要了解一下普通单面、双面印制线路板及普通多层板的制作工艺，以便于加深对它的了解。

PCB 单面刚性印制：单面覆铜板→下料→（刷洗、干燥）→钻孔或冲孔→网印线路抗蚀刻图形或使用干膜→固化检查修板→蚀刻铜→去抗蚀印料、干燥→刷洗、干燥→网印阻焊图形（常用绿油）、UV 固化→网印字符标记图形、UV 固化→预热、冲孔及外形→电气开、短路测试→刷洗、干燥→预涂助焊防氧化剂（干燥）或喷锡热风整平→检验包装→成品出厂。

PCB 双面刚性印制：双面覆铜板→下料→叠板→数控钻导通孔→检验、去毛刺刷洗→化学镀（导通孔金属化）→（全板电镀薄铜）→检验刷洗→网印负性电路图形、固化（干膜或湿膜、曝光、显影）→检验、修板→线路图形电镀→电镀锡（抗蚀镍/金）→去印料（感光膜）→蚀刻铜→（退锡）→清洁刷洗→网印阻焊图形常用热固化绿油（贴感光干膜或湿膜、曝光、显影、热固化，常用感光热固化绿油）→清洗、干燥→网印标记字符图形、固化→（喷锡或有机保焊膜）→外形加工→清洗、干燥→电气通断检测→检验包装→成品出厂。

PCB 贯通孔金属化法制造多层板：工艺流程→内层覆铜板双面开料→刷洗→钻定位孔→贴光致抗蚀干膜或涂覆光致抗蚀剂→曝光→显影→蚀刻与去膜→内层粗化、去氧化→内层检查→层压→数控刷钻孔→孔检查→孔前处理与化学镀铜→全板镀薄铜→镀层检查→贴光致耐电镀干膜或涂覆光致耐电镀剂→面层底板曝光→显影、修板→线路图形电镀→电镀锡铅合金或镍/金镀→去膜与蚀刻→检查→网印阻焊图形或光致阻焊图形→印刷字符图形→（热风整平或有机保焊膜）→数控洗外形→清洗、干燥→电气通断检测→成品检查→包装出厂。

从工艺流程图可以看出多层板工艺是从双面孔金属化工艺基础上发展起来的。它除了双面工艺外，还有几个独特内容：金属化孔内层互连、钻孔与去环氧粘污、定位系统、层压、专用材料。

现在已有超过100层的实用PCB了。

任务二 元件封装

情　景

小明在看了图7.1实际的PCB后，发现不仅不同的元件有不同的外形，即使同是电阻也有不同的外形。这些不同的外形是否有什么规定呢？如果有，又是怎么设置的？这就是元件封装。

讲解与演示

知识1　封装的概念

元件封装是指实际元件焊接到电路板时所指示的外观和焊点位置。它不仅起着安放、固定、密封、保护芯片和增强电热性能的作用，而且还是沟通芯片内部世界与外部电路的桥梁。纯粹的元件封装仅仅是空间的概念，因而不同的元件可以共用一个元件封装；而同种元件也可以有不同的封装。例如Res1代表的是电阻，封装形式有AXIAL0.3、AXIAL0.4等。

芯片封装在PCB上，通常表现为一组焊盘、丝印层上的边框及芯片的说明文字。焊盘是封装中最重要的组成部分，用于连接芯片的引脚，并通过PCB上的导线连接其他焊盘，进一步连接焊盘所对应的芯片引脚，完成电路板功能。

知识2　元件封装分类

元件封装可以分两大类，即针脚式（DIP）元件封装和表面粘贴式（STM）元件封装。

1）针脚式元件封装。针脚式元件封装也称双列直插式元件封装，是针对针脚类元件的，如图7.2所示。它是指焊接时先要将元件针脚插入焊盘导通孔，然后再焊锡。

2）表面粘贴式元件封装。表面粘贴式元件封装，如图7.3所示。封装焊盘只限于表面板层，Layer板层属性必须为单一表面，例如，Top Layer或者Bottom Layer。

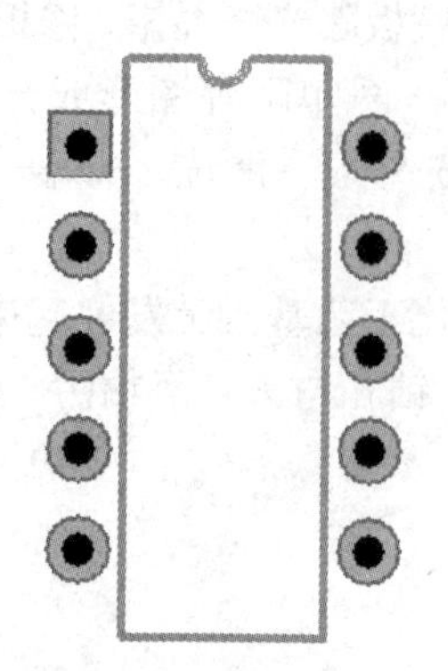

图 7.2　针脚式元件封装

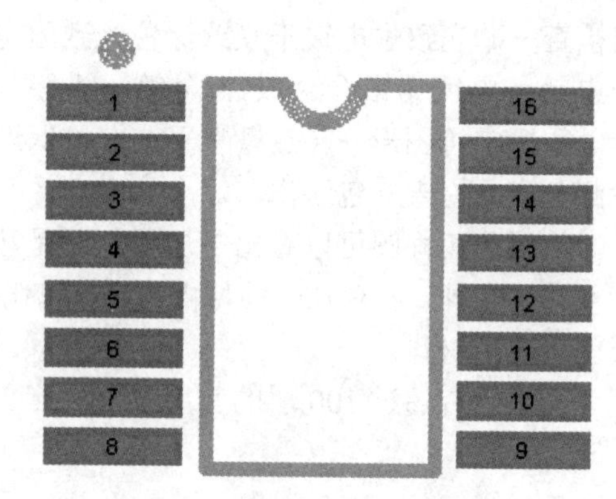

图 7.3　表面粘贴式元件封装

Protel DXP 2004 将所有的元件封装类型，都以 PCB 库的形式存放在 Library 目录下的 PCB 文件夹中，用户可以查看并为元件添加封装。

知识 3　元件封装编号

元件封装的编号一般为：元件类型+焊盘距离（焊盘数）+元件外形尺寸。用户可以根据元件封装编号来判别元件封装的规格。例如，AXIAL-0.3 表示元件封装为轴状，两引脚间的距离为 300mil。

知识 4　常用元件封装

Protel DXP 2004 所有元件封装形式都必须在 Footprint 属性项中进行输入。在原理图中放置一个元件后，会自动在其属性中添加其封装形式。所以在将原理图翻制成 PCB 的时候，不需要输入元件封装形式，也不需要对封装形式进行识别。但用户在手工绘制 PCB 时就需要熟悉元件封装库。常用的元件封装见表 7.1 所示。

表 7.1　常用的元件封装

常用元件	常用元件封装	元件封装图形
电阻类或无极性双端类元件	AXIAL0.3. AXIAL1.0	
二极管类元件	DIO10.46.5.3×2.8 等	
无极性电容类元件	CAPR2.54.5.1×3.2 等	
有极性电容类元件	CAPPR1.5.4×5 等	
可变电阻类	VR3 VR5 等	
晶体管类	BCY.W3 BCY.W3/E4 等	

知识5 元件封装的选择

通常，一种芯片会有多种封装形式，设计者需要根据自己的设计选择最合适的种类。设计者选择封装的主要依据是电子设计的工作环境和电路性能指标，主要包括以下几点。

1）电路板的尺寸。在牵涉到工业标准的设计中，PCB 的尺寸一般都有规定，这是芯片选型的限制之一。

2）电路的功耗。在设计产品时，电路功率也限制了芯片的选型。

3）电路的工作频率。通常来说高频电路的设计需要性能优越的封装。

拓 展

拓展 元件封装的变迁

封装对芯片起着重要的作用。新一代芯片的出现常常伴随着新的封装形式的使用。芯片的封装技术已经历了好几代的变迁。

1. 直插型元器件

直插型元器件的封装中，引脚都是针状的，对应在 PCB 上的焊盘都是孔。直插型的封装主要包括 TO、DIP 和 LCC 等几种。

1）TO（Thin Outline）。TO 为同轴封装，外观如图 7.4 所示。大部分 TO 封装背面有金属片和安装孔，可以将芯片安装在散热片上，使元器件有较好的散热条件。TO 封装经常用于大功率元器件，如电压变换器、大功率晶体管等。

2）DIP（Dual In-line Package）。DIP 是产生于 20 世纪 70 年代的封装，主要包括多层陶瓷双列直插式 DIP，单层陶瓷双列直插式 DIP，引线框架式 DIP 等。与 TO 型封装相比，更易于 PCB 布线，外观如图 7.5 所示。

DIP 和 TO 两种封装在目前仍然有广泛应用。DIP 和 TO 封装采用插针式的引脚，适合 PCB 的穿孔安装，操作起来比较方便。特别是 DIP 封装的芯片，它可以安装在 PCB 的插座上，而不用直接焊接在 PCB 上，插拔十分方便，芯片可重复利用率比较高。但是这两种封装的封装面积远远大于芯片面积，效率很低，占去了很多有效安装面积。而且插针式的引脚较长，高频特性比较差，不能应用于高频设计的场合。

3）LCC（Leadless Ceramic Chip）。LCC 是 20 世纪 80 年代出现的芯片载体封装，如图 7.6 所示。LCC 封装的效率有所提高，并且在性能上也有很大的改进。

图 7.4 TO 封装

图 7.5 DIP 封装

图 7.6 LCC 封装

2. 表面粘贴型元器件

随着工艺的进步，出现了表面粘贴型的元器件，简称表贴型元器件。表贴型元器件对应在 PCB 上的焊盘没有通孔，焊盘只在 PCB 的单面出现，如图 7.7 所示。一般来说，每一种直插型元器件都会对应一种表贴型元器件。表贴型元器件与对应的直插型元器件相比，有很多优点，如体积小、重量轻，尤其是很薄，厚度一般只有直插型元器件的几十分之一，可以在板上双面布局，节约板上空间等。因此，表贴型元器件特别适合小型电子设备。

3. 球栅阵列封装型元器件

随着集成电路技术的发展，对集成电路的封装要求更加严格。这是因为封装技术关系到产品的功能，当集成电路的频率超过 100MHz 时，传统的封装方式就不能满足其要求。因而产生球栅阵列封装（Ball Grid Array Package，BGA）（图 7.8）技术。BGA 一出现便成为 CPU、主板上南/北桥芯片等高密度、高性能、多引脚封装的最佳选择。

图 7.7 表面粘贴型封装

图 7.8 球栅阵列封装

任务三 Protel DXP 2004 PCB 的启动及界面认识

情 景

小明至此对 PCB 有了大概的了解。Protel DXP 2004 PCB 是一个负责处理电路板文件内容和生成各种报表文件的服务程序。基于 Windows XP 系统的 Protel DXP 2004 印制电路板设计环境提供了比 Protel 99SE 版本更加友好的界面，易用性也得到了极大提高。要把原理图转换成可以生产的 PCB 图，应该先来学习 Protel DXP 2004 PCB 界面。

讲解与演示

PCB 界面

知识 1 启动 Protel DXP 2004 PCB 编辑器

Protel DXP 2004 PCB 是一个负责处理电路板文件内容和生成各种报表文件的服务程序。它集成了很多因计算机化而拥有的数据管理能力。在 Protel DXP 2004 状态下，编辑、创建原理图的最终目的是为了制作 PCB。基于 Windows XP 系统的 Protel DXP 2004 印制电路板设计环境提供了比 Protel 99 SE 版本更加友好的界面，易用性也得到了极大提高。

进入 DXP 2004，在“Files”面板“打开项目”栏，单击 More Documents... 按钮，弹出“Choose Project to Open”对话框，该对话框默认路径为 DXP 安装目录下的 Examples 文件夹，如图 7.9 所示。

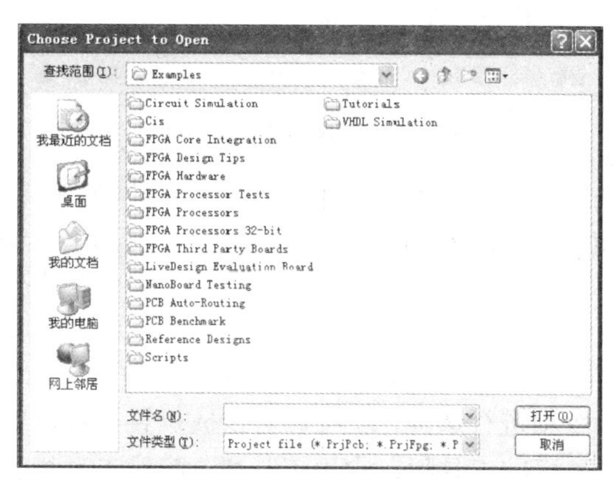

图 7.9 “Choose Project to Open”对话框

单击进入其中一个示例项目文件夹“PCB Auto-Routing”，选定 PCB 项目文件“PCB Auto-Routing.PrjPCB”，单击“打开”按钮。在 DXP 主页面左侧“Projects”面板上，可以看到该项目文件内包含了 6 个 PCB 文件，双击其中任意一个 PCB 文件，如 BOARD1. PcbDoc，打开该 PCB 文件的同时进入 Protel DXP 2004 PCB 编辑环境，如图 7.10 所示。

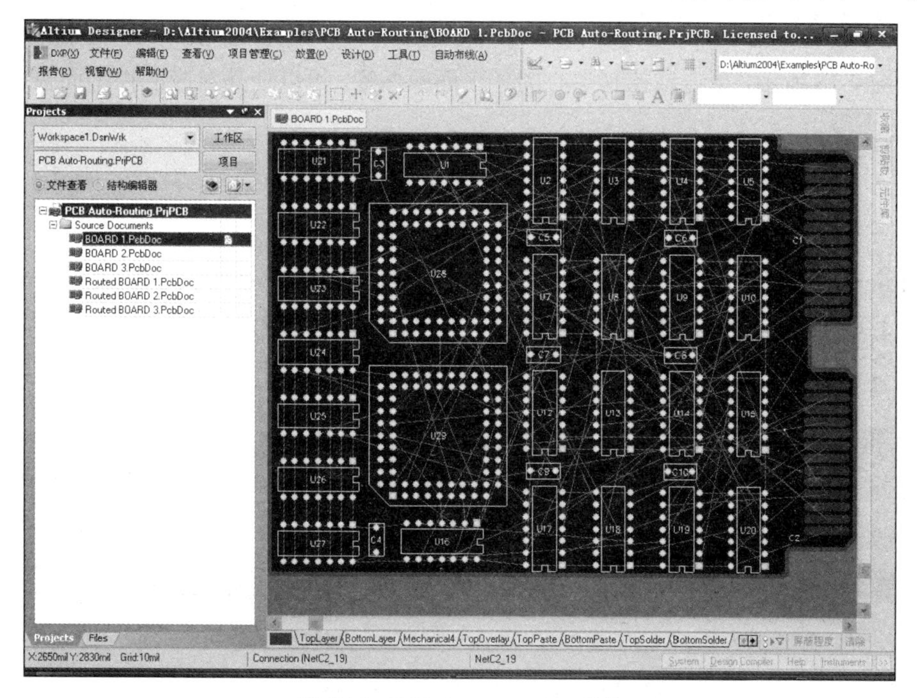

图 7.10 PCB Auto-Routing 项目

知识 2 Protel DXP 2004 PCB 编辑器界面

1. 菜单栏

Protel DXP 2004 PCB 编辑器菜单栏如图 7.11 所示。

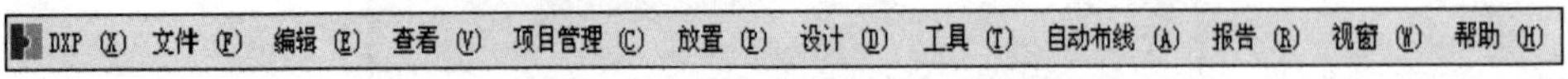
DXP (X)
文件 (F)
编辑 (E)
查看 (V)
项目管理 (C)
放置 (P)
设计 (D)
工具 (T)
自动布线 (A)
报告 (R)
视窗 (W)
帮助 (H)

图 7.11 PCB 编辑器菜单栏

该菜单栏和原理图编辑器的菜单栏基本相似，两者的操作方法也基本相同。绘制原理图是对元件的操作和连线，PCB 设计主要是对元件封装的操作和布线。

2. 工具栏

工具栏如图 7.12 所示，以图标按钮形式列出了常用命令的快捷方式。用户可以根据需要对工具栏包含的命令项进行选择，还可以对摆放位置进行调整。PCB 工具栏与原理图编辑器的类似，包含了标准工具栏、实用工具栏、配线工具栏、过滤器工具栏及导航工具栏等。所有的工具栏都可在编辑区内任意浮动，并设定放在任何适当的位置。通常将不使用的工具栏关闭，以使界面清晰整洁。

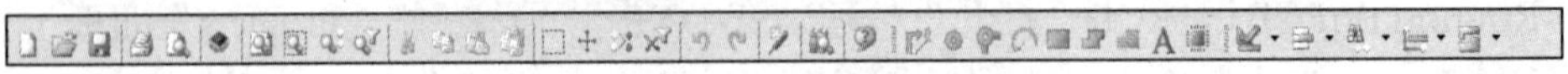

图 7.12 PCB 编辑器工具栏

3. 面板控制中心

如图 7.13 所示，单击该控制中心的各个面板标签，可以使其对应的控制面板显示或隐藏。

System
Design Compiler
Help
Instruments
PCB
>>

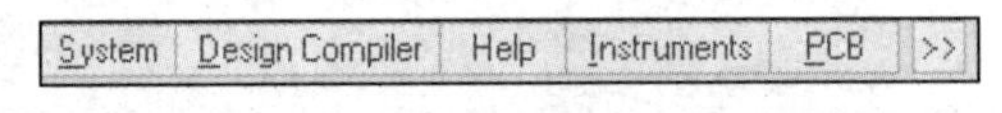

图 7.13 面板控制中心

Protel DXP 2004 PCB 编辑器包含多个控制面板，如“Files”（文件）面板、“Projects”（工程）面板、“PCB”面板、“Navigator”（导航器）面板等。

4. 工作层标签

在 PCB 编辑器中，工作区主要用于绘制电路板。在工作区的下方有工作层切换标签，通过单击相应的工作层，可在不同的工作层之间进行切换。当前工作层为顶层（TopLayer），如图 7.14 所示。

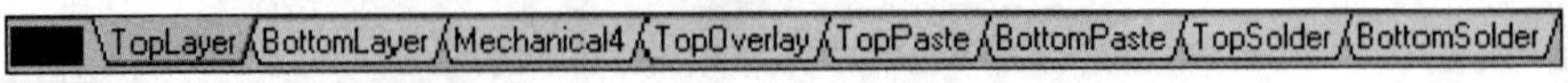
TopLayer
BottomLayer
Mechanical4
TopOverlay
TopPaste
BottomPaste
TopSolder
BottomSolder

图 7.14 工作层标签

拓 展

拓展 PCB 编辑器坐标系统

PCB 编辑器坐标系统是 PCB 布局、元件放置、布线的重要依据。元件或导线等图形放置后，属性对话框中会显示其坐标值。这个坐标值就是该图形到坐标原点的距离值。系统默认的坐标原点在编辑工作区左下角。空闲状态下，鼠标所在点的坐标值会在状态栏显示。状态栏的显示与关闭，可以通过选择主菜单栏中“查看”→“状态栏”命令来实现。

另外，在 DXP 的 PCB 设计环境中，提供了两种尺寸标准：公制和英制，其单位分别是 mm 和 mil，公制和英制之间换算关系：1mil=25.4μm。二者之间还可以相互切换，其方法是：在主菜单栏中选择“查看”→“切换单位”命令或者按快捷键 Q。

若想知道现在是公制还是英制状态，可以通过查看屏幕的左下角是以 mil 还是 mm 为单位来确认。

任务四 创建 PCB 设计文件

情 景

小明想在 PCB 编辑环境中设计 PCB。根据原理图的复杂程度，首先要创建一个电路板的基本轮廓，即规划电路板。设置好电路板的布局范围和物理尺寸后，在后面的元件布局时，就比较好把握元件之间和元件与电路板之间的相对位置，有利于 PCB 的制作。

同学们，你知道怎样设置 PCB 的尺寸吗？这里，我们来学习 PCB 文件的创建，同时学习如何规划电路板。

讲解与演示

创建 PCB 设计文件

知识 1 通过向导创建 PCB 文件

在 Protel DXP 2004 中新建的 PCB 文件，并不仅仅只是生成一个文件，在生成文件的同时，需要设置各种参数。大部分 PCB 设计中需要的 PCB 都是规则形状，因此通常采用向导生成 PCB 文件，然后根据具体需要作调整，这样可以省去手动设置 PCB 参数的麻烦。

使用 PCB 向导创建 PCB 文件，可以选择各种工业标准板的轮廓，也可以自定义电路板尺寸。尤其是在设计一些通用的标准接口板时，通过 PCB 向导，可以完成外形、板层接口等各项基本设置，十分便利。创建具体步骤如下。

第 1 步，单击 PCB 工作面板右下角的“System”按钮，弹出如图 7.15 所示菜单。在菜单中单击“Files”项，弹出如图 7.16 所示的 Files 面板。

图 7.15　打开 Files 面板　　　　图 7.16　Files 面板

第 2 步，在 Files 面板“根据模板新建”区域，单击“PCB Board Wizard”选项，打开“PCB 向导”，如图 7.17 所示。

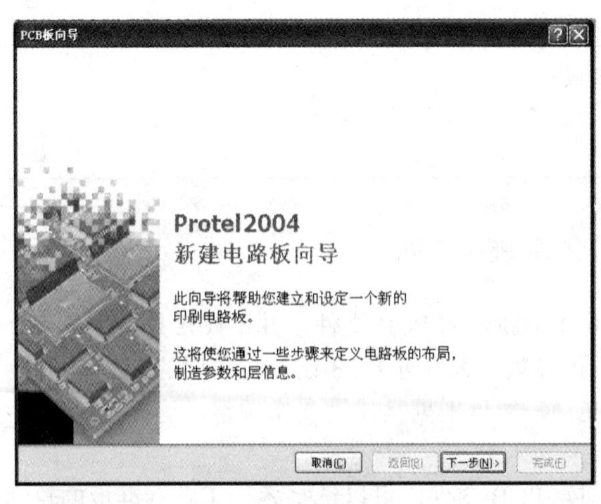

图 7.17　PCB 设计向导

第 3 步，单击“下一步”按钮，弹出选择 PCB 度量单位对话框，如图 7.18 所示。这里选择“英制”单选项。

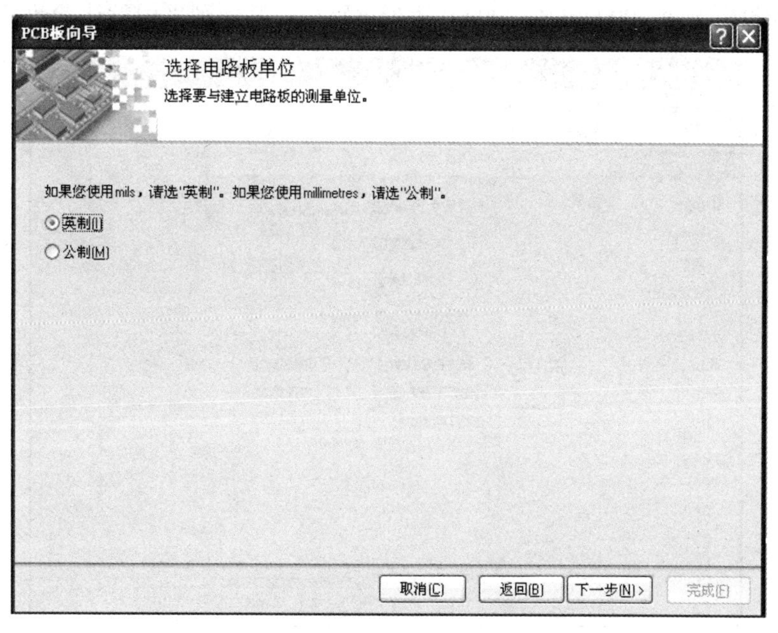

图 7.18　PCB 度量单位对话框

第 4 步，单击“下一步”按钮，弹出选择电路板配置文件对话框，如图 7.19 所示，可以设置 PCB 的类型。对话框左侧的列表框内，系统提供了多种标准电路板的标准配置文件，以方便用户选用。单击其中任意一项，对话框右侧可以预览该配置 PCB 示意图。这里要自行定义 PCB 规格，选择“Custom”选项。

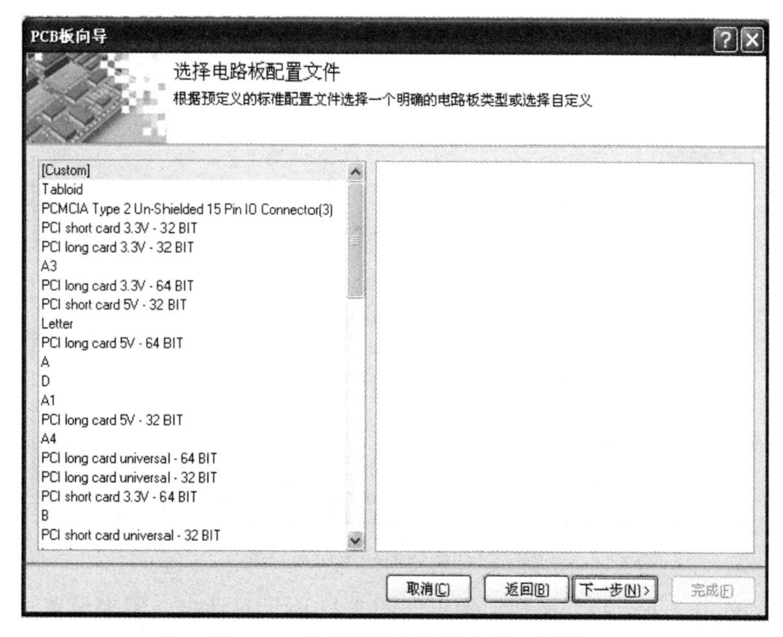

图 7.19　选择电路板配置文件对话框

第 5 步，单击“下一步”按钮，弹出如图 7.20 所示自定义电路板对话框。在该对话框中可以设置电路板的形状和尺寸等几何参数，还可以根据需要设置导线宽度和布线规则等。在此设置一个 2000mil×1800mil 矩形电路板，其他则采用默认参数。

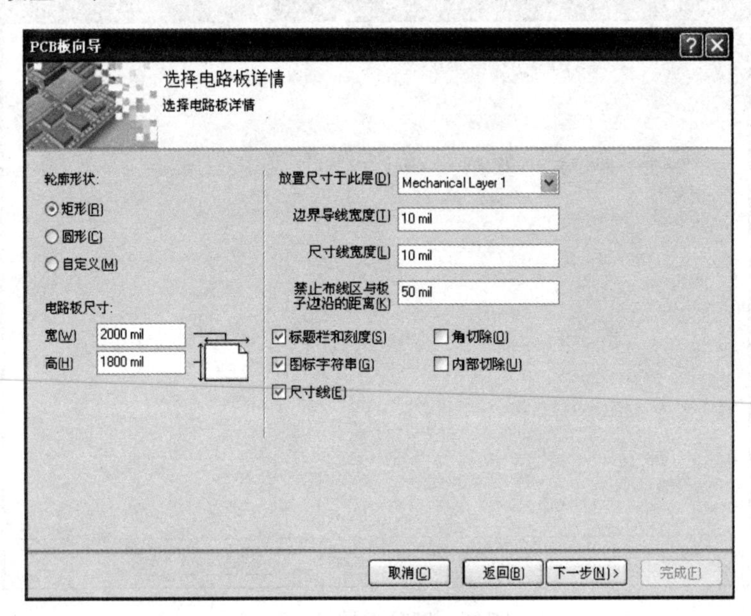

图 7.20　自定义电路板对话框

第 6 步，单击“下一步”按钮，弹出选择电路板层对话框，分别设定信号层和内部电源层的层数，如图 7.21 所示。这里我们将信号和内部电源层分别设定为 2 层。

图 7.21　选择电路板层对话框

第 7 步，单击“下一步”按钮，弹出如图 7.22 所示对话框，用来设置过孔类型。有通孔和盲孔或埋过孔两种类型。如果是双面板则应选择“只显示通孔”，这里单击“只显示通孔”单选按钮。

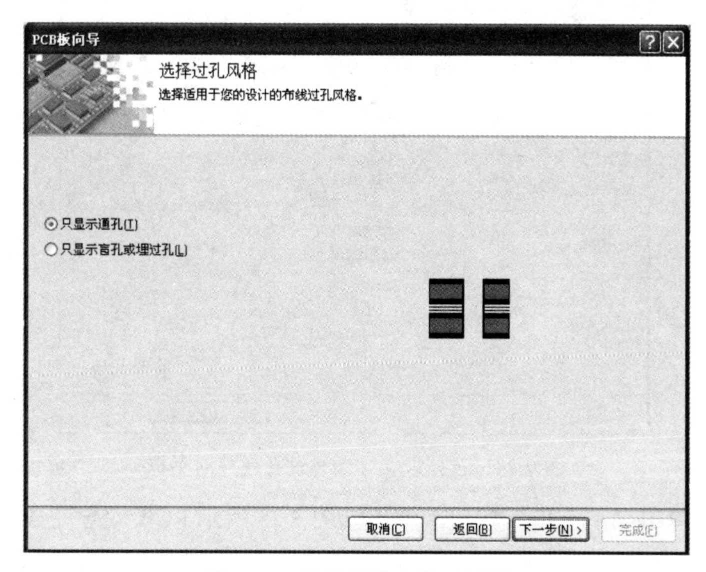

图 7.22　选择过孔风格对话框

第 8 步，单击“下一步”按钮，弹出选择元件和布线逻辑对话框，如图 7.23 所示。该对话框用于确定电路板选用的元件是以表面贴装元件为主还是以通孔元件为主，右侧为示意图。如果是表面贴装元件选择是否要将元件放置在电路板两面；如果是通孔元件，则设置邻近焊盘间导线数。图示选择通孔元件，并设置邻近焊盘间的导线数为两条。

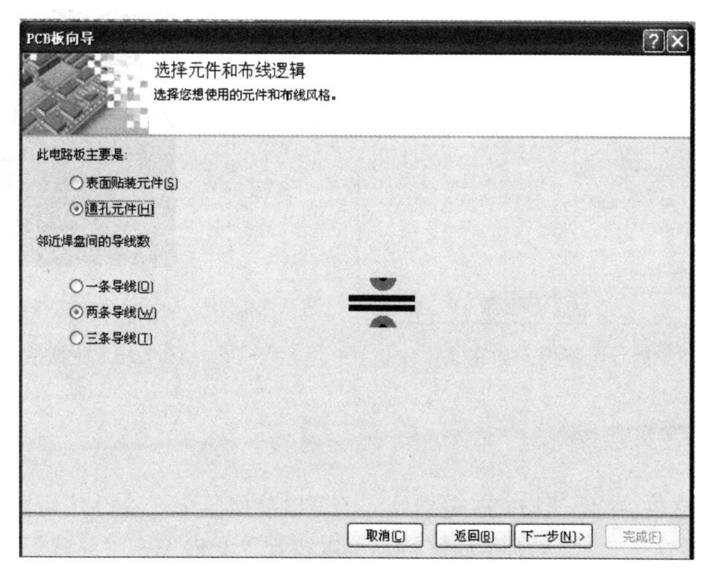

图 7.23　选择元件和布线逻辑对话框

第 9 步，单击“下一步”按钮，弹出选择默认导线和过孔尺寸对话框，如图 7.24 所示。设置 PCB 的最小导线尺寸、过孔尺寸及导线之间的间距。如图 7.24 所示为默认设置。

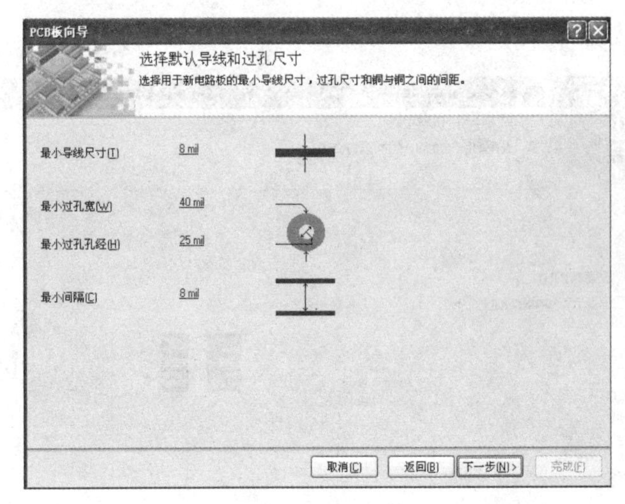

图7.24 选择默认导线和过孔尺寸对话框

第10步，单击“下一步”按钮，弹出如图7.25所示PCB向导完成画面。

第11步，单击“完成”按钮，系统生成一个默认名为“PCB1.PcbDoc”的文件，同时进入了PCB编辑环境，在工作区内显示一个默认尺寸的白色图纸和一个1900mil×1700mil的PCB1轮廓（由于在图中默认设置“禁止布线区与板子边沿的距离”为50mil），如图7.26所示。

图7.25 提示电路板向导完成

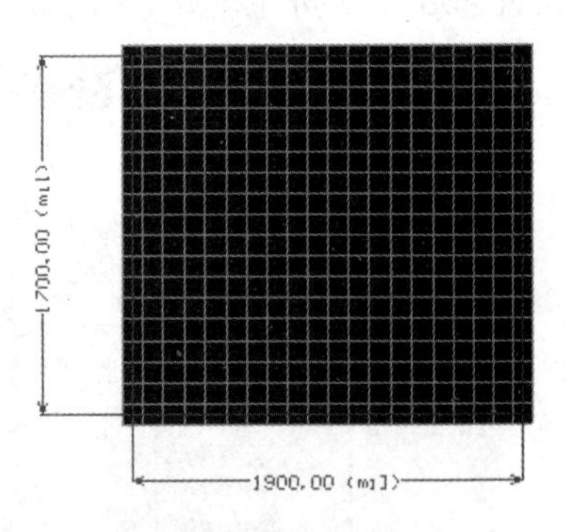

图7.26 生成的电路板

知识2 手工定义电路板

创建PCB文件，除了用PCB向导外，还可以使用菜单命令，然后再自行设置PCB的各项参数。新建一个空白的PCB文档，可以执行“文件”→“新建”→“PCB文件”命令，启动PCB图编辑环境界面，再执行“设计”→“PCB形状”→“重新定义PCB形状”，画出一个所需要大小的封闭方框，重新定义PCB边界。

重新定义了PCB形状后，在机械层1上，沿PCB的外边缘画出边界线；在禁止布线层上，机械层边界线内侧60mil左右的地方画出禁止布线层的边界。具体设置在任务五板层的设置中讲述。

知识 3　通过模板创建 PCB 文件

Protel DXP 2004 还可以通过模板创建 PCB 文件，具体创建步骤如下。

第 1 步，单击“Files”面板的“根据模板新建”栏中的“PCB Templates”项，弹出如图 7.27 所示对话框。在该对话框中打开的都是扩展名为 PrjPCB 和 PCBDOC 的文件，它们包含了模板信息，可以引入模板。

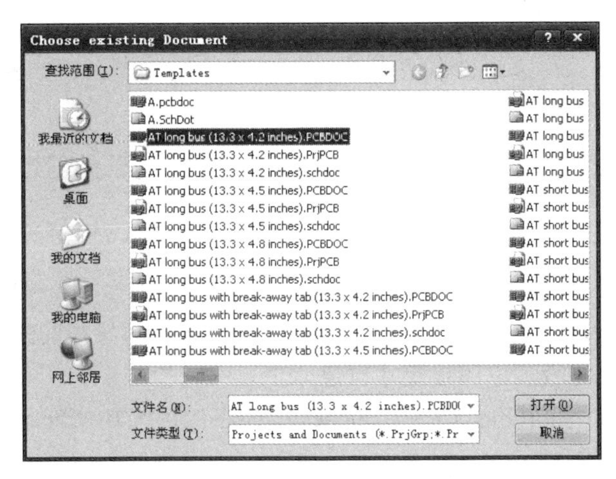

图 7.27　引入 PCB 模板对话框

第 2 步，选择一个项目文件，如 AT long bus（13.3×4.2 inches），即可引入该文件内的模板信息。图 7.28 所示为引入该模板后的工作窗口，此时已新建了一个名称为“PCB1.PcbDoc”的 PCB 文件，该 PCB 有和 AT long bus（13.3×4.2 inches）文件中一样的 PCB 定义。

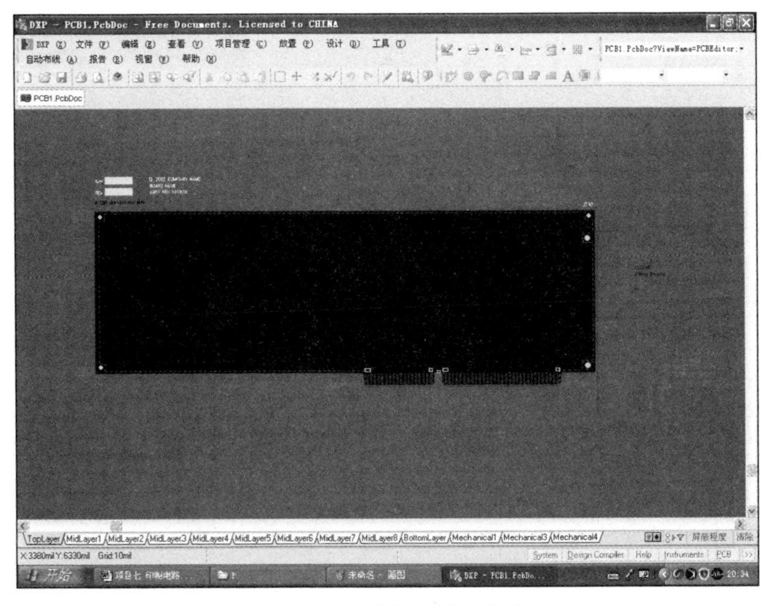

图 7.28　引入模板文件工作窗口

上述创建 PCB 文件的三种方式各有优点：通过向导可以迅速创建 PCB 文件，同时定义一部分规则；手动可以创建各种形式的 PCB 文件，是最通用的设计方式；通过模板创建的方式最简单，但前提是要有合适的模板。读者可根据实际需要自行选择。

实 训

实训 PCB 文件的创建

1. PCB 文件的创建方法

说明创建 PCB 文件的三种方法，并简要说明这三种方法的创建过程。

2. 实际操作

1）利用 PCB 向导创建一个 2000mil×2000mil 的 PCB 文件，要求信号层为 2 层，所有元件为通孔元件，邻近焊盘间的导线数为 1 条，导线与导线间的最小间隔为 10mil。

2）手工定义电路板。电路板尺寸自定。

3）利用模板 AT short bus（7×4.2inches）创建一个 PCB 文件。

3. 收获和体会

把利用 PCB 向导创建 PCB 文件后的收获和体会写在下面空格中。

收获和体会：

4. 实训评价

把“PCB 文件的创建”实训工作评价填写在表 7.2 中。

表 7.2 实训评价表

项目 评定人	实训评价	等级	评定签名
自评			
互评			
教师评			
综合评定等级			

______年______月______日

拓 展

拓展 PCB 设计的一般流程

进行 PCB 设计之前，需要了解设计的一般流程。使用设计流程能够正确地和原理图设计同步，各项工作系统而不会遗漏，检查起来更容易，设计出来的系统也更加美观实用。PCB 设计的一般流程如下。

1. 前期准备

前期准备包括元件库和原理图，并生成网络表。“工欲善其事，必先利其器”，要做出一块好的板子，除了要设计好原理之外，还要画得好。在进行 PCB 设计之前，首先要准备好原理图 SCH 的元件库和 PCB 的元件库。元件库可以用 Protel 自带的库，但一般情况下很难找到合适的，最好是自己根据所选器件的标准尺寸资料自己做元件库。原则上先做 PCB 的元件库，再做 SCH 的元件库。PCB 的元件库要求较高，它直接影响板子的安装；SCH 的元件库要求则相对比较松。

2. PCB 结构设计

这一步根据已经确定的电路板尺寸和各项机械定位，在 PCB 设计环境下绘制 PCB 面。该步骤需要确定 PCB 的大小、形状、层数等参数，并按定位要求放置所需的接插件、按键/开关、螺钉孔、装配孔等，并充分考虑和确定布线区域和非布线区域（如螺钉孔周围多大范围属于非布线区域）。

3. 布局

布局说白了就是在板子上放元器件。在原理图的基础上生成网络表，之后在 PCB 图上导入网络表。采用元件自动布局操作，将网络报表中的元器件放置到定义的 PCB 上。设计人员先进行自动布局，然后再手工布局调整元器件位置。元器件布局是 PCB 设计的关键步骤之一，它的好坏直接影响到 PCB 的优劣。布局过程中，不仅要考虑原理图的美观，更应考虑机械要求、信号完整性、抗电磁干扰性能及布线率等各种问题，以完成合理的布局。

4. 布线

布线是整个 PCB 设计中最重要的工序。这将直接影响着 PCB 的性能好坏。布线有两种方式：自动布线和手动布线。PCB 的自动布线功能非常强大，只要把有关参数设置得当，元器件位置布置合理，自动布线的成功率几乎达 100%。不过，自动布线也有布不通或不尽如人意的地方，一般都要做手工调整，从而优化 PCB 设计。

5. 布线优化和丝印

一般设计的经验是：优化布线的时间是初次布线时间的两倍。感觉没什么地方需要修改之后，就可以铺铜了。铺铜一般先铺地线（注意模拟地和数字地的分离），如果是多层板时还可能需要铺电源。对于丝印，要注意不能被元器件挡住或被过孔和焊盘去掉。同时，设计时正视元器件面，底层的字应做镜像处理，以免混淆层面。

6. 网络检查 DRC 检查和结构检查

首先，在确定电路原理图设计无误的前提下，将所生成的 PCB 网络文件与原理图网络文件进行物理连接关系的网络检查（Net Check），并根据输出文件结果及时对设计进行修正，以保证布线连接关系的正确性；网络检查正确通过后，对 PCB 设计进行 DRC 检查，并根据输出文件结果及时对设计进行修正，以保证 PCB 布线的电气性能。最后需进一步对 PCB 的机械安装结构进行检查和确认。

7. 文件保存及输出

PCB 设计完成后，对设计过程中产生的各种文件和报表进行存储。需要时，可以利用各种图像输出设备，输出 PCB 的布线图。

在此之前，最好还要有一个审核的过程。PCB 设计是一个考验能力和思维的工作，谁的思维周密，经验多，设计出来的电路板就好。所以设计时要极其细心，充分考虑各方面的因素（比如说如何才能做到便于维修和检查这一项很多人就不去考虑），精益求精，就一定能设计出好的电路板。

任务五　PCB 板层

情　景

小明虽然会创建 PCB 文件了，但看到 PCB 编辑器界面下方的工作层那么长一串，而且都是英文的，真是头都大了。但设计 PCB 时，设计者应合理配置工作层，不同的工作层有不同的用途并采用不同的颜色。这里，我们来学习板层的类型及设置。

讲解与演示

PCB 板层

知识 1　板层的类型

PCB 包括多种类型的层面，如信号层、内部电源/接地层、机械层、屏蔽层、丝印层等，每一层作用各不相同。在 Protel DXP 2004 中，系统提供了以下几种类型的板层。

1. 信号层

有 32 个信号层（Singal Layers）用于放置与信号有关的电气元素，通过堆栈层管理器来管理这些信号层。包括顶层板层（Top Layer）、底层板层（Bottom Layer）和 30 个中间板层（Mid Layer）。顶层和底层放置元器件和布线，中间 30 层布置信号线。

元器件层布线时，不要在发热严重的元器件下面布线，以免烫坏阻焊层而导致短路。

2. 内部电源/接地层

内部电源/接地层（Internal Planes）也称为内电层，有16个内部电源层，通常放置电源（VCC、VDD）或接地（GND）信号线。单独使用内电层可以有效地降低布线的复杂程度。

3. 机械层

Protel DXP 2004提供了16个机械层（Mechanical Layers），用来放置电路板在制造或组合时所需要的边框和标注尺寸，通常只需要一个机械层。

4. 屏蔽层

屏蔽层（Mask Layers）是阻焊层（Solder Mask）和助焊层（Paste Mask）的统称。包括顶层阻焊层、底层阻焊层、顶层助焊层和底层助焊层4个层。阻焊层主要用于在焊盘和过孔周围设置保护区。助焊层即锡膏防护层，主要用于光绘和丝印屏蔽工艺，提供与有表面贴装器件的印制板之间的焊接粘贴，无表面贴装器件时不需要使用该层。

5. 丝印层

丝印层（Silkscreen Layers）包括顶层丝印层（Top Overlay）和底层丝印层（Bottom Overlay）。主要用于绘制元器件的外形轮廓，放置说明文字、PCB版本、公司名称等。

6. 其他层

其他层包括放置焊盘、过孔及布线区域所用到的层，有钻孔向导图层、禁止布线层、钻孔统计图层和多任务层。

7. 系统颜色层

系统使用的某些辅助设计的显示色，以层的形式出现，但不对制板产生影响。

知识2 板层的设置

1. 设置环境参数

新建的空白PCB文件，整个工作区大小是100000mil×100000mil；默认的PCB图大小是6000mil×4000mil；默认的图纸大小为100000mil×8000mil。下面我们就PCB的选择项进行设置。

执行“设计”→“PCB板选项”命令，系统弹出如图7.29所示“PCB板选择项”

对话框。该对话框用于设置一些基本的环境参数，其作用范围就是当前的 PCB 文件，每一 PCB 文件应具有各自独立的 PCB 选择项设置。

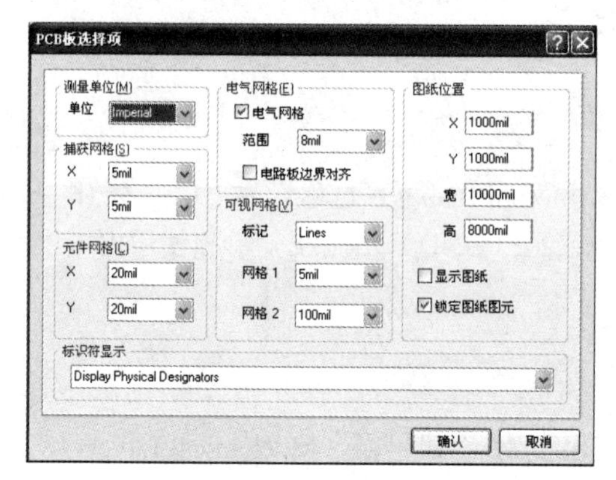

图 7.29　“PCB 板选择项”对话框

为布线方便，将捕获栅格和电气栅格设置成相近值；电气栅格和捕获栅格不能大于元器件封装的引脚间距。

2. 设置板层

PCB 编辑器内显示的各个板层具有不同的颜色，以便于区分。用户可以根据个人习惯进行设定，并且可以决定该层面是否在编辑器内显示出来。

执行“设计”→“PCB 板层和颜色”命令，弹出如图 7.30 所示“板层和颜色”对话框。

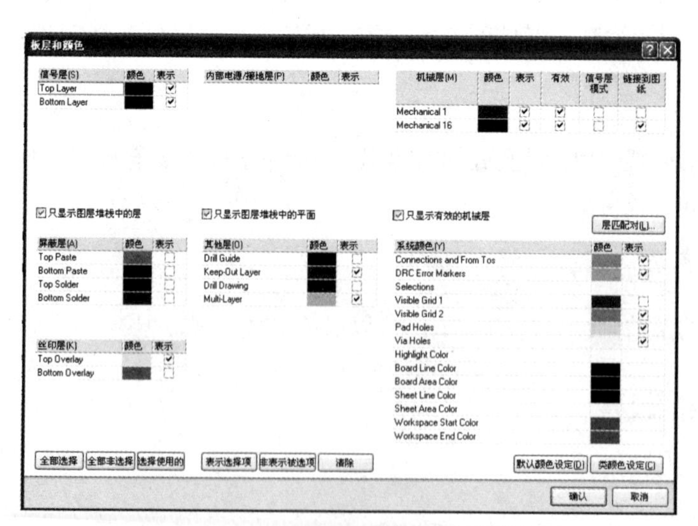

图 7.30　“板层和颜色”对话框

1）查看板层数量和类型。选中对话框各板层后面的“表示”复选框，即可打开该板层，否则该层关闭。

2）设置板层颜色。单击板层后面的颜色框，弹出如图 7.31 所示“选择颜色”对话框，选择适当颜色，单击“确认”按钮，即可设置板层颜色。

3. 设置 PCB 边界

PCB 边界是一个封闭的多边形，包括 PCB 物理边界和电气边界。PCB 物理边界设定 PCB 的形状，电气边界设定元器件放置和布线的区域范围。电气边界不能大于物理边界，一般设置成相同大小。

1）设置 PCB 的物理边界。PCB 形状决定了 PCB 的外形轮廓，是内电层轮廓的确定依据，同时又是 PCB 设计文件输出，将数据转换到其他编辑工具中时，计算 PCB 边缘的参考依据。物理边界在机械层中进行绘制。

执行“设计”→“PCB 板形状”命令，系统弹出如图 7.32 所示 PCB 板形状编辑命令。以“重定义 PCB 板形状”为例，规划 PCB 板物理边界的具体操作如下。

第 1 步，单击板层“Mechanical1”标签，即选择机械层作为当前工作层。

第 2 步，在图 7.32 中，单击“重定义 PCB 板形状”，光标变成十字状，原有 PCB 板形状变成绿色，背景变成黑色。

第 3 步，在工作区内选取一点，单击确定 PCB 板形状的起点。

第 4 步，移动鼠标到合适位置，单击确定 PCB 板形状第二个顶点。

第 5 步，以此类推，根据预期 PCB 板形状确定 PCB 板的一系列顶点。

第 6 步，确定最后一个顶点后，按 Esc 键退出放置状态。

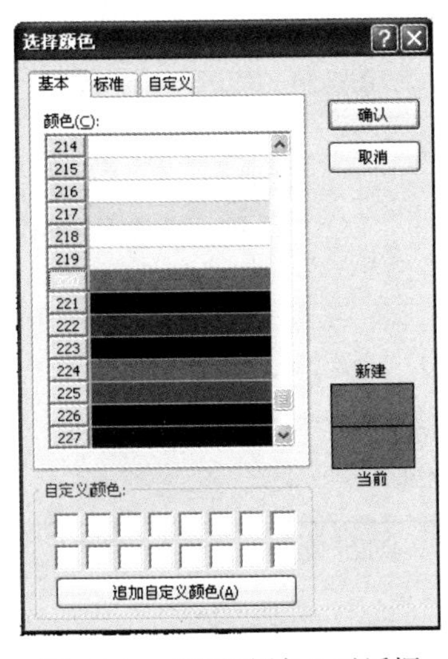

图 7.31　“选择颜色”对话框

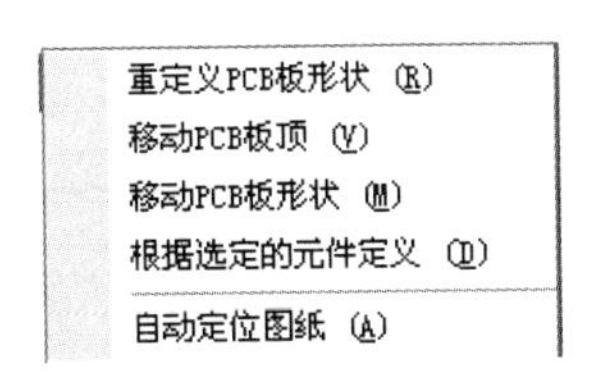

图 7.32　PCB 板形状编辑命令

设计者不必自行连接封闭图形，系统会自动把起始点和最终点连接起来，构成封闭的图形。这样，在放置了封闭的多边形后，PCB 的形状就重新确定了。

“根据选定的元件定义”是指根据选定的对象来重新定义板子的大小。“移动 PCB 板顶”是指移动 PCB 板的顶点位置。“移动 PCB 板形状”是指改变板子在 PCB 图纸中的位置。

2）设置 PCB 板电气边界。电气边界用来限定元器件放置和布线的范围。电气边界是在禁止布线（Keep-Out Layer）层上面完成的，它的作用是将所有的焊盘、过孔和线条限定在适当的范围之内。设置的具体操作如下。

第 1 步，单击板层“Keep-Out Layer”标签，即选择禁止布线层为当前层。

第 2 步，执行“放置”→“禁止布线区”→“导线”命令，光标变为十字状。

第 3 步，移动光标到预定起点，单击鼠标确定。

第 4 步，拖动鼠标，单击确定其他顶点，直至回到起点，构成一个封闭多边形。

第 5 步，右击或按 Esc 键退出布线状态。

绘制完成后，PCB 板形状如图 7.33 所示。双击电路板边，或在绘制过程中按 Tab 键，弹出如图 7.34 所示“导线”对话框，可以精确定位并设置线宽和层面。还可看到，通过禁止布线命令放置的导线，其“禁止布线区”复选框内呈“√”状态，即具有禁止布线层属性。

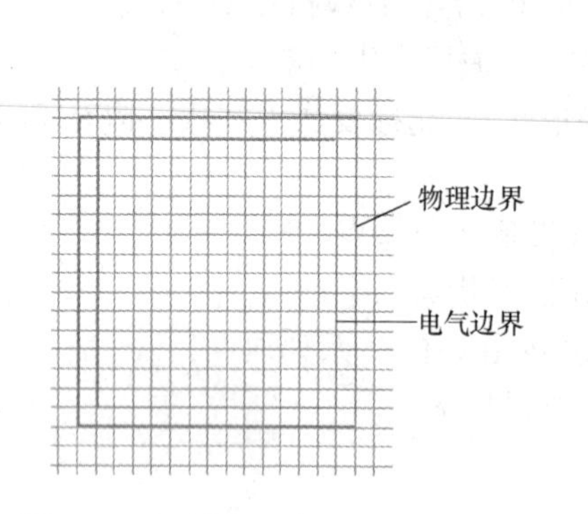

图 7.33 绘制物理边界和电气边界结果

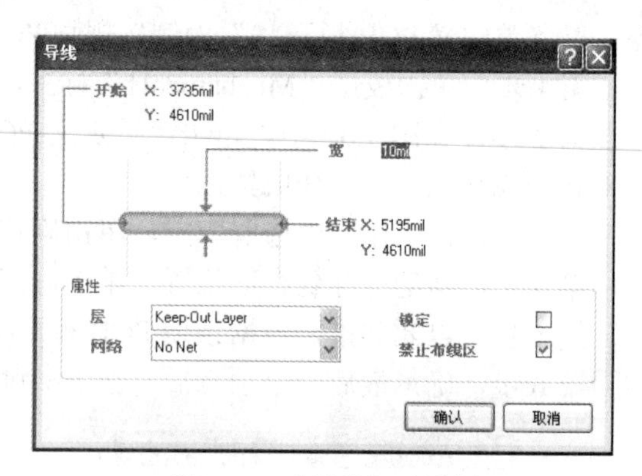

图 7.34 “导线”对话框

实 训

实训 PCB 板层的设置

1. 各板层的作用

将下列各个板层在印制电板的作用填入表 7.3。

表 7.3 板层的作用

板层名称	板层作用
信号层	
机械层	
丝印层	
禁止布线层	

2. 实际操作

建立一个 PCB 文件，图纸大小设为 1720mil×1720mil，把顶层和底层的颜色互换（即顶层为深蓝色，底层颜色设置为红色），并设置 PCB 的物理边界和电气边界。写出操作步骤与要领。

____

____

____

3. 收获和体会

将学习“PCB 板层的设置”后的收获和体会写在下面空格中。

收获和体会：

4. 实训评价

将“PCB 板层的设置”实训工作评价填写在表 7.4 中。

表 7.4 实训评价表

项目 评定人	实训评价	等级	评定签名
自评			
互评			
教师评			
综合评定等级			

________年________月________日

拓 展

拓展 图层堆栈管理器

完成 PCB 文件的基本参数设置后，可以根据需要进行 PCB 层设置。

例如，在新建 “Mypcb1.PcbDoc” 文件后，PCB 设计工作区下方显示了如图 7.35 所示的板层标签。在设计过程中单击其中的标签可以激活相应板层设置为当前层。从板层标签可以看出，所建立的 PCB 文件是双面板结构。

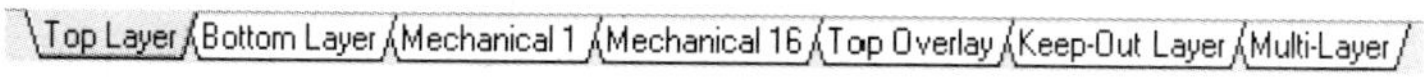

Top Layer / Bottom Layer / Mechanical 1 / Mechanical 16 / Top Overlay / Keep-Out Layer / Multi-Layer

图 7.35 板层标签

调整 PCB 层结构，需要通过图层堆栈管理器来完成，具体操作如下。

第 1 步，执行“设计”→“图层堆栈管理器”命令，弹出如图 7.36 所示“图层堆栈管理器”对话框。

第 2 步，单击左下角“菜单”按钮，在弹出的菜单中选择“图层堆栈范例”命令。

用户可以根据需要选择其中的选项，单击得到相应的图层堆栈，并在图层堆栈管理器上方显示该层堆栈的示意图。如果图层堆栈管理器所提供的图层堆栈不能满足设计需要，用户还可以通过图层堆栈管理器中的菜单命令或者相应的按钮来自行定义图层堆栈。

第 3 步，单击“配置钻孔对”按钮，进入钻孔对管理器，如图 7.37 所示，钻孔对的设置决定了板子上可以添加的钻孔类型。钻孔对中的起始层和终止层就对应着钻孔的起始层和终止层。

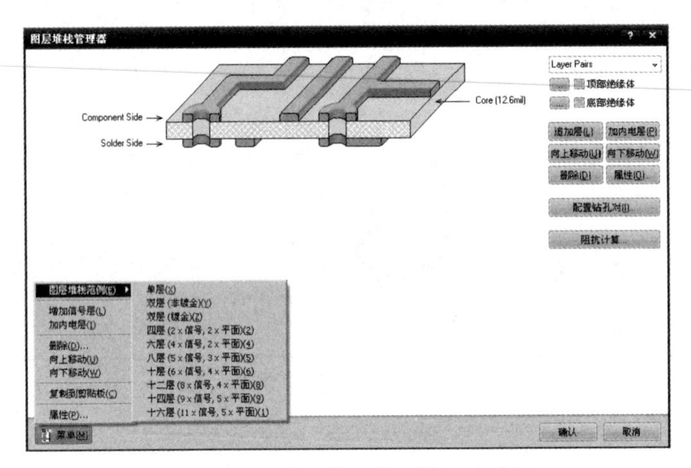

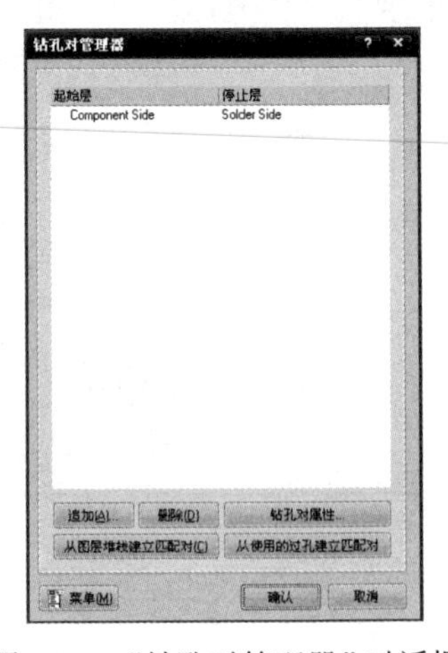

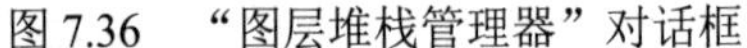
图 7.36 “图层堆栈管理器”对话框

图 7.37 “钻孔对管理器”对话框

第 4 步，设置层面属性。选择指向各层面的标识，单击“属性”按钮，弹出层设置对话框。不同类型层面属性设置选项有所不同。

第 5 步，层属性设置完毕，单击图层堆栈管理器“确认”按钮保存，退出管理器。回到设计工作区，可以看到工作区下方的图层标签显示了当前设计文件的有效层面。

任务六 PCB 设计的基本操作

情 景

小明虽然还不会设计 PCB，但看到焊接在板上的元器件引脚之间、铜膜导线之间都那么紧凑美观，真是叹为观止。那么，如何保证元器件的引脚和印制电路板上的焊点保持一致呢？现在，我们就来学习如何放置 PCB 的基本组件。

讲解与演示

PCB 设计基本操作

知识 1　放置元件封装

1. 放置元件封装步骤

第 1 步，执行“放置”→“元件”命令或单击“配线”工具栏 按钮，弹出“放置元件”对话框，如图 7.38 所示。

在该对话框中，可以设置元件属性、元件标识符、元件注释、元件封装和元件的其他相关参数。设置完成后，单击“确认”按钮。

通过该对话框可以选择要放置的元件封装，进行放置操作。

在“放置类型”栏选择单选按钮“封装”；在“封装”栏直接填写要放置的封装名称，已加到库文件中第一个符合该名称的元件封装将被使用。如果用户对元件封装库不是很熟悉，不能确定封装名字，或者希望从特定的库中调用元件封装，可以单击该栏后面的 按钮，在弹出的如图 7.39 所示“库浏览”对话框中浏览所有当前可用的 PCB 库文件，从中选择合适的元件封装。

图 7.38　“放置元件”对话框

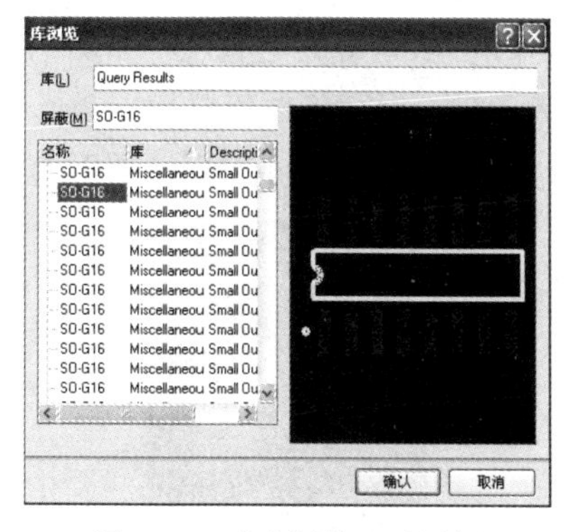

图 7.39　“库浏览”对话框

第 2 步，选取元件封装后，单击“确认”按钮，光标变成十字状并且粘附着选择好的元件封装。

第 3 步，移动光标到合适位置，单击完成一个元件封装的放置，如图 7.40 所示。

放置完毕，双击鼠标右键，退出命令状态。

放置元件封装也可以通过如图 7.40 所示的“元件库”面板实现。选定元件后，在元件路径栏内双击元件代号，或者单击右上角的“Place AXIAL-0.3”按钮，即可放置指定元件。此处选择了电阻封装，因而按钮上显示了 AXIAL-0.3。

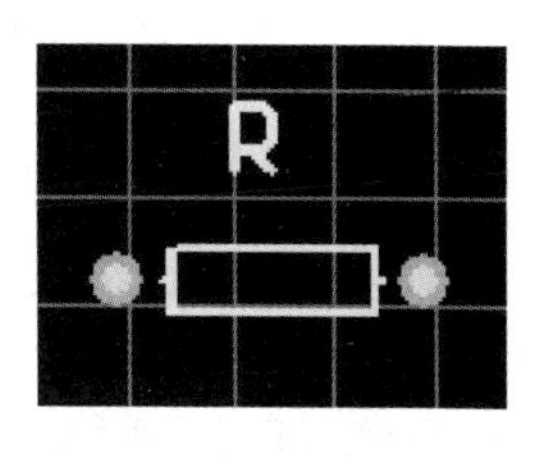

图 7.40　放置元件

各个工作层的颜色设置不同，显示的图像不完全相同；如果某些选项没有选中，将不会显示出元件的轮廓甚至不显示已放置的元件，这时就要重新进行板层的设置。

为方便元件放置，通常把捕获网格设为 50mil 或 25mil，但在布局过程中，若需要对元件的标识符或注释稍加调整，可以把捕获网格的值适当设小。最小可设为 1mil。

2. 改变元件封装属性

在放置元件封装状态时按 Tab 键，或双击已放置的元件封装，弹出如图 7.41 所示“元件”属性对话框。

知识 2　放置导线

1. 放置导线步骤

第 1 步，执行“放置”→“交互式布线”命令或单击“配线”工具栏上按钮，光标变成十字状。

第 2 步，单击或者按回车键，确定起点。在以焊盘、导线等实体为起始端画线时，十字光标放置在合适的位置时会出现一个八角形亮环，表明光标处于焊盘中心或线段端点，这时可以单击确定起点，如图 7.41 所示。

第 3 步，拖动鼠标放置导线，在拐角处单击或按回车键，确定当前线段的终点，同时也作为下一段线的起始点，如图 7.42 所示。

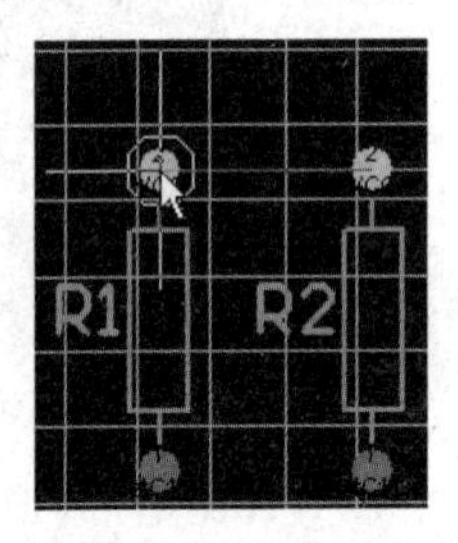

图 7.41　导线起点

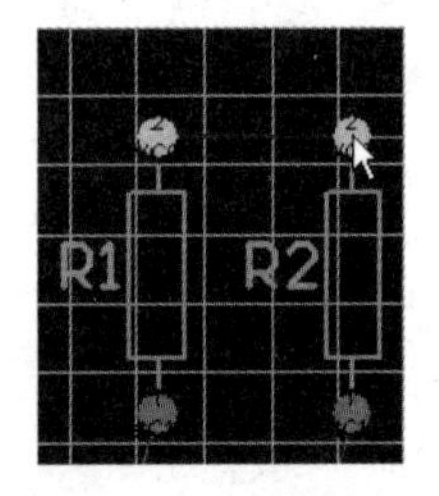

图 7.42　导线终点

第 4 步，此时光标仍为十字状，即处于导线放置状态，可在新的起点继续单击放置导线。右击或者按 Esc 键可以退出放置状态。

2. 不同板层间交互布线

导线需要选择正确的层面进行放置。在导线放置前，先单击板层标签，选定导线要放置的层面。在导线放置状态下，按数字键盘上的*键，可在所有的信号层之间循环更换板层，即每按一次*键，就由当前层转到下一层。循环顺序是从顶层到中间信号层 1 再到中间信号层 2，直到底层，之后再返回到顶层。按数字键盘上的＋、－键，则在布线的前后信号层之间循环更换板层，即每按一次＋键，导线就布置到下一层，按－键，则返回到上次布线的层面继续布线。

放置导线命令也可用“放置”→“直线”命令，只是该命令只能在某一层面布线，而“交互式布线”可以实现在不同层之间布线。

3. 导线属性设置

在导线放置状态下按Tab键，弹出如图7.43所示“交互式布线”对话框。在该对话框内，可以设置导线宽度、所在层面、过孔直径和过孔孔径等。若设置参数超出了布线规则的规定范围，系统仍以原有参数布线。

导线的属性修改还可以在“导线”对话框中进行。双击已放置的导线或在布线状态按Tab键，弹出如图7.44所示“导线”对话框。在该对话框中，可以设置导线的宽度、起始坐标、终止坐标、层面、网络等特性，并设定是否锁定导线位置，是否具有禁止布线区等。

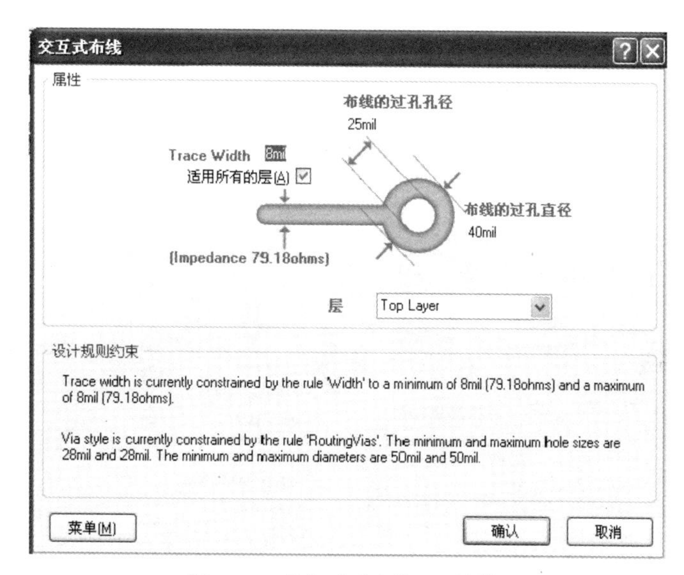

图7.43 “交互式布线”对话框

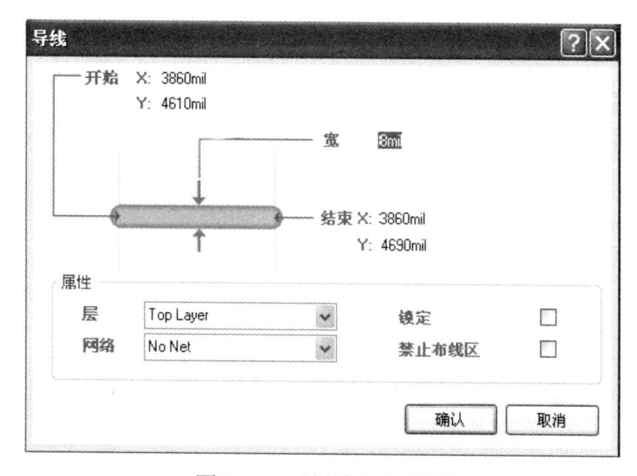

图7.44 “导线”对话框

知识 3　放置焊盘

1. 放置焊盘步骤

第 1 步，执行“放置”→“焊盘”命令或在放置工具栏内单击按钮，光标变成带有焊盘图形的十字状。

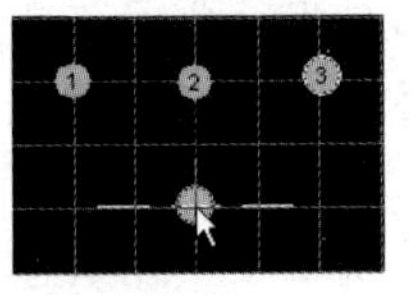

图 7.45　放置焊盘

第 2 步，在需要放置焊盘处单击即完成一个焊盘的放置。移动鼠标到新的位置，可以继续放置另一个焊盘，如图 7.45 所示。

第 3 步，右击或按 Esc 键，退出焊盘放置状态。

按数字键盘上的*键可以在所有的信号层间切换焊盘放置的层面；按＋、－键可以在所有有效层之间切换焊盘放置的层。

2. 设置焊盘属性

第 1 步，在焊盘放置状态按 Tab 键或双击已放置的焊盘，弹出如图 7.46 所示“焊盘”对话框。

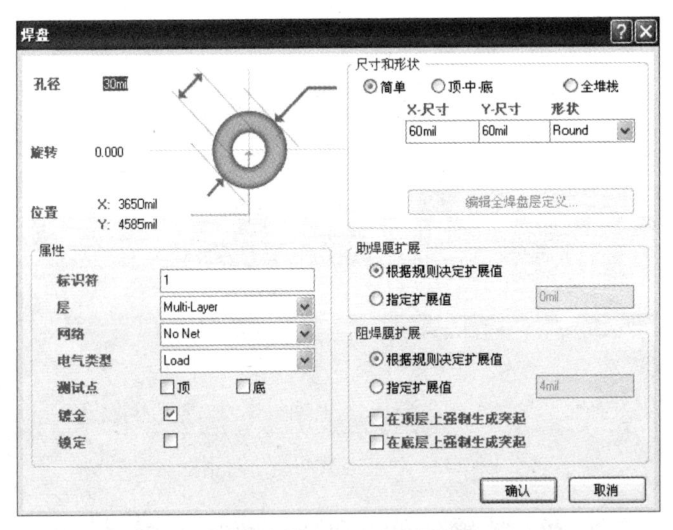

图 7.46　“焊盘”对话框

第 2 步，在该对话框中，可以设置焊盘的标识符、尺寸、形状、层、位置以及电气类型等参数。

第 3 步，设置完成，单击“确认”按钮，完成焊盘属性设置。

知识 4　放置过孔

1. 放置过孔步骤

第 1 步，执行“放置”→“过孔”命令或“配线”工具栏按钮，光标变成带有过孔图形的十字状。

第 2 步，在合适位置单击，放置一个过孔。

第3步，移动光标到新的位置，可以继续单击放置过孔。

第4步，右击或按Esc键，退出过孔放置状态。

在放置自由过孔时，按数字键盘上的*、+、-键可以切换过孔放置的层。

2. 过孔属性设置

第1步，在过孔放置状态按Tab键，或双击已放置的过孔，弹出如图7.47所示“过孔”对话框。

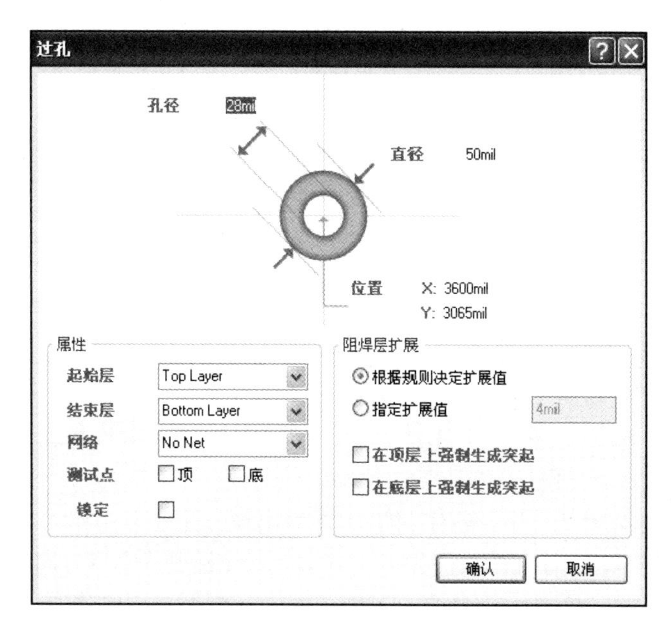

图7.47 “过孔”对话框

第2步，在该对话框中设置过孔的通孔直径、位置、网络、起始层和结束层等。

第3步，设置完成后，单击“确认”按钮，完成过孔属性设置。

知识5 放置字符串

1. 放置字符串步骤

第1步，执行“放置”→“字符串”命令，或在“配线”工具栏上单击按钮A，光标变成十字状且悬浮一个系统默认的字符串“String”。

第2步，将光标移到合适位置单击，即可放置字符串“String”。

2. 字符串属性设置

在放置字符串状态按Tab键，或者双击已放置好的字符串，弹出如图7.48所示“字符串”对话框。

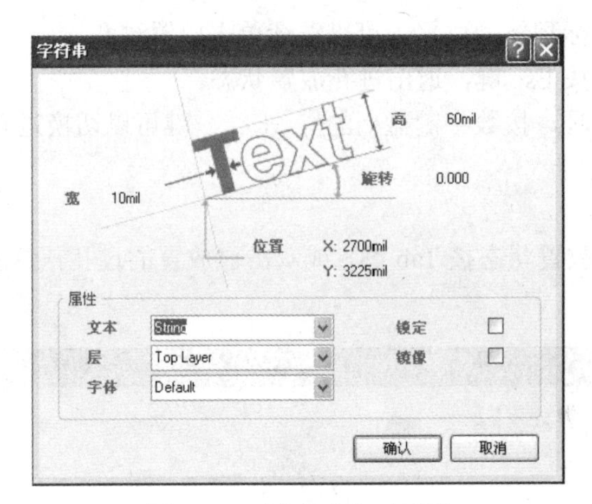

图 7.48 “字符串”对话框

在该对话框中可以设置字符串高度、线形宽度、旋转角度、坐标位置、文本字体及所在板层等。

3. 编辑字符串位置

字符串位置可以移动、旋转。字符串移动操作和其他组件相同，旋转可以在“字符串”对话框中手工输入旋转角度，也可以用鼠标进行旋转，鼠标操作步骤如下。

第 1 步，放置一个如图 7.49 所示字符串。

第 2 步，单击选择字符串，在字符串右下角出现一个小正方形，如图 7.50 所示。

第 3 步，将光标移到字符串右下角的正方形上，光标变成垂直方向两个箭头的光标，按住鼠标左键不放，光标在字符串的右下角变为十字形状，同时字符串左下角有一个十字标记，如图 7.51 所示。

图 7.49 放置字符串

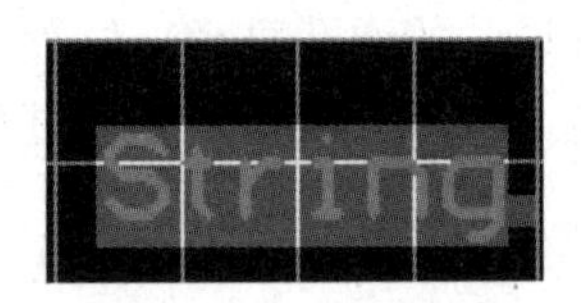

图 7.50 选中字符串

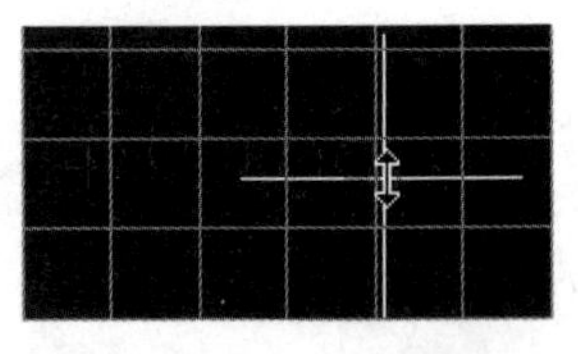

图 7.51 执行旋转操作

第 4 步，移动光标，字符串便以左下角的十字标记为圆心旋转，如图 7.52 所示。

第 5 步，在适当角度松开左键，完成字符串的旋转。

如果要进行 90° 旋转，只需按住鼠标左键不放，按空格键即可，如图 7.53 所示。

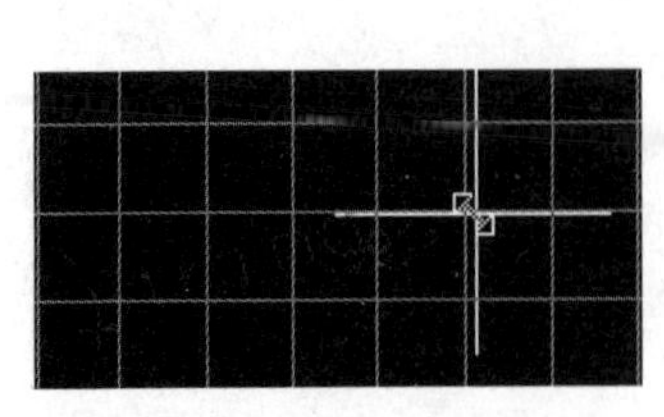

图 7.52 字符串旋转

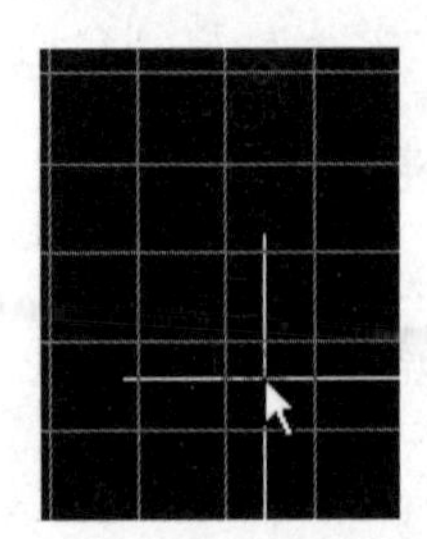

图 7.53 90° 旋转

知识6 放置尺寸标注

在设计印制电路板时，经常需要标注某些尺寸，以方便后续设计或制造。

1. 放置尺寸标注步骤

第1步，执行“放置”→“尺寸”→“尺寸标注”命令，或者在“实用工具”工具栏单击按钮，光标变成十字形状，且浮动着两个相对的箭头，如图7.54所示。

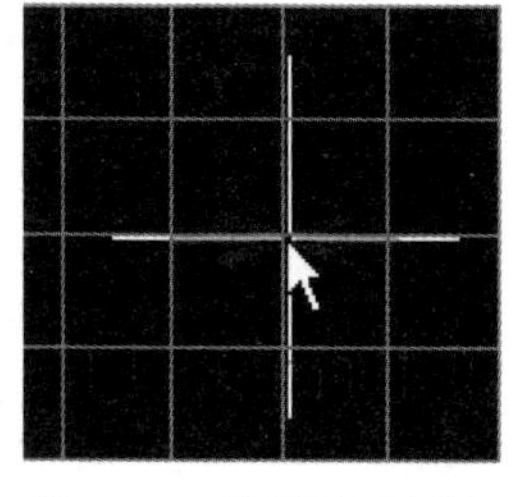

图7.54 放置尺寸标注

第2步，将鼠标移到合适位置，单击确定标注的起点。

第3步，移动光标到合适位置后，再单击确定标注的终点，完成放置一个尺寸标注。

第4步，系统仍处于放置尺寸标注状态，可以继续放置下一个。

第5步，放置完毕后，右击退出放置尺寸标注命令。

2. 尺寸标注属性设置

第1步，在放置状态按Tab键，或双击已放置的尺寸标注，弹出如图7.55所示“尺寸标注”对话框。

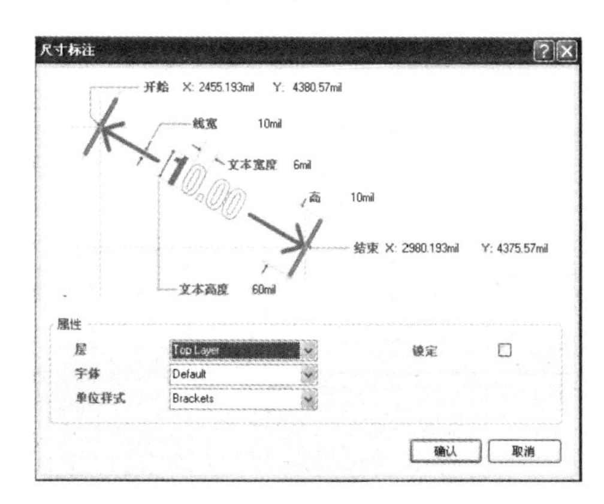

图7.55 “尺寸标注”对话框

第2步，在该对话框中，“属性”区域的设置与“坐标”对话框的相同。图示区域中还可以设置尺寸标注开始和结束的坐标、标注线的宽度、字符线的宽度、标注界线的高度。

第3步，完成设置后，单击“确认”按钮。

实 训

实训 放置PCB基本组件

1. 回答问题

放置元件封装有哪几种方法？如何设置元件封装属性？

____

____

2. 实际操作

1）在工作层的顶层（Top Layer）上放置表 7.5 所示元件封装，并设置相关属性。

表 7.5 元件封装的放置及属性设置

名称	所在集成库	封装	标识符号	注释
电阻	Miscellaneous Devices.IntLib	AXIAL-0.4	R1、R2	1k、2k
电容	Miscellaneous Devices.IntLib	CAPR5-4×5	C1、C2	47μ
晶体管	Miscellaneous Devices.IntLib	BCY-W3	Q1	2N3904
NE555N	ST Analog Timer Circuit.IntLib	DIP8	555	

2）放置字符串和尺寸标注，并写出操作步骤填于表 7.6 中。

表 7.6 绘制图形、放置字符串、尺寸标注步骤

图形	绘制图形步骤	放置字符串步骤	放置尺寸标注步骤
	第 1 步，	第 1 步，	第 1 步，
	第 2 步，	第 2 步，	第 2 步，
	第 3 步，	第 3 步，	第 3 步，
	……		

3. 收获和体会

将“设置 PCB 基本组件”后的收获和体会写在下面空格中。

收获和体会：

4. 实训评价

将“设置 PCB 基本组件”的实训工作评价填写在表 7.7 中。

表 7.7 实训评价表

项目 评定人	实训评价	等级	评定签名
自评			
互评			
教师评			
综合评定等级			

＿＿＿＿年＿＿＿＿月＿＿＿＿日

拓 展

拓展 导线的修改和调整

Protel DXP 2004 提供了比以往版本更方便的操作方法来修改和调整导线。假设导线已经布置在所属层面上，在修改和调整导线之前需要先选中该导线，选取后的导线会在两端和中间出现如图 7.56 所示的三个操控点，同时颜色也发生变化。

1）导线的平移。将光标放在已经选取的导线上，在除了三个操控点之外的任意位置上，光标都会变成四个方向箭头的十字光标，如图 7.57 所示，此时按住左键不放，移动鼠标，就可以向四个方向中任一方向平移导线。在移动中可以使导线镜像或翻转。

2）导线的调整。光标放在导线两端操控点上时，光标变成水平方向的双箭头形状光标，如图 7.58 所示，此时按下鼠标左键可以调整导线端点的位置。光标放在导线中间操控点上时，光标变成垂直方向的双箭头形状光标，如图 7.59 所示，此时按住鼠标左键可以在垂直方向上调整导线，两端点不变。

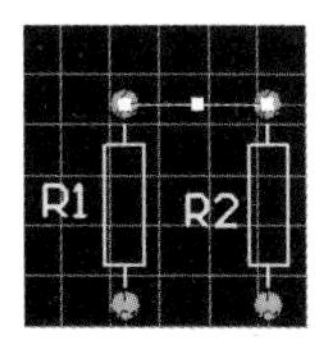

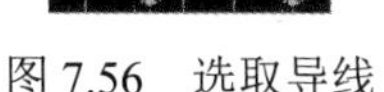
图 7.56 选取导线

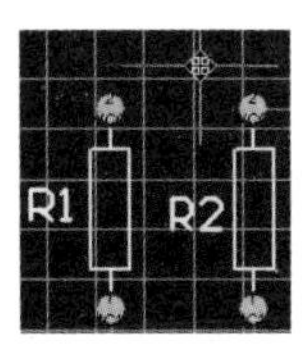

图 7.57 平移导线

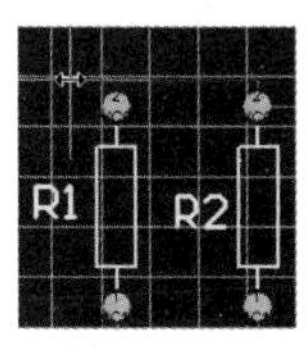

图 7.58 调整端点

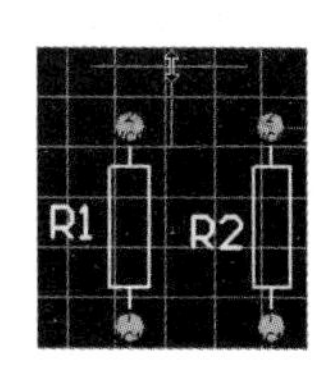

图 7.59 调整中点

3）导线旋转或镜像。按空格键可以逆时针旋转导线，按 Shift+空格键则顺时针旋转。旋转角度在优先设定中设置，用户根据需要可以随时改变。按 X 键和 Y 键，可以使导线分别沿 X 轴和 Y 轴镜像翻转。按 L 键，可以使导线镜像跳到板子的另一面，即从顶层跳到底层或从底层跳到顶层。在放置状态下，按 Shift+空格键，可以改变画线模式，对导线拐角的处理是圆弧或者直线进行切换。

思考与练习

一、判断题（对的打“√”，错的打“×”）

1. 印制电路板按导电层数不同，可分为单层板、双面板和多层板。 （ ）

2. 使用过滤器工具，可以根据网络、元件号或属性等过滤参数，使不符合要求的图元在工作区内呈高亮显示。 （ ）

3. 元件封装按形式可分为两大类：针脚式封装和 STM 封装。STM 封装在焊接时要先把元件插入焊盘导孔，然后再进行焊锡。 （ ）

4. 预拉线是一种形式上的连线，它只是形式上表示出各个焊点间的连接关系，没有电气连接意义。 （ ）

5. 在绘制导线时，当绘制完一条导线后，此时光标仍为十字形，系统仍处于导线放置状态。 （ ）

6. 在导线放置状态下，按数字键盘上的＋键，则在所有的信号层之间循环更换板层，即每按一次＋键，就由当前层转到下一层布线。（　）

7. 同一种元件对应唯一的一种封装。（　）

8. 信号板层通常用来定义 PCB 铜膜走线、焊点和导孔等具有实体意义的对象，所以是对应到实体电路板中最重要的板层。（　）

9. 在设置工作层面的颜色时，只能用系统中规定的颜色来设置，不能自定义各个板层的颜色。（　）

10. 如果图层堆栈管理器所提供的图层堆栈不能满足设计需要，还可以通过图层堆栈管理器中的菜单命令或者相应的按钮来自行定义图层堆栈。（　）

二、填空题

1. 印制电路板简称为________，是指通过印制电路板上的印制________、________、覆铜区等导电图形实现元器件引脚之间的电气连接。

2. 过孔也称为________，是连接________的导线。

3. Protel 2004 DXP 中 1mil=________mm。

4. 字符串可以放置在任何层中，但作为标注文字，一般应该放置在________。

5. 元件封装的修改中，一定要先取消属性对话框中的________复选框，使元件封装的各个组成部分分开，然后再进行修改。

6. 设置工作层面的颜色，可以执行菜单命令“设计”→“________”，就可以打开“板层和颜色”对话框，对各板层的颜色进行设置。

7. 铜膜导线也称铜膜走线，简称________，用于连接几个焊点，是印制电路板最重要的部分，印制电路板设计都是围绕如何________来进行的。

8. 电气边界用来限定________和________。在元器件自动布局和自动布线时，电气边界是必需的，可以通过在________放置直线和弧线构成闭合多边形来完成。

9. 在进行交互式布线时，按________快捷键可以在不同的信号层之间进行切换，这样就可以完成不同层的走线。

10. PCB 边界是一个封闭的多边形，包括________边界和________边界。

11. 按照电路板结构来分，可将电路板分为三种，即________、________和________。

12. 用于连接顶层信号层和底层信号层的导电图形为________。

13. 用于定义电路板的电气边界工作层是________。

14. AXIAL0.4 属于________类元器件的封装。

15. 生成 PCB 文件有三种方法，分别是________、________和________。

16. 芯片封装在 PCB 上，通常为一组________、丝印层上的________及芯片的________。

17. 目前常用的封装形式分为________、________和________各 3 种。

18. ________封装可以安装在 PCB 上的插座中，插拔非常方便。

三、简答题

1. 用 Protel 进行 PCB 设计时，不同层面分别有什么作用？物理上它们分别对应哪些实体对象？

2. 如何设置工作层进行环境设置？

3. 如何设置 PCB 的电气边界和物理边界？

四、练习题

1. 根据表 7.5 放置元件封装，放置结果如图 7.60 所示。

2. 在图 7.60 中将元器件引脚用导线连线起来，并设置线宽 20mil，如图 7.61 所示。

3. 根据元器件位置，设置物理边界和电气边界（此处边界值相同），如图 7.61 所示。

4. 放置尺寸标注，如图 7.61 所示。

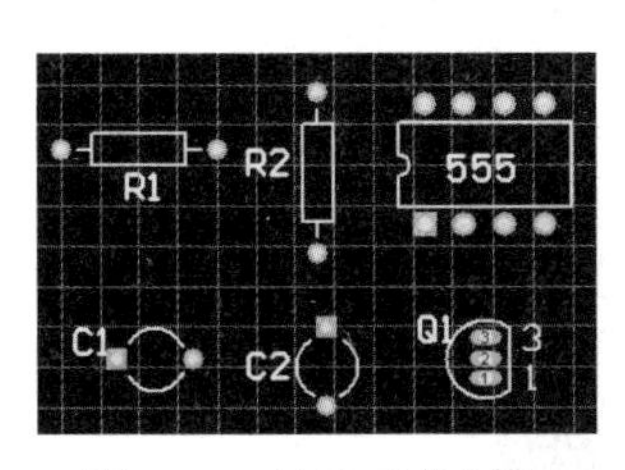

图 7.60 放置元件封装

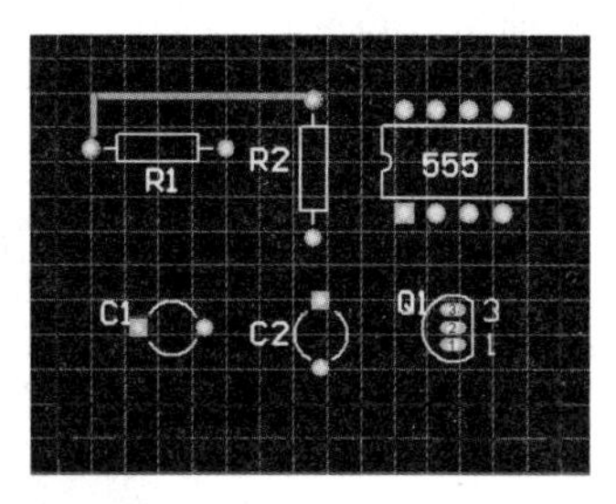

图 7.61 放置尺寸标注

5. 手工设计一单面板，具体要求如下。

1）在 D 盘根目录下创建一个名为“小信号”的文件夹。以下所有文件均保存在该文件夹中。

2）创建一个名为“小信号.PrjPCB”的工程文件。

3）创建一个名为“小信号.PcbDoc”的 PCB 文件。

4）创建一个名为“小信号.SchDoc”的原理图文件，并绘制如图 7.62 所示原理图。

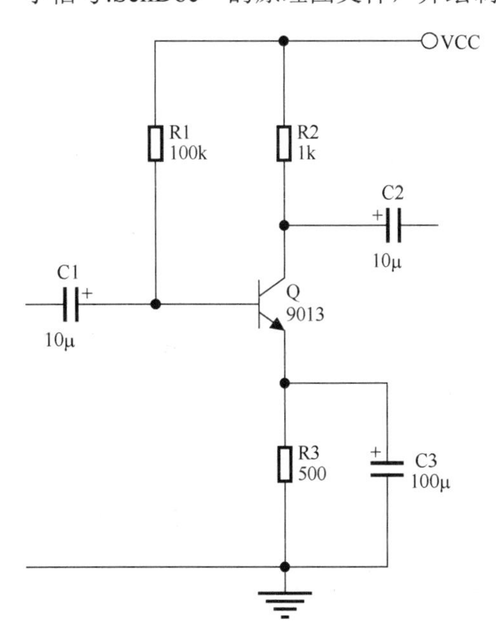

图 7.62 原理图小信号原理图

5）图 7.62 原理图元器件的相关属性如表 7.8 所示。

表 7.8　元器件相关属性

名称	封装	标识符号	注释
电阻	AXIAL-0.4	R1、R2、R3	100k、1k、500Ω
电容	CAPPR2-5×6.8	C1、C2、C3	10μ、10μ、100μ
晶体管	BCY-W3	Q	9013

6）用手工方法绘制 PCB。在机械层 1 上，沿 PCB 外边缘画物理边界 1400mil×1600mil；在禁止布线层上，机械层边界线内侧 60mil 左右画出电气边界。

7）在顶层放置元件封装。

8）在底层绘制导线，导线宽度为 30mil。最后可参照图 7.63 所示。

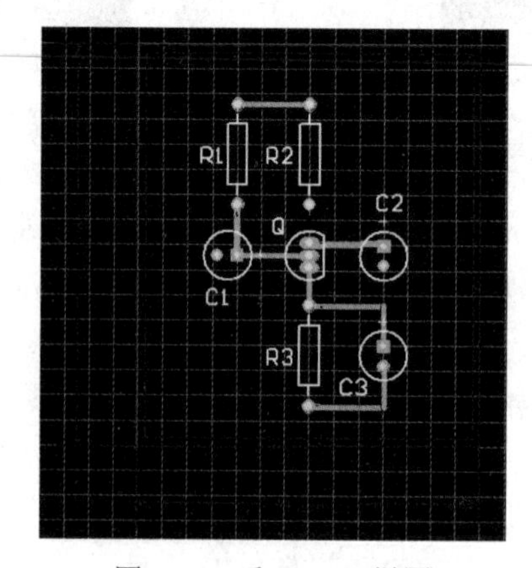

图 7.63　手工 PCB 样图

6. 试设计如图 7.64 所示电路的电路板。设计要求如下。

1）使用单层电路板，电路板的尺寸为 2400mil×1500mil。

2）电源地线的铜膜线的宽度为 25mil。

3）一般布线的宽度为 10mil。

4）人工放置元件封装。

5）人工布线。

6）布线时考虑只能单层走线。

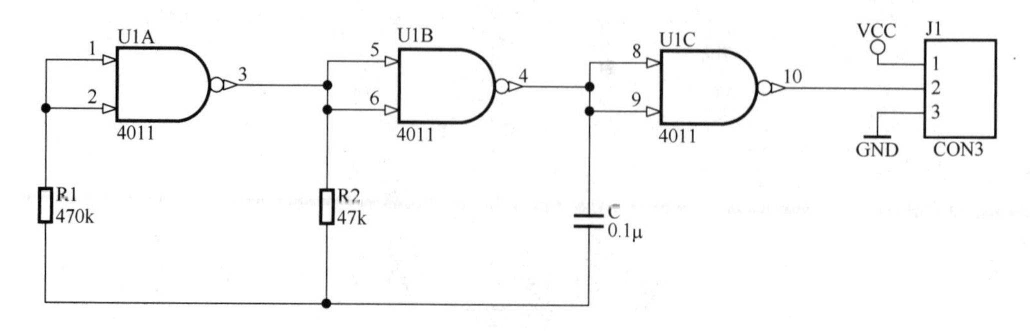

图 7.64　电路原理图

项目八

PCB 设计

学习目标

PCB 的编辑、设计是电子设计自动化最关键的环节、绘制原理图的最终目的就是为了绘制 PCB。

通过本项目的学习，了解 PCB 设计规则的设置，学会生成各种清单报表、自动布局和自动布线的方法。

知识目标

- 了解 PCB 设计规则的设置。
- 了解元件的自动布局。
- 掌握 PCB 的自动布线。
- 了解生成 PCB 报表文件。

技能目标

- 能利用自动布局和自动布线功能对 PCB 实现布局和布线，并能手工调整。
- 能生成元件清单报表，以利于元件的采购。

任务一 加载元件封装库和网络表

情 景

小明在项目七中已经规划好电路板及一些基本参数的设置，还能够放置 PCB 的基本组件。那是否就可以设计 PCB 了呢？在项目六中提到，网络表是原理图和 PCB 设计的桥梁。也就是说，设计 PCB 应该先导入原理图信息，即在 PCB 文件中加载网络报表，同时还需要有 PCB 对应的元件封装。

那么，应该如何加载元件封装和网络表呢？在加载之前是否还要做其他的准备工作呢？

讲解与演示

加载元件封装库和网络表

知识 1 加载元件封装库

对于 PCB 图而言，原理图实际上包括网络和元件封装两种信息，即各种元器件的电路连接情况和物理封装形式。因此，在进行 PCB 的具体设计之前，设计人员必须确认与电路原理图和 PCB 相关联的所有元件库均已加载并可以使用。但有时系统自动加载的集成库不够，还需要加载其他元件封装库，或者创建新的元件封装库，以便调用元件封装。加载元件封装库的操作步骤如下。

第 1 步，执行“设计”→“追加/删除库文件”命令，或者单击元件库浏览器中的“元件库”按钮，弹出如图 8.1 所示“可用元件库”对话框。

第 2 步，在该对话框的“项目”选项卡中，单击“加元件库”按钮，弹出“打开”对话框，如图 8.2 所示。

图 8.1 “可用元件库”对话框

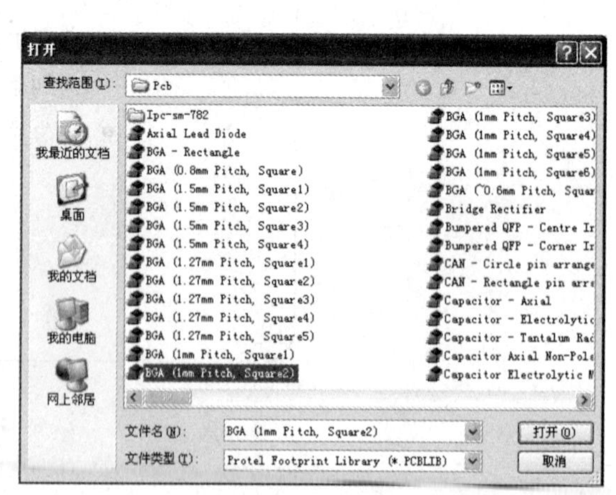

图 8.2 “打开”对话框

第 3 步，在“文件类型”编辑栏中选择“*.PCBLIB”，找到需要加载的元件封装库文件，如“BGA（1mm Pitch，Square2）”。

第 4 步，单击“打开”按钮，所选择的库文件自动添加到可用项目元件库列表中，如图 8.3 所示。

第 5 步，关闭该对话框，被加载的库自动加载到元件库浏览器的库列表中，在库的下拉列表中选择激活所加载的库，如图 8.4 所示，选择希望放置的元件封装，单击“Place”按钮放置。

图 8.3　封装库加载到项目元件库

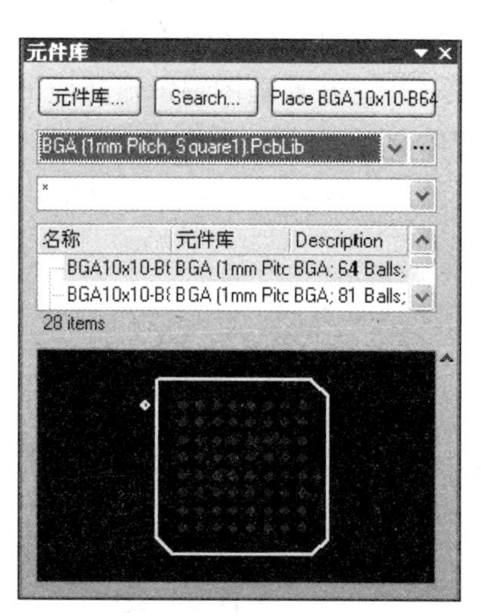

图 8.4　激活加载的库文件

知识 2　加载网络表和元件

加载完元件封装库后，就可以在 PCB 文档中加载网络表和元件了。网络表与元件的加载过程实际上就是将原理图中的数据装入到 PCB 的过程。这里采用直接从原理图加载网络表和元件的方法。

1. 准备工作

第 1 步，在工程项目下建立原理图文件和 PCB 文件，文件名分别为“小信号.SCHDOC”和“小信号.PCBDOC”，并规划好 PCB 的边界。原理图为如图 8.5 所示的单级小信号放大电路。

第 2 步，在原理图文件编辑器内，执行“项目管理”→“Compile Document 小信号.SCHDOC”命令，对原理图文件进行编译。根据 Messages 面板中的错误和警告提示进行相应的修改，有些警告是可以忽略的。如元件偏离栅格的警告，不影响 PCB 设计。

注意　Protel DXP 2004 能够实现双向同步设计，即可以在原理图内直接更新 PCB 图，也可以在 PCB 图内根据当前的改动更新原理图。这些更新步骤不再依赖于网络表的生成，因此生成网络表的步骤不再是必需的了，但用户可以根据网络表进一步检查电路原理图。

第 3 步，执行“设计”→“文档的网络表”→“Protel”命令，系统生成 Protel 格式的网络表，并依照原理图自动命名为“小信号.NET”，加入到当前项目的生成文件夹内。

2. 加载网络表和元件更新PCB文件

第1步，打开设计好的原理图文件“小信号.SCHDOC”，如图8.5所示。

第2步，打开已经创建的“小信号.PCBDOC”PCB文件。

第3步，在原理图编辑器环境下，执行“设计”→“Update PCB Document 小信号.PCBDOC”命令。弹出“工程变化订单（ECO）”对话框，如图8.6所示。

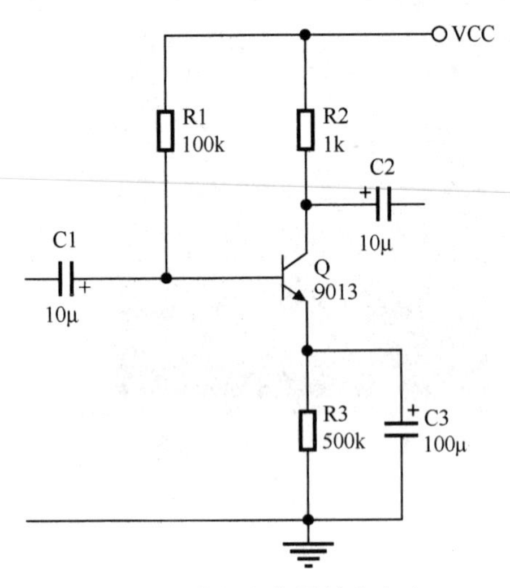

图8.5　单级小信号放大电路

图8.6　“工程变化订单（ECO）”对话框

“Update PCB Document 小信号.PCBDOC”命令只有在工程项目中才有用，所以必须将原理图文件和PCB文件保存到同一个项目中。

该对话框内显示了本次更新设计的对象和内容。单击红色文件夹图标前的⊟符号将所有子项收起，可以看到总是受影响的对象可以分为以下几类：元件类成员、元件类、网络节点和Room空间。

在工程变化订单内显示的各个对象，是否执行所有对PCB的更新是可以配置的。在“有效”栏内单击“√”符号将其取消，则此项变化将不被执行。对于初次更新PCB图，可以使用默认设置使所有对象更新。

第4步，单击“使变化生效”按钮，系统自动检查各项变化是否正确有效，但不执行到PCB图中。所有正确的更新对象，在检查栏内将显示“√”符号，否则显示“×”符号。

第5步，单击“执行变化”按钮，接受工作变化顺序，将网络表和元件封装添加到PCB编辑器中。

如果“工程变化订单”存在错误，或没有装载元件封装库，则装载都不会成功。

第6步，完成后，对话框状态栏的“完成”处于选中状态。关闭对话框，所有元件和飞线已经出现在 PCB 文档中的元件盒，如图 8.7 所示。

此时加载的网络表和元件并不在规划好的 PCB 边界之内。因此，加载网络表和元件之后，有时却看不到自动生成的元件，这时只需按几次 PageDown 键，将画面缩小就能看到摆放完毕的元件。

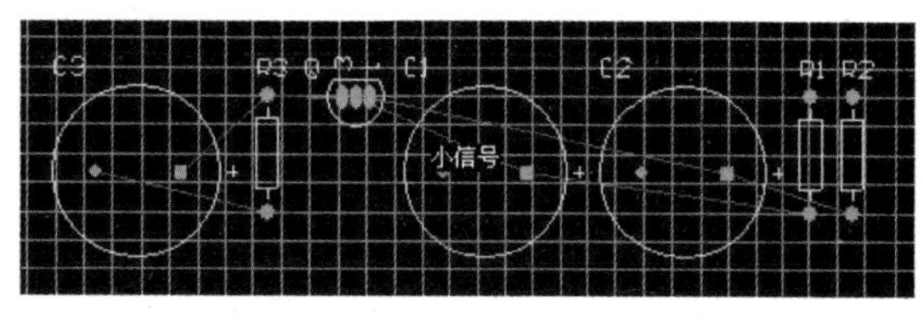

图 8.7 更新后的 PCB 文件

实 训

实训 加载网络表和元件更新 PCB

1. 加载元件封装库的步骤

动手操作加载元件封装库 PGA（1mm Pitch，Square2）和 Capacitor-Axial，并写出操作步骤。

____

____

____

2. 绘制电路图

在原理图编辑环境下画一个如图 8.8 所示电路，项目名称为 555.PrjPCB 然后加载网络表和元件。写出操作步骤填在表 8.1 中。

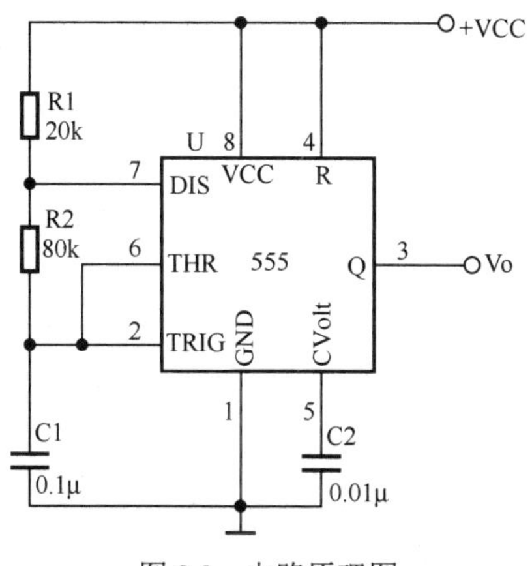

图 8.8 电路原理图

表8.1 操作步骤

建立项目和文件	画电路原理图	原理图编译	加载网络表和元器件

3. 收获和体会

把“加载网络表和元件更新PCB”后的收获和体会写在下面空格中。

收获和体会：

4. 实训评价

把“加载网络表和元件更新PCB”实训工作评价填写在表8.2中。

表8.2 实训评价表

项目 评定人	实训评价	等级	评定签名
自评			
互评			
教师评			
综合评定等级			

________年________月________日

拓 展

拓展1 查找元件封装

Protel DXP 2004系统为用户提供了大量的元件库，在进行PCB设计时，需要浏览元件库，选择自己需要的元件。选择“查看”→“工作区面板”→“System”→“元件库”命令，弹出如图8.9所示“元件库”浏览器。浏览器由以下几项组成。

“元件库”按钮用于加载元件封装库。

“查找”按钮用于查找所需要的元件封装。单击该按钮，弹出“元件库查找”对话框，如图 8.10 所示。在对话框第一行文本框内，输入需要查找的元件封装名称，查找类型选择“Protel Footprints”，单击“查找”按钮，如输入“BCY-W3/E4”，查找结果如图 8.9 所示；输入“DIP-6”则查找结果如图 8.11 所示。

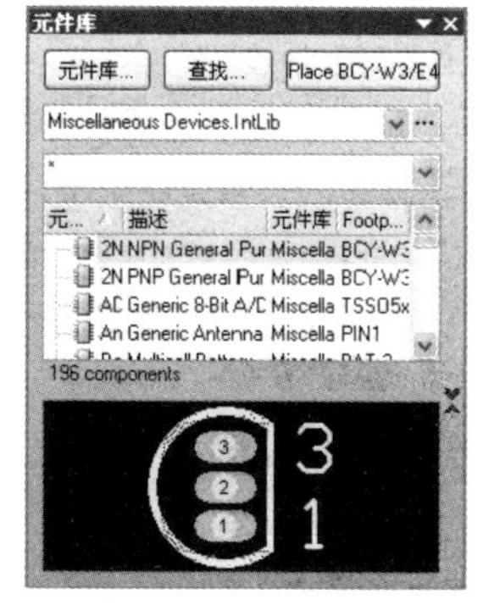

图 8.9 “元件库”浏览器

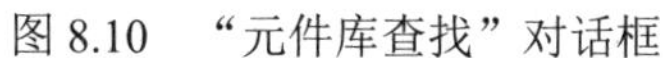
图 8.10 “元件库查找”对话框

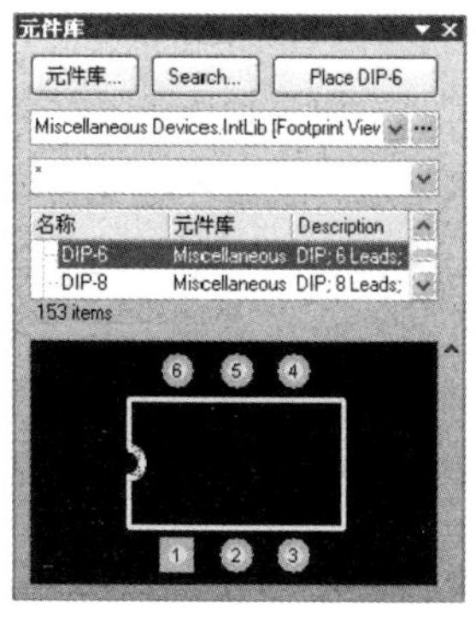

图 8.11 查找元件封装

“Place BCY-W3/E4”按钮用于放置元件封装。单击该按钮，可将选择的元件封装放置到 PCB 中去。

拓展 2 网络表载入时的错误

在绘制完电路原理图进行 PCB 更新时，经常会发现两种错误：Footprint Not Available（封装元件遗漏）和 Node Not Found（引脚遗漏）。

1. 解析封装元件遗漏

产生封装元件遗漏的问题，主要有以下几个可能的原因。

1）在 PCB 编辑器中没有添加含有所需封装元件的元件库。

2）在电路原理图中，元件没有指定封装形式。

3）在已有的 PCB 元件库中，找不到所需的封装。

针对上述原因，可以采取相应的方法予以解决。

2. 解析引脚遗漏

产生引脚遗漏的原因，就是因为原理图元件与指定的封装二者之间的引脚编号存在差异。例如，在原理图中指定的某一个元件引脚为 1、2，而指定的元件封装为 A、K，这样在进行原理图更新时，就会出现引脚遗漏错误。

任务二　PCB设计规则

情　景

小明把网络表和元件封装导入PCB文件后，实际上只是将元件封装调入了PCB编辑平面。放在平面上的元器件看上去相当杂乱，而且有时要缩小才能看到。那么，应该如何把元件封装合理地分布在电路板上呢？这就涉及布局和布线。但老师告诉小明：在进行布局和布线之前需要先设置PCB设计规则，设置好了规则，才可以使今后布局和布线的质量和成功率大大提高。

讲解与演示

PCB设计规则

知识1　启动PCB规则和约束编辑器

所谓“设计规则”就是指PCB设计的基本规则。PCB设计过程中执行任何一个操作，如放置导线、移动元器件、放置焊盘等，都是遵循设计规则进行的。如果用户违背设计规则，检查工具就会检查到违规的地方并显示出高亮色彩对用户进行提示。

Protel DXP 2004系统在PCB文件生成时，就附带了一套默认的设计规则。这套设计规则中包括了PCB设计中需要约束的各种基本规则，其适用范围基本上是针对整个PCB的。由于这些规则的约束值通常被设定为单一值，并不适合PCB设计的实际需要。因此，用户应该根据自己的设计情况，更改这些规则的约束值，例如，导线宽度、焊盘大小、安全间距等。

系统对于布线板层规则的默认设置是双面布线，因此，如果要求设计一般的双面PCB，就没有必要自己再设置布线板层规则。

在PCB编辑器内，单击主菜单栏中的“设计”→“规则”命令，或者在工作区域中右击，在弹出的下拉菜单中选择“设计”→“规则”命令，打开“PCB规则和约束编辑器”对话框，如图8.12所示。

PCB规则和约束编辑器界面分成左右两栏，左边是树形列表，列出了PCB规则和约束的构成和分支，右边是各类规则的详细内容。

从图8.12中可以看到，Protel DXP 2004提供了10种不同的设计规则，每个种类之下还有不同的分类规则，具体涉及了PCB设计过程中的导线放置、导线布线方法、元器件放置、布线规则等各个方面。单击各个规则类前的⊞符号，可以展开查看该规则类中的各个子类；单击⊟符号，则收起展开的列表。

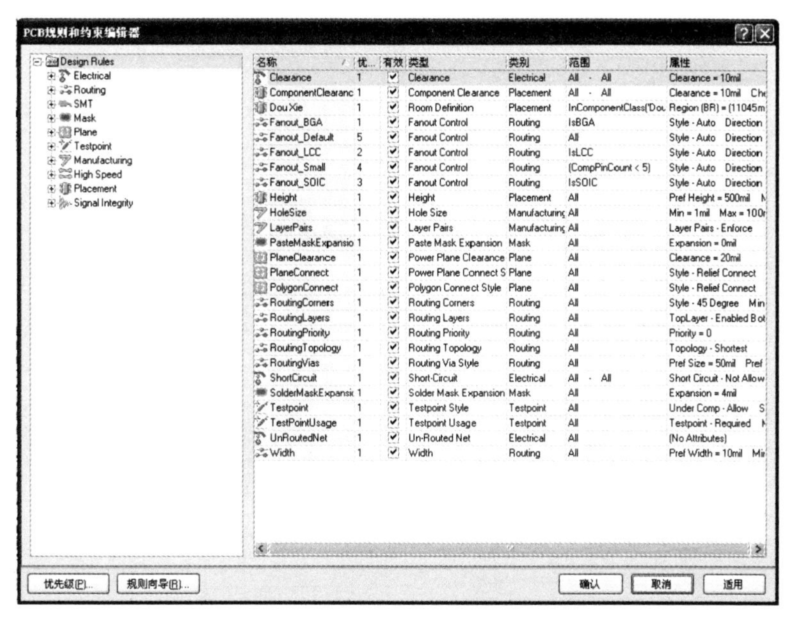

图 8.12 “PCB 规则和约束编辑器”对话框

对设计规则的基本编辑操作可以通过规则列表内的右键菜单来完成。在 PCB 规则和约束编辑器左边的列表栏内右击，弹出右键菜单，如图 8.13 所示，该菜单提供了设计的编辑命令。

图 8.13 列表栏右键菜单

在 PCB 规则和约束编辑器的左下方，有“优先级”和“规则向导”两个按钮。单击“优先级”按钮，会进入“编辑规则优先级”对话框，在该对话框中可以修改规则的优先级级别；单击“规则向导”按钮，则启动规则向导，为 PCB 设计添加新的设计规则。

知识 2 单面布线设置

单击图 8.12 左侧 Design Rules（设计规则），会展开所有的布线规则列表，如图 8.14 所示。

PCB规则和约束编辑器
Design Rules
Electrical
Routing
Width
Routing Topology
Routing Priority
Routing Layers
RoutingLayers*
Routing Corners
Routing Via Style
Fanout Control
SMT

图 8.14 布线设计规则列表

单击 Routing（布线）类，该类所包含的布线规则以树状结构展开，单击 Routing Layers（布线层）规则，如图 8.15 所示。该规则确定了在自动布线过程中允许布线的层面。顶部区域显示所设置规则的使用范围，底部区域显示规则的约束特性设置。默认的是双面板，可见“有效的层”中 Top Layer 和 Bottom Layer 均已被选中。本例采用单面电路板，顶层只放置元器件不布线，因此设置为不允许布线，如图 8.15 所示。

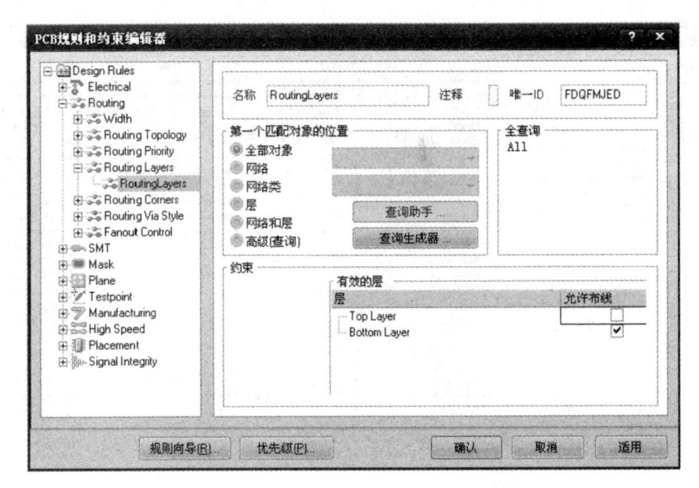

图 8.15　布线层规则设置对话框

知识 3　导线宽度规则设置

导线宽度规则用于设定布线时 PCB 铜膜导线的实际宽度。单击图 8.14 中 Width（布线宽度）类，结果如图 8.16 所示，显示了布线宽度约束特性和范围。导线宽度分为 Min Width（最小宽度）、Preferred Width（优选宽度）、Max Width（最大宽度），单击每个宽度栏并键入数值，即可对其进行设置。导线宽度规则即应用到整个电路板。

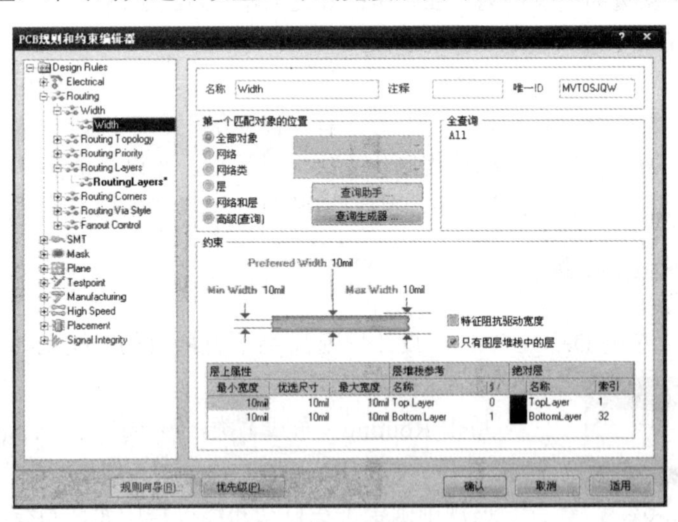

图 8.16　导线宽度规则设置

最大、最小线宽确定了导线的宽度范围，优选尺寸为导线放置时系统默认采用的宽度值。用户应根据 PCB 的实际情况设定导线的宽度，还可以增加新的规则，针对特定的网络，设置其导线宽度。

在修改最小线宽值之前必须先设置最大线宽。如果最大线宽的数值小于最小线宽，系统会弹出如图 8.17 所示的确认对话框。单击“Yes”按钮，即可再次修改宽度值。单击“No”按钮，系统将自动保存设置的数值。

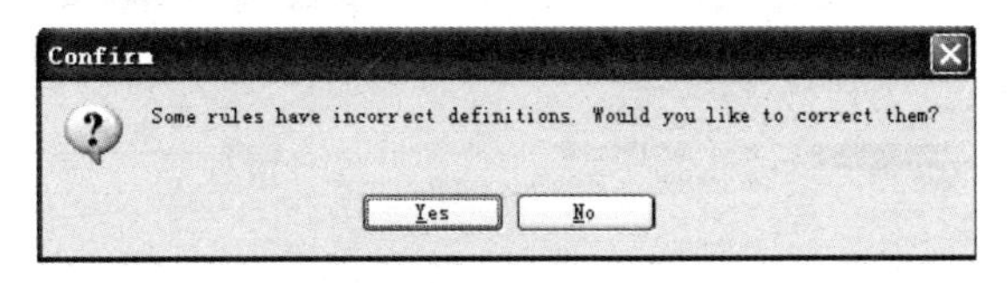

图 8.17 确认对话框

PCB 设计规则中最重要的就是导线宽度和安全间距规则，对于它们的设置将直接影响到 PCB 的布线紧密度，进而影响到 PCB 的大小。导线宽度和安全间距越大，PCB 制作就越容易；导线宽度和安全间距越小，自动布线的布通率就越高，走线就越容易。因此，导线宽度和安全间距的选择需要根据 PCB 的应用要求、成本控制等多方面情况来衡量设置。

在电路板布线中，一般需要将电源线和接地线加粗，以便增加电流和提高抗干扰能力。在自动布线前，可以设置这个线宽规则，这样布线时便自动将电源线和地线加粗，就可以省去后面手工加粗电源线和接地线了。

下面添加一个规则，约束网络 VCC 和 GND 布线宽度为 30mil，操作步骤如下。

第 1 步，添加新规则。右击左侧 Design Rules 中的 Width，在快捷菜单中选择“新建规则”命令，如图 8.18 所示。在 Width 中添加一个名为“Width_1”的规则。

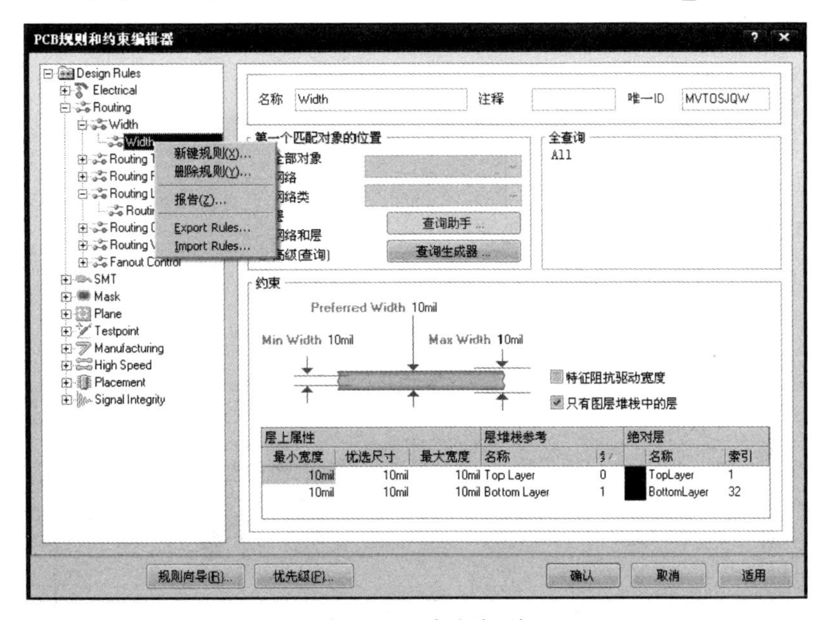

图 8.18 添加新规则

第 2 步，设置布线宽度。单击 Width_1，在布线宽度约束特性和范围设置对话框的顶部“名称”栏输入网络名称 Power，在底部的宽度约束特性中将宽度修改为 30mil，然后单击“适用”按钮，操作结果如图 8.19 所示。

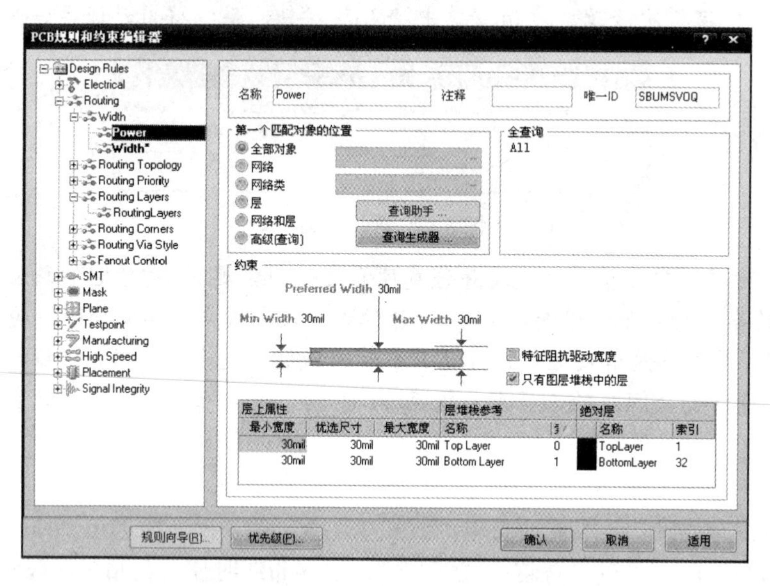

图 8.19　设置布线宽度

第 3 步，设置约束范围。在图 8.19 所示对话框中，选中右侧“第一个匹配对象的位置”选项组中的“网络”单选按钮，在“全查询”选项组中出现 InNet()。单击“全部对象”单选按钮旁的下三角按钮，从显示的有效网络列表中选择 VCC，“全查询”选项组中更新为 InNet('VCC')，如图 8.20 所示。此时表明布线宽度为 30mil 的约束应用到了电源网络 VCC。

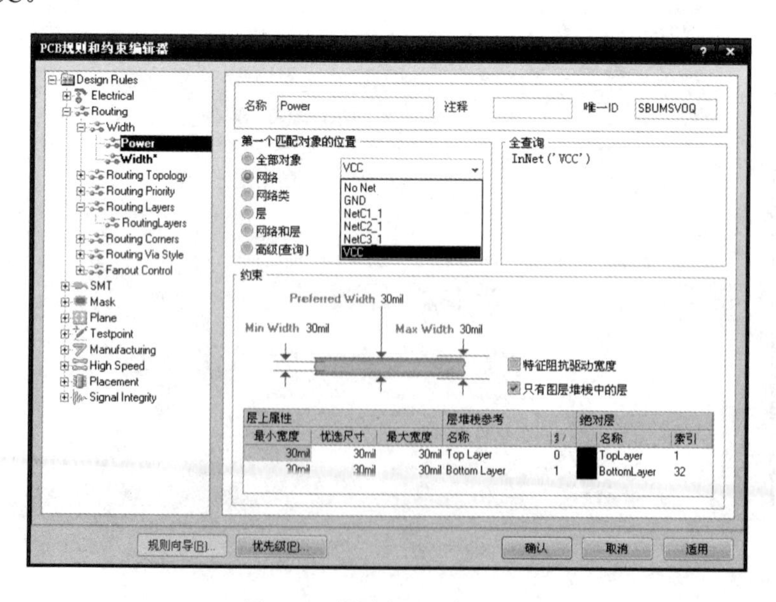

图 8.20　设置电源网络 VCC

第 4 步，使用“查询生成器”按钮将约束范围扩大到 GND 网络。操作步骤如下。

① 选中“第一个匹配对象的位置”选项组中的“高级查询”单选按钮，然后单击“查询助手”按钮，弹出如图 8.21 所示对话框。

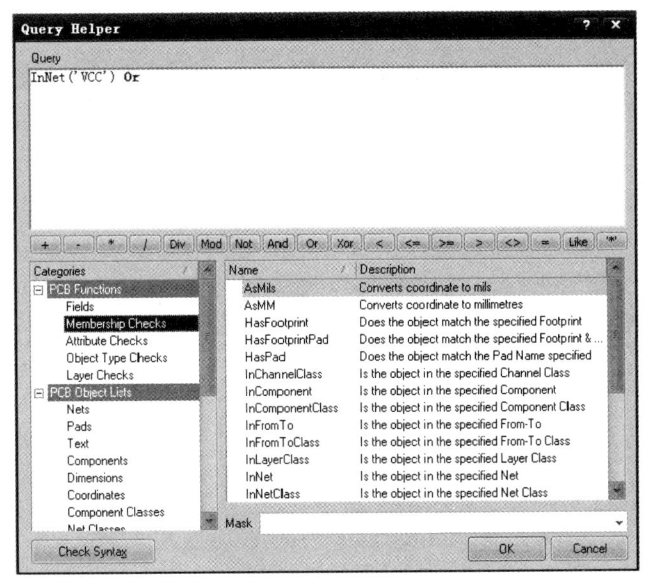

图 8.21 查询助手对话框

② 将光标移到 InNet('VCC')右边，单击下面一排按钮中的 Or 按钮，此时 Query 单元的内容为 InNet('VCC') Or。

③ 单击 Categories 列表框中的 PCB Functions 类的 Membership Checks 项，再双击 Name 列表框中的 InNet，此时 Query 单元的内容为“InNet('VCC')Or InNet()”，同时出现一个有效的网络列表，如图 8.22 所示。

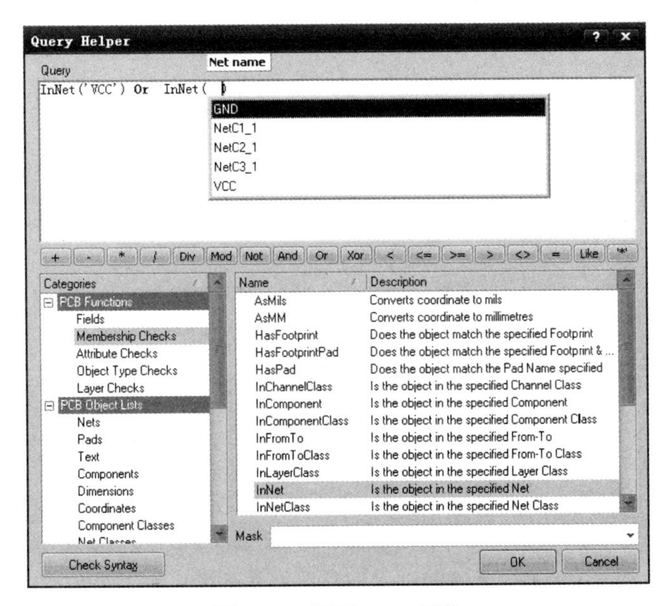

图 8.22 设置 GND 网络

④ 从列表中选择 GND 网络，此时 Query 单元内容更新为 InNet('VCC')Or InNet(GND)。

⑤ 单击“Check Syntax”按钮，出现如图 8.23 所示信息框。如果没有错误，单击“OK”按钮关闭结果信息，否则应予修改。

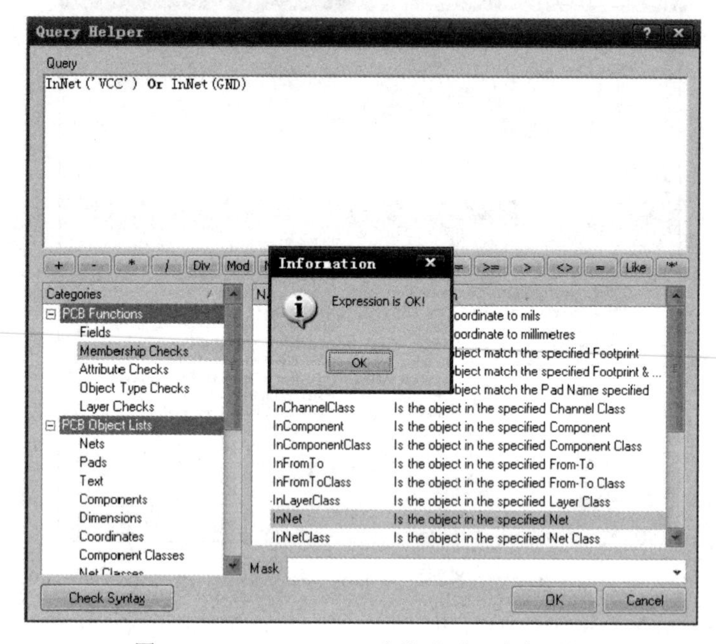

图 8.23 Query Helper（查询助手）内容更新

⑥ 单击“OK”按钮，关闭“Query Helper”对话框，在“全查询”单元的范围已更新为新内容，如图 8.24 所示。

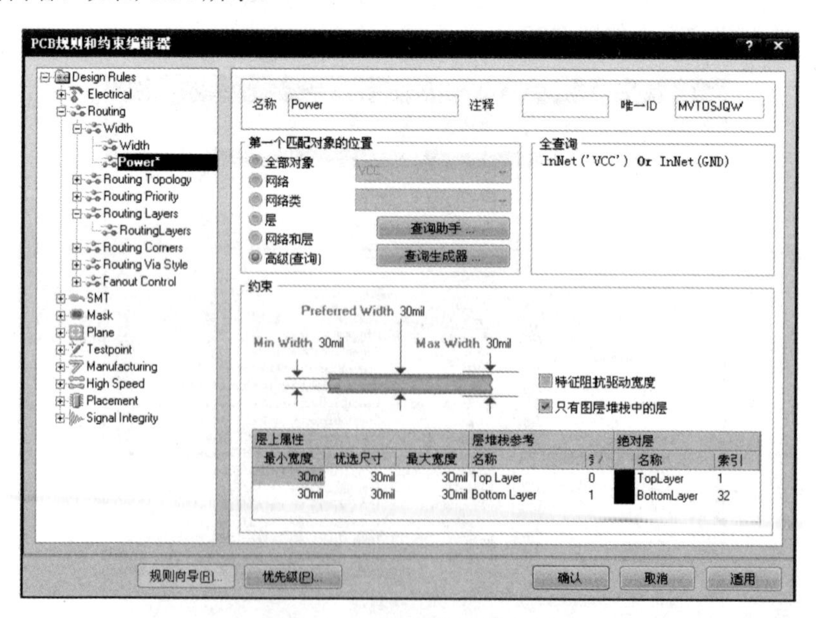

图 8.24 GND 网络设置完成

第 5 步，设置优先权。通过以上规则设置，在对整个电路板进行布线时有名称分别为 Power 和 Width 的两个约束规则，因此，必须设置两者的优先权，决定布线时约束规则使用的顺序。

单击如图 8.24 所示对话框左下角的“优先级”按钮，弹出如图 8.25 所示“编辑规则优先级”对话框。该对话框中显示了规则类型、规则优先级、范围和属性等，优先级的设置通过“增加优先级”按钮和“减小优先级”按钮实现。

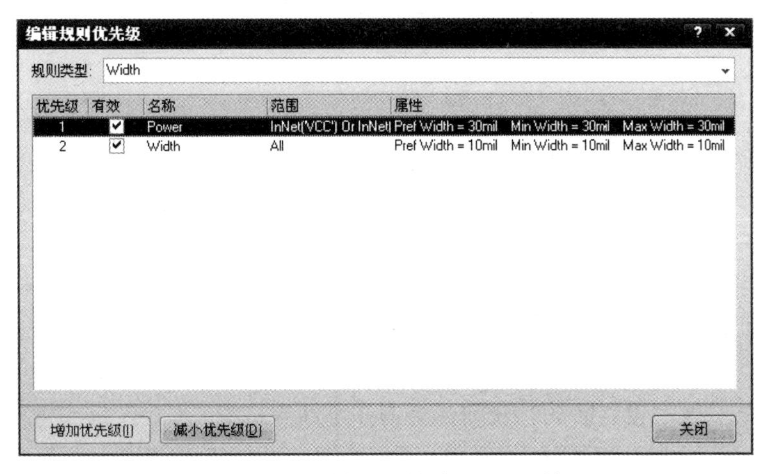

图 8.25 “编辑规则优先级”对话框

至此，新的布线宽度设计规则设置结束，单击“关闭”按钮关闭对话框或选择其他规则时，新的规则予以保存。

按照以上设置的规则，在对“小信号.PcbDoc”布线时，将以底层进行单面布线，布线宽度除了 VCC 和 GND 的宽度为 30mil 以外，其余导线宽度均为默认值 10mil，如图 8.25 所示。

实 训

实训 设置 PCB 设计规则

1. 回答问题

思考如何进行单面布线设置，将设置步骤填于表 8.3 中。

表 8.3 单面布线设置步骤

第 1 步	
第 2 步	
第 3 步	
……	

2. 实际操作

针对已经更新的单级小信号放大电路的PCB，添加新规则，将电源线和接地导线宽度设置成25mil，其余导线宽度设置成15mil。把设置过程填于表8.4中。

表8.4 规则设置

<table>
<tr><td rowspan="8">导线宽度</td><td rowspan="7">电源线
接地线</td><td></td></tr>
<tr><td></td></tr>
<tr><td></td></tr>
<tr><td></td></tr>
<tr><td></td></tr>
<tr><td></td></tr>
<tr><td></td></tr>
<tr><td>其余导线</td><td></td></tr>
</table>

3. 收获和体会

将“导线宽度”设置后的收获和体会写在下面空格中。

收获和体会：

4. 实训评价

将“导线宽度”设置实训工作评价填写在表8.5中。

表8.5 实训评价表

项目 评定人	实训评价	等级	评定签名
自评			
互评			
教师评			
综合评定等级			

__________年__________月__________日

拓 展

拓展 PCB设置规则向导

Protel DXP 2004提供了设计规则向导，以帮助用户建立新的设计规则。假定已经更新的单级小信号放大电路，要求网络标号为VCC和GND的导线宽度设置为30mil，其余导线宽度使用默认值。以此为例，介绍一下设计规则向导的操作使用步骤。

第1步，在主菜单中执行“设计”→“规则向导”命令，或者在已打开的PCB规则的约束编辑器内，单击左下角的“规则向导”按钮，启动规则向导。启动后的规则向导界面如图8.26所示。

图8.26 “新规则向导”启动界面

第2步，单击“下一步”按钮，进入选择规则类型对话框，如图8.27所示。在该对话框中，单击选择设计规则类型“Width Constraint”，在“名称”栏内输入规则的名称，也可以在“注释”文本框内描述规则的特性。现在“名称”栏内填写“VCC和GND”，在“注释”文本框中输入“电源和接地线线宽”。

图8.27 选择规则类型

第 3 步，单击“下一步”按钮，进入选择规则的适用范围对话框，选择“几个网络”单选按钮，如图 8.28 所示。

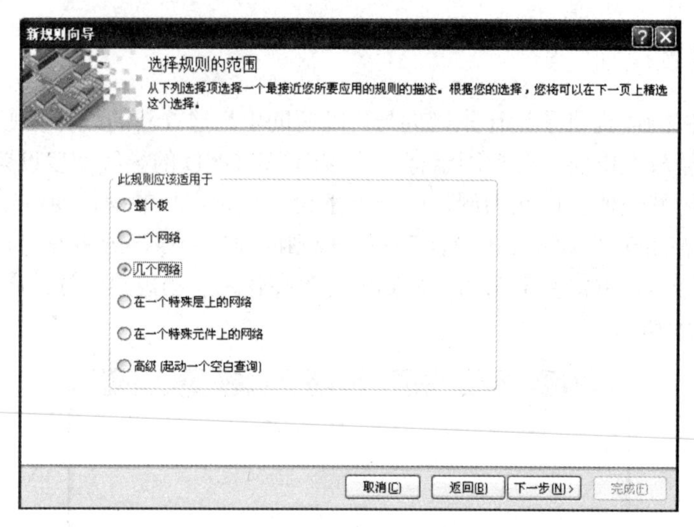

图 8.28　选择规则的范围

第 4 步，单击“下一步”按钮，进入高级规则范围编辑对话框。“条件类型”保持不变，仍为“Belongs to Net”，在“条件值”区域内单击原值，在下拉列表的各个网络标号中选择“VCC”；同样设置第二项，选择“GND”；将多余的选项删除。设置好的画面如图 8.29 所示。

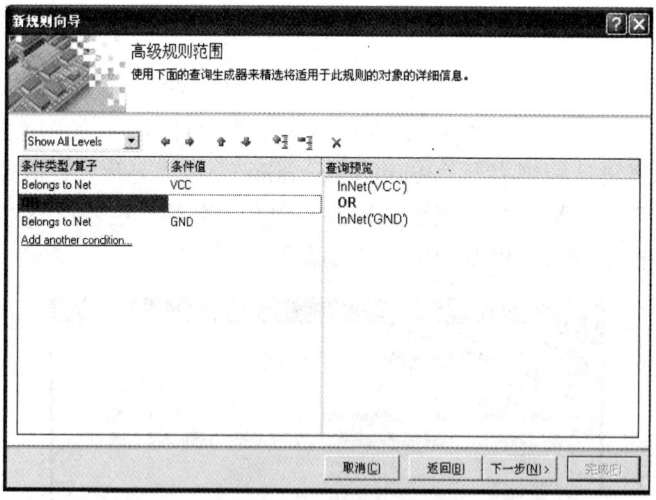

图 8.29　高级规则的范围

第 5 步，单击“下一步”按钮，进入选择规则的优先级对话框。不改变规则的优先级，将当前的规则设为最高级别，如图 8.30 所示。

第 6 步，单击“下一步”按钮，进入新规则完成对话框。在宽度约束值内设置：Pref Width=30mil；Min Width=30mil；Max Width=30mil。选中“起动主设计规则对话框”复选项，设置好的画面如图 8.31 所示。

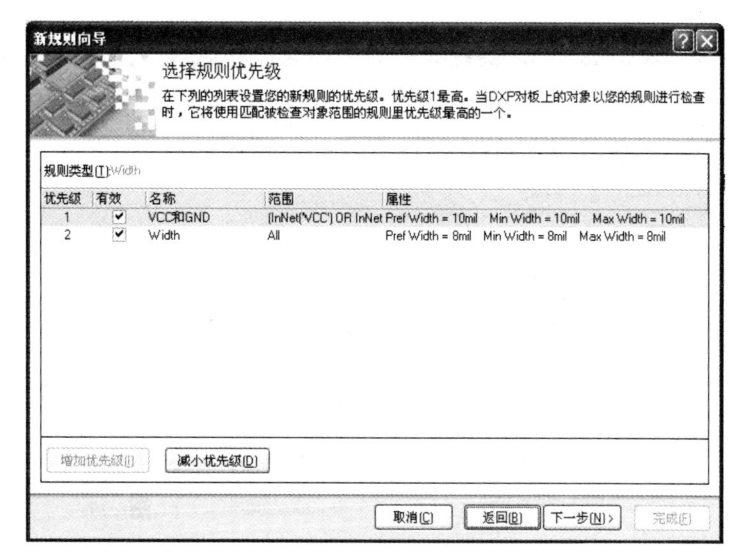

图 8.30 选择规则优先级

图 8.31 设置约束值

第 7 步，单击“完成”按钮，退出规则向导。系统同时启动了“PCB 规则和约束编辑器”对话框，并显示出新建立的规则，如图 8.32 所示。

第 8 步，在图 8.32 中的在宽度约束值内设置：Pref Width=30mil；Min Width=30mil；Max Width=30mil；单击“适用”按钮，再单击“确认”按钮。

至此，一个具有针对性的新的导线宽度规则就设置完成了。对于不同的规则类型，规则向导会提供不同的设置步骤，用户根据向导的提示进行操作即可，这里就不再一一叙述。需要说明的是，新规则的制定，如果在适用范围上属于原有规则的一部分，那么其约束值就不能超出原有规则的约束值域。比如在本例中，由于规则适用于部分网络 VCC 和 GND，而原有规则 Width 适用范围是 ALL，所以在宽度的约束值域上，新规则的范围应为原规则的子集。

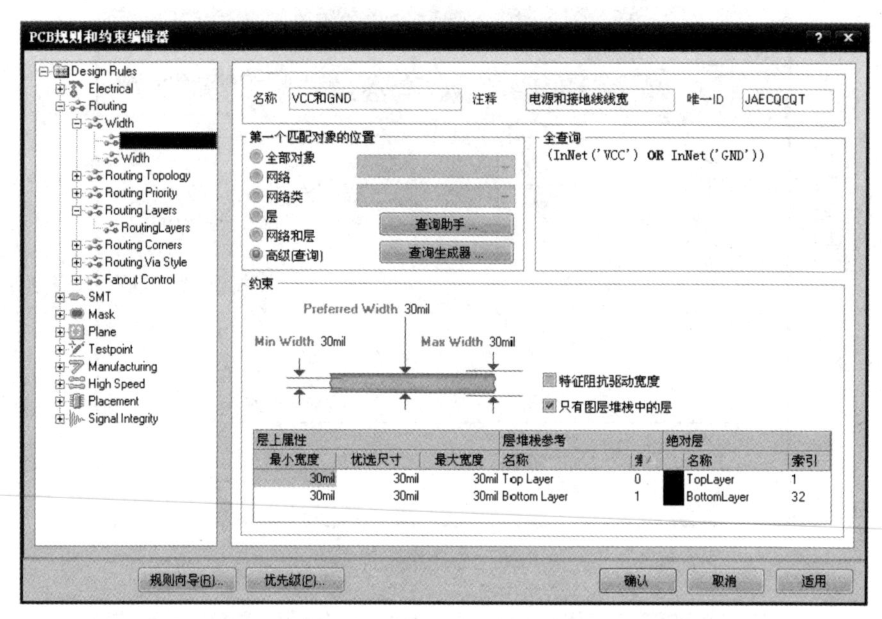

图8.32　新建的设计规则

任务三　元 件 布 局

情　景

小明已设置好设计规则，也已把所需的网络表和元件封装导入到PCB文件，接下来就可以进行元件的布局。但布局又有自动布局和手动布局两种方式，是不是自动化的东西就好，手动的就麻烦呢？

讲解与演示

元件布局

知识1　自动布局

元件的自动布局，是指系统根据自动布局的规则对元件进行初步的布局。下面仍以“小信号放大电路”为例介绍自动布局及其操作步骤。

第1步，执行“工具”→“放置元件”→“自动布局”命令，弹出如图8.33所示“自动布局”对话框。

在对话框内可以选择要采用的布局方式，系统提供了分组布局和统计式布局两种布局方式，根据提示说明可以知道其布局的原则和适用范围有所不同。

“分组布局”如图8.33所示，该布局方式以布局面积最小为标准，适用于元件较少（少于100个）的电路。如果同时选中“快速元件布局”复选框，系统将进行快速元件自动布局，可以在较短的时间内完成元件布局。但一般无法达到最优化的元件布局效果。

统计式布局如图 8.34 所示，该布局方式根据一种统计算法来完成元件的优化布局，从而使元件之间的连线长度最短。该方式适用于元件较多（多于 100 个）的电路。各选项设置："分组元件"复选项是将当前 PCB 设计中网络连接关系密切的元件被归为一组，排列时该组元件作为整体考虑；"旋转元件"复选项可以根据需要对元件或元件组进行旋转；"自动 PCB 更新"复选项可以自动更新 PCB 文件。"电源网络"文本框内可以填写电源网络的名称；"接地网络"框内定义接地网络名称；"网格尺寸"文本框内定义自动布局时格点的大小。

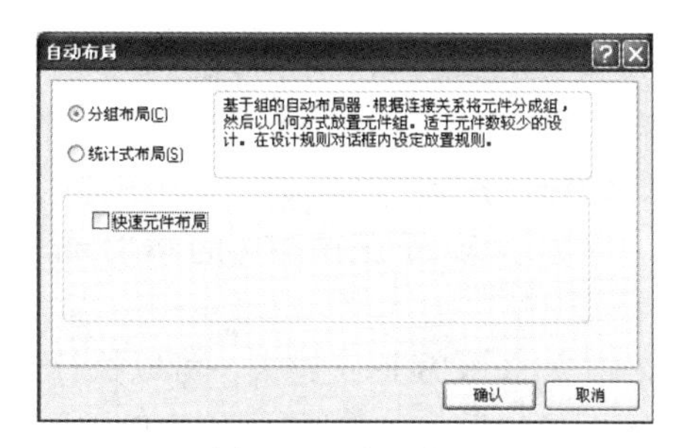

图 8.33　分组布局

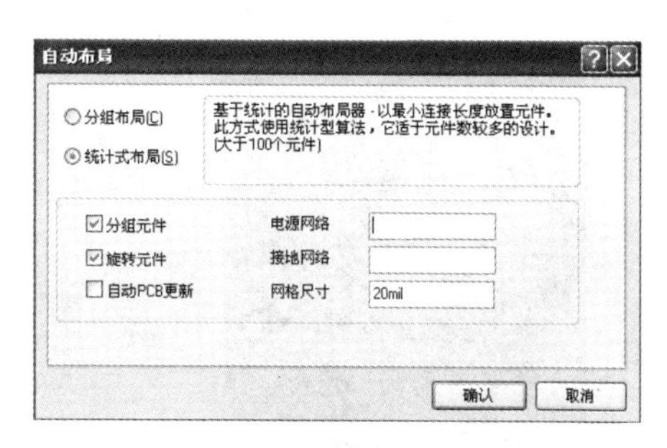

图 8.34　统计式布局

在执行自动布局前，应确保在 Keep-Layer（禁止布线层）已经定义了一个电气边界，否则无法自动布局。

第 2 步，选择"分组布局"，单击"确认"按钮。系统启动自动布局器，开始自动布局。

第 3 步，自动布局完成后，执行"设计"→"网络表"→"清理全部网络"命令，整理网络，在 PCB 上将显示飞线，如图 8.35 所示。

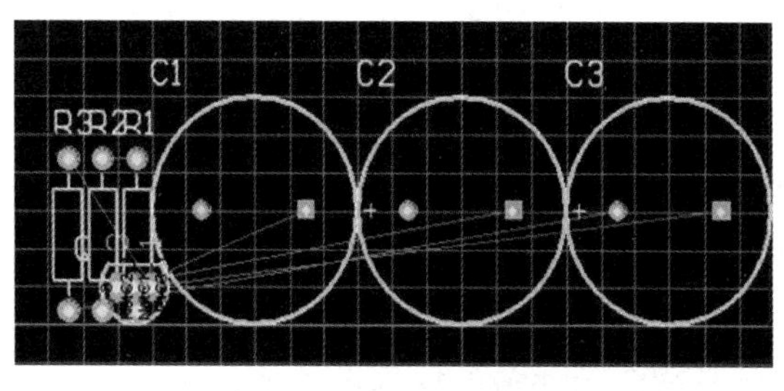

图 8.35　自动布局结果

通过布局结果可以知道，自动布局可以方便地把元件移动到 PCB 区域内，并按元件类型和走线距离进行一定的分组。但是自动布局的结果显然并不能满足我们的需要，因为自动布局一般以寻找最短布线路径为目标，元件与元件、元件与元件标识符有重叠现象，所以还要靠手工调整来使布局更加工整、美观，合乎设计要求。另外，对于不太复杂的 PCB，元件布局完全可以人工而不是自动完成，即利用移动、旋转、排列等操作，将元件合理地布置在电路板上。

知识2　手工布局

手工布局就是将元件从元件盒中人工地布局在 PCB 上。主要操作是移动或旋转元件、元件标号和元件型号参数等实体。在操作过程中，可以按空格键、X 键或 Y 键调整元件的方向。

下面对单级小信号放大电路的 PCB 进行手工布局。

第 1 步，选中晶体管 Q，将其拖动到 PCB 的中间，在拖动过程中按空格键，使其翻转至适当位置。

第 2 步，调整电阻和电容位置，使其按原理图中的位置进行排列。

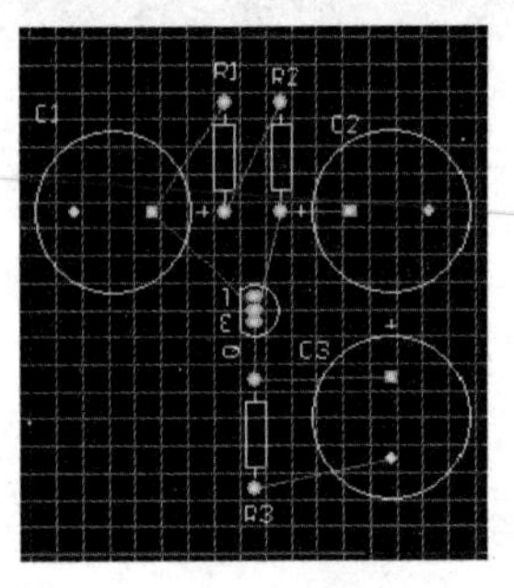

图 8.36　手工布局并重定义形状的 PCB

第 3 步，执行"编辑"→"排列"→"水平分布"和"顶部排列对齐"或"底部排列对齐"命令，将各组元器件排列整齐。

第 4 步，布局完毕，手工调整后的 PCB 布局如图 8.36 所示。

如果原来定义的 PCB 形状过大，可以执行"设计"→"PCB 板形状"→"重新定义 PCB 板形状"命令，重新定义 PCB 的形状。重新定义后，PCB 的形状如图 8.36 所示。

知识3　推挤式自动布局

对元器件进行自动布局后，可能违反了先前定义的元件间距规则。执行推挤式的自动布局，系统将根据元件间距规则，自动地平行移动违反了间距规则的元件及其连线，直到符合元件间距规则为止。

在执行推挤式自动布局需要设置推挤式自动布局的深度参数。执行"工具"→"放置元件"→"设定推挤深度"命令，将弹出如图 8.37 所示对话框，在该对话框中直接输入数字设置参数。该参数表示执行推挤式自动布局时移动的元件个数，最多能够支持 1000 个元件的推挤式布局。使用推挤命令将交叉重叠和距离过近的元件推开。

图 8.37　设置推挤深度对话框

推挤式自动布局一般适合元件多的原理图，如果元件较少则可以不采用推挤式自动布局。

实　训

实训　PCB 元件的布局

1. PCB 元件的自动布局

Protel DXP 2004 提供了哪几种不同的元件布局命令？并说出其特点。

2. 实际操作

根据表中所示电路，采用自动布局和手工布局相结合的方式进行布局，并写出操作步骤填在表 8.6 中。

表 8.6 自动布局和手动布局操作

原理图	自动布局		手动布局	
	操作步骤	结果图示	操作步骤	结果图示

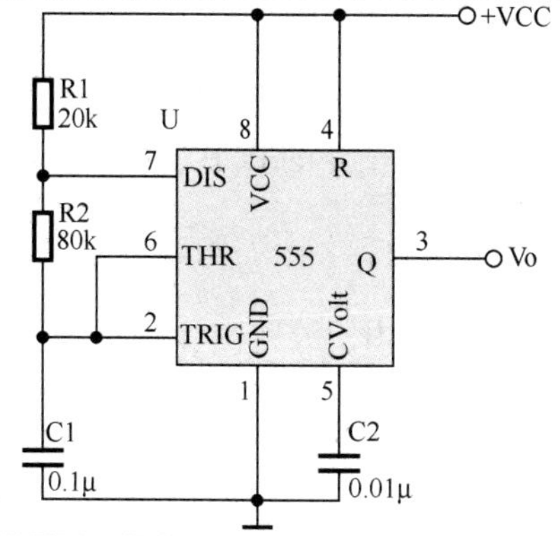

3. 收获和体会

将进行“PCB 元件的布局”后的收获和体会写在下面空格中。

收获和体会：

4. 实训评价

将进行“PCB 元件的布局”实训工作评价填写在表 8.7 中。

表 8.7 实训评价表

项目 评定人	实训评价	等级	评定签名
自评			
互评			
教师评			
综合评定等级			

________年________月________日

拓 展

拓展 1 锁定关键元件的自动布局

在自动布局时，还可以采用锁定关键元件的自动布局方式，也称元件的预布局。该布局方法就是把部分关键元件的位置摆放好，并使其处于锁定状态，然后对其他元件进行自动布局。这样，在自动布局的过程中，锁定元件的位置就固定不变了。

下面仍以单级小信号放大电路为例，说明锁定关键元件的自动布局方式。

第 1 步，在已经导入了网络表和元件封装的单级小信号放大电路的 PCB 文件编辑器内，设定好自动布局参数。

第 2 步，编译元件移动、删除 Room 空间。

第 3 步，将单级小信号放大电路的封装图形移到 PCB 区域内，放置在合适的位置。

第 4 步，双击晶体管 Q 封装，进入元件属性设置对话框，选中“锁定”复选框后，单击“确定”按钮，如图 8.38 所示。

第 5 步，执行“工具”→“放置元件”→“自动布局”命令，弹出“自动布局”对话框，选择“分组布局”方式。

第 6 步，单击“确认”按钮，系统启动自动布局器，开始自动布局。

自动布局完毕，结果如图 8.39 所示。从图中可以看到，由于没有 Room 空间的限制，系统就以禁止布线层的边界为界限，放置元器件。

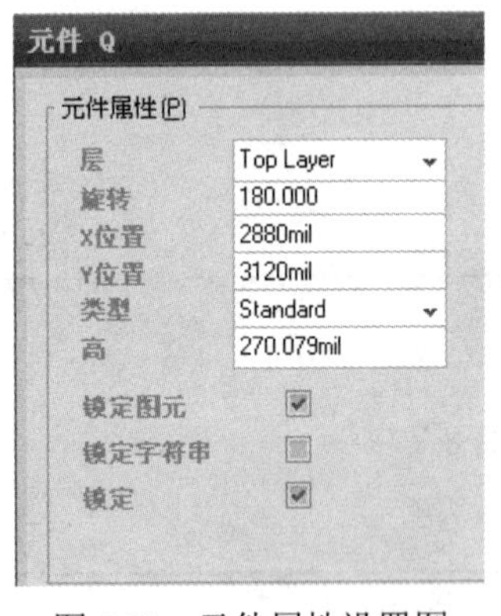

图 8.38 元件属性设置图

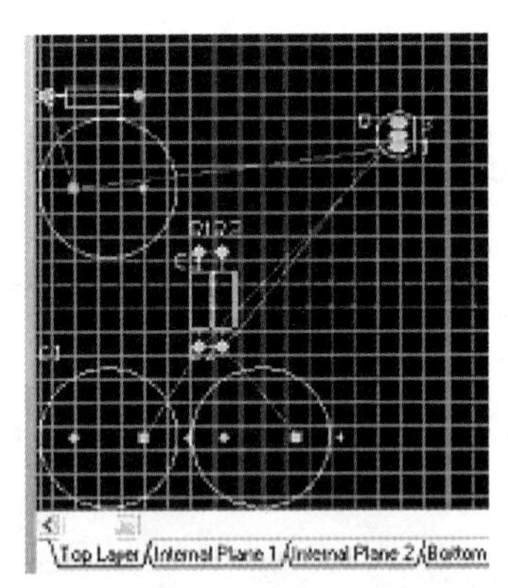

图 8.39 锁定关键元件的自动布局

拓展 2 布局原则

1）按电气性能合理分区，一般分为：数字电路区（既怕干扰、又产生干扰）、模拟电路区（怕干扰）、功率驱动区（干扰源）。

2）完成同一功能的电路，应尽量靠近放置，并调整各元件以保证连线最为简洁；同时，调整各功能块间的相对位置使功能块间的连线最简洁。

3）元件的外侧距板边的距离为 5mm；定位孔、标准孔等非安装孔周围 1.27mm 内不得贴装元件，螺钉等安装孔周围 3.5mm（对于 M2.5）、4mm（对于 M3）内不得贴装元件；贴装元件焊盘的外侧与相邻插装元件的外侧距离大于 2mm。

4）金属壳体元件和金属件（屏蔽盒等）不能与其他元件相碰，不能紧贴印制线、焊盘，其间距应大于 2mm。定位孔、紧固件安装孔、椭圆孔及板中其他方孔外侧距板边的尺寸应大于 3mm。

5）对于质量大的元件应考虑安装位置和安装强度；发热元件应与温度敏感元器件分开放置，必要时还应考虑热对流措施。

6）I/O 驱动元件尽量靠近印制板的边、靠近引出接插件。

7）时钟发生器（如晶振或钟振）要尽量靠近用到该时钟的元件。

8）在每个集成电路的电源输入脚和地之间，需加一个去耦电容（一般采用高频性能好的独石电容）；电路板空间较密时，也可在几个集成电路周围加一个钽电容。

9）贴片单边对齐，字符方向一致，封装方向一致；有极性的元件在同一板上的极性标识方向尽量保持一致。

10）电源插座要尽量布置在印制板的四周，与其相连的汇流条接线端应布置在同侧。特别应注意不要把电源插座及其他焊接连接器布置在连接器之间，以利于这些插座、连接器的焊接及电源线设计和扎线。电源插座及焊接连接器的布置间距应考虑方便电源插头的插拔。

放置元件时，一定要考虑元件的实际尺寸大小（所占面积和高度）、元件之间的相对位置，以保证电路板的电气性能和生产安装的可行性和便利性。同时，应该在保证上面原则能够体现的前提下，适当修改元件的摆放，使之整齐美观，如同样的元件要摆放整齐、方向一致，不能摆得“错落有致”。

任务四 自动布线

情景

小明完成了 PCB 的布局后，不知道下一步该做什么，就去请教老师。老师指出接下来就是布线了。布线是 PCB 设计工作中的重要一环，布线的好坏直接影响到 PCB 的运行情况。尤其在高速电路中，布线的合理与否会影响到 PCB 能否正常工作。在实际的布线过程中，简单的板子可以采用全手工布线，复杂一点的可以采用自动布线和手工布线相结合的方式。

讲解与演示

自动布线

知识 1　自动布线规则设置

电路板的布线是指在 PCB 上用导线将元器件的引脚连接起来，建立物理上的连接。因为 PCB 上的元器件是从网络报表中导入而来的，在布线之前所有的电气连接都已经用飞线表示出来了，所以要做的工作就是用真实的导线来代替飞线。在自动布线前，首先要为自动布线设置合理的布线规则，使系统的布线操作有法可依，然后对布线策略进行设置。

在 PCB 编辑器的主菜单中执行“自动布线”→“设定”命令，弹出“Situs 布线策略”对话框，如图 8.40 所示。“Situs 布线策略”对话框共分两栏内容。

“布线设置报告”区域：对布线规则设置和受其影响的对象进行汇总报告，并进行规则编辑。报告栏内列出了详细的布线规则，并汇总了各个规则影响到的对象数目，并以超级链接的方式，将列表链接到各个规则设置栏，可以进行更改和修正。单击“编辑层方向”按钮，弹出“层方向”对话框，如图 8.41 所示，在对话框内可以设置各信号层的走线方向。单击“编辑规则”按钮，进入“PCB 规则和约束编辑器”对话框，可以设置各种 PCB 规则。单击“另存报告为”按钮，可以将规则报告导出并以.htm 格式保存。

图 8.40　“Situs 布线策略”对话框

图 8.41　“层方向”对话框

“布线策略”区域：用来设置自动布线的走线模式。系统提供了 6 种默认的布线策略，分别针对不同的情况。单击“追加”按钮，弹出“Situs 策略编辑器”对话框，如图 8.42 所示。在该对话框内“可用的布线方法”区域中任选一项，单击“加入”按钮添加布线方法。

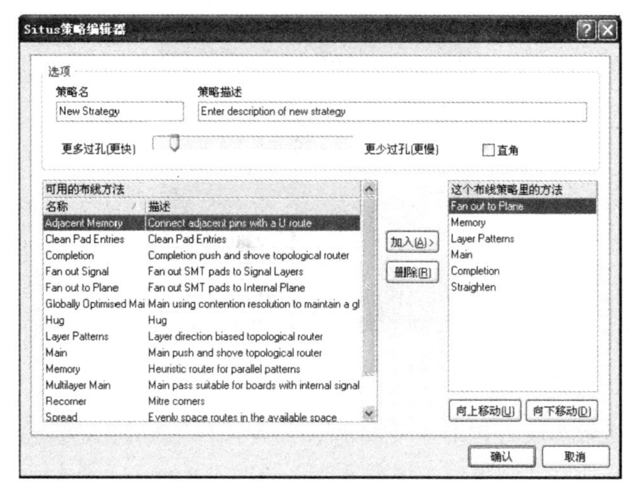

图 8.42 “Situs 策略编辑器”对话框

选定布线策略后，单击“确认”按钮，保存设置，退出“Situs 策略编辑器”对话框，就可以开始自动布线了。

知识 2 自动布线方法

现对已完成手动布局的小信号放大电路图 8.36 进行自动布线。自动布线的有关命令在菜单“自动布线”的子菜单下，现以全局布线对整块电路板进行布线为例讲述布线过程。其他布线方式的操作步骤与此类似。

第 1 步，在主菜单中执行“自动布线”→“全部对象”命令，系统弹出“Situs 布线策略”对话框。该对话框与上节介绍的执行“自动布线”→“设定”命令，启动“Situs 布线策略”对话框基本相同，只是最后的确认按钮分别为“OK”和“Route All”。

第 2 步，在布线策略栏内，针对电路的 PCB 情况，选择 Default 2 Layer Board（默认双面板）的布线策略，然后单击 Route All 按钮，系统开始执行自动布线。

在自动布线过程中，“Messages”面板中会逐条显示当前布线进程，如图 8.43 所示。由最后一条提示信息可知，此次布线全部布通。自动布线后的 PCB 图如图 8.44 所示。

Messages

Class	Document	Source	Message	Time	Date	No.
Situs Ev...	PCB1.PcbDoc	Situs	Routing Started	15:41:24	2011-6-21	1
Routing ...	PCB1.PcbDoc	Situs	Creating topology map	15:41:24	2011-6-21	2
Situs Ev...	PCB1.PcbDoc	Situs	Starting Fan out to Plane	15:41:24	2011-6-21	3
Situs Ev...	PCB1.PcbDoc	Situs	Completed Fan out to Plane in 0 Seconds	15:41:24	2011-6-21	4
Situs Ev...	PCB1.PcbDoc	Situs	Starting Memory	15:41:24	2011-6-21	5
Situs Ev...	PCB1.PcbDoc	Situs	Completed Memory in 0 Seconds	15:41:24	2011-6-21	6
Situs Ev...	PCB1.PcbDoc	Situs	Starting Layer Patterns	15:41:24	2011-6-21	7
Routing ...	PCB1.PcbDoc	Situs	Calculating Board Density	15:41:24	2011-6-21	8
Situs Ev...	PCB1.PcbDoc	Situs	Completed Layer Patterns in 0 Seconds	15:41:25	2011-6-21	9
Situs Ev...	PCB1.PcbDoc	Situs	Starting Main	15:41:25	2011-6-21	10
Routing ...	PCB1.PcbDoc	Situs	Calculating Board Density	15:41:25	2011-6-21	11
Situs Ev...	PCB1.PcbDoc	Situs	Completed Main in 0 Seconds	15:41:25	2011-6-21	12
Situs Ev...	PCB1.PcbDoc	Situs	Starting Completion	15:41:25	2011-6-21	13
Situs Ev...	PCB1.PcbDoc	Situs	Completed Completion in 0 Seconds	15:41:25	2011-6-21	14
Situs Ev...	PCB1.PcbDoc	Situs	Starting Straighten	15:41:25	2011-6-21	15
Situs Ev...	PCB1.PcbDoc	Situs	Completed Straighten in 0 Seconds	15:41:25	2011-6-21	16
Routing ...	PCB1.PcbDoc	Situs	8 of 8 connections routed (100.00%) in 1 Second	15:41:25	2011-6-21	17
Situs Ev...	PCB1.PcbDoc	Situs	Routing finished with 0 contentions(s). Failed to complete 0 connectio...	15:41:25	2011-6-21	18

图 8.43 “Messages”面板

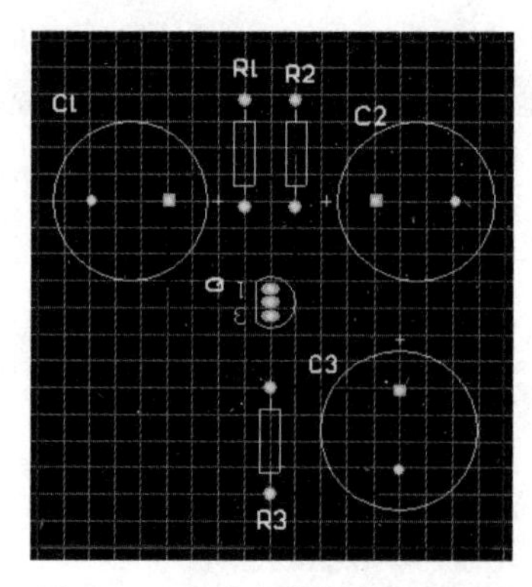

图 8.44　自动布线后的 PCB 图

通常两层的PCB都是要求一层以水平走线为主，另一层以垂直走线为主。此处红色铜膜线（深颜色者）为顶层走线，蓝色铜膜线（浅颜色者）为底层走线。

知识 3　自动生成单面板

在单级小信号放大电路中，由于元器件较少，因此单面板已经足够满足其要求了。制作单面板的步骤在布线前与双面板的相同，仍以图 8.36 为例，介绍自动生成单面板的步骤。

第 1 步，执行“自动布线”→“设定”命令，系统弹出“Situs 布线策略”对话框。在该对话框中，选择“Routing Directions”项，如图 8.45 所示。

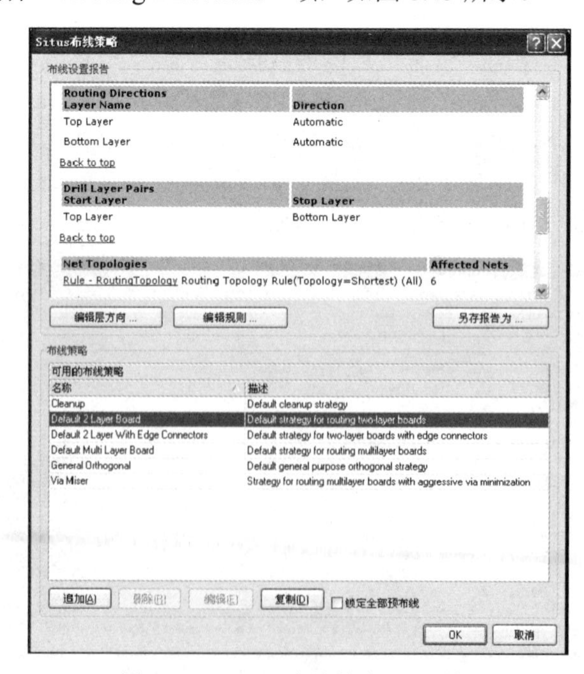

图 8.45　“Situs 布线策略”对话框

第 2 步，单击“编辑规则”按钮，打开“PCB 规则和约束编辑器”对话框，如图 8.46 所示。

图 8.46　“PCB 规则和约束编辑器”对话框

第 3 步，在该对话框“约束”栏内，取消“允许布线”复选框“Top Layer”的勾选，然后单击“确认”按钮。

第 4 步，退出“PCB 规则和约束编辑器”对话框，在“Situs 布线策略”对话框中，单击“OK”按钮。至此，设置完成允许布线的层。

第 5 步，执行“自动布线”→“全部对象”命令，系统弹出“Situs 布线策略”对话框，然后单击 Route All 按钮。系统进行自动布线，布线后的电路如图 8.47 所示。与图 8.44 比较，此时图中均为蓝色铜膜线（浅颜色者）。

这时所有的元器件都放在“Top Layer”层，而所有的布线都在“Bottom Layer”层。

知识 4　双层 PCB 的设计

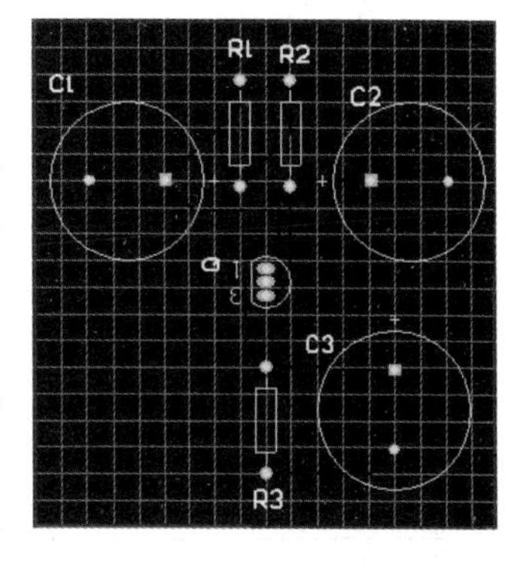

图 8.47　单面 PCB

双层电路板一般包括元器件面、焊接面和丝印层。在元器件面和焊接面都有铜膜线，布线容易，价格适中，因此双面板是电子设备中常用的一种板型。双面 PCB 的设计过程与单面 PCB 的设计过程基本一样，只是设计规则有所区别。

执行“设计”→“规则”命令，启动如图 8.46 所示“PCB 规则和约束编辑器”对话框，在约束特性栏，将 Top Layer 中的“允许布线”设为允许。关闭对话框，即可对电路进行双面布线。结果如图 8.44 所示。

实 训

实训 PCB 元件自动布线

1. 自动布线操作步骤

根据表 8.8 中所示电路，进行自动布线和自动生成单面板，把操作步骤填在表 8.8 中。

表 8.8 自动布线和自动生成单面板操作

原理图	自动布线		生成单面板	
	操作步骤	结果图示	操作步骤	结果图示
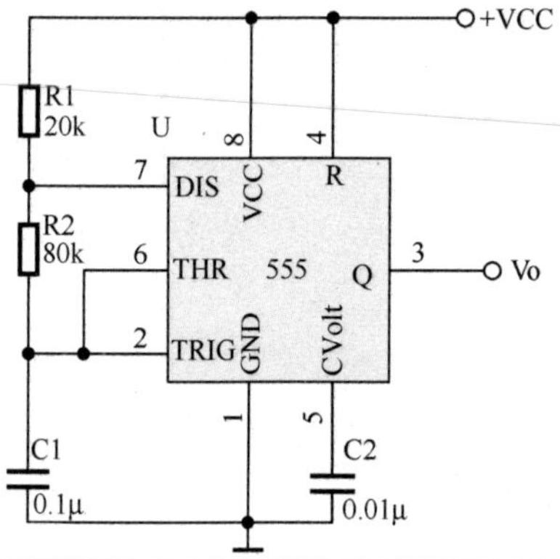 +VCC; R1 20k; R2 80k; C1 0.1μ; C2 0.01μ; U 555: DIS(7), THR(6), TRIG(2), VCC(8), R(4), Q(3), GND(1), CVolt(5); Vo				

2. 收获和体会

将进行“PCB 元件的自动布线”后的收获和体会写在下面空格中。

收获和体会：

3. 实训评价

将进行“PCB 元件的自动布线”实训工作评价填写在表 8.9 中。

表 8.9 实训评价表

项目 评定人	实训评价	等级	评定签名
自评			
互评			
教师评			
综合评定等级			

________年________月________日

拓 展

拓展 多层 PCB 的设计

Protel DXP 2004 提供了 32 个信号布线层、16 个电源地线布线层和多个非布线层，能够满足多层电路板设计的需要。这里以四层电路板设计为例介绍多层电路板的设计。

四层电路板是在双面板的基础上，增加电源层和地线层，其中电源层和地线层各用一个覆铜面连通，而不是用铜膜线。仍以小信号电路为例，操作步骤如下。

第 1 步，执行“设计”→“图层堆栈管理器”命令，启动“图层堆栈管理器”对话框，如图 8.48 所示。

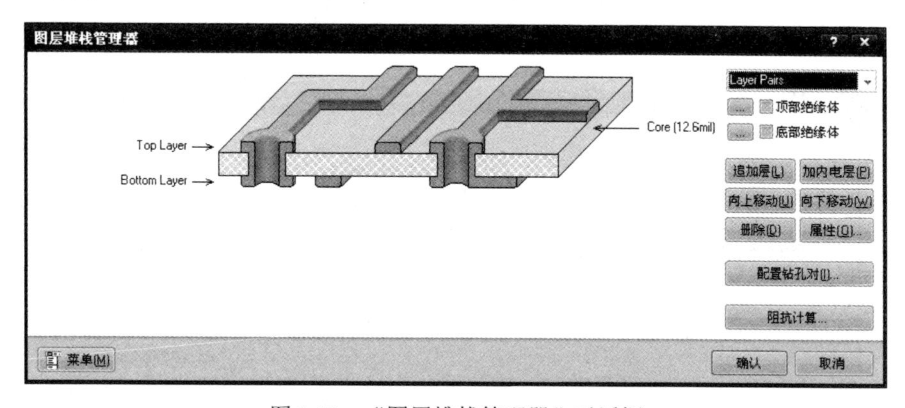

图 8.48 “图层堆栈管理器”对话框

第 2 步，单击选取 Top Layer 后，单击两次“加内电层”按钮，增加 InternalPlanel〔(No Net)〕和 InternalPlane2〔(No Net)〕两个层面，如图 8.49 所示。

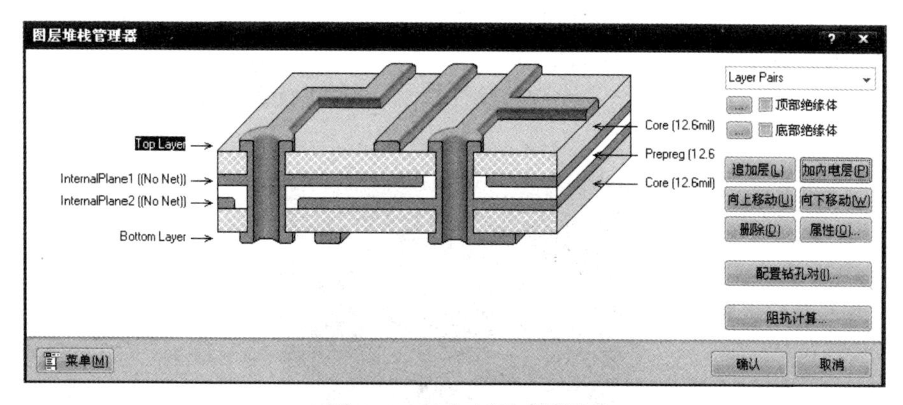

图 8.49 加内电层对话框

第 3 步，双击 InternalPlanel〔(No Net)〕，系统弹出“编辑层”对话框，如图 8.50 所示。

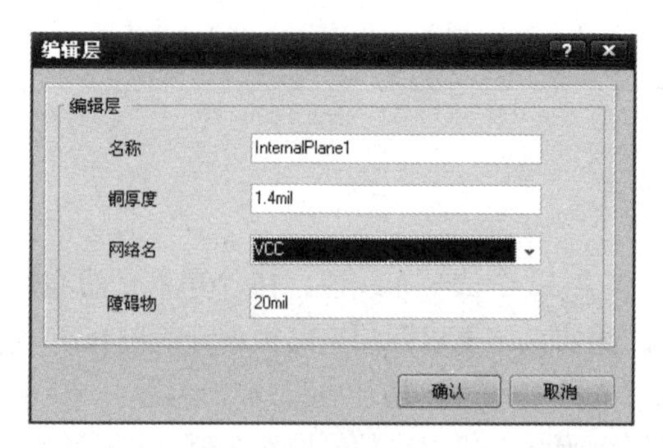

图 8.50 “编辑层”对话框

第 4 步，单击该对话框中“网络名”栏右侧下三角按钮，在弹出的有效网络列表中选择 VCC。设置结束后单击“确认”按钮，关闭对话框。按照同样操作方法将内层面 InternalPlane2〔(No Net)〕定义为地线 GND，如图 8.51 所示。

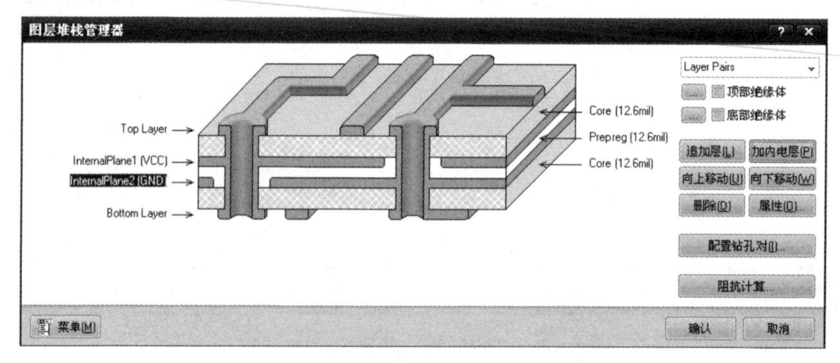

图 8.51 设置电源层所连接的网络

第 5 步，设置结束后，单击“确认”按钮，关闭“图层椎栈管理器”对话框。

第 6 步，执行“工具”→“取消布线”→“全部对象”命令，将图 8.47 所示 PCB 设计的所有布线删除，恢复 PCB 飞线状态。

第 7 步，执行“自动布线”→“全部对象”命令，对其进行重新自动布线，结果如图 8.52 所示。

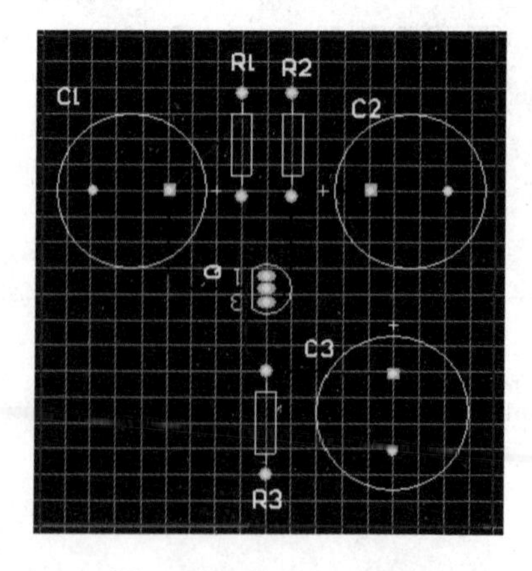

图 8.52 四层 PCB 设计

比较图8.47和图8.52发现，图中减少了两条铜膜线，一条是R1、R2与电源相连的导线，一条是R3、C3与地线相连导线，表明该焊盘与内层电源和地线相连接。

任务五 手工布线

情景

小明学会了自动布线，就沾沾自喜，以为所有的电路都可以用自动布线完成。但老师说，只会自动布线还不够，因为当元器件排列比较密集或者布线规则设置过于严格时，自动布线也许不能全部布通。即便完全布通的PCB仍会有部分网络走线不合理，如绕线过多、走线过长等，这时就需要进行手工调整了。只不过单级小信号放大电路的PCB元器件相对较少，自动布线已经能满足要求了，因此不需要进行手工布线。

下面介绍一下关于手工布线的问题。

讲解与演示

手工布线

知识1 手工布线应用场合

Protel DXP 2004虽然采用了智能的Situs自动布线器，可以根据用户设置的布线规则寻求最优化的布线路径，从而完成各个网络之间的电气连接，但设计复杂的PCB时经常要对布线进行合理的调整。

手工布线通常发生在自动布线之前或之后两个场合。当布线对象是具有特殊要求的网络（如高速信号线、电源网络、散热网络、减小电磁干扰网络等）时，对这些网络自动布线之前先进行手动布线。在手工布线后需要将这些导线锁定起来。在自动布线之后，对布线中不完善的部分进行手工调整。调整之前需要将自动布线中的不合理导线拆除掉。

知识2 拆除布线

在布线过程中，往往需要删除一些不合理的布线，重新走线。最简单的拆除操作是在工作窗口中选中导线后，按Delete键，但这种方法只能逐段地拆除布线，当要拆除的导线比较多时，工作量就比较大。这时运用系统提供的取消布线命令，就可以方便地将布线删除，重新布线。

在主菜单中执行“工具”→“取消布线”命令，弹出如图8.53所示的命令菜单。

1）全部对象：拆除当前PCB内所有的导线。

2）网络：删除指定网络中的所有走线。

3）连接：拆除指定的连接，一般指两个焊盘间的走线。

4）元件：拆除与指定元器件相连的所有走线。

5）Room空间：拆除该Room空间内的所有走线。

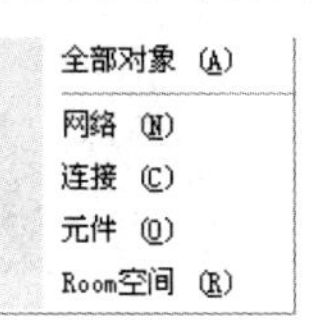

图8.53 取消布线命令菜单

知识3 手工布线步骤

手工布线主要是通过“交互式布线”命令来完成的。采用以下几种方式均可获取“交互式布线”命令。

1）在主菜单中执行“放置”→“交互式布线”命令。

2）在主工具栏内单击按钮。

3）使用快捷键 P+T。

4）在工具区右击，在弹出的快捷菜单中选择“交互式布线”命令。

下面仍以单级小信号放大电路为例，介绍交互式布线的具体操作步骤。

第1步，执行“放置”→“交互式布线”命令，光标变成十字状。

第2步，移动光标到元器件的一个焊盘（在这里选择C1右侧的焊盘）上，当出现多边形轮廓的时候就说明放置点与焊盘中心重合（决定是否实现了电气连接），如图8.54所示，然后单击即完成布线起点的放置操作。

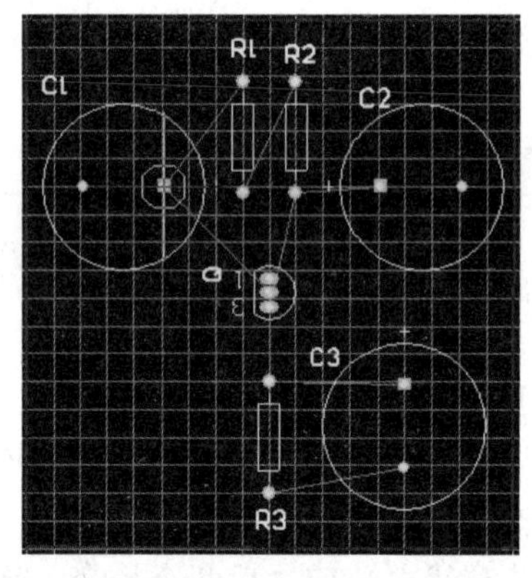

图8.54 布线起点

第3步，移动光标，将有一段导线出现在工作窗口中，系统对当前布线网络之外的所有网络进行掩模显示，如图8.55所示。

第4步，通过该导线确定好布线走线以后，单击完成两个焊盘之间的布线，如图8.56所示。

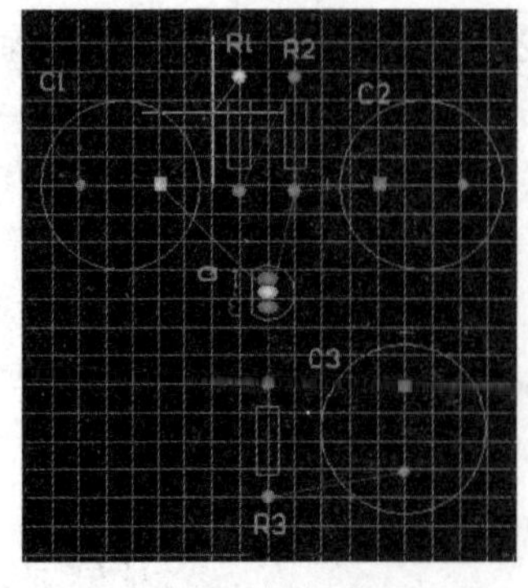

图8.55 网络掩模的效果

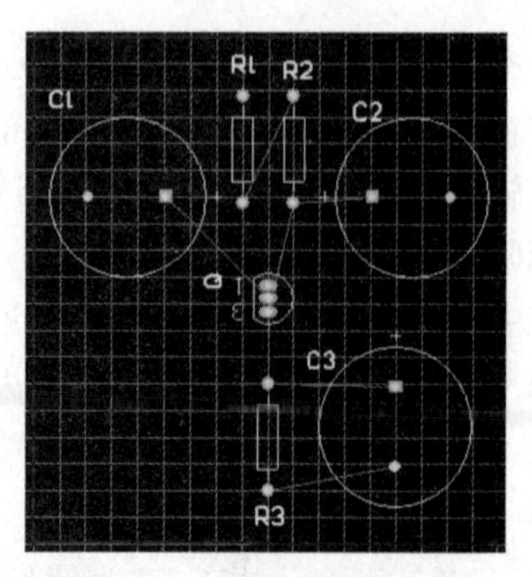

图8.56 完成两焊盘连线

第5步，光标指针仍处于十字状，按照同样方法对该网络进行手工布线。

第6步，结束对一个网络的布线后，右击退出该网络布线。

注意

1）放置走线必须通过焊盘的中心，只有这样才能完成电路的电气特性连接。

2）布线时，走线有5种模式。通常使用的走线模式是45°拐角模式，因其布线效率最高。90°模式布线效率最低，而且拐角处的线在做成电路板时容易折断。

3）不同层的走线颜色是不相同的，这种可视化的效果有助于布线的进行。

4）如果当前布线违反了布线规则，系统将报警，默认为绿色的报警色。

5）布线要美观，必须保证元器件的焊盘位于网格的交叉点或者网格的1/2、1/4处，同时应注意使用英制网格。

实 训

实训 PCB手工布线

1. 手工布线操作步骤

根据表8.10中所示电路，进行手工布线，写出操作步骤填在表8.10中。

表8.10 手工布线操作

原理图	手工布线	
	操作步骤	结果图示

2. 收获和体会

将进行“PCB手工布线”后的收获和体会写在下面空格中。

收获和体会：

3. 实训评价

将进行“PCB 手工布线”实训工作评价填写在表 8.11 中。

表 8.11　实训评价表

项目 评定人	实训评价	等级	评定签名
自评			
互评			
教师评			
综合评定等级			

________年________月________日

拓　展

拓展　布线结果的检查

在完成对 PCB 的布线之后，可以采用“设计规则检查器”（Design Rule Checking，DRC）来自动检查布线结果。DRC 是 Protel DXP 2004 提供的强大的自动设计规则检测，可以检查整个设计的逻辑完整性和物理完整性。在执行 DRC 自动检查时，系统将根据布线规则设置来检查整个 PCB，同时在所有出现错误的地点用 DRC 的出错标志标记出来，此外还将生成错误报表。DRC 检查的步骤如下。

第 1 步，设置 DRC 规则。

第 2 步，单击“工具”，选择“设计规则检查”菜单项，弹出如图 8.57 所示对话框。在该对话框中可以修改 DRC 规则。

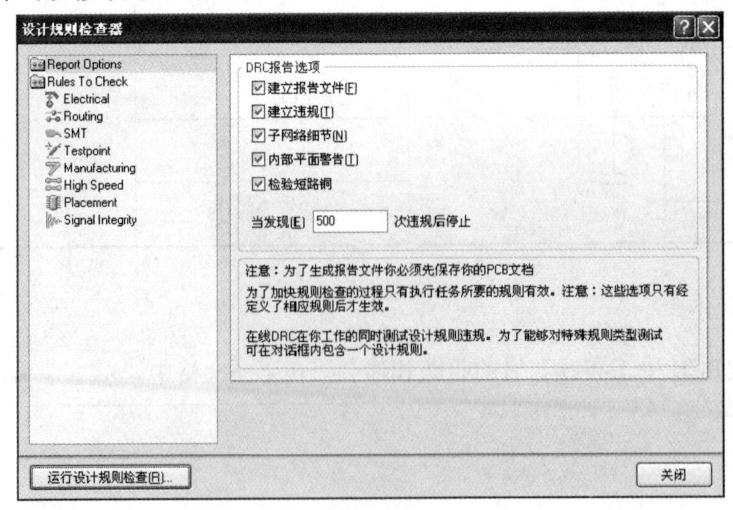

图 8.57　“设计规则检查器”对话框

第 3 步，单击“运行设计规则检查”按钮，此时系统将开始 DRC 检查。

第 4 步，在检查完毕后，系统将为错误信息生成扩展名为 drc 的报表文件，并自动打开该文件，设计者可以查看所有的错误信息。错误信息报表文件不是项目中的文件，该文件将显示在 Free Documents（临时文件）文件夹中。该项目文件的报表文件如下。

```
Protel Design System Design Rule Check
PCB File : \Altium2004\Examples\小信号.PcbDoc
Date     : 2011-6-21
Time     : 19:43:56

Processing Rule : Short-Circuit Constraint (Allowed=No) (All),(All)
Rule Violations :0

Processing Rule : Broken-Net Constraint ( (All) )
Rule Violations :0
Processing Rule : Clearance Constraint (Gap=10mil) (All),(All)
Rule Violations :0
Processing Rule : Width Constraint (Min=10mil) (Max=10mil) (Preferred=
10mil) (All)
Rule Violations :0

Processing Rule : Height Constraint (Min=0mil) (Max=1000mil) (Prefered=
500mil) (All)
Rule Violations :0

Processing Rule : Hole Size Constraint (Min=1mil) (Max=100mil) (All)
Rule Violations :0

Violations Detected : 0
Time Elapsed        : 00:00:00
```

系统在给出报表文件的同时将激活 Messages 面板，在该面板中记录了所有的错误信息，同时在设计的 PCB 中以绿色标记标出违反规则的位置。如果不存在任何违反规则的操作，面板将为空。本例中没有错误，Messages 面板为空。

任务六　PCB 设计实例

情　景

老师布置了一个课外作业，要求学生设计如图 8.58 所示放大电路的 PCB，具体要求如下。

1. 新建工程及 PCB 文件

1）在 E 盘根目录下建立一个名为自己姓名的文件夹，如此处为“ny”。所有文件均保存在“NY”文件夹中。

2）新建一个名为 ny.PrjPCB 的工程文件。

3）新建一个名为 ny.SchDoc 的原理图文件。

4）新建一个名为 ny.PcbDoc 的 PCB 文件。

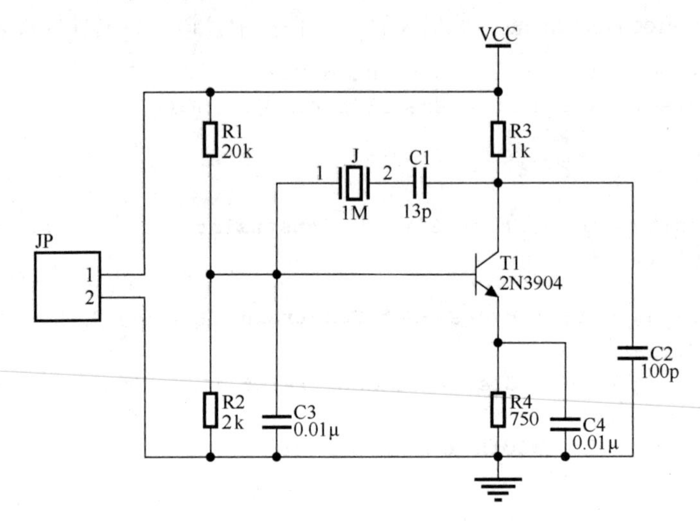

图 8.58　本任务所用放大电路

2. PCB 设计

1）将所有元器件放在 2000mil×1800mil 的 PCB 中。

2）导线与导线之间，导线与焊盘之间的安全间距为 12mil。

3）电源线和地线的线宽为 20mil，其余导线的线宽保持默认值。

4）将印制电路板制作成单面板。

5）生成元器件清单报表，以便于元器件的采购。

3. 该原理图元器件相关属性

该原理图元器件相关属性见表 8.12 所示。

表 8.12　元器件相关属性

标识符	注释	封装	元件库
T	2N3904	BCY-W3/E4	Miscellaneous Devices.InLib
C1～C4	Cap	RAD-0.3	Miscellaneous Devices.InLib
R1～R4	Res2	AXIAL-0.4	Miscellaneous Devices.InLib
JP	Header 2	HDR1×2	Miscellaneous Connectors.InLib
J	XTAL	BCY-W2/D3.1	Miscellaneous Devices.InLib

讲解与演示

知识 1 绘制电路原理图

绘制电路原理图

1. 创建原理图文件

第 1 步，在 Protel DXP 2004 环境下，执行“文件”→“创建”→“项目”→“PCB 项目”命令。

第 2 步，系统自动生成默认名为“PCB_Project1.PrjPCB”项目。

第 3 步，将光标移到“PCB_Project1.PrjPCB”项目上，右击，在弹出的菜单中选择“另存项目为”选项，将该项目保存到“E:\ny”下面，并改名为“ny.PrjPCB”。

第 4 步，执行“文件”→“创建”→“原理图”命令。创建一个原理图文档，并改名为“ny.SchDoc”，项目面板如图 8.59 所示。

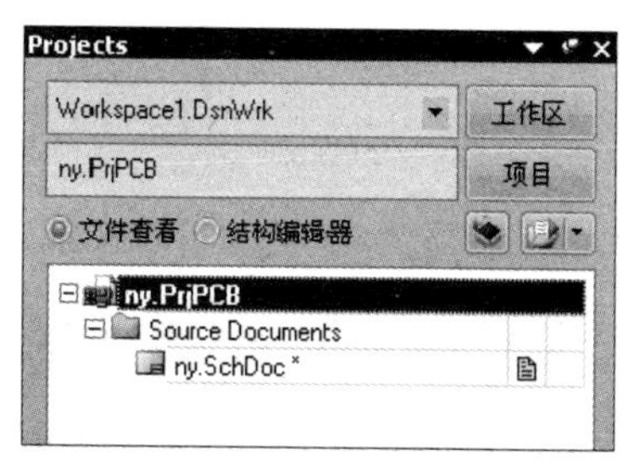

图 8.59 建立项目文件面板

2. 放置元件

第 1 步，放置元件。该电路元件所在集成库见表 8.12，放置时注意元件封装。

第 2 步，编辑元件属性。双击已放置的元件，在弹出的元件属性对话框中修改元件标识和注释。

3. 电气连接

单击配线工具栏上的绘制导线按钮或使用快捷方式 P＋W，进行导线绘制。

完成如图 8.58 所示的原理图。

知识 2 创建 PCB 文件

创建 PCB 文件

在 Protel DXP 2004 中创建一个新的 PCB 设计文件，最简单方法是利用 PCB 板向导。具体步骤如下。

第 1 步，在 Files 面板的“根据模板新建”单元，单击 PCB Board Wizard 选项，启动 PCB 板向导，如图 8.60 所示。

第 2 步，在对话框中，单击“下一步”按钮，弹出选择电路板单位对话框，如图 8.61 所示，选择英制单位。

第 3 步，单击“下一步”按钮，弹出选择电路板配置文件对话框，如图 8.62 所示。在这里我们自行定义 PCB 规格，故选择自定“Custom”选项。

第 4 步，单击“下一步”按钮，弹出选择电路板详情对话框，如图 8.63 所示。将宽度和高度分别改为 2000mil 和 1800mil，其他采用默认参数。

第 5 步，单击“下一步”按钮，弹出选择电路板层对话框，分别设定信号层和内电层的层数。如图 8.64 所示，分别设定为 2 层。

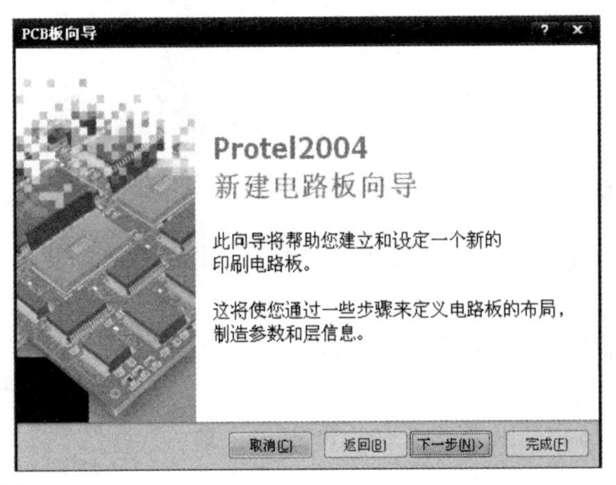

图 8.60 “PCB 板向导”启动对话框

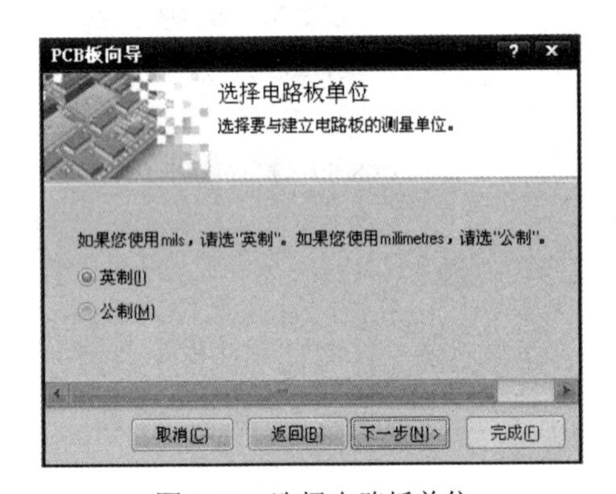

图 8.61 选择电路板单位

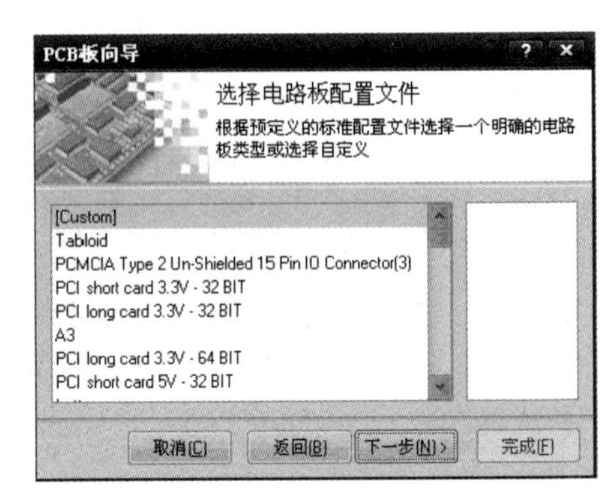

图 8.62 选择电路板配置文件

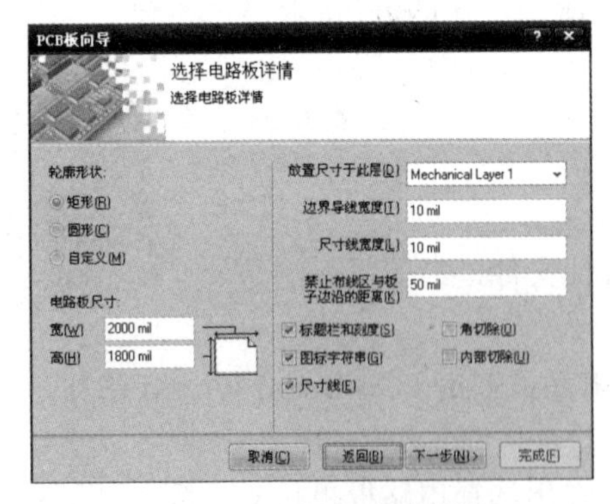

图 8.63 选择电路板详情

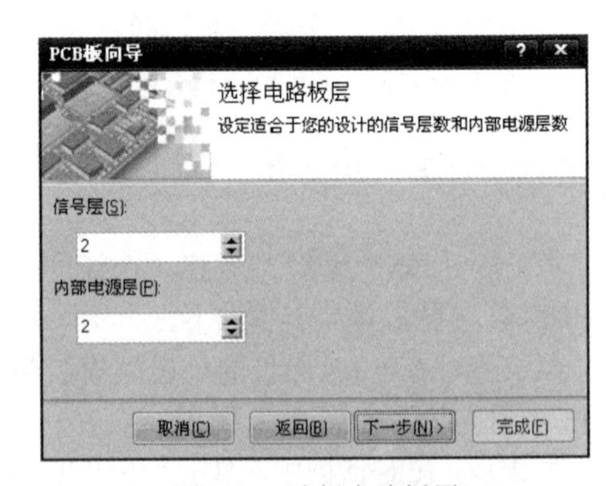

图 8.64 选择电路板层

第 6 步，单击“下一步”按钮，弹出“选择过孔风格”对话框，选择过孔类型。如图 8.65 所示，选择只显示通孔。

第 7 步，单击“下一步”按钮，弹出选择元件和布线逻辑对话框，如图 8.66 所示。选择通孔元件，并设为邻近焊盘的导线数为两条。

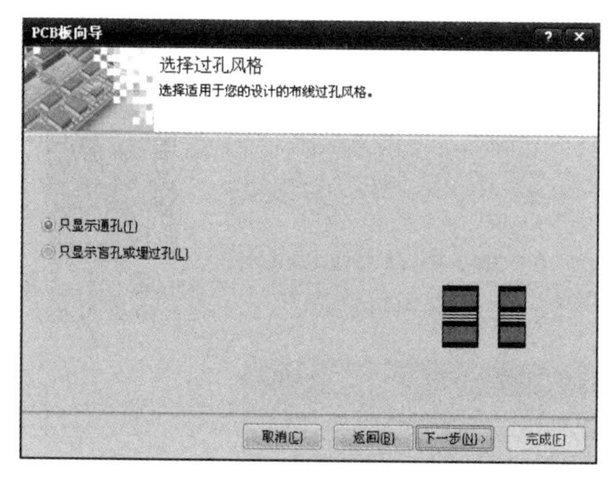

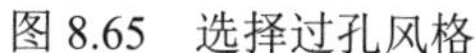
图 8.65 选择过孔风格

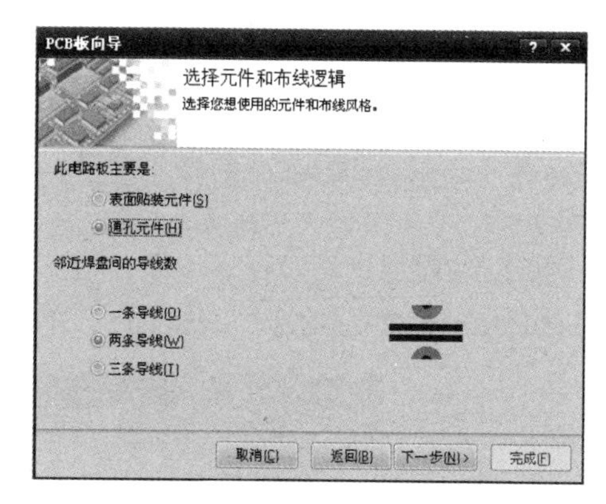

图 8.66 选择元件和布线逻辑

第 8 步，单击“下一步”按钮，弹出选择默认导线和过孔尺寸对话框，如图 8.67 所示。用于选择新建电路板的最小导线尺寸、过孔尺寸及导线之间的间距。

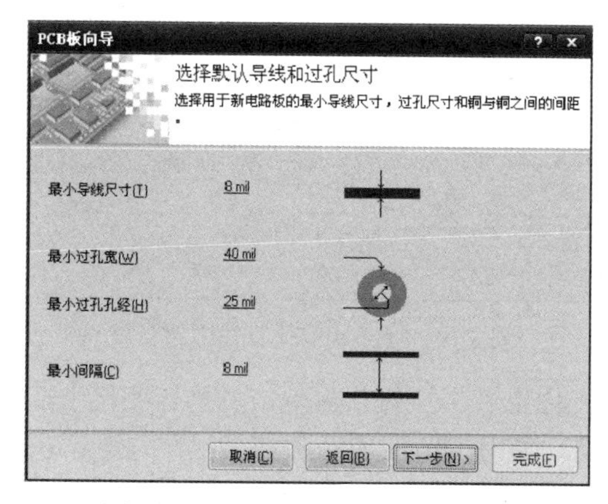

图 8.67 选择默认导线和过孔尺寸

第 9 步，单击“下一步”按钮，弹出电路板向导完成对话框，如图 8.68 所示。

第 10 步，单击“完成”按钮，系统已生成了一个默认名为“PCB1.PcbDoc”的文件，同时进入 PCB 编辑环境，如图 8.69 所示。

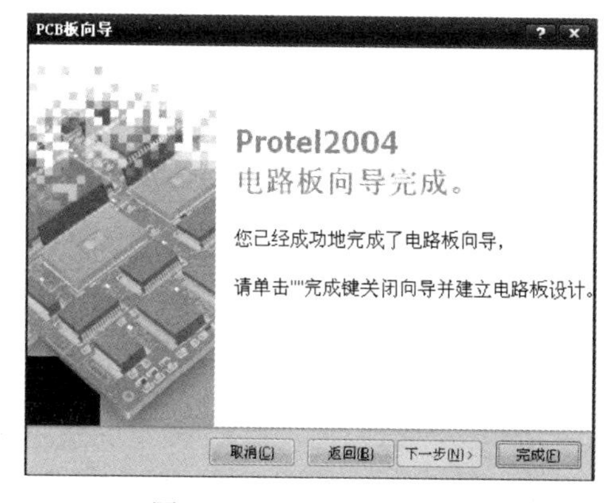

图 8.68 电路板向导完成

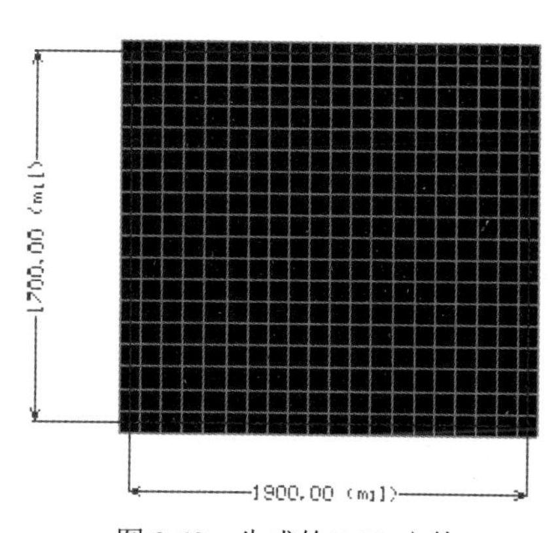

图 8.69 生成的 PCB 文件

第 11 步，选中“PCB1.PcbDoc”右击。在弹出的菜单中选择“另存为”，将新建的 PCB 文件命名为 ny.PcbDoc，此时该文件添加到项目 ny.PrjPCB 中。

知识 3 加载网络表和元件

加载网络表和元件

第 1 步，在原理图设计环境中，执行“设计”→“Update PCB Document ny.PcbDoc”命令。弹出“工程变化订单”对话框，如图 8.70 所示。

工程变化订单（ECO）

行为	受影响对象		受影响的文档	检查	完成	消息
Add	JP	To	ny.PcbDoc	✓	✓	
Add	J	To	ny.PcbDoc	✓	✓	
Add	R1	To	ny.PcbDoc	✓	✓	
Add	R2	To	ny.PcbDoc	✓	✓	
Add	R3	To	ny.PcbDoc	✓	✓	
Add	R4	To	ny.PcbDoc	✓	✓	
Add	T1	To	ny.PcbDoc	✓	✓	
Add Nets(6)						
Add	GND	To	ny.PcbDoc	✓	✓	
Add	NetC1_1	To	ny.PcbDoc	✓	✓	
Add	NetC1_2	To	ny.PcbDoc	✓	✓	
Add	NetC3_2	To	ny.PcbDoc	✓	✓	
Add	NetC4_2	To	ny.PcbDoc	✓	✓	
Add	VCC	To	ny.PcbDoc	✓	✓	
Add Componer						
Add	ny	To	ny.PcbDoc	✓	✓	
Add Rooms(1)						
Add	Room ny (Scope	To	ny.PcbDoc	✓	✓	

使变化生效　执行变化　变化报告(R)...　只显示错误　关闭

图 8.70 “工程变化订单”对话框

第 2 步，单击“使变化生效”按钮，再单击“执行变化”按钮，此时注意对话框中“检查”和“完成”状态。如图 8.70 所示，如果出现勾选，表示电路没有错误，信息（Messages）面板为空，否则信息（Messages）面板中将给出原理图中的错误信息，双击错误信息自动返回原理图中修改错误。

第 3 步，单击“关闭”按钮，更新 PCB，网络表和元件封装、Room 空间即在 PCB 图中载入和生成，如图 8.71 所示。

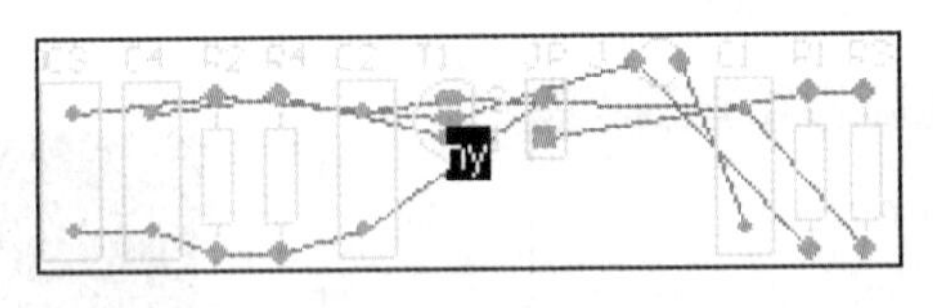

图 8.71 导入元件封装和网络表后的 PCB 图

知识 4 设置 PCB 设计规则

设置 PCB 设计规则

第 1 步，在 PCB 编辑环境中，选择“设计”→“规则”命令，弹出“PCB 规则和约束编辑器”对话框，如图 8.72 所示。

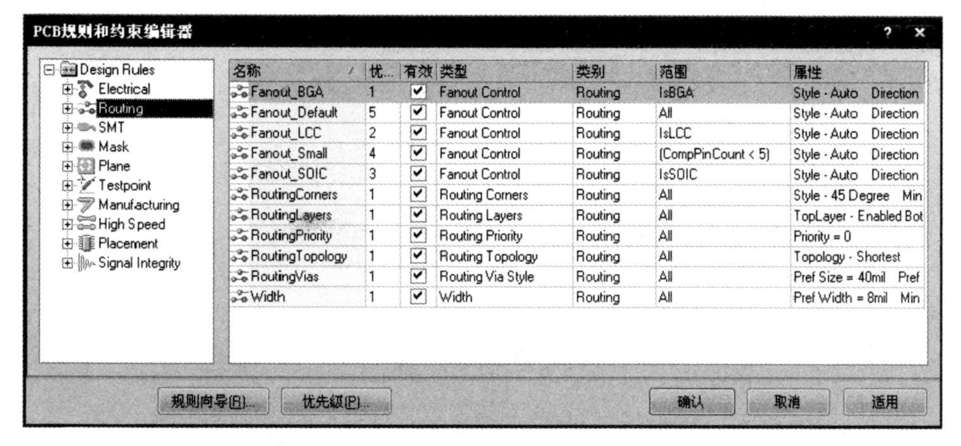

图 8.72 “PCB 规则和约束编辑器”对话框

第 2 步，根据要求在 Clearance 选项中将安全间距设置为 12mil，如图 8.73 所示。

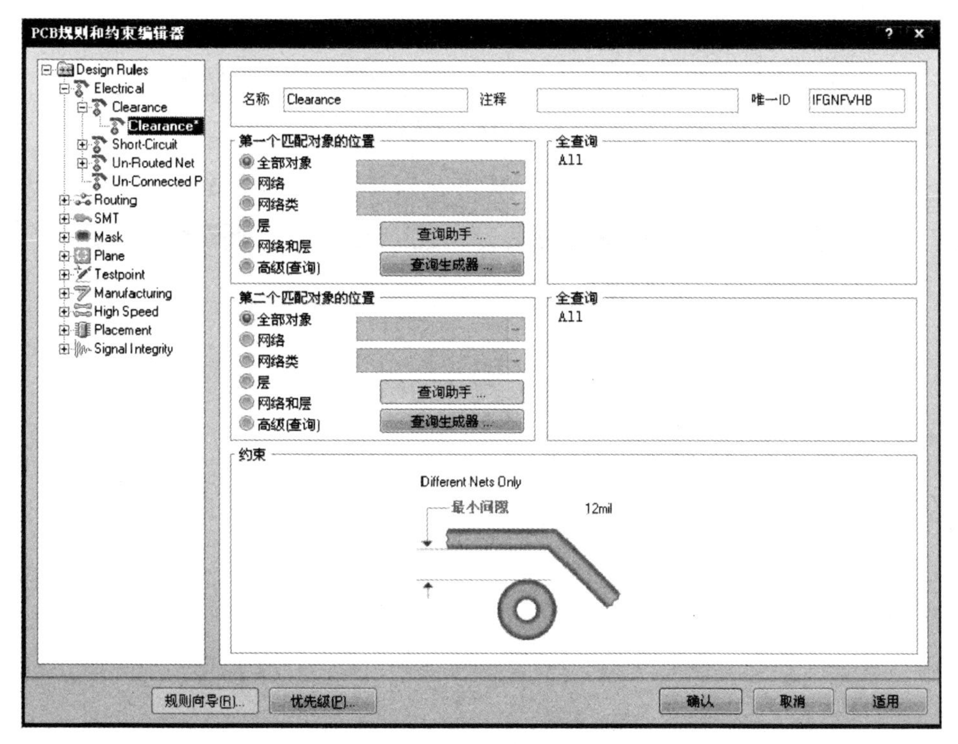

图 8.73 安全间距规则设置

第 3 步，右击 Routing 中 Width 选项，选择“新建规则”，即新增一个导线宽度规则 Width_1。在 Width_1 的新增规则中“名称”栏输入“VCC”，注释栏输入“电源”，“第一个匹配对象的位置”区域，选择“网络”，单击“全部对象”右侧的下拉按钮，从列表选择“VCC”，“全查询”区域显示 InNet（’VCC’），并将全部线宽改为 20mil，如图 8.74 所示。用同样方法，设置接地线“GND”宽度。

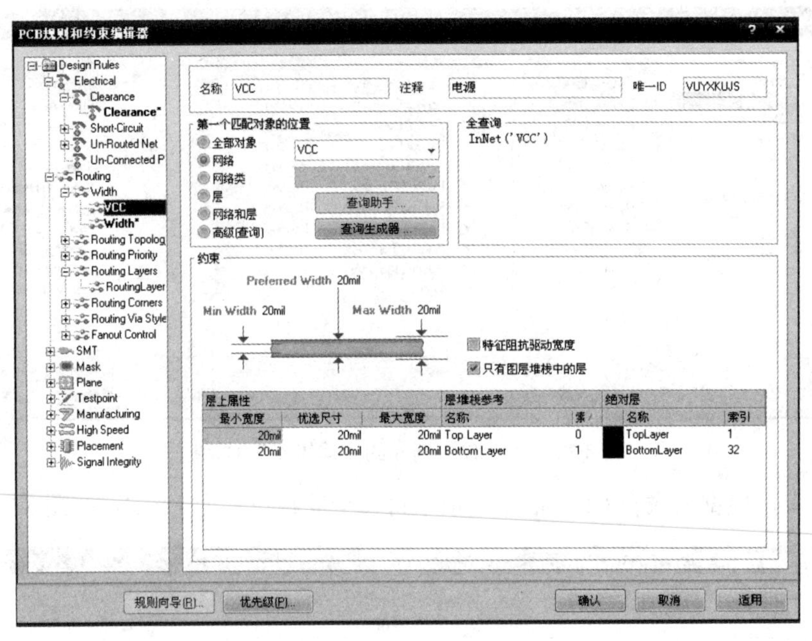

图 8.74　导线宽度设置

第 4 步，在 RoutingLayers 选项中将布线板层设置为 Bottom Layer，如图 8.75 所示。

图 8.75　布线板层设置

知识 5　元件布局

元件布局

本例中可以采用自动布局和手工布局相结合的方式进行元件的布局。操作步骤如下。

第 1 步，执行“工具”→“放置元件”→“自动布局”命令，启动自动布局。在“自动布局”对话框中，选择“分组布局”，如图 8.76 所示。

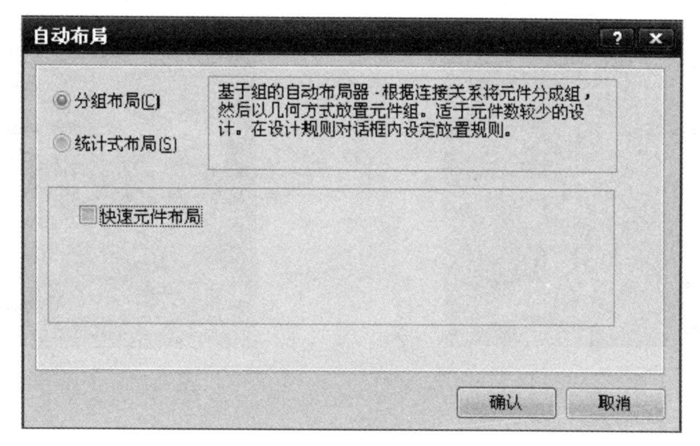

图 8.76　“自动布局”对话框

第 2 步，单击“确认”按钮，系统进行自动布局。

第 3 步，执行“设计”→“网络表”→“清理全部网络”命令，整理网络，在 PCB 上将显示飞线，如图 8.77 所示。

很显然，这样的自动布局结果通常不能令人满意。必须进行手工布局调整。

第 4 步，手工调整各元件位置，可以利用菜单“编辑”→“移动”命令，也可以用快捷方式用鼠标激活要移动的元件，然后按空格键、X 键或 Y 键，调整元件方向。最后排列成如图 8.78 所示 PCB 图。

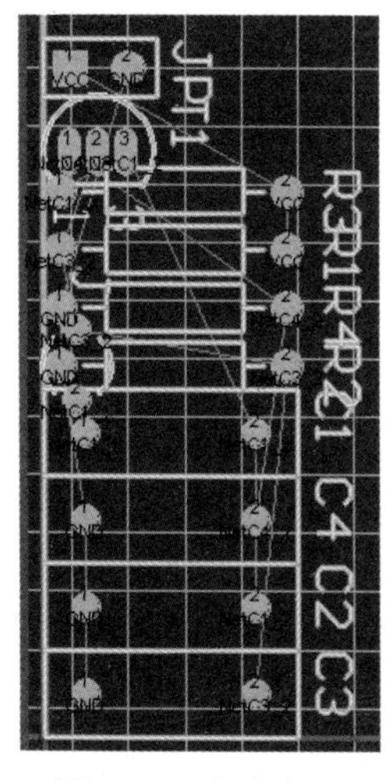

图 8.77　自动布局

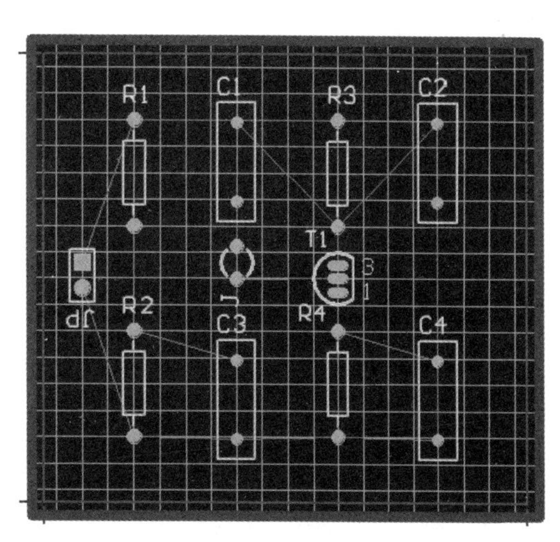

图 8.78　手工布局后的 PCB

知识 6　自动布线

第 1 步，在 PCB 编辑环境中，选择“自动布线”→“全部对象”命令，系统弹出“Situs 布线策略”对话框，在布线策略栏内，单击“Route All”按钮，系统开始执行自动布线，布线结果如图 8.79 所示。自动布线虽然效率高，但有些地方不尽如人意。

第 2 步，手工布线。本例在自动布线基础上经过适当调整后的 PCB 如图 8.80 所示。

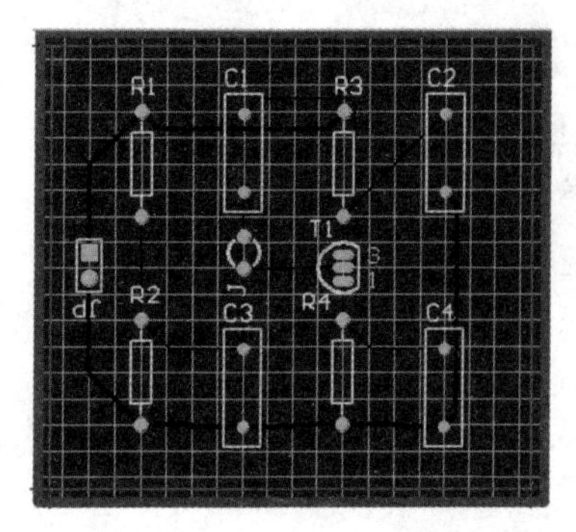

图 8.79　自动布线的 PCB

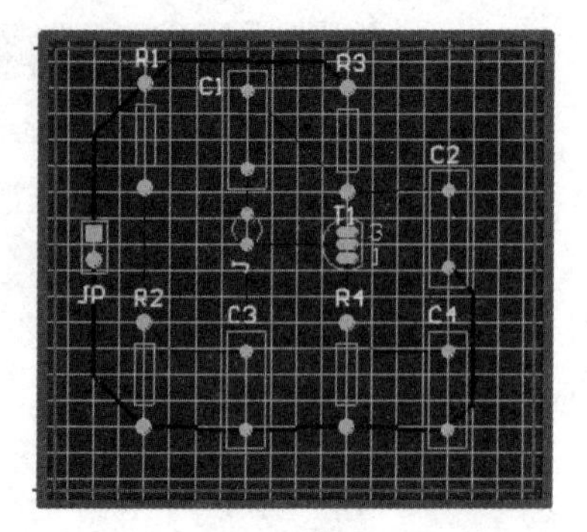

图 8.80　手工布线 PCB

1）要删除一段导线，单击要删除的导线，该导线出现编辑操作点，按 Delete 键即可删除被选择的导线；要取消整个电路板的布线，执行“工具”→“取消布线”→“全部对象”命令。

2）需要重新布线时，只布新的导线，在完成新的布线后，原来的多余导线会自动被移除。

3）在任何时候，按 End 键可以刷新板面。

读者可以试试将本例采用双层板和四层板布线，比较有何区别。如果是四层板，会发现减少了两条较粗的电源网络铜膜线，取而代之的是在电源网络的每个焊盘上都出现了十字状标记，表明该焊盘与内层电源相连接。

知识 7　生成元件清单报表

在原理图编辑环境中，执行“报告”→“Bills of Materials”命令，弹出元件清单报表对话框，如图 8.81 所示。

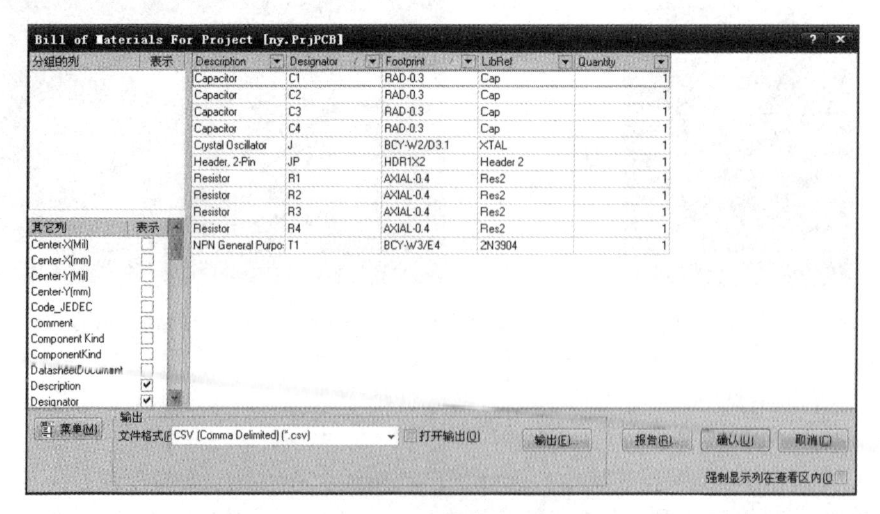

Description	Designator	Footprint	LibRef	Quantity
Capacitor	C1	RAD-0.3	Cap	1
Capacitor	C2	RAD-0.3	Cap	1
Capacitor	C3	RAD-0.3	Cap	1
Capacitor	C4	RAD-0.3	Cap	1
Crystal Oscillator	J	BCY-W2/D3.1	XTAL	1
Header, 2-Pin	JP	HDR1X2	Header 2	1
Resistor	R1	AXIAL-0.4	Res2	1
Resistor	R2	AXIAL-0.4	Res2	1
Resistor	R3	AXIAL-0.4	Res2	1
Resistor	R4	AXIAL-0.4	Res2	1
NPN General Purpo	T1	BCY-W3/E4	2N3904	1

图 8.81　元件清单报表

思考与练习

一、判断题（对的打“√”，错的打“×”）

1. 印制电路板编辑、设计是电子设计自动化最关键的环节，绘制原理图的最终目的就是为了绘制印制电路板。（ ）

2. DXP 系统提供了一些标准电路板的标准配置文件，以方便用户选用，用户不可以自定义板子的类型。（ ）

3. 在更新原理图文件时，如果项目中存在多个 PCB 文件，用户只需要选择适用本原理图的 PCB 文件即可。（ ）

4. 在对 PCB 进行更新时，单击“使变化生效”按钮，系统就会将所有的更新执行到 PCB 图中。（ ）

5. 在短路约束规则设置中，“允许短回路”复选框用来设置是否允许短回路，一般是不允许短回路的。（ ）

6. PCB 设计规则中最重要的就是导线宽度和安全间距规则。（ ）

7. 如果要设置成单面板，可以只选择 Top Layer 作为布线板层。（ ）

8. 分组布局和统计式布局的原则和适用范围不同，如某个电路用到的元器件较少，选择统计式布局。（ ）

9. 切换板层时，可以使用小键盘中的+、-和*键。（ ）

10. 布线有 5 种模式，通常使用 90°拐角模式。（ ）

二、填空题

1. 在我们画完电原理图后进行更新时，经常会发现________和________两种错误。

2. 安全间距规则（Clearance）用于设置 PCB 上不同网络的________、________、及覆铜等导电图形之间相隔的________。

3. 在电路板布线中，一般需要将________和________线加粗，以便增加电流和提高抗干扰能力。

4. 在自动布线前，首先要为自动布线设置________，使系统的布线操作有法可依。合理的设置布线规则，能够大大提高系统布线的________和________。

5. 当元器件排列比较密集或者________规则设置过于严格时，自动布线可能不能全部布通；即便完全布通的 PCB 仍有部分网络走线不合理，如绕线过多、走线过长等，这时可以进行________。

6. Protel DXP 2004 使用了一种基于拓扑逻辑的________自动布线器，自动布线器提供了________种默认的自动布线策略，用户可以选择其中的一种用于当前电路板的自动布线操作。

7. 在执行________自动检查时，系统将根据________设置来检查整个 PCB，同时在所有出现错误的地点用 DRC 出错标志标记出来，此外还将生成________。

8. 设计者可以通过________和________两种方式的结合完成 PCB 的布局操作。针对不同复杂程度的电路设计，Protel DXP 2004 还提供了________和________两种自动布局方式。

9. 对于 PCB 图而言，原理图包括________和________两种信息，即各种元器件的电路连接情况和物理封装形式。

10. ________规则是电路板布线过程中所遵循的电气方面的规则，主要用于电气校验。

三、简答题

1. 如何加载元件封装库和网络表？

2. 印制导线宽度由哪一项设计规则决定？如何修改？

3. 如何进行修改导电图形间距设计规则的设置？选择导电图形间距的依据是什么？

4. 自动布局有哪两种？它们的布局原则和适用范围有何不同？

5. 简述自动布线的步骤。

6. 手工布线的注意事项。

四、练习题

1. 设计一块如图 8.82 所示多谐振荡器电路的印制电路板，具体要求如下。

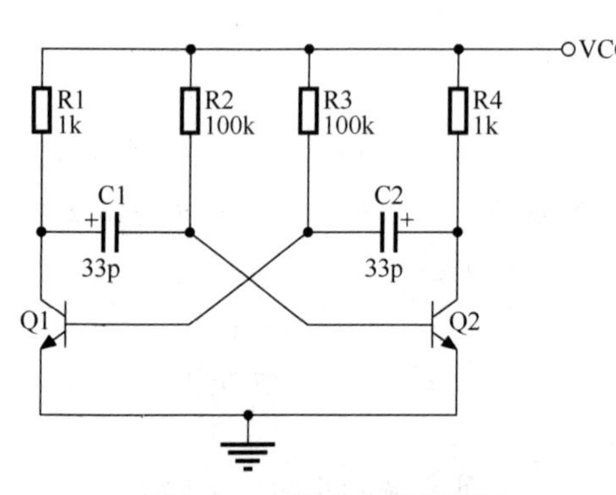

图 8.82　多谐振荡器原理图

1）将所有元器件放在 1720mil×1720mil（50mm×50mm）的 PCB 中。

2）把导线与导线之间，导线与焊盘之间的安全间距设置成 10mil。

3）电源线和地线的线宽设置成 25mil，其余导线的线宽保持默认值。

4）将印制电路板制作成单面板。

5）生成元器件清单报表，以便于元器件的采购。

2. 试设计如图 8.83 所示电路的 PCB。原理图相关属性如表 8.13 所示。

设计要求：

1）使用单层电路板，尺寸为 2180mil×1380mil。

2）电源地线的铜膜线宽度为 50mil。

3）一般布线的宽度为 25mil。

4）人工放置元件封装。

5）人工布线。

6）布线时考虑只能单层走线。

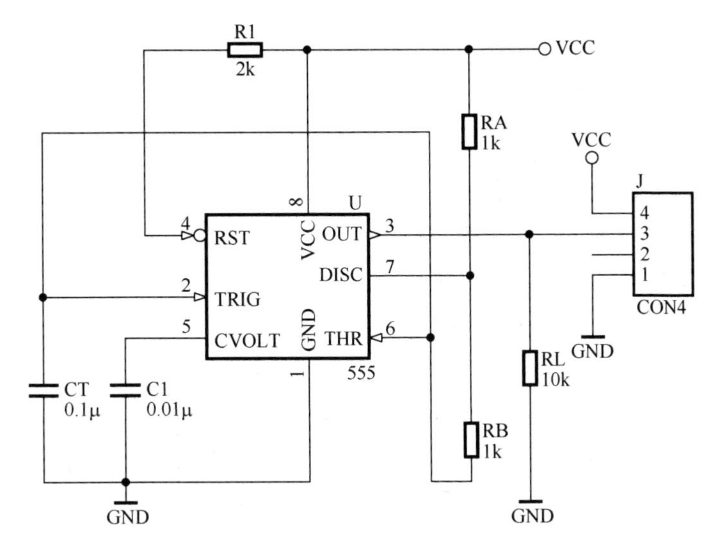

图 8.83　电路原理图

表 8.13　元器件相关属性

标识符	注释	封装	元件库
555	NE555D	D0008	T1 Analog Timer Circuit .IntLib
C1	Cap	CAPR2.54-5.1×3.2	Miscellaneous Devices.InLib
R1、RA、RB	Res2	AXIAL-0.4	Miscellaneous Devices.InLib
J	Header 4	HDR1×4	Miscellaneous Connectors.InLib

3. 设计一个音乐门铃的单层印制电路板图，原理图如图 8.84 所示。要求所有元器件放置在 2540mil×2540mil 的 PCB 中，将电源线和接地线的导线宽度设置为 15mil，其余导线宽度为 10mil。元件封装自行选择。

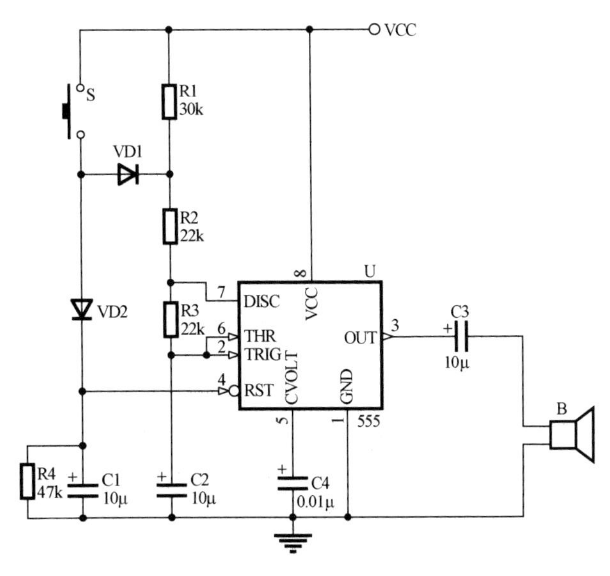

图 8.84　音乐门铃

4. 三端可调稳压电源电路如图 8.85 所示，试设计该电路的电路板。设计要求：

1）双层电路板，电路板尺寸为 4000mil×1500mil。

2）电源地线的铜膜线宽度为 30mil。

3）一般布线的宽度为 20mil。

4）自动布局，再进行人工调整。

5）自动布线，再进行人工调整。

6）布线时考虑顶层和底层都走线，顶层走水平线，底层走垂直线。

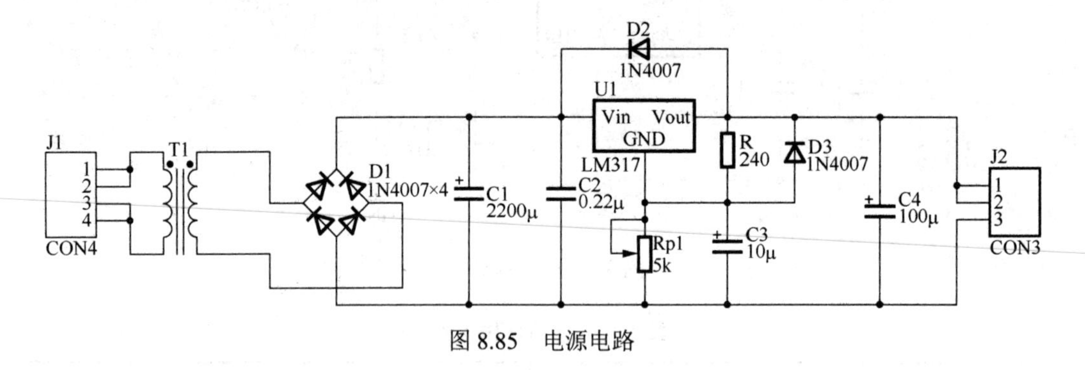

图 8.85　电源电路

项目九

PCB设计提高

学习目标

在熟悉了 PCB 设计的基本操作后，本项目将对电路板的高级操作进行介绍。这些高级操作主要包括提高 PCB 抗干扰能力、标注的调整等。通过本项目内容的学习，着重掌握不同对象在 PCB 中的不同应用，特别是覆铜的放置与使用。

知识目标

- 了解 PCB 提高抗干扰能力的方法。
- 了解标注的调整。
- 理解各类报表的生成。

技能目标

- 掌握导线属性设置。
- 掌握覆铜的放置及修改。
- 能在 PCB 图中补泪滴、放置安装孔、测试点。
- 会进行打印机的设置，并能在有条件的情况下输出 PCB 图。

任务一　提高 PCB 抗干扰能力

情　景

为了提高抗电磁干扰能力，增加 PCB 电源/接地线的宽度是非常有效的方法，但小明经常在生成 PCB 后才发现忘记加宽设置。那是否还有补救办法呢？对要求比较高的 PCB，是否还有其他抗干扰技术？

讲解与演示

提高 PCB 抗干扰能力

知识 1　设置导线属性

在设计 PCB 时，若规则设置只是采用默认参数，设计完成后要把电源和接地线加宽，可以直接在电路板上手动设置。具体操作如下。

第 1 步，在 PCB 编辑环境下移动光标，光标指向需要加宽的电源/接地线。

第 2 步，双击需要加宽的走线，弹出“导线”对话框，如图 9.1 所示。

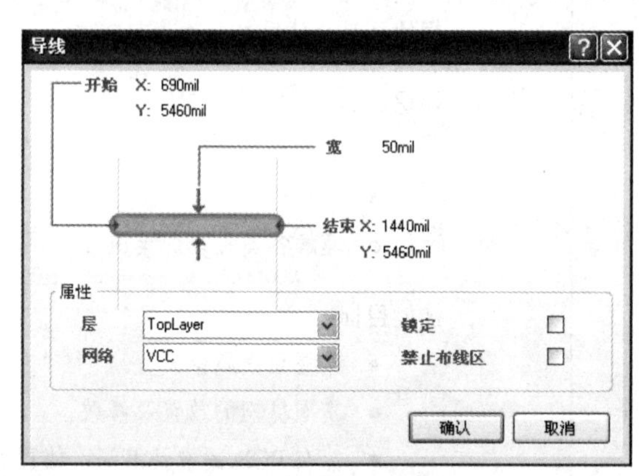

图 9.1　“导线”对话框

第 3 步，在“导线”对话框中，将线宽输入框中的数值调整为实际需要的宽度，如“50mil”。

第 4 步，单击“确认”按钮，即可改变所选导线的宽度。

1）如果地线周围空间很大，宽度通常可取 100mil 左右。一般情况，也在 25～50mil 之间。在布线可以布通的情况下，所有的导线最好在 10mil 左右。

2）若印制电路板既有数字地，又有模拟地，走线一定要分开，只在最后一点处接电源地。

知识 2 包地

所谓包地就是在某些选定的网络走线周围特别地围绕一圈接地走线（包络线）。这么做的目的主要是希望这些网络走线能够不受噪声信号的干扰。当然，进行包地操作会额外多占用一些电路板空间，所以不可能对电路板上所有的网络走线都进行包地操作。通常只对特别重要的输入信号走线或是模拟信号走线进行包地操作。

生成包络线之前，执行“编辑”→“选择”→“网络中对象”命令，将要包络的网络对象选中。然后在主菜单中执行“工具”→“生成选定对象的包络线”命令，即可生成包络线，将该网络内的导线、焊盘及过孔包络起来。

图 9.2 所示为添加包络线前后的效果，包络线的默认宽度为 8mil，网络特性为无网络。

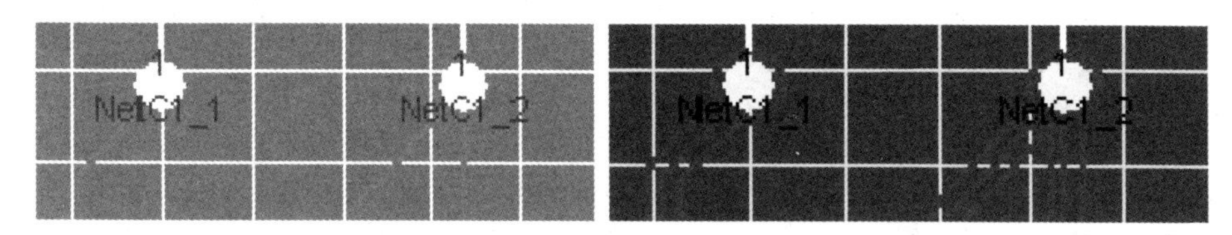

图 9.2 添加包络线前后的效果

若要删除包络线，可以使用“编辑”→“选择”→“连接的铜”命令，整体选中包络线，然后将其删除。

知识 3 覆铜

覆铜就是在电路板中空白地方铺满铜膜或铜网。它可以放置在任何信号层上，但一般都是铺成地线，起到一定的屏蔽作用。现以单级小信号放大电路为例，介绍放置 PCB 覆铜的步骤。

第 1 步，在主菜单中执行“放置”→“覆铜”命令，系统弹出“覆铜”对话框。

第 2 步，在“覆铜”对话框内进行设置，选择“影线化填充”单选项，“45 度”填充模式单选项，“连接到网络”下拉列表中，选择 GND 项，“层”设置为 Bottom Layer，选中“删除死铜”复选框，如图 9.3 所示。

第 3 步，单击“确认”按钮，退出对话框，光标变成十字形，准备开始覆铜操作。

第 4 步，用光标沿 PCB 的 Keep-Out 边界线，画出一个闭合的矩形框。单击确定起点，移动到拐点再次单击，直至矩形框的第 4 个顶点，右击退出。

用户不必费力将线框闭合，系统会自动将起始点和终止点连接起来构成闭合线框。

第 5 步，系统在线框内部自动生成了底层的覆铜。覆铜后，PCB 的效果如图 9.4 所示。对于已放置的覆铜，可以对其属性和外形进行修改。

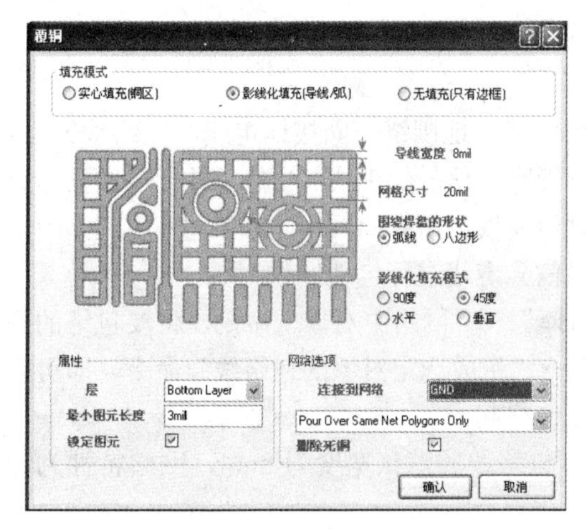

图 9.3 “覆铜”对话框

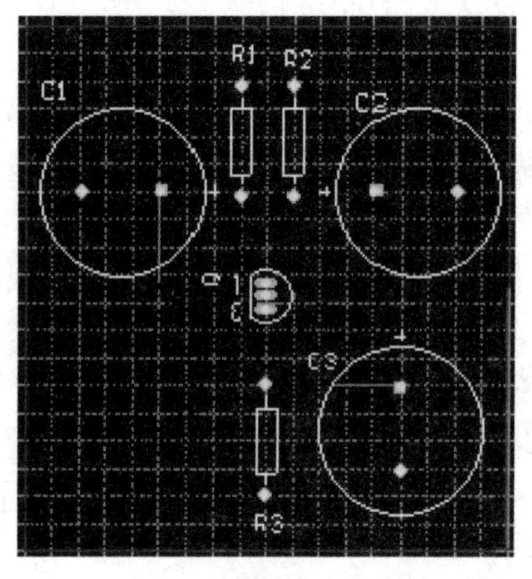

图 9.4 覆铜后 PCB

1. 属性修改

双击该覆铜，然后在弹出的“覆铜”属性对话框中修改。修改完成后，单击“确认”按钮，弹出如图 9.5 所示的对话框，询问用户是否重新进行覆铜，单击“Yes”按钮就可以完成覆铜的修改。

2. 外形修改

选中要修改的覆铜，在该覆铜四周会出现多个固定点如图 9.6 所示。将光标移动到固定点上，当光标变成双向箭头时，拖动即可改变覆铜形状。每一次拖动光标改变覆铜的形状时，系统都会弹出一个如图 9.5 所示的对话框，单击“Yes”按钮，即可完成覆铜的修改。

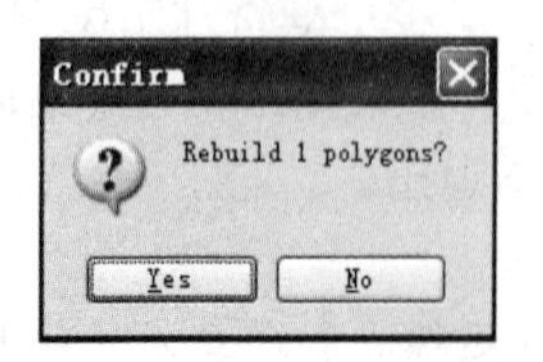

图 9.5 “Confirm”对话框

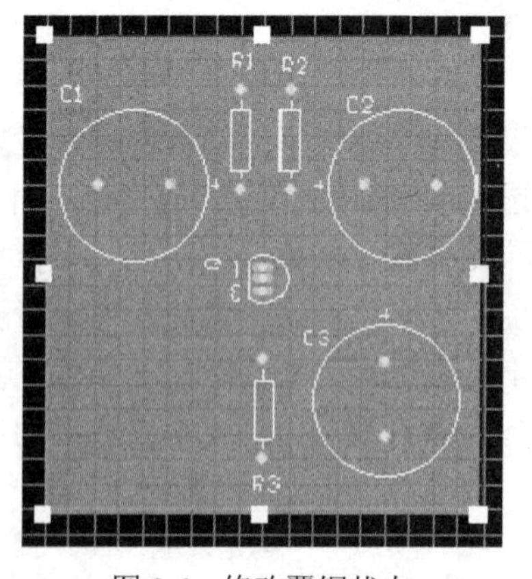

图 9.6 修改覆铜状态

对于已放置的覆铜，还可以进行移动、调整大小和切换板层等操作。把光标移到覆铜区域，右击，弹出“覆铜动作”快捷菜单，如图 9.7 所示。操作过程与修改覆铜类似。

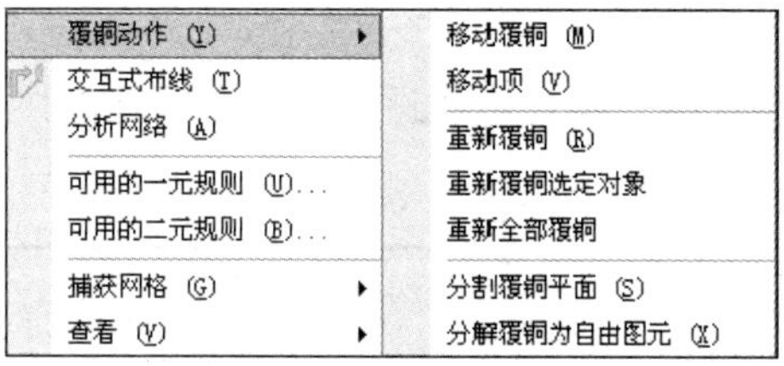

覆铜动作 (Y) ▸	移动覆铜 (M)
交互式布线 (T)	移动项 (V)
分析网络 (A)	重新覆铜 (R)
可用的一元规则 (U)...	重新覆铜选定对象
可用的二元规则 (B)...	重新全部覆铜
捕获网格 (G) ▸	分割覆铜平面 (S)
查看 (V) ▸	分解覆铜为自由图元 (X)

图 9.7 “覆铜动作”快捷菜单

实　训

实训 1　加宽电源线和接地线

1. 回答问题

加宽电源线和接地线的方法一般有哪几种？请写下来。

____

____

____

2. 实际操作

在原理图编辑环境下画一个如表 9.1 中所示电路，生成 PCB 后，加宽电源线和接地线分别为 50mil。写出加宽导线的操作步骤填于表 9.1。

表 9.1　操作步骤

原理图	PCB 图	加宽电源线和地线操作步骤
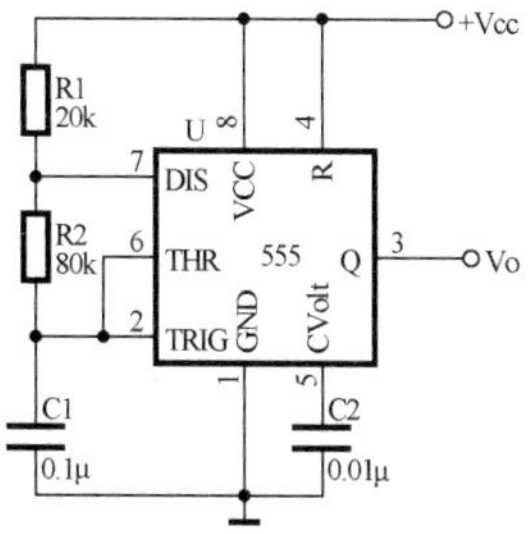 +Vcc, R1 20k, R2 80k, U, 8, 4, 7, DIS, VCC, R, 6, THR, 555, Q, 3, Vo, 2, TRIG, GND, CVolt, 1, 5, C1 0.1μ, C2 0.01μ		

3. 收获和体会

将“加宽电源线和接地线”后的收获和体会写在下面空格中。

收获和体会：

4. 实训评价

将“加宽电源线和接地线”实训工作评价填写在表 9.2 中。

表 9.2　实训评价表

项目 评定人	实训评价	等级	评定签名
自评			
互评			
教师评			
综合评定等级			

＿＿＿＿年＿＿＿＿月＿＿＿＿日

实训 2　覆铜

1. 实际操作

对实训 1 中生成的 PCB 图进行覆铜操作，把操作过程及结果填在表 9.3 中。

表 9.3　操作步骤

PCB 图	覆铜操作步骤	覆铜后 PCB

2. 收获和体会

将“覆铜”后的收获和体会写在下面空格中。

收获和体会：

3. 实训评价

将“覆铜”实训工作评价填写在表 9.4 中。

表 9.4 实训评价表

项目 评定人	实训评价	等级	评定签名
自评			
互评			
教师评			
综合评定等级			

______年______月______日

拓 展

拓展 放置矩形铜膜

矩形铜膜填充具有导线的功能，也可以用来连接焊盘。所以，用矩形铜膜填充可以增加通过的电流，同时也增加焊盘的牢固性。

放置矩形铜膜的具体操作步骤如下。

第 1 步，选择“放置”→“矩形填充”菜单项，光标变成十字形状。

第 2 步，按 Tab 键，打开“矩形填充”对话框，如图 9.8 所示。在此对话框中可以设置矩形填充两个对角顶点的位置、旋转方向、所在的工作层面、所属的网络以及是否锁定、是否为禁止布线区等属性。

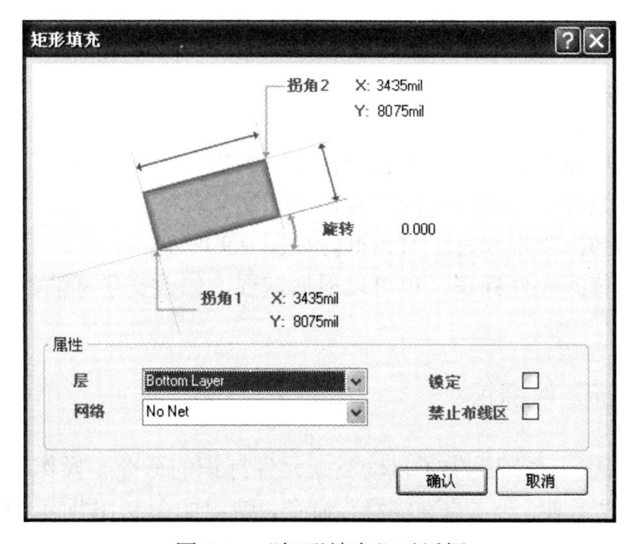

图 9.8 “矩形填充”对话框

第 3 步，单击“确认”按钮，完成“矩形填充”属性的设置。

第 4 步，将光标移至工作窗口，单击，确定矩形填充一个顶点位置。

第 5 步，移动光标到合适位置，单击，确定矩形填充的对角顶点，完成矩形填充的放置。

放置完毕后，右击或按 Esc 键退出该操作。

矩形填充根据放置层面不同，主要有 4 个作用。

1）放置在信号层上，矩形填充是一个实心的铜箔区域，主要用来增强电路通过大电流的能力或者起屏蔽的作用。

2）放置在电源层、焊锡层及阻焊层，主要用于创建一个空白区域。

3）放置在“Keep Out Layer”上，主要用来标志自动布局和自动布线时的禁止布线区域。

4）在 PCB 库编辑对话框中，矩形填充主要用于定义元器件的封装模型。

任务二　标注的调整

情　景

小明在制作 PCB 的过程中发现，经过布局布线后，有时元器件的序号和标注会变得很杂乱，需要重新进行调整，使 PCB 更加美观。那么，如何进行调整呢？又有哪几种方法可以调整？

讲解与演示

标注的调整

知识 1　手动更新元件标识

以小信号放大电路为例，手动更新元件标识的操作步骤如下。

第 1 步，移动光标，将光标指向需要调整的文字标注。

第 2 步，双击弹出“标识符”对话框，如图 9.9 所示。

第 3 步，可以修改元件标识，也可以根据需要，修改文字标注的内容、字体大小、位置、方向等。

知识 2　自动更新元件标识

在 PCB 编辑器中，系统提供了自动更新元件标识的命令。操作步骤如下。

第 1 步，执行“工具”→“重新注释”命令，弹出如图 9.10 所示的“位置的重注释”对话框。

在该对话框中，系统提供了 5 种更新元件标识的方式，具体说明如下。

1 By Ascending X Then Ascending Y：表示元件先按横坐标从左到右，然后再按纵坐标从下到上标识，如图 9.10 所示。

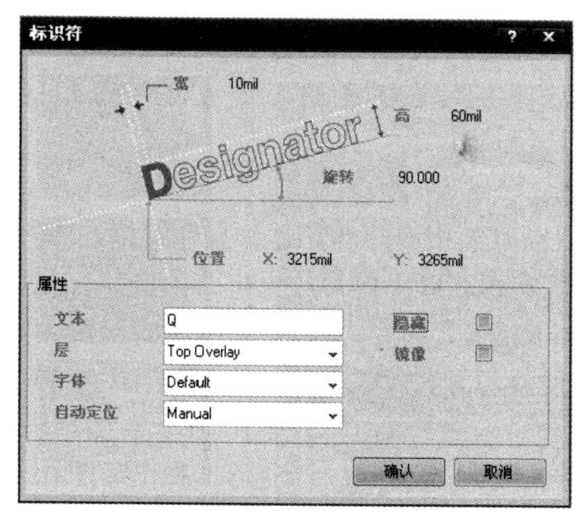

图 9.9 “标识符”对话框

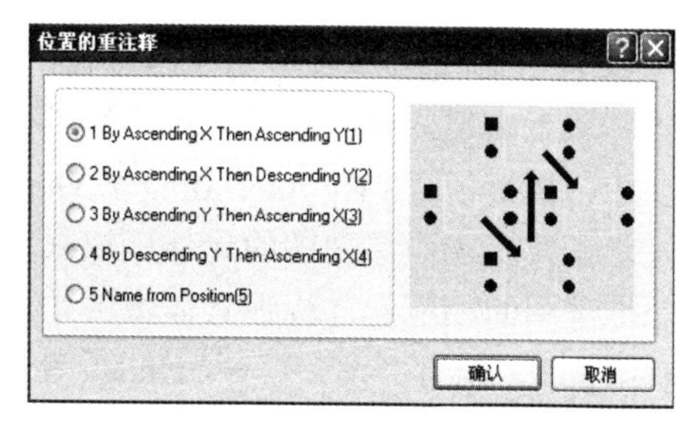

图 9.10 “位置的重注释”对话框

2 By Ascending X Then Decending Y：表示元件先按横坐标从左到右，然后再按纵坐标从上到下标识，如图 9.11 所示。

3 By Ascending Y Then Ascending X：表示元件先按纵坐标从下到上，然后再按横坐标从左到右标识，如图 9.12 所示。

4 By Decending Y Then Ascending X：表示元件先按纵坐标从上到下，然后再按横坐标从左到右标识，如图 9.13 所示。

5 Name from Position：表示坐标位置进行标识，如图 9.14 所示。

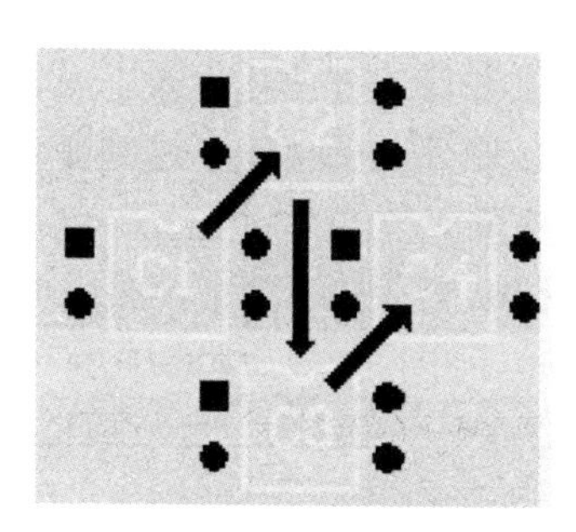

图 9.11 2 By Ascending X Then Decending Y

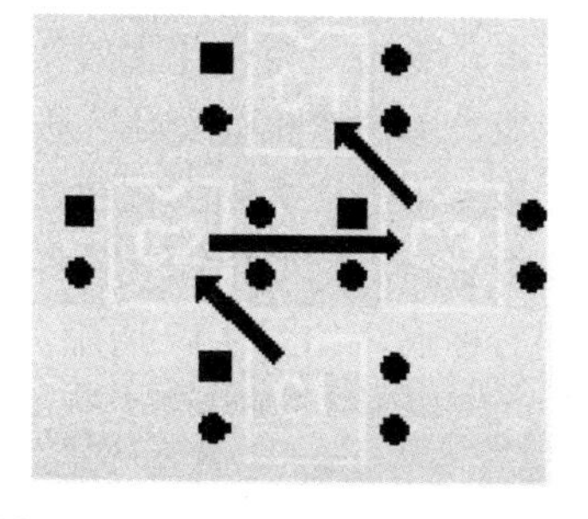

图 9.12 3 By Ascending Y Then Ascending X

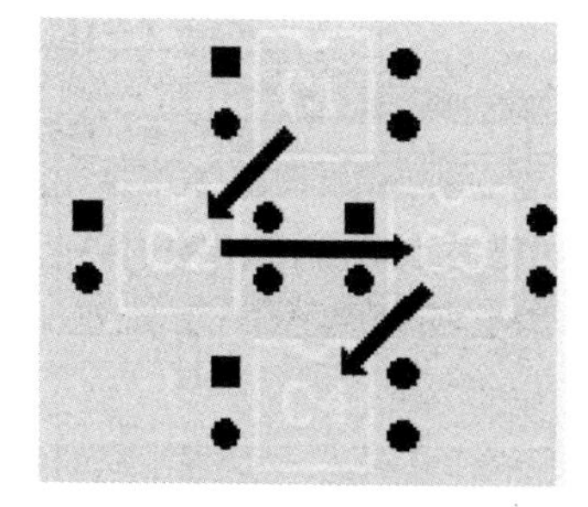

图 9.13 4 By Decending Y Then Ascending X

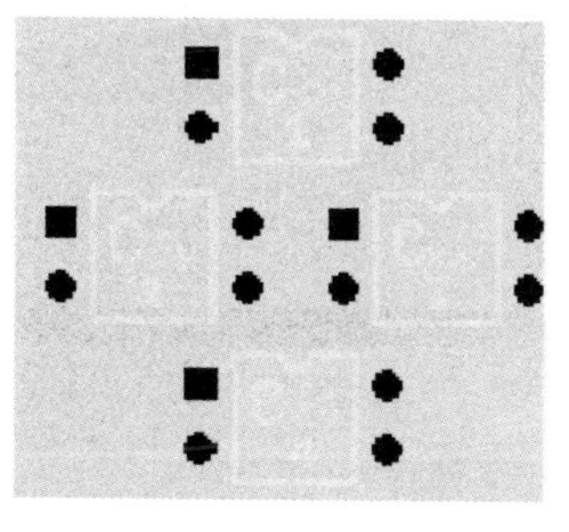

图 9.14 5 Name from Position

第 2 步，选择完更新元件标识的方式后，单击“确认”按钮，系统将自动按照选定的方式对元件进行重新标识。

第 3 步，元件重新标识后，系统将生成一个“*.WAS”文件，记录元件标识的变化情况。

知识 3　更新原理图

当 PCB 的元件标识发生了改变后，原理图也应该相应改变。这种操作可以在 PCB 编辑环境下实现，也可以返回到原理图编辑环境实现。以小信号放大电路为例，若在知识 2 中，执行了“3 By Ascending Y Then Ascending X”命令，即 PCB 图中的元器件标识发生了改变，而原理图的元件标识未变。为使两者元件标识对应，在 PCB 环境下，更新原理图的相应元件标识具体步骤如下。

第 1 步，执行“设计”→“Update Schmatics in 小信号.PrjPCB”命令，弹出如图 9.15 所示信息确认框。

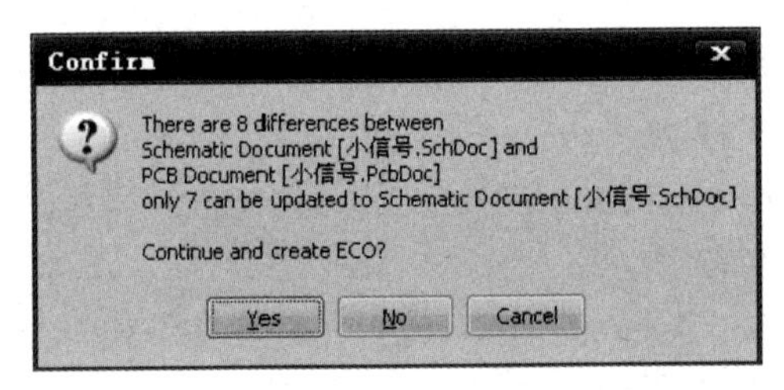

图 9.15　信息确认框

第 2 步，单击“Yes”按钮，弹出如图 9.16 所示“工程变化订单（ECO）”对话框。

第 3 步，单击“使变化生效”按钮，检查工程变化并使工程变化生效。

第 4 步，单击“执行变化”按钮，执行这些变化，原理图就接受了这些变化。

第 5 步，单击“关闭”按钮，原理图进行相应的更新。

本例中更新后的原理图元件标识发生相应变化，按纵坐标从下到上，然后再按横坐标从左到右标识，如图 9.17 所示。

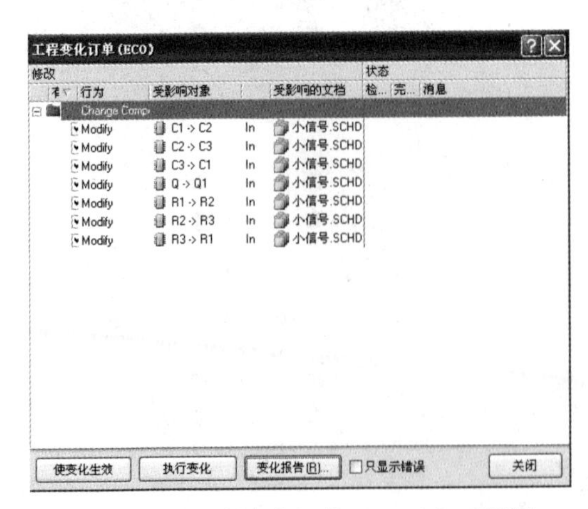

图 9.16　“工程变化订单（ECO）”对话框

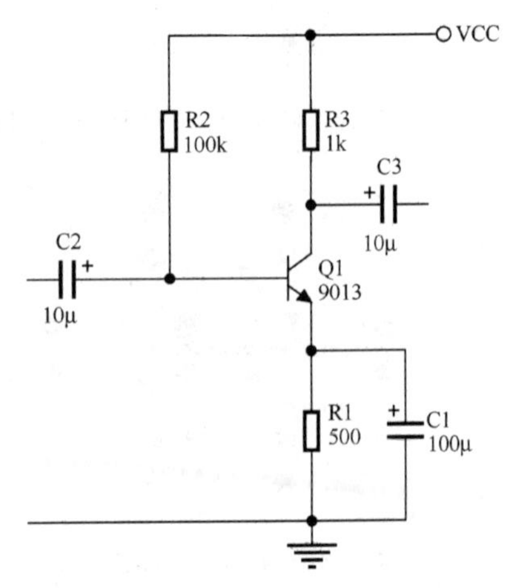

图 9.17　更新元件标识后原理图

在原理图编辑环境下，由原理图也可以更新 PCB，执行“Update PCB Document *.PcbDoc”命令，同样弹出“工程变化订单（ECO）”对话框，接下来的操作和由 PCB 更新原理图的操作方法相同。

元件的标注尽量不要放在元件下面或过孔焊盘上面，否则会给印制电路板的通断测试及元件的焊接带来不便；标注设计不要太小，否则可能会造成丝网印刷的困难，使字符不够清晰。

实　训

实训　自动更新元件标识

1. 自动更新元件标识的方式

把自动更新元件标识的 5 种方式用中文填在表 9.5 中。

表 9.5　自动更新元器件标识方式

更新方式	含义
1 By Ascending X Then Ascending Y	
2 By Ascending X Then Decending Y	
3 By Ascending Y Then Ascending X	
4 By Decending Y Then Ascending X	
5 Name from Position	

2. 实际操作

将表 9.6 中原理图生成 PCB 图，然后采用 2 By Ascending X Then Decending Y 自动更新元件标识，最后由 PCB 更新原理图，把步骤和结果填在表 9.6 中。

表 9.6　操作步骤和结果图示

原理图	PCB 自动更新元器件标识步骤	由 PCB 更新原理图步骤	更新后原理图
VCC R2 100k R3 1k C3 10μ C2 10μ Q1 9013 R1 500 C1 100μ			

3. 收获和体会

将进行由 PCB 更新原理图后的收获和体会写在下面空格中。

收获和体会：

4. 实训评价

将进行由 PCB 更新原理图步骤实训工作评价填写在表 9.7 中。

表 9.7　实训评价表

项目 评定人	实训评价	等级	评定签名
自评			
互评			
教师评			
综合评定 等级			

________年________月________日

拓　展

拓展　PCB 注释的添加

PCB 注释是放置到丝印层上的对象。注释可以是文字，也可以是简单的图形。通常以文字为主，主要用来对整个电路板做注释，不具有任何的电气特性。电路板丝印层上还包括一些用来标注元器件或者网络的说明文字，这些说明文字并不需要用户自己去添加，元器件的属性里就有。

通常放置在电路板上的注释为字符串，字符串也称为单行文字。放置步骤见项目七中的放置字符串。

通常电路板的注释放置在顶层丝印层上，若是双面板或者多层板需要在底层丝印层做一些注释时，用户就需要对放置的注释进行镜像操作。因为 PCB 图是成品电路板元器件面的透视图，顶层丝印层在元器件面上放置的注释与显示在实际电路板上的注释是相同的。而底层则不同，为了保证字符的正常显示，用户就要将放置在底层的字符串弄反，这样制作出来的字符串才是正的，才能保证字符的正常显示。

任务三 生 成 报 表

情 景

小明完成 PCB 设计后，想自己动手制作一个电路板。但是这块电路板有较多元件，在采购元件时要做较多的统计。其实在 Protel DXP 2004 中可以直接生成元件清单，不用这么费力地去人工统计元件型号，同时 Protel DXP 2004 还可以生成其他各类报表。

讲解与演示

生成报表

知识 1 PCB 图的网络表文件

前面介绍的 PCB 设计，采用的是从原理图生成网络表的方法，这也是大多数 PCB 设计的方法。但是，有些时候，设计者直接调入元件封装绘制 PCB 图，没有采用网络表。或者在 PCB 图绘制过程中，连接关系有所调整，这时 PCB 真正网络逻辑和原理图的网络表有所差异，所以可以在 PCB 图中生成一份网络表。现以单级小信号放大电路的 PCB 文件中生成网络表为例，讲述其步骤。

第 1 步，在单级小信号放大电路工作区域内的 PCB 编辑器主菜单中执行“设计”→“网络表”→“从 PCB 设计输出网络表”命令。

第 2 步，系统弹出确认对话框，如图 9.18 所示。

第 3 步，单击“Yes”按钮，系统自动生成 PCB 网络表文件“Exported 小信号.Net”并打开。

第 4 步，该网络表文件作为自由文档加入 Projects 面板中，如图 9.19 所示。

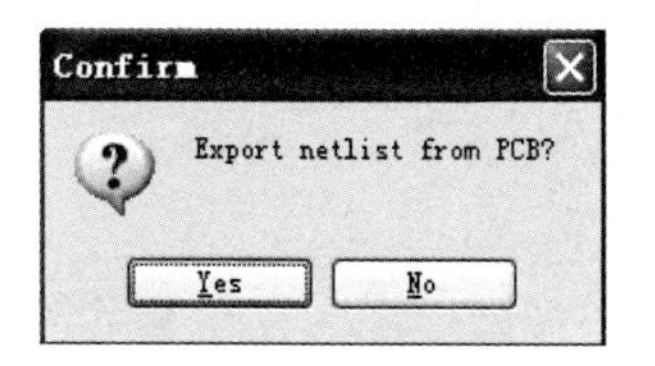

图 9.18 确认对话框

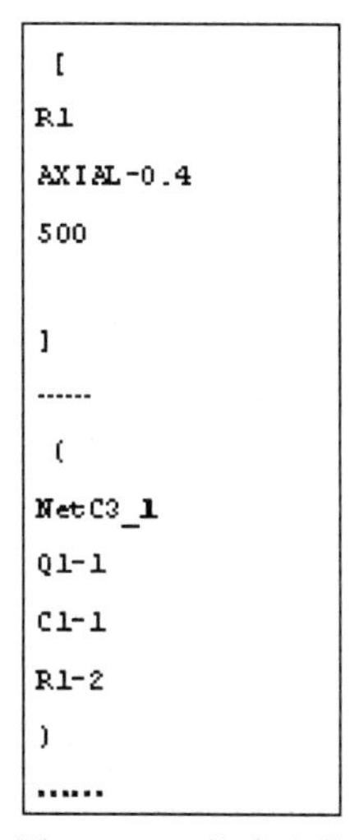

```
[
R1
AXIAL-0.4
500

]
------
(
NetC3_1
Q1-1
C1-1
R1-2
)
......
```

图 9.19 网络表文件

该网络表中的格式内容与原理图的网络表相同，也可以根据需要进行修改，修改后的网络表可再次载入，以验证 PCB 的正确性。

知识 2 PCB 信息报表

PCB 信息报表对 PCB 的元器件网络和一般细节信息进行汇总报告。在主菜单中执行“报告”→“PCB 板信息”命令，弹出“PCB 信息”对话框，该对话框中包含 3 个报告页。

1. “一般”报告页

如图 9.20 所示，该页汇总了 PCB 上的各类图元，如导线、焊盘等的数量、电路板的尺寸信息和 DRC 违规数量。

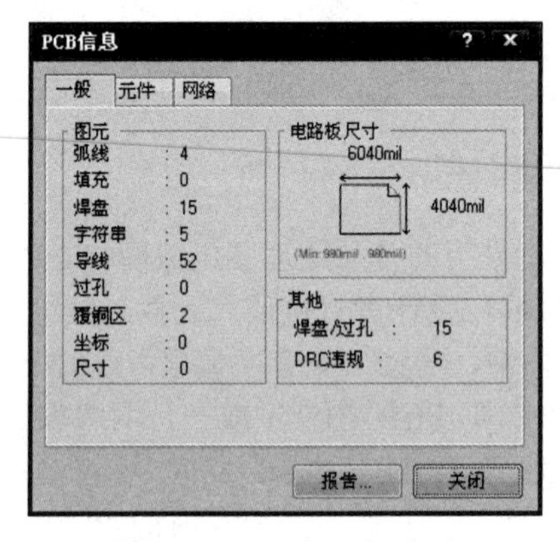

图 9.20 “一般”报告页

2. “元件”报告页

如图 9.21 所示，该页汇总了 PCB 上元器件的统计信息，包括元器件总数、各层放置数目和元器件标号列表。

3. “网络”报告页

如图 9.22 所示，该页列出了电路板的网络统计，包括导入网络总数和网络名称列表。单击“电源/地”按钮，弹出内电层信息对话框。这里是双面板，所以该信息栏内是空白的。

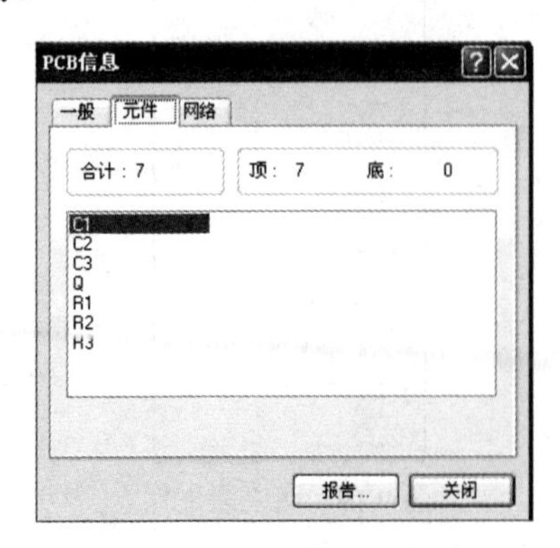

图 9.21 “元件”报告页

图 9.22 “网络”报告页

知识 3　元件报表

在主菜单中执行“报告”→“Bills of Materials”命令，系统弹出元件报表设置对话框，如图 9.23 所示。

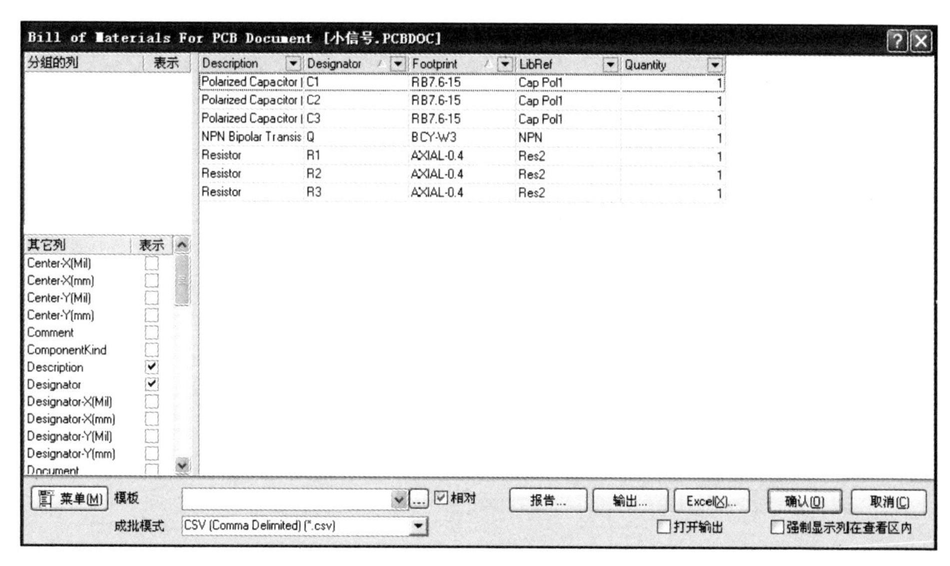

图 9.23　元件报表设置对话框

该对话框分成左右两栏列表。右侧列表中列出了当前 PCB 文件的所有元件及其相关信息，而列表内包含元件信息则由左侧的列表进行配置。

知识 4　网络表状态报表

该报表列出了当前 PCB 文件中所有的网络，并说明了它们所在的层面和网络中导线的总长度。在主菜单中执行“报告”→“网络表状态”命令，即生成名为“设计名.REP”的网络表状态报表，其格式如图 9.24 所示。

```
Nets report For
On 2011-6-27 at 8:26:42

GND    Signal Layers Only  Length:0 mils

NetC1_1    Signal Layers Only  Length:1235 mils

NetC2_1    Signal Layers Only  Length:793 mils

NetC3_1    Signal Layers Only  Length:964 mils

VCC    Signal Layers Only  Length:0 mils
```

图 9.24　网络表状态报表

实训

实训 PCB 报表文件

1. PCB 报表文件的种类

将 PCB 报表文件种类填写在表 9.8 中。

表 9.8 几种常用 PCB 报表文件

PCB 报表文件种类	PCB 报表文件作用	生成报表文件方法

2. 实际操作

生成单级小信号放大电路的元件报表文件和网络表文件。

____

____

3. 收获和体会

将生成 PCB 元件报表文件和网络表文件的收获和体会写在下面空格中。

收获和体会：

4. 实训评价

将生成 PCB 元件报表文件和网络表文件实训工作评价填写在表 9.9 中。

表 9.9 实训评价表

项目 评定人	实训评价	等级	评定签名
自评			
互评			
教师评			
综合评定等级			

______年______月______日

拓　展

拓展　实用快捷键一览

Protel DXP 2004 提供了极为方便的快捷方式。以下是一些常用的快捷键。

Page Up：对工作区以光标为当前位置的中心进行放大。

Page Down：对工作区以光标为当前位置的中心进行缩小。

Ctrl＋Page Down：对工作区进行缩放以显示所有图件。

Home：将光标所指的位置居中。

End 或 V/R：刷新工作区。

Q：mm（公制）与 mil（英制）的单位切换。

Shift＋←：光标以 10 倍锁定栅格的尺寸为单位向左移动。

Shift＋↑：光标以 10 倍锁定栅格的尺寸为单位向上移动。

Shift＋→：光标以 10 倍锁定栅格的尺寸为单位向右移动。

Shift＋↓：光标以 10 倍锁定栅格的尺寸为单位向下移动。

Ctrl＋Delete：删除选中图件。

P＋A：放置弧线。

P＋F：进行填充。

P＋P：放置焊盘。

P＋S：放置字符串。

P＋T：放置线段。

P＋V：放置过孔。

Alt＋←（回车上面的键）：撤销。

Alt＋E＋E＋A：取消全部选择。

Alt＋E＋S＋A：选中全部元器件。

Alt＋E＋L：删除被选中元器件。

Ctrl＋P：打印文件。

任务四　其他后期操作

情　景

对于基本的 PCB，小明能够制作出来了。但小明看到实际电器中的 PCB 子上面有安装孔、测试点以及在导线与焊点的连接处有一些泪滴状过渡，那都是些什么呢？

讲解与演示

其他后期操作

知识 1　补泪滴

所谓补泪滴就是在铜膜走线与焊点（或是导线）交换的位置特别地将铜膜走线逐渐加宽。由于加宽的铜膜走线形状很像泪滴，所以这样的操作就被称为补泪滴。补泪滴有几个好处：一是在 PCB 制作过程中，避免因钻孔定位偏差导致焊盘、导线断裂。二是在安装和使用中，可以避免因应力集中导致连接处断裂。三是焊盘导孔与铜膜走线的连接面比较平滑，不易残留化学药剂而腐蚀铜膜走线。

如图 9.25 所示，为补泪滴前后的焊盘与导线连接的变化。

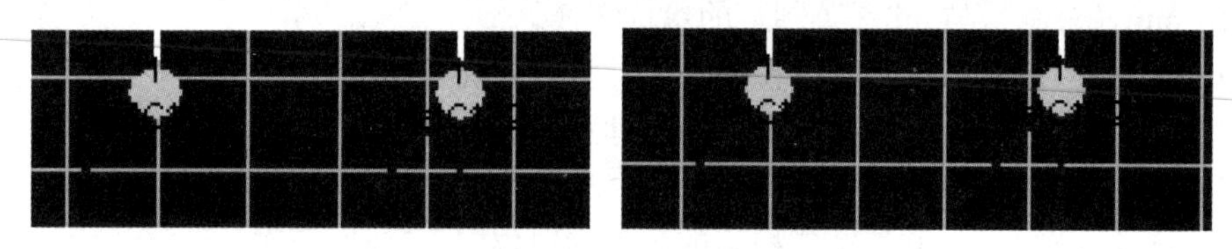

图 9.25　补泪滴前后的导线

在 PCB 编辑器的主菜单中执行“工具”→“泪滴焊盘”命令，系统弹出“泪滴选项”对话框，如图 9.26 所示。

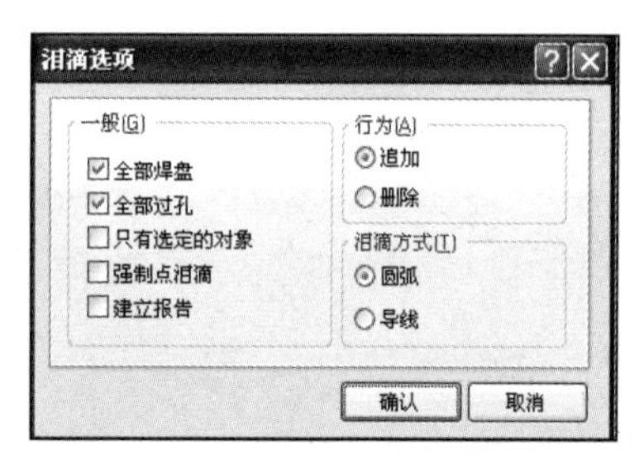

图 9.26　“泪滴选项”对话框

在该对话框内设置需要的泪滴操作，共有 3 个设置区域。

1）一般。该区域内“全部焊盘”、“全部过孔”和“只有选定的对象”3 个复选项用于设置泪滴操作的适用范围；“强制点泪滴”复选项是忽略规则约束强制为焊盘或过孔加泪滴，当然此项操作最终可能导致 DRC 违规；“建立报告”复选项用于设置是否建立报告文件。

2）行为。选择设置追加还是删除相应范围内的泪滴。

3）泪滴方式。选择泪滴的类型，即由焊盘向导线过渡的阶段是添加导线还是圆弧。

如果在电路板上既要添加泪滴又要覆铜，需要先添加泪滴再覆铜。

知识 2　放置安装孔

一般情况下，印制电路板的四周都应该有安装孔。对于大板子，应在中间多加固定螺钉孔；板上有重的元器件或较大的接插件等受力元器件时，边上也应加固定螺钉孔。安装孔通常采用过孔的形式，过孔的大小应根据实际需要设定，即由螺钉的粗细来决定。它通常不具有任何的电气特性，但有时设计者习惯于将其与接地网络连接，以便于后来的调试工作。

添加安装孔通常应该在 PCB 布局和布线之前，电路板的板形决定之后。放置安装孔的具体操作步骤如下。

第 1 步，单击“放置”→“过孔”菜单项，光标变成十字状。

第 2 步，按 Tab 键，弹出如图 9.27 所示“过孔”对话框。在该对话框中，可以设置过孔的外径、内径、位置和过孔的属性。

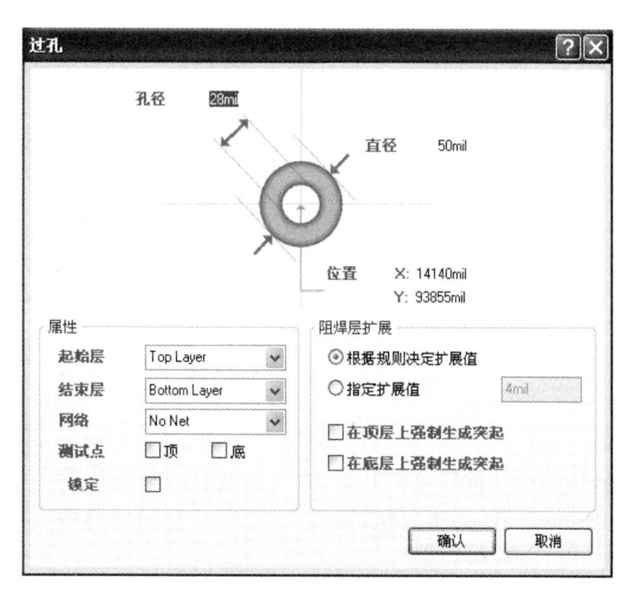

图 9.27　“过孔”对话框

第 3 步，设置完成后，单击“确认”按钮，放置一个过孔。

此时光标仍为十字状，可继续放置过孔。放置完毕，右击，退出该操作。

对于 3mm 的螺钉可用 6.5～8mm 的外径和 3.2～3.5mm 内径的过孔，对于标准板可以从其他板或 PCB 模板中调入。

知识 3　测试点

测试点是将网络中的某一节点焊盘设置为测试点属性，应用于信号完整性分析。为设计添加测试点，可以使用主菜单中的“工具”→“查找并设置测试点”命令，启动命令后，系统自动弹出如图 9.28 所示“Confirm”对话框，按下“Yes”按钮后再弹出如图 9.29 所示“Information”对话框，报告设置测试点的情况。

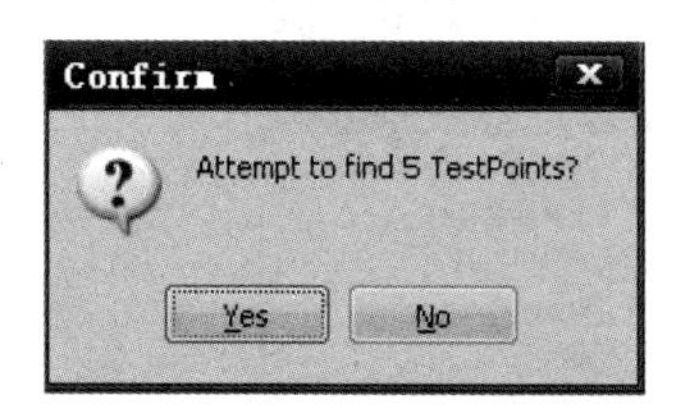

图 9.28　“Confirm”对话框

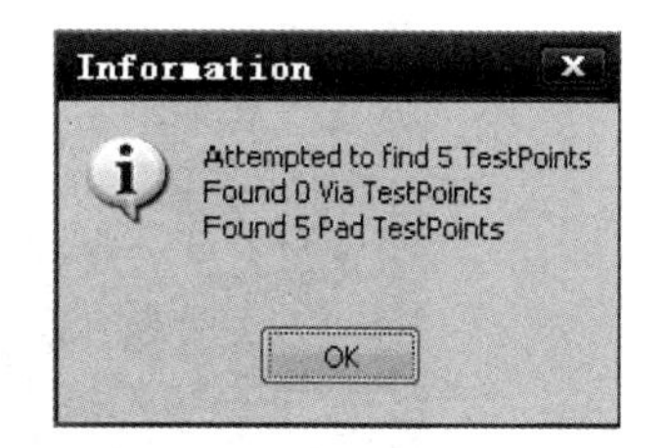

图 9.29　“Information”对话框

任务五　PCB文档的打印

情　景

小明在家里说他会设计PCB，但爸爸妈妈不懂电脑，习惯了纸质的东西。小明对付一般的字处理软件打印功能不在话下，但这PCB有各种板层，又如何打印说明不同的板层呢？就算是一块双层板，如果将顶层、底层及顶层丝印层等均单独打印，那每层的对象在PCB上的位置以及不同层对象之间的相对位置怎么确定？

讲解与演示

PCB文档的打印

知识1　了解文档板层

双层板应用最为广泛，下面以系统自带的Program Files\Altium2004\Examples\PCB Auto-Routing\Routed Board1.PcbDoc为例，介绍双层板的打印步骤。

第1步，打开Routed Board1.PcbDoc文件，可以看到当前板层有9个，如图9.30所示。

图9.30　Routed Board1.PcbDoc原始板层

第2步，在编辑区任意位置右击，系统弹出如图9.31所示快捷菜单，选择“PCB板层次颜色”选项。

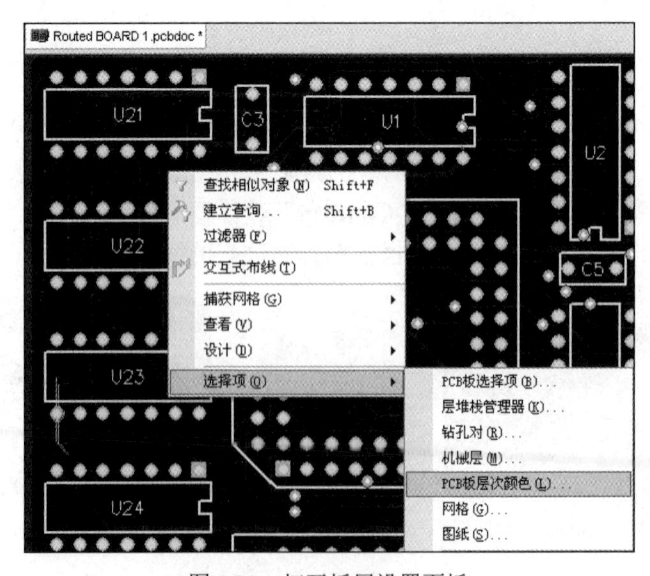

图9.31　打开板层设置面板

第 3 步，系统弹出如图 9.32 所示“板层和颜色”设置对话框，在该对话框中单击“选择使用的”按钮。

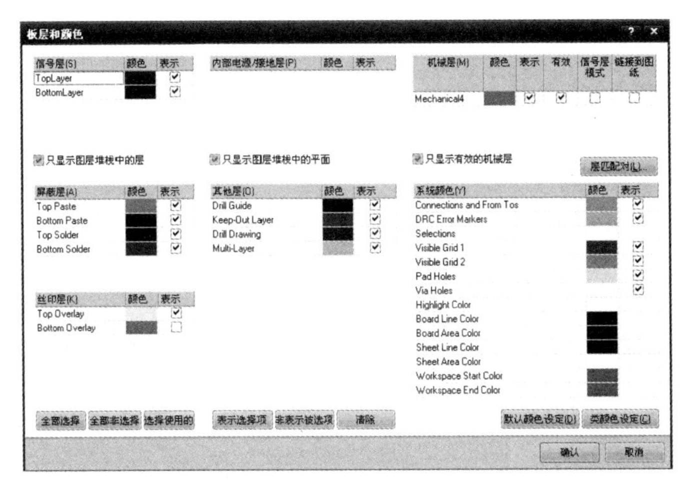

图 9.32 “板层和颜色”对话框

第 4 步，单击“确认”按钮。此时在编辑区下方的板层如图 9.33 所示，表示实际使用的板层只有 5 个。

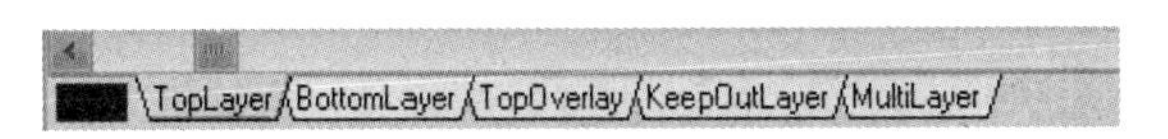

图 9.33 当前实际使用的板层

知识 2 打印预览及板层配置

习惯上在正式打印之前，首先应该预览一下以保证打印质量。对打印板层的配置是在预览操作中完成的，具体步骤如下。

第 1 步，执行“文件”→“打印预览”命令，系统弹出打印预览窗口，如图 9.34 所示。

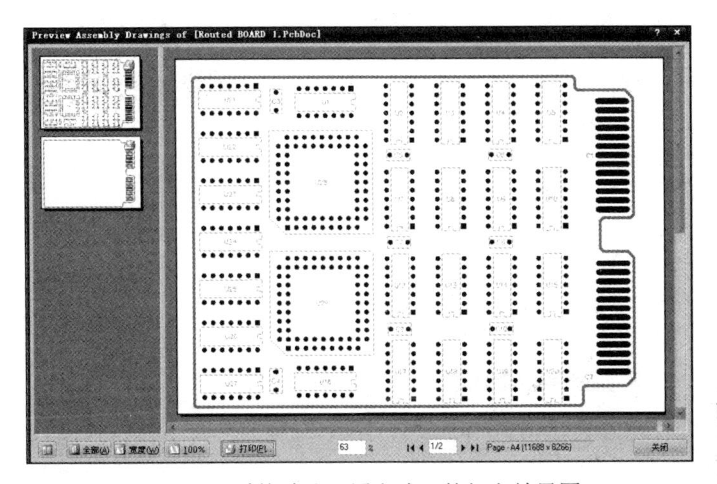

图 9.34 系统默认配置方式下的打印效果图

1）图 9.34 所示是系统默认配置方式下的打印效果图。

2）PCB 轮廓线没有专门在机械层绘制及标注，实际即为禁止布线层的图形。

3）双层板打印需要打印三份图纸，一份是顶层的布线情况，一份是底层的布线情况，一份是顶层丝印层的元器件布局情况，且每份图纸中包含 PCB 的轮廓线。

4）顶层图纸实际配置为“顶层+禁止布线层”，底层图纸实际配置为“底层+禁止布线层”，顶层丝印层实际配置为“顶层丝印层+禁止布线层”。

第 2 步，在任意位置右击，弹出如图 9.35 所示快捷菜单，选择“配置”选项。

第 3 步，系统弹出如图 9.36 所示“PCB 打印输出属性”设置对话框。该对话框显示当前包含两个打印任务以及每个打印任务当前使用的所有板层。

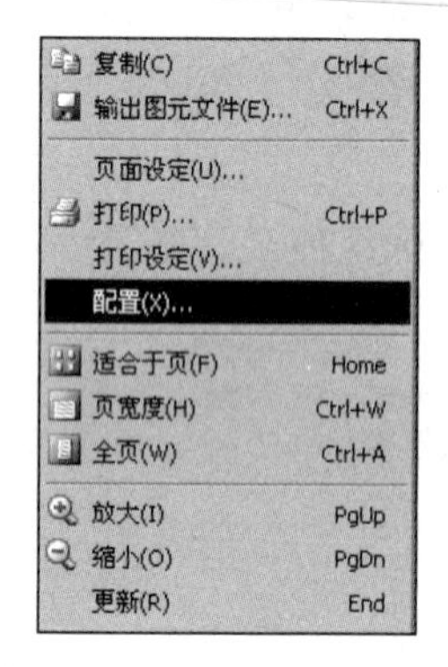

图 9.35 打开 PCB 打印输出属性设置面板

PCB打印输出属性

打印输出层	包含元件			打印输出选项		
名称	顶	底	双面	孔	镜像	TT 字体
Top Assembly Drawing	☑	☐	☑	☐	☐	☐
TopLayer						
TopOverlay						
MultiLayer						
KeepOutLayer						
Bottom Assembly Drawing	☐	☑	☑	☐	☐	☐
BottomLayer						
BottomOverlay						
MultiLayer						
KeepOutLayer						

优先设定... 确认 取消

图 9.36 “PCB 打印输出属性”对话框

第 4 步，将顶层作为当前打印任务，删除无关的两个板层过程如下。

① 删除顶层丝印层。用鼠标在 TopOverlay 上右击，系统弹出如图 9.37 所示快捷菜单，选择“删除”选项。

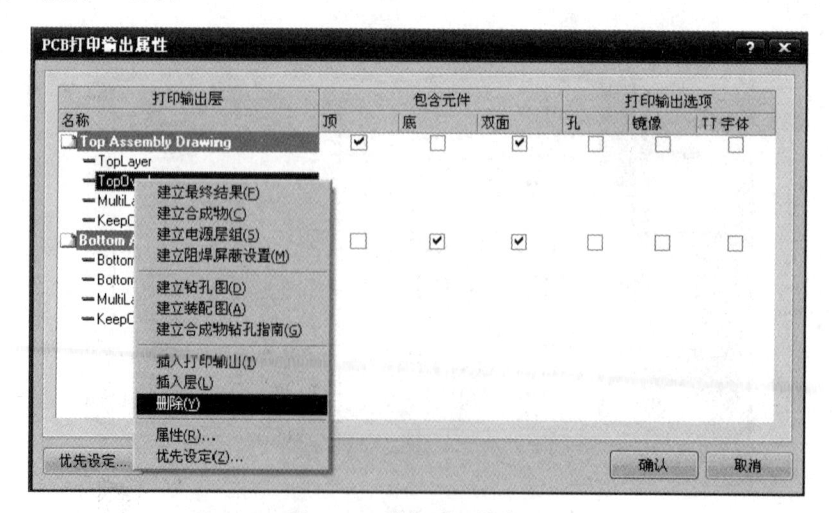

图 9.37 删除顶层丝印层

② 系统弹出如图 9.38 所示确认提示框，单击“Yes”按钮，顶层丝印层即被删除。

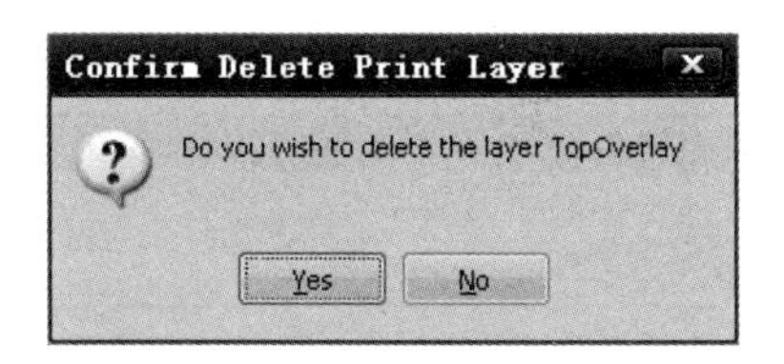

图 9.38　顶层丝印层删除确认框

③ 用同样的方法删除多维层（MultiLayer），只剩下顶层和禁止布线层。

④ 选中对话框中的“孔”复选框。可将 PCB 的钻孔显示出来，使打印结果更接近于真实的 PCB 视图。顶层打印配置完成。

第 5 步，用同样方法删除底层预览中的底层丝印层（BottomLayer）和多维层（MultiLayer），同时选中“孔”复选框，单击“确认”按钮，顶层和底层配置后结果如图 9.39 所示。

第 6 步，增加顶层丝印层打印任务。

① 重新打开“PCB 打印输出属性”设置对话框，在该对话框任意空白区域右击，系统弹出快捷菜单，选择“插入打印输出”选项，如图 9.40 所示。

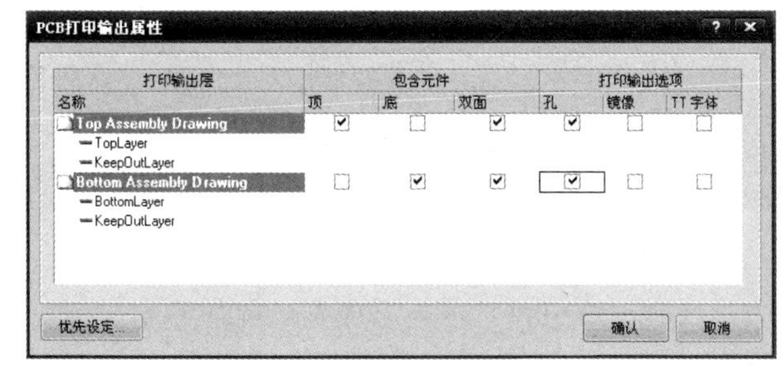

图 9.39　顶层和底层配置后结果

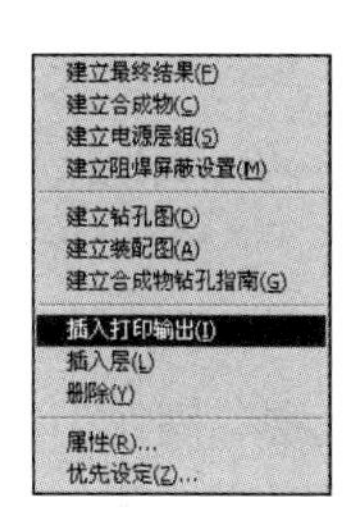

图 9.40　插入（增加）新的打印任务

② 系统新建默认名为 New PrintOut 1 的打印任务，光标指针移到 New PrintOut 1 上右击，系统弹出如图 9.41 所示快捷菜单，选择“插入层”选项。

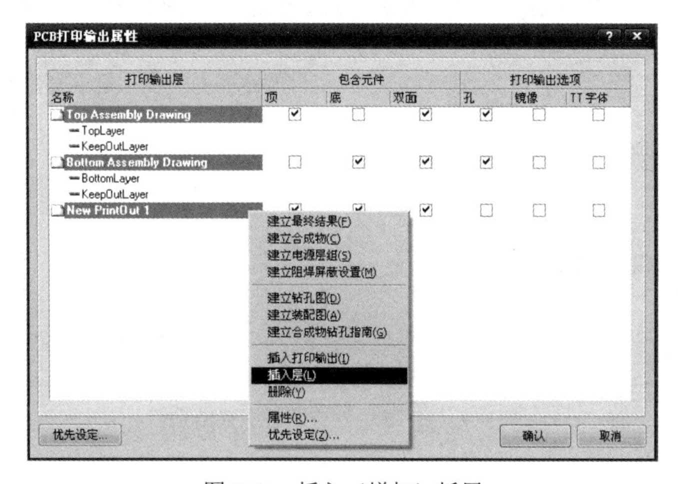

图 9.41　插入（增加）板层

③ 系统弹出如图 9.42 所示“层属性”设置对话框，在“打印层次类型”下拉列表框中选择 TopOverlay 选项。

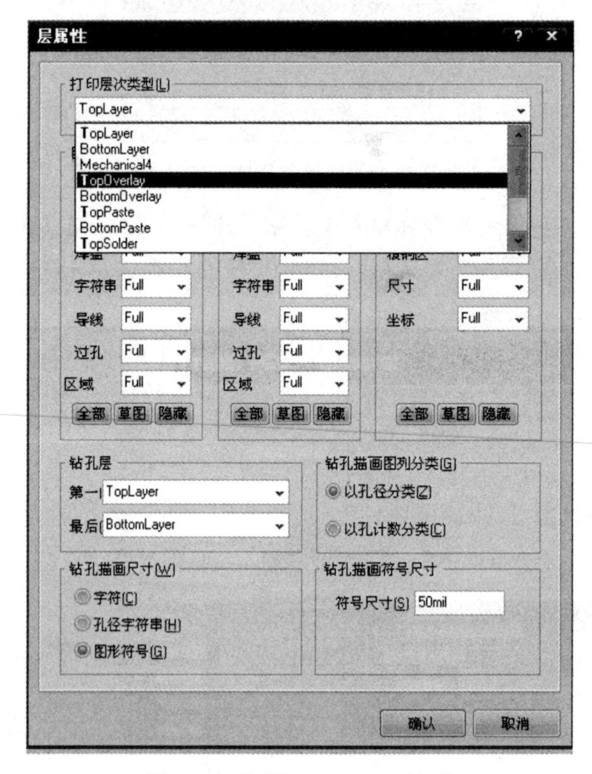

图 9.42 选择 TopOverlay 选项

④ 单击“确认”按钮，顶层丝印层（TopOverlay）已被添加到当前任务中。

⑤ 用同样方法，将禁止布线层添加到当前打印任务中。

⑥ 选中“孔”复选框。至此完成顶层丝印层打印的配置。

打印任务的板层配置结果如图 9.43 所示。

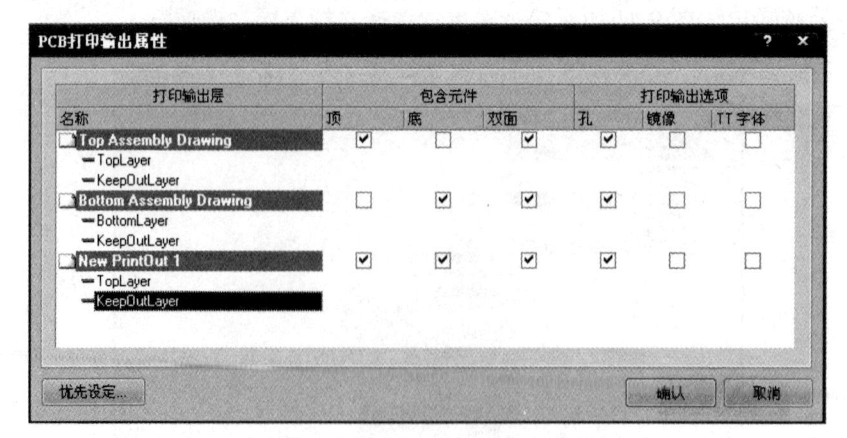

图 9.43 打印任务的板层配置结果

在打印预览窗口中已经可以看到三个打印任务的打印效果图，可以通过按 Page Up 或 Page Down 键进行放大或缩小预览，如图 9.44 所示。

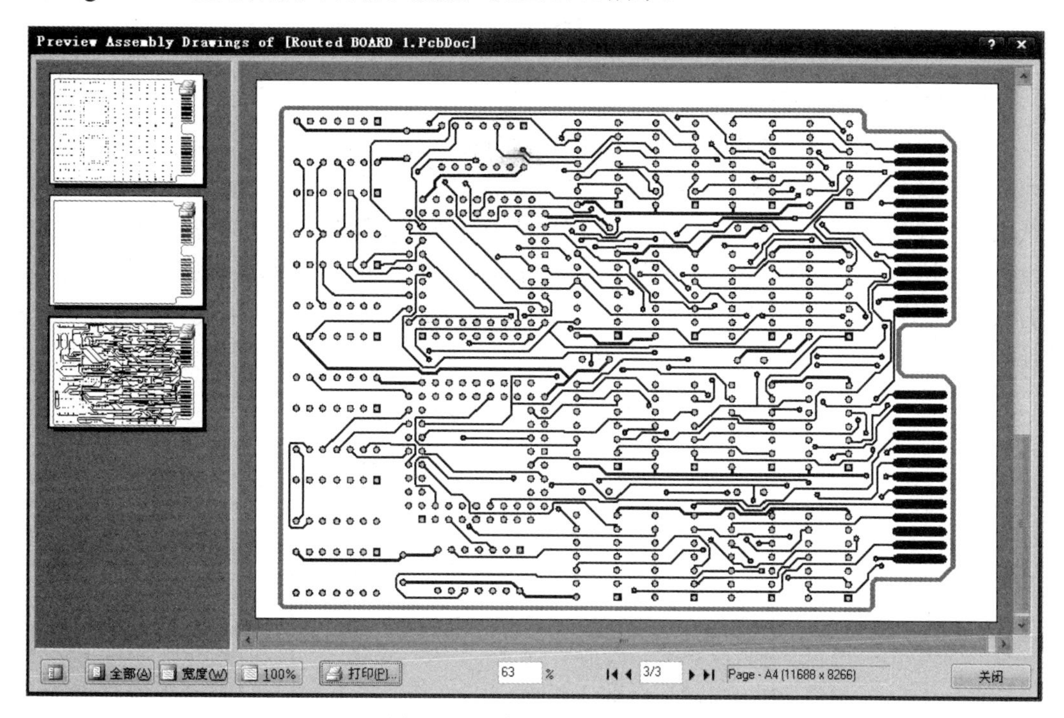

图 9.44　3 个打印任务的预览

若想给打印任务取一个贴切的名称以增加可读性，系统允许为打印任务重新命名。操作过程如下。

打开“PCB 打印输出属性”设置对话框，单击打印任务默认名后输入自定义的名称。若将三个打印任务分别命名为“顶层布线图”、“底层布线图”和“元件布局图”后的结果如图 9.45 所示。

PCB打印输出属性

打印输出层	包含元件			打印输出选项		
名称	顶	底	双面	孔	镜像	TT 字体
顶层布线图	✔	☐	✔	✔	☐	☐
TopLayer						
KeepOutLayer						
底层布线图	☐	✔	✔	✔	☐	☐
BottomLayer						
KeepOutLayer						
元件布局图	✔	✔	✔	✔	☐	☐
TopLayer						
KeepOutLayer						

优先设定...　　确认　　取消

图 9.45　为任务重新命名后的结果

知识 3　打印

打印之前需要对页面以及打印机进行设置。

1. 页面设置

执行“文件”→“页面设定”命令，或在打印预览窗口任意位置右击，在弹出的快捷菜单中选择“页面设定”选项，系统弹出页面设置面板，如图 9.46 所示，其中包括纸张大小设置、打印方向设置、打印比例模式及比例系数设置、矫正系数设置以及颜色设置等。这里将“刻度模式”设置为 Scaled Print（比例打印），“刻度”设置为 1，即 1∶1 的比例，“修正”设置为 1，即无需矫正，“彩色组”设置为灰色，纸张尺寸为 A4，横向打印。页面设置结束，单击“关闭”按钮。

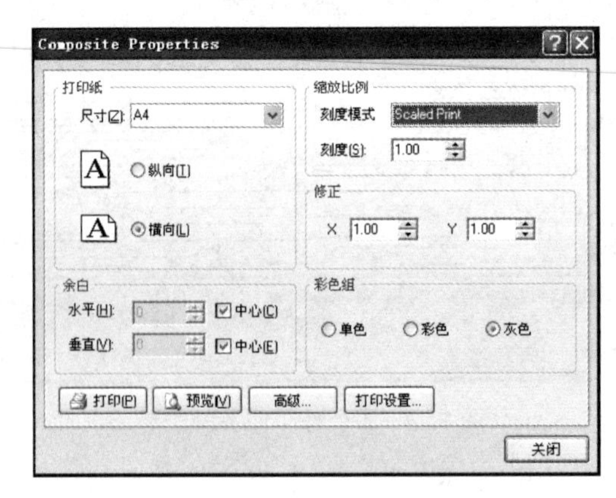

图 9.46　页面设置面板

2. 打印机设置

在打印预览窗口任意处右击，系统弹出快捷菜单，选择“打印设定”选项，或者执行“文件”→“打印设定”命令，系统弹出打印机设置面板，如图 9.47 所示。该面板包括打印机选择、打印机属性设置等。在“页面范围”选项组中选择“当前页”单选按钮即可打印预览窗中高亮显示的任务。

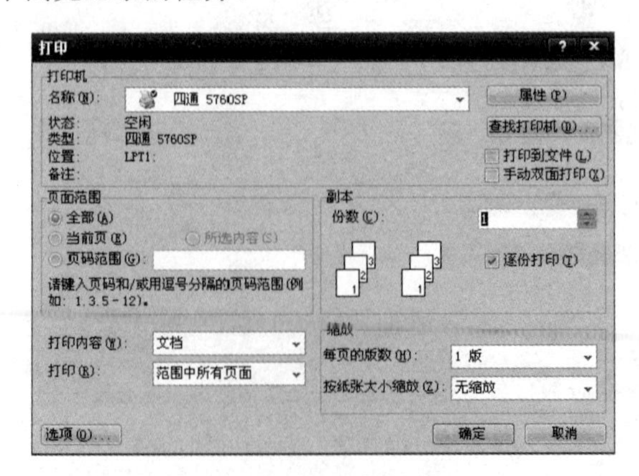

图 9.47　打印机设置

3. 打印

以上两项正确设置后，即可进行打印。在打印预览窗任意处右击，系统弹出快捷菜单，如图 9.35 所示，选择“打印”选项，或者执行“文件”→“打印”命令，系统再次弹出打印机设置面板，单击“确定”按钮，开始打印。

实 训

实训 PCB 文档的打印设置

1. 练习打印操作

以 Altium2004\Examples\PCB Auto-Routing\Routed Board 2.PcbDoc 为操作文件练习打印设置。最后“PCB 打印输出属性”对话框如图 9.45 所示，写出打印任务设置操作步骤。

____

____

____

2. 收获和体会

将进行“PCB 文档的打印设置”的收获和体会写在下面空格中。

收获和体会：

3. 实训评价

将进行“PCB 文档的打印设置”实训工作评价填写在表 9.10 中。

表 9.10 实训评价表

项目 / 评定人	实训评价	等级	评定签名
自评			
互评			
教师评			
综合评定等级			

________年________月________日

拓 展

拓展 单层板及多层板的打印

1. 单层板的打印

比较简单、印制导线密度较低的单层板，可以将所有的层一并打印。较为复杂的单层板，可以将底层和顶层丝印层分别打印，与双层板打印类似，描述 PCB 轮廓的板层应该被配置在任何一个打印任务中。如任务六中描述轮廓的禁止布线层。

2. 多层板的打印

如果所有元器件都集中于顶层一侧，打印任务及配置可以参照双层板。如果 PCB 元器件采用双面安装，在双层板打印配置的基础上增加一个底层丝印层打印任务。当然，如果双面板采用的是双面安装，也应打印底层丝印层。

思考与练习

一、判断题（对的打“√”，错的打“×”）

1. 为了提高抗电磁干扰能力，只能增加印制电路板中电源/地线的宽度。（ ）
2. 在 PCB 设计的过程中，一般情况下，地线越宽越好。（ ）
3. PCB 既有数字地，又有模拟地，走线不一定要分开。（ ）
4. 覆铜可以放置在任何信号层上。（ ）
5. 矩形铜膜放置在信号层上，主要用于创建一个空白区域。（ ）
6. 元器件的标注尽量不要放在元器件下面或过孔、焊盘上面。（ ）
7. PCB 网络表的格式内容与原理图的网络表相同，但不可以进行修改。（ ）
8. PCB 信息报表对 PCB 的元器件网络和一般细节信息进行汇总报告。（ ）
9. 如果在电路板上既要添加泪滴又要覆铜，需要先覆铜再添加泪滴。（ ）
10. 在建立覆铜时可以用光标在 PCB 的任意层的边界线，画出一个闭合的矩形框，不必费力将线框闭合，系统会自动将起始点和终止点连接起来构成闭合线框。（ ）

二、填空题

1. 如果地线周围空间很大，宽度通常可取________左右。一般情况，也在________之间。在布线可以布通的情况下，所有的导线最好在________左右。

2. PCB 采用包地操作生成包络线，可将网络内的________、________及________包络起来。

3. ________就是在电路板中空白地方铺满铜膜或铜网。一般都是铺成________，起到一定的________作用。

4. 对于已放置的覆铜，可以对其________和________进行修改。

5. 矩形铜膜填充具有________的功能，也可以用来连接________。

6. 通常电路板的注释放置在________上，若是双面板或者多层板需要在底层丝印层做一些注释时，用户就需要对放置的注释进行________操作。

7. PCB 信息报表包括________报告页、________报告页和________报告页。

8. 所谓补泪滴就是在铜膜走线与________交换的位置特别地将铜膜走线逐渐________。

9. 安装孔通常采用________的形式，它通常不具有任何的________特性。

10. 在进行自动布局时，若电路元器件较少，通常采用________。

11. 在打印输出的 PCB 图中，________的图形在事实上充当了轮廓线的角色。

12. 给打印任务取一个贴切的名称有助于增加________的友好性。

13. 新建打印任务，应选择的操作是________。

14. 为打印任务添加层，应选择的操作是________。

三、简答题

1. 导线宽度由哪一项设计规则决定？如何修改？

2. PCB 设计完成后，加宽电源线和地线的操作步骤如何？

3. 元器件标识、型号等注释信息能否放在焊盘、过孔上？为什么？

4. 如何由 PCB 图更新原理图？写出更新操作步骤。

5. PCB 报表文件主要有哪几种？各种报表文件有什么作用？如何才能生成各种报表文件？

6. 补泪滴有什么好处？

7. 简述放置覆铜的步骤。

8. 简述印制电路板制作的操作过程。

四、综合练习题

1. 针对如图 9.48 所示的固定直流电源，设计一块 PCB 的具体要求如下。

1）将所有元器件放在 2000mil×2000mil 的 PCB 中。

2）把导线与导线之间，导线与焊盘之间的安全间距设置成 15mil。

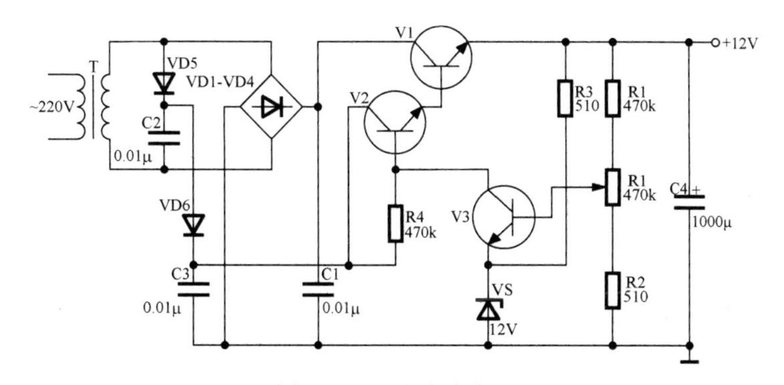

图 9.48　固定直流电源

3）电源线和地线的线宽设置成 20mil，其余导线的线宽均为 15mil。

4）将印制电路板制作成双层板。

5）生成元器件清单报表，以便于元器件的采购。

6）打印板层设置。

2. 新建一个项目名为“振荡器.PrjPCB”的项目文件，在这个项目下建立一个名为“振荡器.SchDoc”的原理图文件和一个名为“振荡器.PcbDoc”的 PCB 文件。电路图如图 9.49 所示。设计要求如下。

1）使用单层电路板，尺寸为 1000mil×1000mil。

2）更新网络表和 PCB。

3）自动布局，并手工调整。

4）自动布线，并手工调整。

5）调整线宽，电源线和接地线增加到 30mil，其他为默认线宽。

6）补泪滴。“泪滴选项”对话框如图 9.26 所示。

7）包地。对焊盘 R3、R2、R1、R4 和它们中间的连线进行包地操作。

8）覆铜。

9）放置尺寸标注。

10）四个角放置 5mm 的定位孔。

11）对 PCB 文档进行打印设置。

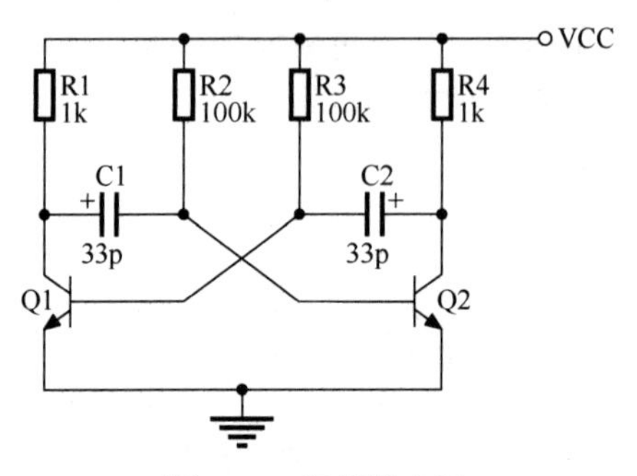

图 9.49 振荡器电路

项目十

元件封装与元件封装库

学习目标

随着现代电子技术的发展，电子元件种类、外形层出不穷。在 Protel DXP 2004 封装库中，不可能包含所有的元件封装，这时设计者就需要自己创建一些元件封装。

通过本项目的学习，了解元件封装和元件库的创建，掌握如何创建元件封装。

知识目标

- 了解元件库和元件库的创建。
- 创建元件封装的流程。
- 创建元件库的意义。

技能目标

- 掌握使用向导和手工创建元件封装。
- 能生成项目元件封装库和集成元件库。

任务一　创建元件封装库

情　景

小明在设计和制作电路过程中，有些元件在 Protel DXP 软件自带封装库中找不到相适应的封装，如按钮、接插件等都没有合适的封装，使 PCB 设计无法正常进行下去。小明想自己创建一个元件封装，与元件的创建同样道理，被创建的元件封装需要放在元件封装库当中。下面来学习元件封装库的建立和保存方法。

讲解与演示

创建元件封装库

知识 1　创建元件封装库

启动 Protel DXP 2004，执行菜单栏“文件”→“创建”→“库”→“PCB 库”命令，弹出如图 10.1 所示界面。在设计窗口中显示一个新的名为“PcbLib1.PcbLib”的元件封装库文件和一个名为“PCBCOMPONENT-1”的空白元件图纸。

知识 2　元件封装的设计界面

元件封装设计界面，如图 10.1 所示。主要包括四个部分：主菜单、主工具栏、左边的工作面板和右边的工作窗口。该界面与 PCB 编辑器界面相似，在此不再作详细介绍。

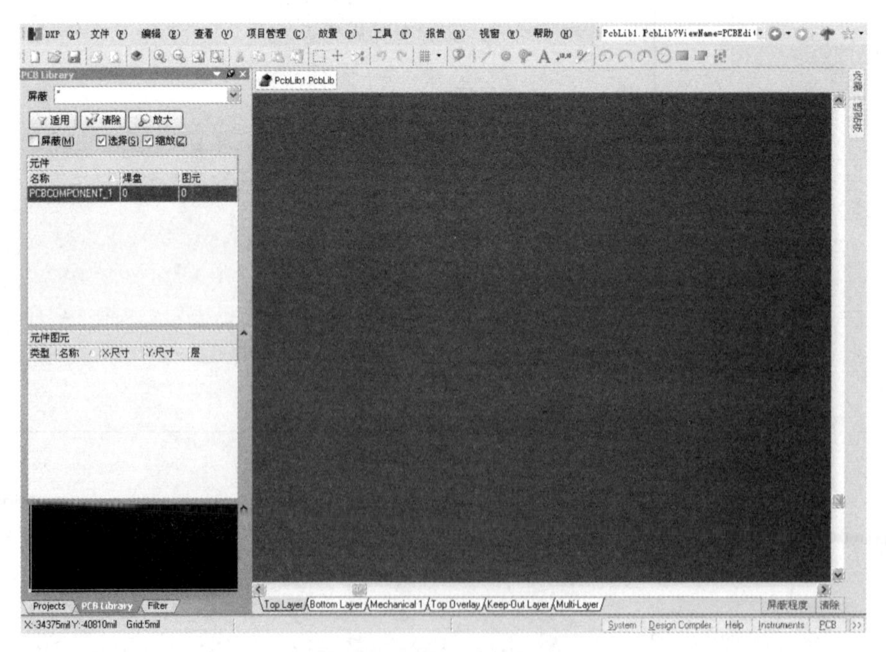

图 10.1　PCB 库的创建

知识 3 保存元件封装库

执行菜单栏中的“文件”→“另存为”命令，弹出保存文件对话框。在该对话框中将库文件更名为 MyPcblib.PcbLib，即可同时完成对元件封装库的重命名和保存。

任务二 使用向导创建元件封装

情 景

小明创建了一个元件封装库，现在就可以在库中绘制具体的元件封装了。那么，绘制封装的方法有几种呢？创建封装的方法常有使用向导和手工设置两种。下面我们先学习使用向导创建元件封装。

讲解与演示

使用向导创建元件封装

知识 1 新建元件封装

在新建元件封装库后，系统将自动新建一个封装，如图 10.2 所示。在 PCB Library 面板中，激活了此时封装库中唯一的 PCB 封装 PCBCOMPONENT_1。

系统为新建的元件封装库自动生成第一个元件封装后，以后的元件封装需要设计者手动生成。单击“工具”→“新元件”菜单选项，将启动元件封装向导，可以使用向导绘制元件封装，也可以手动绘制元件封装，但是无论采用哪种方式，元件封装被新建出来后，将出现在封装库中。

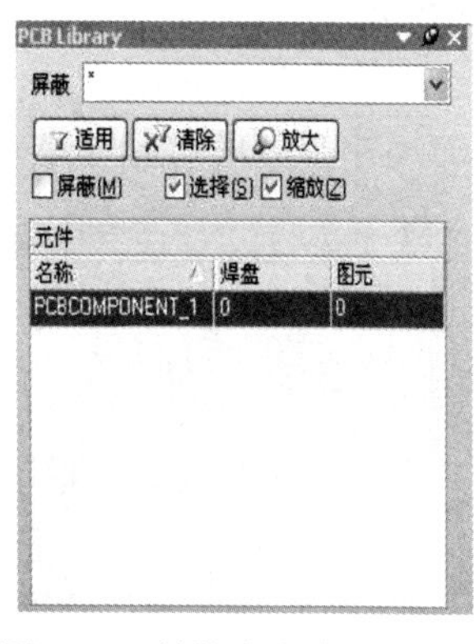

图 10.2 封装库中激活的封装

知识 2 打开元件封装

软件自身带有封装库，打开已经存在的封装需要以下几个步骤。

第 1 步，加载需要打开的封装库。

第 2 步，在工作面板的封装库浏览器中寻找想要打开的封装，单击选中该封装。

第 3 步，双击该封装，封装被打开，并进入对该封装的编辑状态，可以编辑该封装。

知识 3 使用向导创建元件封装

第 1 步，执行“工具”→“新元件”命令，或者在“PCB 元件库”管理器面板内，右击“元件”区域，选择“元件向导”命令，启动元件封装向导，如图 10.3 所示。

第 2 步，单击“下一步”按钮，弹出元件模式对话框，如图 10.4 所示。

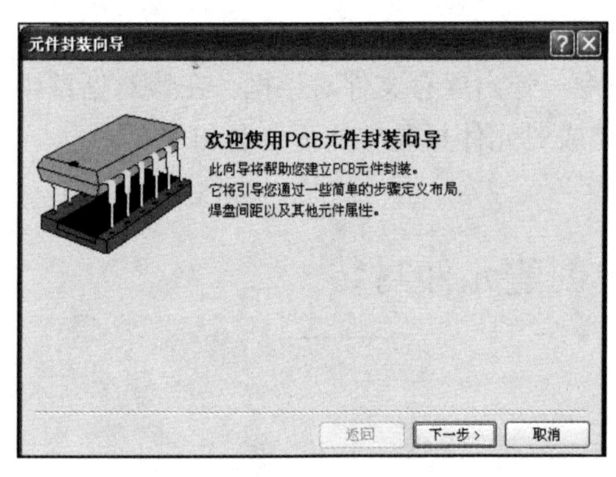

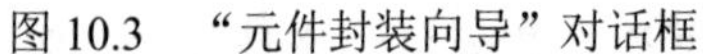
图 10.3 “元件封装向导”对话框

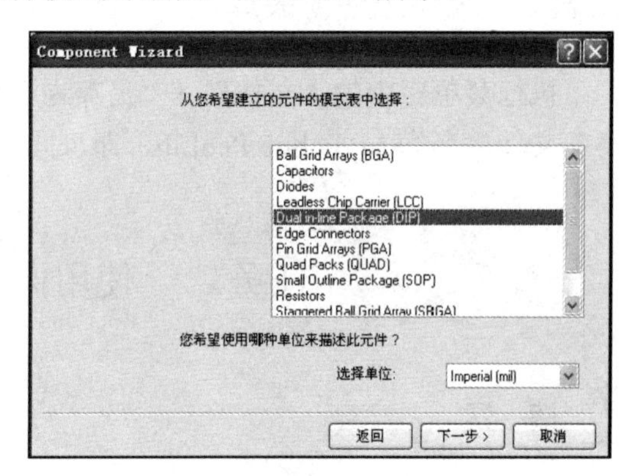

图 10.4 元件模式对话框

在该对话框中，列出了 12 种元件封装，用户可以从中选择需要的一种形式。同时还可以选择度量单位，即 Imperial（英制，mil）和 Metric（公制，mm），系统默认设置为英制。

第 3 步，选择 Dual in-line Package（DIP）模板，使用英制度量单位。

第 4 步，单击“下一步”按钮，弹出焊盘尺寸对话框，如图 10.5 所示。单击尺寸标注文字，文字进入编辑状态，输入数值即可。本例中，焊盘外径设为 50mil，内径设为 32mil。

第 5 步，单击“下一步”按钮，弹出焊盘间距对话框，如图 10.6 所示。单击要修改的尺寸，即可对尺寸进行修改。本例中水平设为 300mil，垂直设为 100mil。

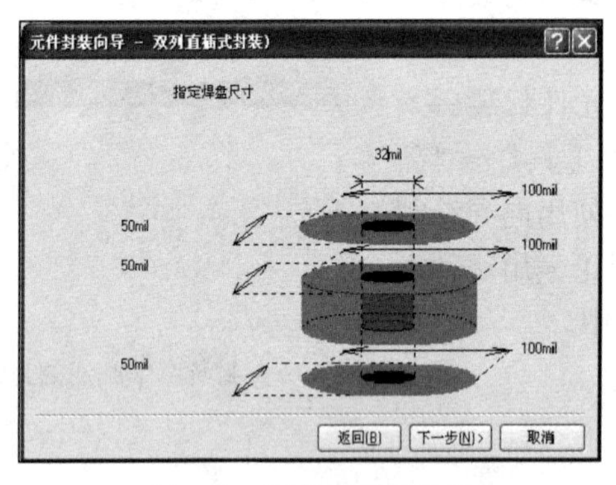

图 10.5 焊盘尺寸对话框

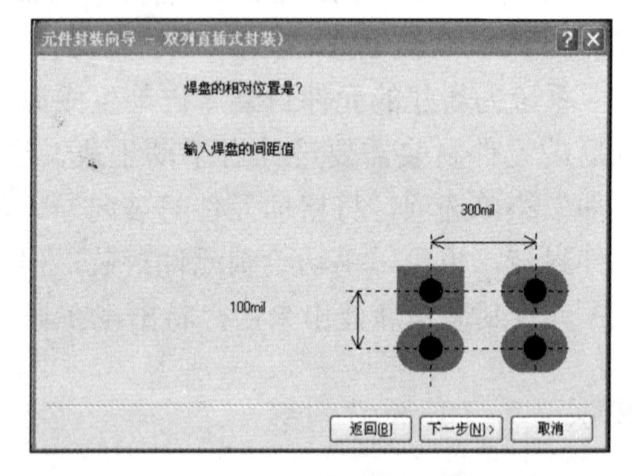

图 10.6 焊盘间距对话框

第 6 步，单击“下一步”按钮，弹出轮廓宽度对话框，如图 10.7 所示。根据元件外形尺寸大小，设置合适的轮廓线宽度。本例中选择默认值。

第 7 步，单击“下一步”按钮，弹出焊盘数量设置对话框，如图 10.8 所示。本例中输入 16。

第 8 步，单击“下一步”按钮，弹出元件名称设置对话框，如图 10.9 所示。直接在编辑框中输入名称“DIP16”。

第 9 步，单击“下一步”按钮，弹出元件封装向导完成对话框，如图 10.10 所示。

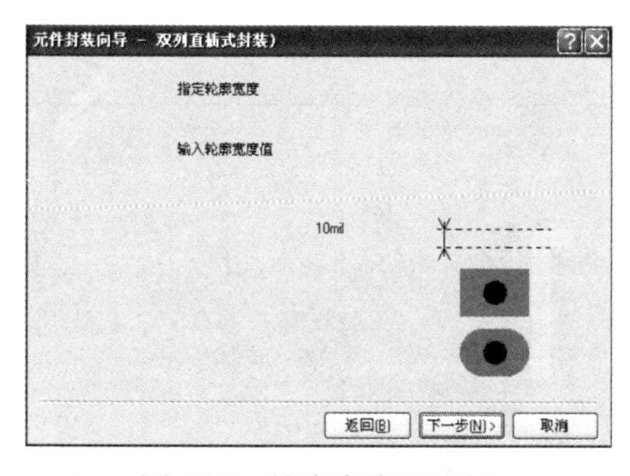

图 10.7　轮廓宽度对话框

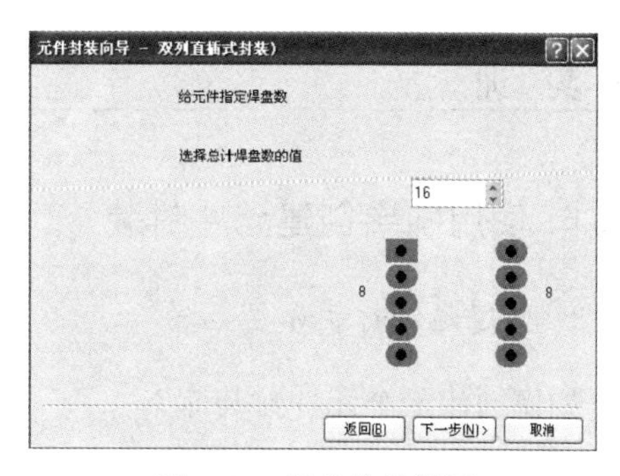

图 10.8　焊盘数量设置

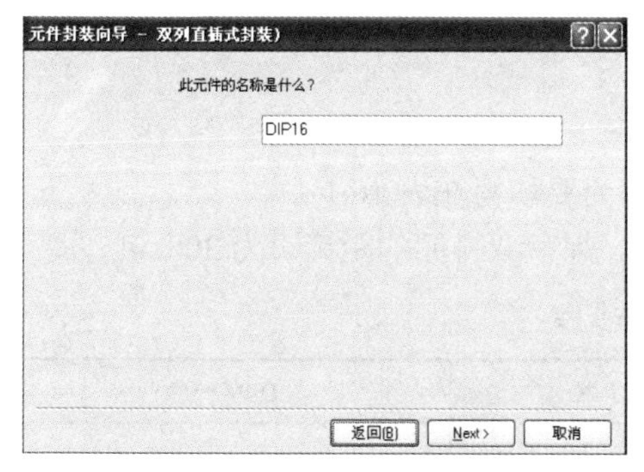

图 10.9　元件名称设置对话框

图 10.10　元件封装向导完成对话框

第 10 步，单击 Finish 按钮，完成新元件封装的创建。

完成的 DIP16 元件封装将出现在 PCB 库编辑面板的元件列表中，如图 10.11 所示。最后执行存储命令将新创建的元件封装及元件库保存。

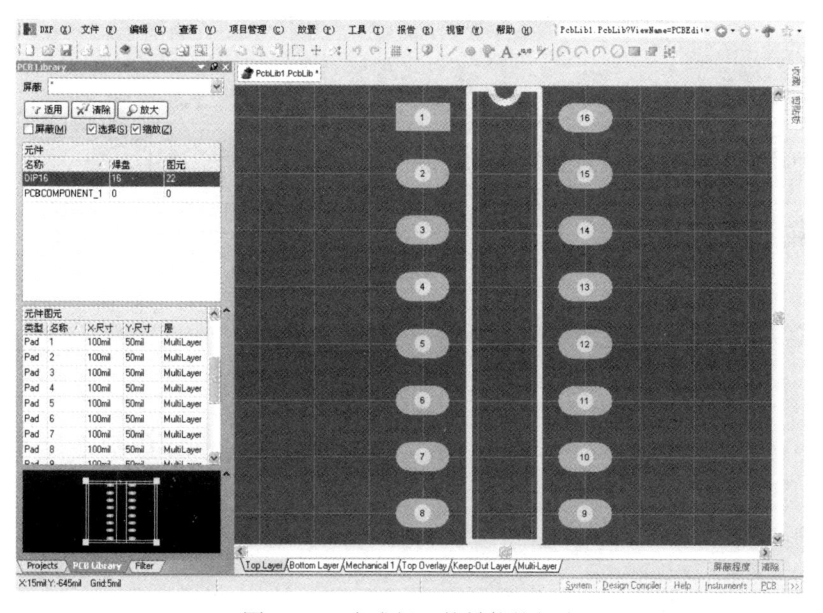

图 10.11　完成新元件封装的创建

实 训

实训　使用向导创建元件封装

1. 创建元件封装库

如何创建一个元件封装库？

____

____

____

2. 创建 DIP4 元件封装的步骤

使用向导创建 DIP4 元件封装，把创建步骤简要填写在表 10.1 中。
焊盘外径均设为 60mil，内径均设为 30mil。焊盘双排间的距离设为 300mil。

表 10.1　操作步骤

创建元件封装库步骤	创建元件封装步骤	DIP4 外形

3. 收获和体会

将“使用向导创建元件封装”后的收获和体会写在下面空格中。

收获和体会：

4. 实训评价

将“使用向导创建元件封装”实训工作评价填写在表 10.2 中。

表 10.2 实训评价表

项目 评定人	实训评价	等级	评定签名
自评			
互评			
教师评			
综合评定 等级			

________年________月________日

拓 展

拓展 元件封装的修改

在设计 PCB 过程中，有时需要的元件封装在封装库中找不到，而新建一个元件封装又比较麻烦，此时可以直接在 PCB 上更改元件封装。例如把图 10.12 所示的元件封装更改为图 10.13 所示的形状，修改步骤如下。

第 1 步，在 PCB 图中双击图 10.12 所示需要更改的元件封装，打开如图 10.14 所示元件属性对话框。

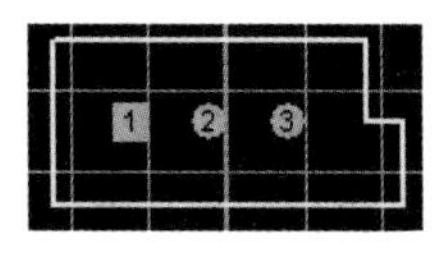

图 10.12 原封装形式

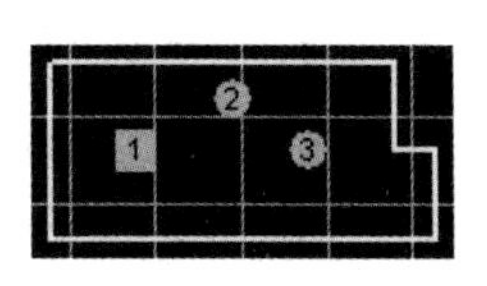

图 10.13 修改后封装

图 10.14 元件属性对话框

第 2 步，取消属性对话框中“锁定图元”勾选，使元件封装的各个组成部分分开。

第 3 步，按图 10.13 所示形状修改导线和焊盘。

第 4 步，调整完毕后，再选中“锁定图元”复选框，将各个组成部分重新固定。

第 5 步，单击“确认”按钮，退出属性设置对话框。

至此，元件封装就修改好了。

修改元件封装也可以采用手工调整元器件封装轮廓线的方法。

图 10.11 生成的封装是以 DIP 为模板进行创建的，有时其轮廓线并不一定符合元件的外形，还需要进一步手工调整。手工调整采用的方法有以下几种。

1）选择“查看”→“切换单位”命令，进行尺寸单位的切换。

2）单击需要调整的线段，用鼠标拖曳的方法调整一个线段的尺寸和位置。

3）双击该线段，弹出如图 10.15 所示导线属性对话框，在该对话框中进行线段的起始坐标和终止坐标的修改。

4）在 PCB 元件库编辑器中，有着与原理图编辑器相似的全局编辑功能。

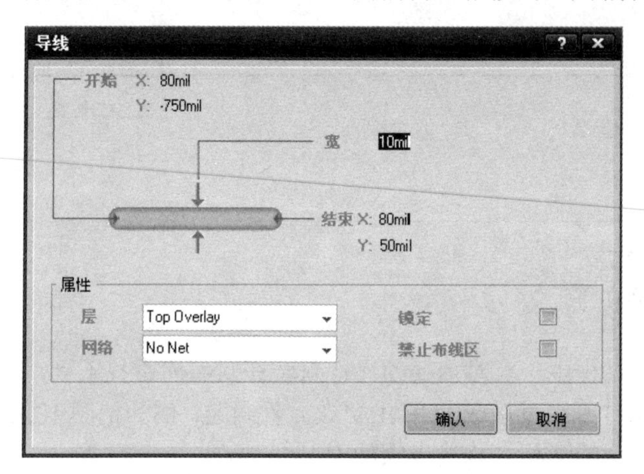

图 10.15　导线属性对话框

任务三　手工创建元件封装

情　景

小明已经会使用向导创建元件封装，但这种创建方式常用于元件引脚排列规则的情况。随着电子工艺的进步，出现了很多具有不规则引脚排列的封装形式，不能单纯使用向导完成。那么，我们应该怎样来完成不规则封装的绘制呢？采用手工创建元件封装是解决方法。

讲解与演示

手工创建元件封装

知识 1　设置元件封装参数

当新建一个 PCB 文件封装库后，一般需要先设置一些基本参数，如度量单位、过孔的内孔层等。

1. 设置板面参数

执行“工具”→“库选择项”命令，弹出“PCB 板选择项”对话框，如图 10.16 所示。在该对话框中可以设置测量单位、捕获网格、可视网格、图纸大小等属性。操作方法与 PCB 设计中的设置相同。

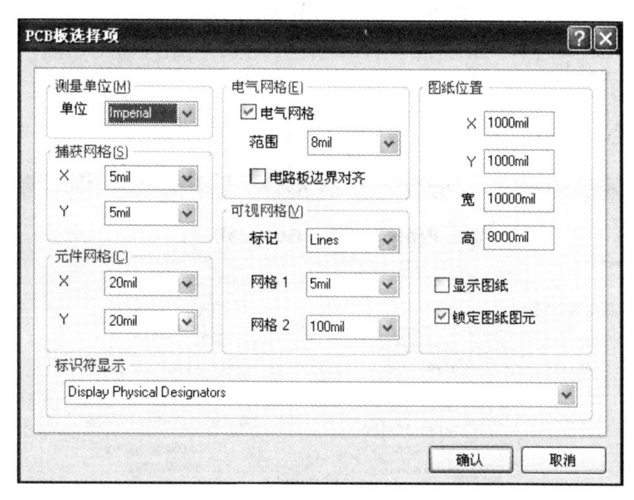

图 10.16 “PCB 板选择项”对话框

2. 设置板层

执行“工具”→“层次颜色”命令，弹出“板层和颜色”对话框，如图 10.17 所示。在该对话框中可以设置需要的板层及颜色。

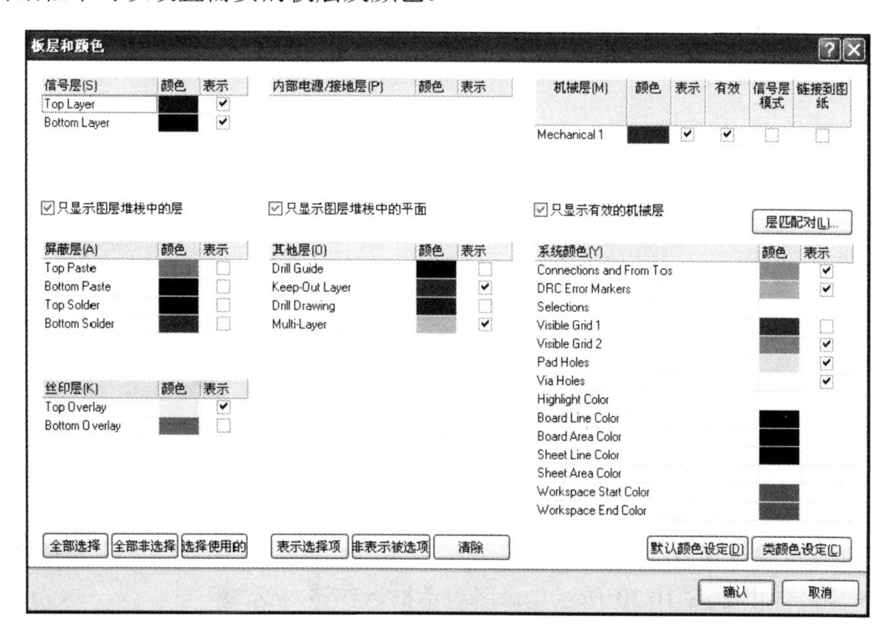

图 10.17 “板层和颜色”对话框

3. 设置系统参数

执行“工具”→“优先设定”命令，弹出“优先设定”对话框，如图 10.18 所示。在该对话框中可以设置系统参数，各参数具体意义如下。

General：PCB 编辑的一些基本设置，如是否采用在线规则检查、回滚次数设置等。

Display：PCB 编辑中一些和显示相关的设置。

Show/Hide：PCB 编辑时显示还是隐藏某些元素，如焊盘、过孔和覆铜等。

Defaults：PCB 编辑时的一些默认选项，也可以对这些默认选项进行修改。

PCB 3D：和 PCB 3D 显示功能相关的一些设置选项。

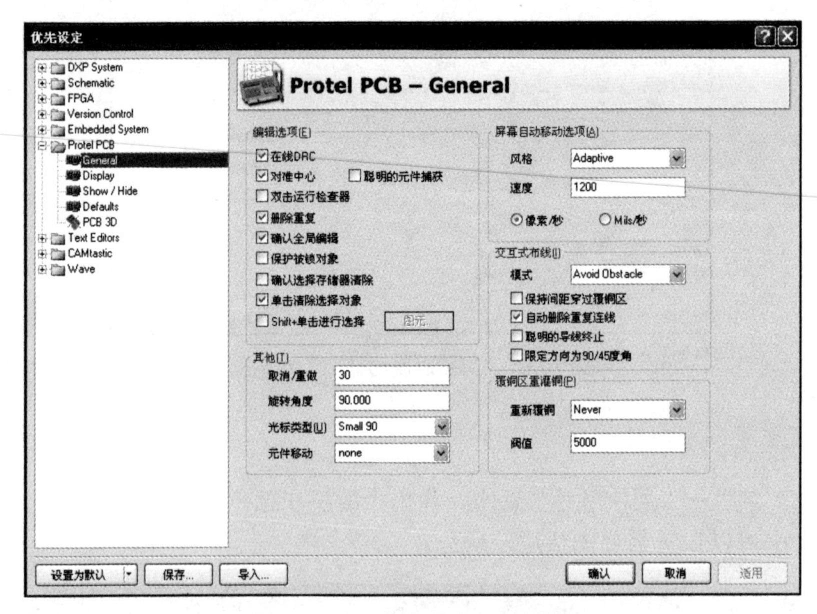

图 10.18 “优先设定”对话框

知识 2 创建元件封装步骤

下面通过创建一个晶体管封装的实例，来说明创建元件封装的操作步骤。

第 1 步，执行“工具”→“新元件”命令，打开元件向导对话框。

第 2 步，单击“取消”按钮，退出向导。

第 3 步，一个名为 PCBCOMPONENT_1 的空的元件封装在工作区展开，如图 10.1 所示。

第 4 步，从 PCB 库编辑器面板中选择该元件右击，弹出如图 10.19 所示快捷菜单，选择“元件属性”。

第 5 步，弹出如图 10.20 所示重命名对话框，在该对话框名称栏输入 BCY-W3，单击“确认”按钮。

第 6 步，将多维层 Multi-Layer 设置为当前工作层。

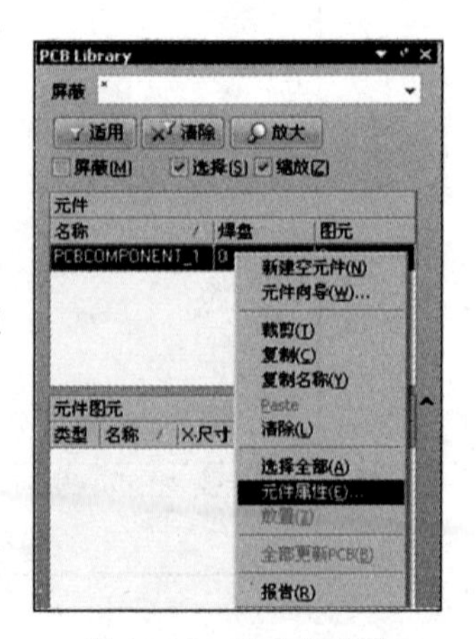

图 10.19 重命名菜单

第 7 步，执行“编辑”→“跳转到”→“新位置”命令，弹出如图 10.21 所示对话框。可以输入 X、Y 两个坐标值为 1，这样系统会自动把光标放到图的原点。

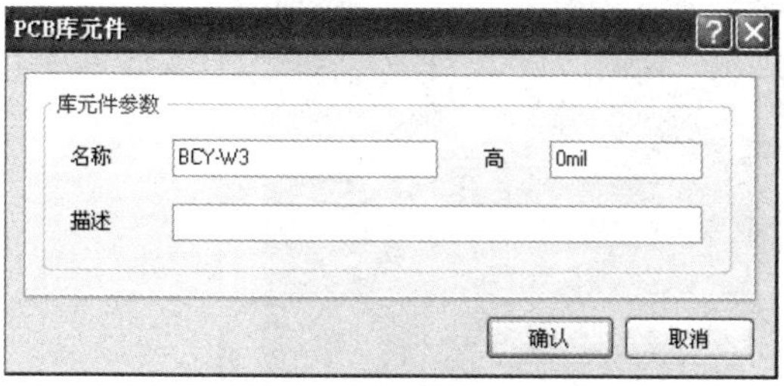

图 10.20　元件重命名对话框

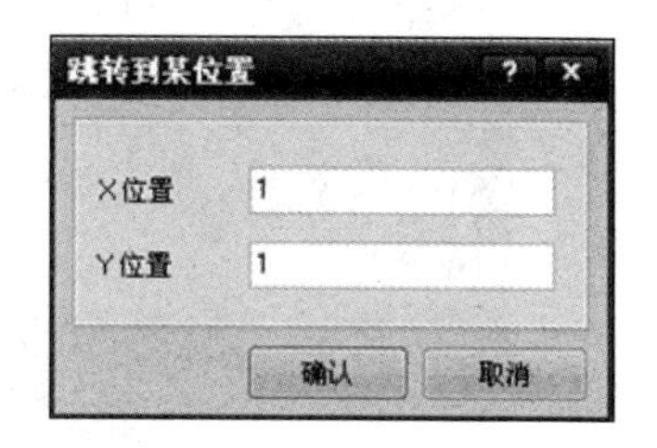

图 10.21　中心坐标跳转设置对话框

元件封装在被导入 PCB 设计图的过程中，它原有的坐标也被导入。所以在元件封装库中，所有的元件封装都以原点为中心放置，导入 PCB 图以后也必然在原点附近，这样就不会发生有个别的元件脱离大部分元件的情况，使设计者忽略了该元件，从而在设计中发生错误。

第 8 步，放置焊盘。放置焊盘前，按下 Q 键设置坐标单位从 mil 转换到 mm。查看屏幕左下方的坐标状态，以确定在何种模式下。

第 9 步，执行“放置”→“焊盘”命令，光标变成十字状。

第 10 步，按下 Tab 键，弹出如图 10.22 所示界面，对焊盘进行属性设置。根据晶体管的引脚距离，可用绘图工具栏中的“放置标准尺寸”，使两焊盘距离为 1.27mm，如图 10.23 所示。

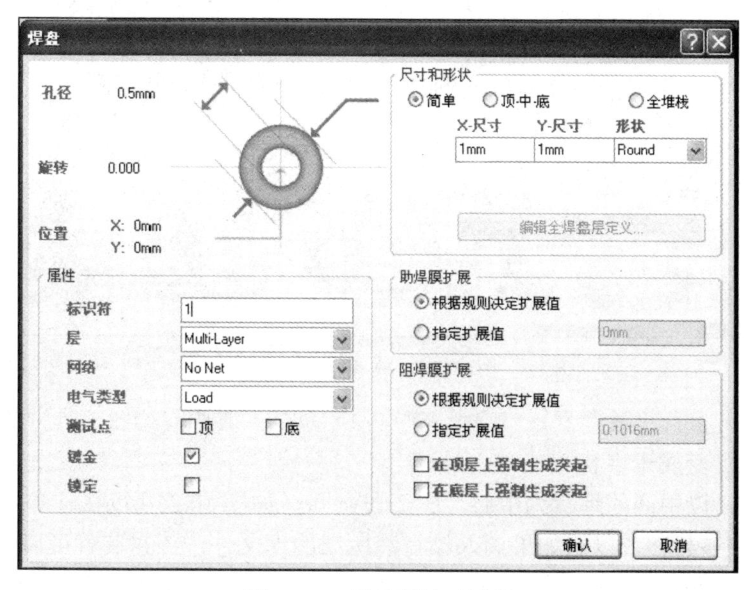

图 10.22　焊盘属性对话框

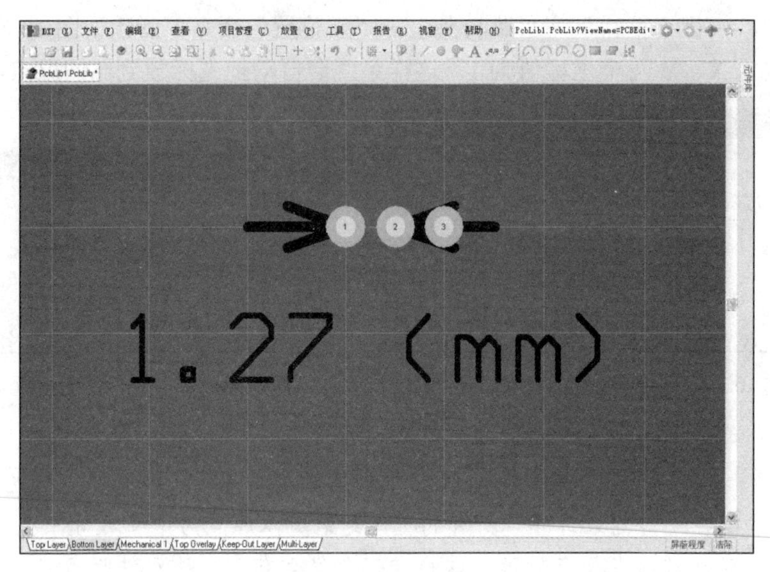

图 10.23　放置标准尺寸

第 11 步，单击设计窗口下方的 Top Overlay，选中画线工具。在焊盘下方，先画一直线，如图 10.24 所示。

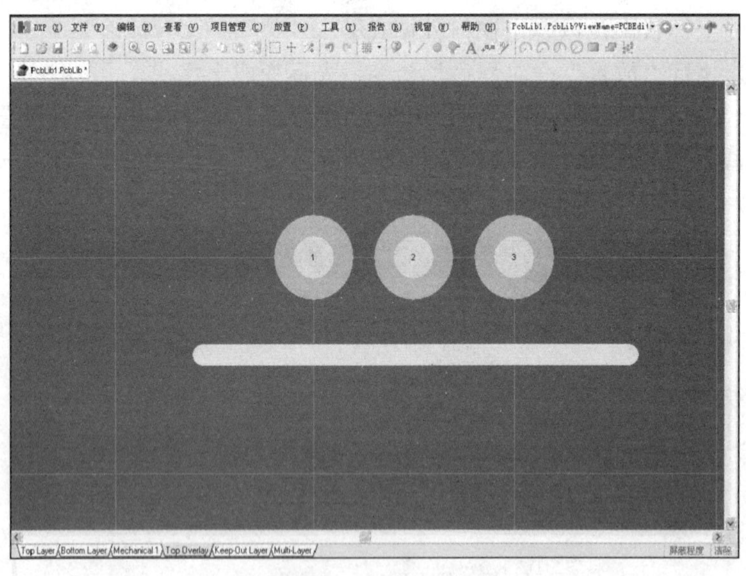

图 10.24　放置封装直线

第 12 步，执行“放置”→“圆弧（中心）”命令，或选取绘图工具中的“中心法放置圆弧”，光标变成十字状。

第 13 步，以中间的焊盘为中心，画一段圆弧，如图 10.25 所示。

最后保存该封装，以后如果调入该封装所在的库文件，该封装就可以用了。

但是手工绘制的方法容易出错，工作量大，尤其是在绘制不规则 BGA 封装时，芯片有上百个引脚，手动绘制的方法实际上是不现实的。

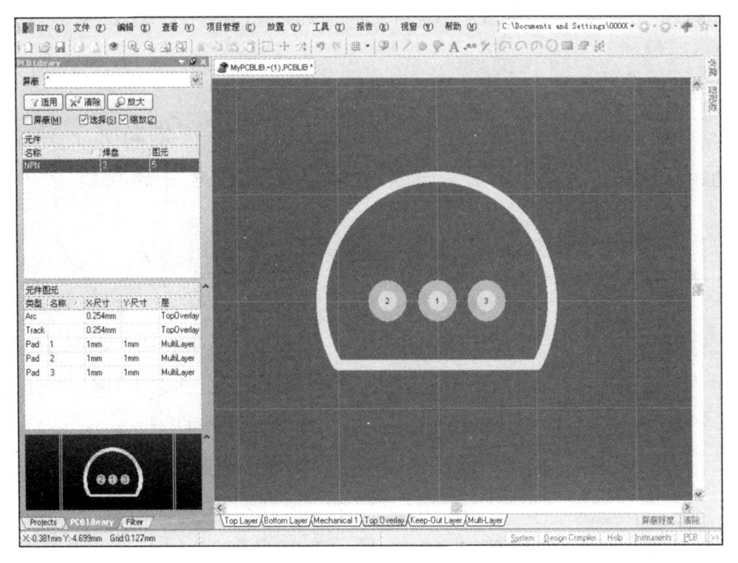

图 10.25　完成的晶体管封装

知识 3　编辑已有封装来创建新元件封装

对于一些封装复杂的元件，用已有的封装库中类似的元件封装进行编辑，会大大提高元件封装的速度和准确性。欲创建一个元件封装，外形如图 10.26 所示。该封装名称为 SOT223，只有 4 个焊盘，左边 3 个，右边 1 个。通过对已有封装进行编辑的创建步骤如下。

第 1 步，从已有类似封装的库中，把元件封装复制到新建的元件封装库中。已知在 Miscellaneous Devices.PcbLib 文件中有一个形状类似的文件封装，如图 10.27 所示。

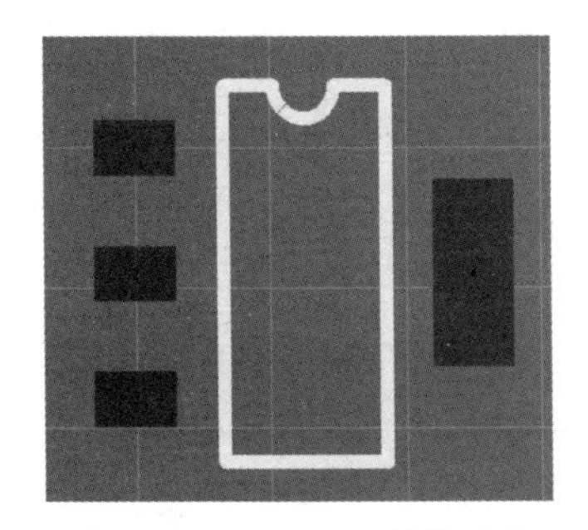

图 10.26　SOT223 封装形式

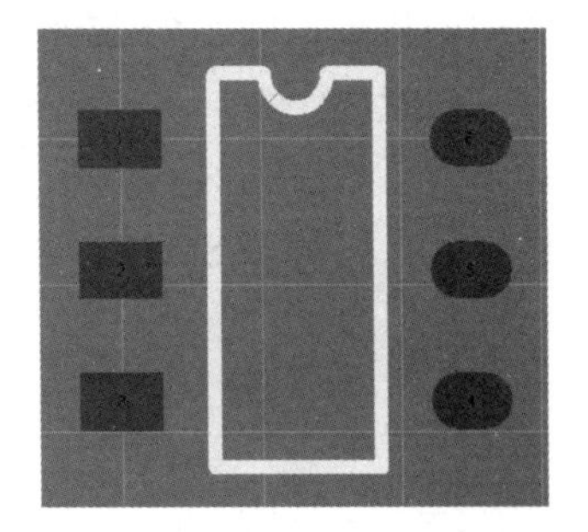

图 10.27　类似的元件封装

类似的元件封装，是指其焊盘的水平以及垂直距离应该和想要创建的封装一致，只是焊盘的属性或者个数需要做相应的改变。

第 2 步，执行“编辑”→“复制元件”命令，然后在同一个 Protel DXP 2004 窗口下打开或生成一个 PCB 元件封装库文件。按照前面的方法，在该库文件中生成一个新的元件封装。

第3步，执行“编辑”→“粘贴元件”命令，刚才的元件封装就被复制到了当前的库文件中。

被复制元件封装的库文件和复制元件封装的库文件必须在同一个Protel DXP 2004中打开，否则无法实现粘贴元件的功能。

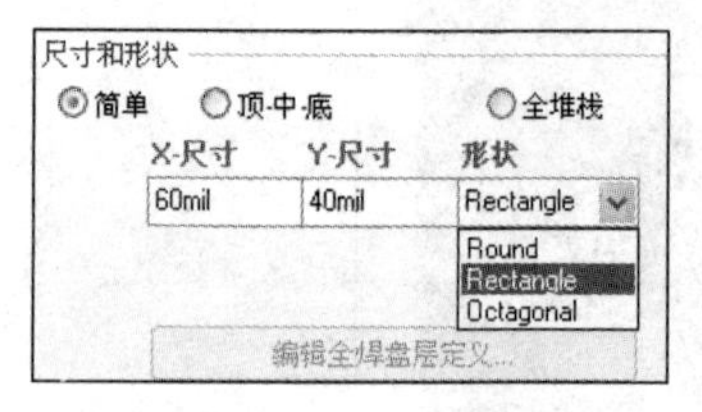

图10.28　改变焊盘形状

第4步，删除焊盘4和焊盘6。

第5步，编辑焊盘2和焊盘3的属性，即改变它们的形状为矩形，尺寸为60mil×40mil。如图10.28所示，单击焊盘，再右击选择“属性”，在弹出的窗口中选择“形状”→“Rectangle”项，改变形状为矩形。

第6步，编辑焊盘5的属性。改变它的标识符为4，形状为矩形，尺寸为60mil×125mil。

此时封装的修改完成，生成如图10.26所示的SOT223封装。

复制编辑元件封装的另一个优点是不需要定位原点坐标，因为复制过来的元件封装如果来自Protel自带的库文件，那么它的位置肯定是在原点附近的。

该示例芯片的封装不规则，也可以采用向导绘制规则封装，然后再进行修改，绘制出来的结果也是完全有效的。如果使用向导生成，请注意以下几点。

1）选用SOP封装。

2）选用60mil×40mil的小焊盘。

3）选用两排焊盘间距为250mil，同排焊盘为90mil。

4）保持线宽度不变。

5）设定引脚数目为6。

6）设定元件名称为SOT223。

实　训

实训　手工创建元件封装

1. 手工创建元件的设置参数

手工创建元件封装需要设置哪些参数？

____

____

____

2. 手工创建 DIP4 元件封装的步骤

手工创建 DIP4 元件封装，把创建步骤简要填写在表 10.3 中。焊盘外径均设为 60mil，内径均设为 30mil。焊盘双排间的距离设为 300mil。

表 10.3　操作步骤

参数设置步骤	手工放置元件步骤	保存封装步骤	DIP4 外形

3. 收获和体会

将“手工创建元件封装”后的收获和体会写在下面空格中。

收获和体会：

4. 实训评价

将“手工创建元件封装”实训工作评价填写在表 10.4 中。

表 10.4　实训评价表

项目 评定人	实训评价	等级	评定签名
自评			
互评			
教师评			
综合评定 等级			

______年______月______日

任务四　创建元件库

情　景

在项目五中，小明学过如何在原理图编辑状态下建立项目元件库。那么，在PCB编辑状态下，是否也可以建立项目元件封装库呢？在设计PCB需调用元件时，是否能够同时调用元件的原理图符号、PCB符号呢？在Protel DXP 2004中这些都是可以实现的。

讲解与演示

创建元件库

知识1　创建项目元件封装库

项目元件封装库是指按照某个项目电路图上的元器件生成一个元件封装库。现在介绍在PCB编辑状态下，如何创建项目元件封装库。下面以“小信号.PCBDOC”为例，介绍创建步骤。

第1步，执行“文件”→“打开”命令，打开“小信号.PCBDOC”项目文件。

第2步，在PCB编辑器中，执行“设计”→“生成PCB库”命令。

第3步，执行命令后，系统自动生成相应的小信号.PCBLib项目库文件，并切换到元件封装编辑器中，元件库封装管理器中的“元件”区域，列出了该项目中包含的元件封装，如图10.29所示。

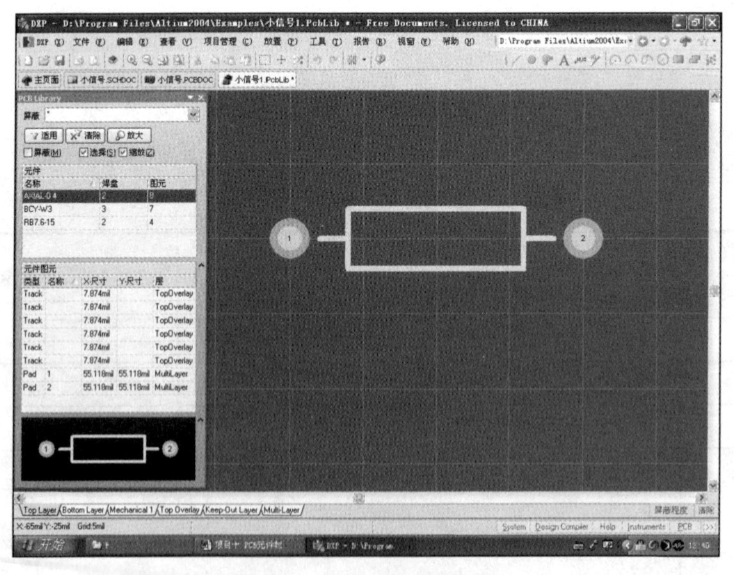

图10.29　生成的项目库文件

第4步，执行“文件”→“保存”命令，将生成的项目库文件保存。

至此，完成了一个项目元件封装库的建立。

知识 2 创建集成元件库

集成元件库中包括了元件的各种模型，例如，元件的符号模型、PCB 封装模型、仿真模型以及信号完整性分析模型等。集成库的管理模式给元件库的加载、网络表的导入以及原理图与 PCB 之间的同步更新带来了方便。项目五已经介绍了如何由项目自动生成集成元件库，这里主要介绍如何手工建立集成元件库。

1. 准备原理图库和 PCB 库

集成元件库中需要包含元器件的原理图符号和 PCB 封装符号，所以首先需要建立或在已有的元件库中找到相应的库符号。以项目“小信号.PrjPCB”为例，利用该工程的原理图和 PCB 项目元件库作为数据源，生成项目元件库。

第 1 步，执行“文件”→“打开”命令，打开“小信号. PrjPCB”项目文件。

第 2 步，打开原理图文件“小信号.SCHDOC”。

第 3 步，在原理图编辑器中，执行“设计”→“建立设计项目库”命令，弹出如图 10.30 所示的“DXP Information”对话框，其中汇报了所创建的原理图库文件。

第 4 步，单击“OK”按钮，系统自动生成“小信号.SCHLIB”项目元件库文件，并将其保存。

第 5 步，打开 PCB 文件“小信号.PCBDoc”。在 PCB 编辑器中，执行“设计”→“生成 PCB 库”命令。系统自动生成相应的“小信号.PcbLib”项目元件封装库文件，并将其保存。

2. 创建集成元件库

第 1 步，执行菜单项“文件”→“创建”→“项目”→“集成元件库”命令，系统自动新建一个集成库文件包“Integrated_Library1.LibPkg”，如图 10.31 所示。

图 10.30 “DXP Information”对话框

图 10.31 生成的集成文件包

集成元件库扩展名为.IntLib，这里的是.LibPkg，称为集成库文件包，完成元件各种模型的添加以及编辑后，即可生成.IntLib 格式的集成元件库。

第 2 步，在 Projects 面板中，右击 Integrated_Library.LibPkg，选择“保存项目”命令，将其保存为“小信号.LibPkg”。

第 3 步，添加原理图库源文件。在 Projects 面板中，右击“小信号.LibPkg”，执行“追加已有文件到项目中”命令。在弹出的选择文件对话框中，选择“小信号.SCHLIB”项目元器件库，则该文件自动添加到“小信号.LibPkg”集成文件包中。

第 4 步，添加 PCB 元件封装。用同样方法，将对应的 PCB 封装库文件也添加到“小信号.LibPkg”集成文件包中。完成后的项目面板如图 10.32 所示。

3. 添加元件模型

下面开始添加或修改元件的模型信息，主要是元件的 PCB 封装。

第 1 步，双击打开刚添加进来的原理图库文件，并切换到 SCH Library 面板中。这时在 SCH Library 面板中将列出该元件库中的所有元件符号模型及其相关信息（这里假设已经创建了电阻、电容以及晶体管等元器件符号的模型），如图 10.33 所示。

图 10.32 创建完成集成文件包

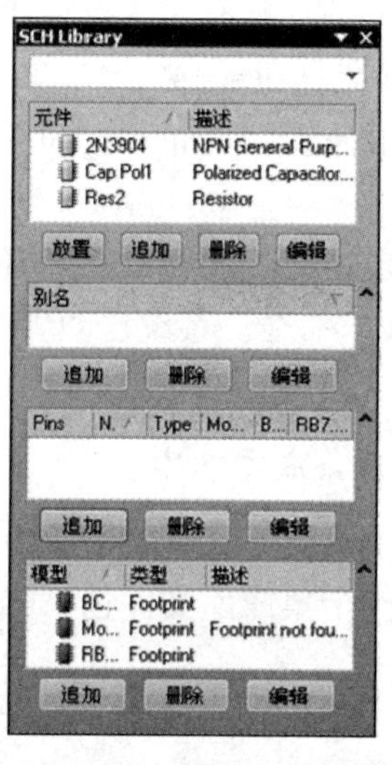

图 10.33 添加其他元件的模型

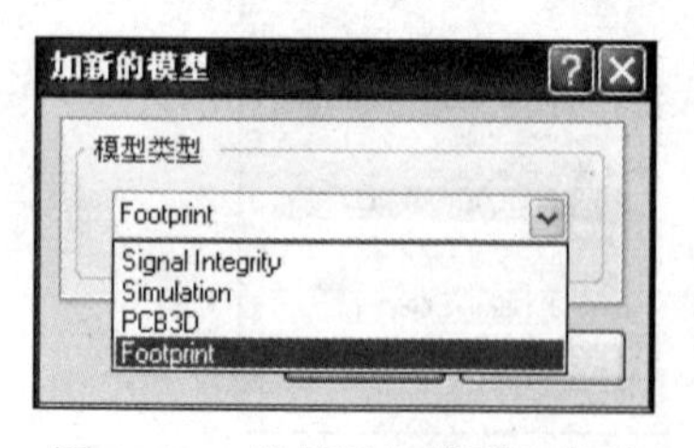

图 10.34 选择添加模型的类型

第 2 步，单击最下面一栏的“追加”按钮，弹出如图 10.34 所示的对话框，从中选择要添加的元件模型类型，在这里选择 Footprint 封装模型。

第 3 步，单击“确认”按钮，完成元件模型类型的选择，这时将弹出如图 10.35 所示的对话框。

第 4 步，如果用户知道元件对应的封装模型，则可直接在“名称”一栏中填写元件封装的名字。通常情况下可以单击“浏览”按钮，然后从弹出的对话框中选择要添加元件的封装模型。添加后的对话框如图 10.36 所示。

第 5 步，单击“确认”按钮，完成 PCB 封装设置。

根据需要设置其他元件的 PCB 封装。

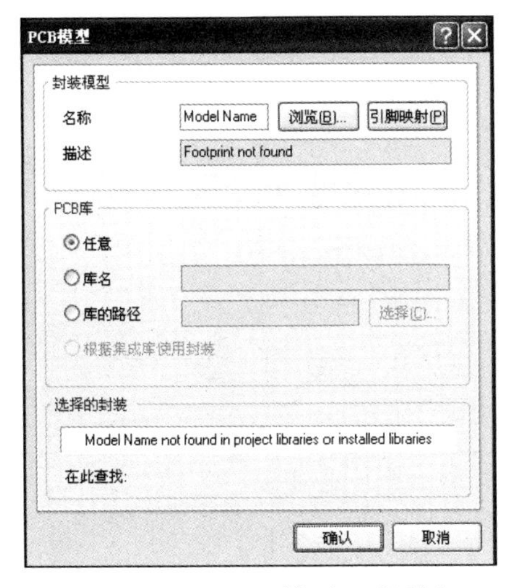

图 10.35 “PCB 模型”对话框

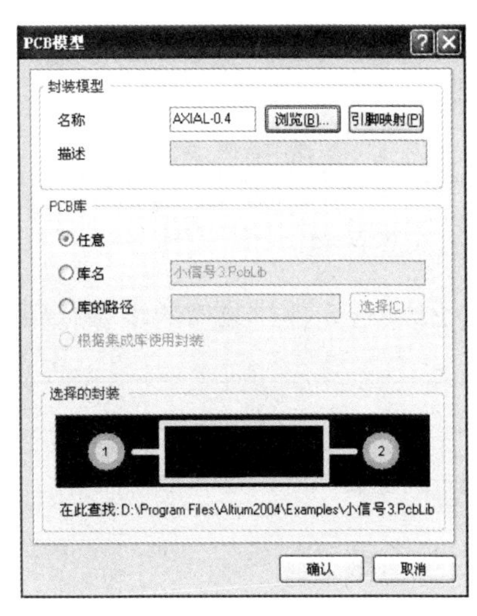

图 10.36 添加封装模型后的对话框

4. 生成集成元件库

设置完 PCB 封装后，便可以编译生成集成元件库。

执行“项目管理”→“Compile Integrated Library 小信号.LIBPKG”命令，编译集成元器件包。编译后系统将自动激活“元件库”面板，可以在该面板最上面的下拉列表中看到编译后的集成库文件“小信号.IntLib”，如图 10.37 所示。

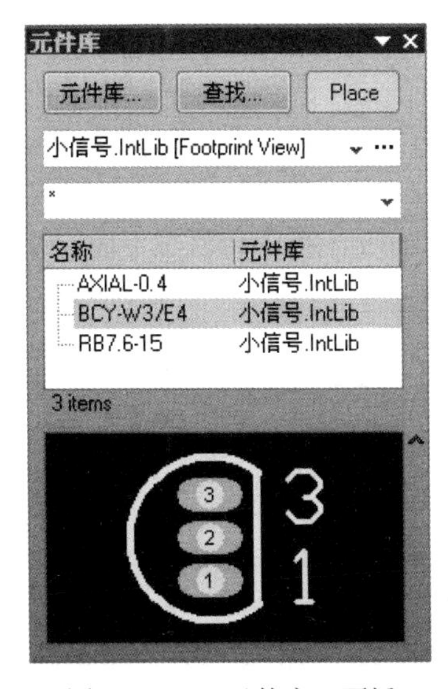

图 10.37 “元件库”面板

这样便完成了一个集成元件库的创建。如果想继续向该集成库中添加元器件，用户按照上面的步骤进行操作即可。

实 训

实训 生成集成元件库

1. 回答问题

创建项目元件封装库的步骤有哪些？

____

____

____

2. 实际操作

以图 9.49 为例，生成集成元件库并把操作步骤填在表 10.5 中。

表 10.5 操作步骤

准备原理图库和 PCB 库	创建集成元件库	添加元件模型	生成集成元件库

3. 收获和体会

将“生成集成元件库”后的收获和体会写在下面空格中。

收获和体会：

4. 实训评价

将“生成集成元件库”实训工作评价填写在表 10.6 中。

表 10.6　实训评价表

项目 / 评定人	实训评价	等级	评定签名
自评			
互评			
教师评			
综合评定等级			

＿＿＿＿年＿＿＿＿月＿＿＿＿日

拓　展

拓展　导入 Protel 99 SE 中的库文件生成集成库

除了自制元器件以外，用户还可以导入以前版本的库文件来扩充自己的元件库。虽然 Protel DXP 2004 使用的元件库为集成元件库，与以前版本的元件库格式不一样，但提供了良好的兼容性，可以方便地将以前版本的元件库导入，并转换为 Protel DXP 2004 格式的元件库。

Protel 98 及其以前版本的库文件格式为“*.lib”，可以直接加载到当前的项目设计中。而 Protel 99 和 Protel 99SE 的库文件是采用“*.ddb”文件格式进行管理的，因此必须进行转换才能使用。下面以 Protel 99SE 为例，介绍将其元件库转换为 Protel DXP 2004 集成库的具体操作步骤。

第 1 步，在 Protel 99SE 中将“*.ddb”文件的库文件打开，并导出为“*.lib”文件。导入方法见项目一中的拓展内容“Protel 99SE”格式文件的导入与输出。

第 2 步，在 Protel DXP 2004 中打开导出的“*.lib”文件，然后单击“文件”→“另存为”菜单项，将原理图库文件保存为“*.schlib”格式，将 PCB 库文件保存为“*.pcblib”格式。

第 3 步，执行“文件”→“创建”→“项目”→“集成元件库”命令，新建一个集成库文件。

第 4 步，将第 2 步中生成的原理图库文件和 PCB 封装库文件添加到该新建的集成库项目中。

第 5 步，执行 “项目”→“项目管理选项”命令，设置集成库的输出路径。

第 6 步，在该集成库的项目文件上右击，在弹出的快捷菜单中选择“另存为”菜单项，对集成库进行重新命名保存，如命名为“99SE.LIBPKG”。

第 7 步，在该集成库的项目文件上右击，对新建的集成库项目进行编译。编译后的集成库文件将输出到相应的路径上，并会出现在“元件库”面板中。

至此，完成了将 Protel 99SE 中的库文件，生成为 Protel DXP 2004 的集成库文件操作。

任务五 综合实例

情景

Protel 的设计到此为止，即使电路图中有集成库中没有的元件，或者没有元件封装，小明也可以自行解决。但自制元件或元件封装如何应用到具体的电路中去，小明还是有点模糊。下面以如图 10.38 所示“正弦波电路”的 PCB 设计为例，进一步巩固 PCB 设计的流程和具体操作步骤。

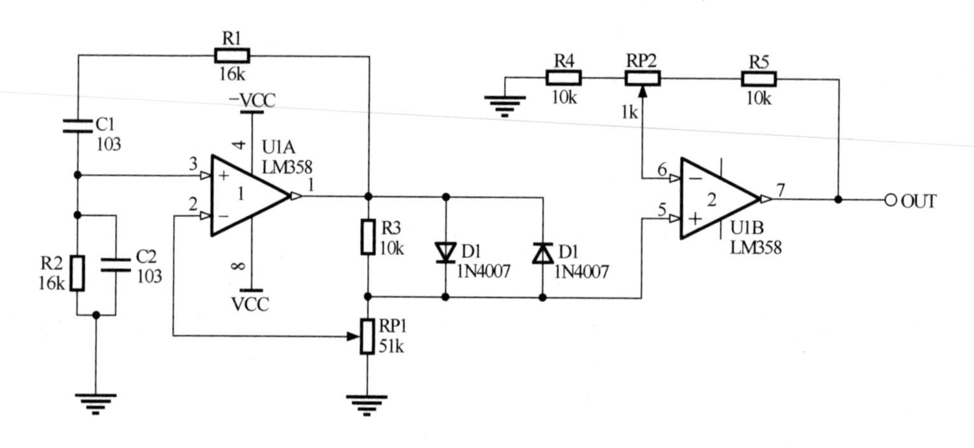

图 10.38 正弦波电路

PCB 设计的具体要求如下。

1）双面板。

2）在机械层绘制电路板的物理边界，尺寸不大于 2400mil×1800mil。

3）信号线宽 10mil，电源线宽 30mil，接地线宽 50mil。

电路图中各元器件的相关属性见表 10.7。

表 10.7 电路图元器件相关属性

元器件名	元器件标识符	元器件注释	元件封装
电阻	R1～R2、R3～R5	16k、10k	AXIAL-0.4
电容	C1～C2	103	RAD-0.3
二极管	D1～D2	1N4007	DIO10.46-5.3×2.8
电位器	RP1～RP2（自制）	51k、1k	自制
集成块	U1、U2	LM358	751-02

注：LM358 在元件库 Motorola Amplifier Operational Amplifier.IntLib 中。

讲解与演示

知识 1 创建工程文件与自制原理图符号

创建工程及相关文件

1. 创建工程及相关文件

在 E 盘根目录下建立一个名为“正弦波电路”的文件夹。

所有文件均保存在“正弦波电路”文件夹中。

新建一个名为“正弦波.PrjPCB”的工程文件。

新建一个名为“正弦波.SchDoc”的原理图文件。

2. 原理图符号的制作

原理图符号的制作

本例中需要自制的原理图符号是电位器，其余的都可在 Protel DXP 2004 软件自带的库中找到。具体操作步骤如下。

第 1 步，打开原理图文件“正弦波.SchDoc”，进入原理图编辑界面。

第 2 步，打开“元件库”工作面板，找到软件自带的电位器符号，并进行放置。

第 3 步，执行“设计”→“建立设计项目库”命令，系统自动生成与该原理同名的原理图库文件“正弦波.SCHLIB”。

第 4 步，单击原理图库面板“SCH Library”的元件项，元器件编辑区显示电位器原理图符号，如图 10.39 所示。

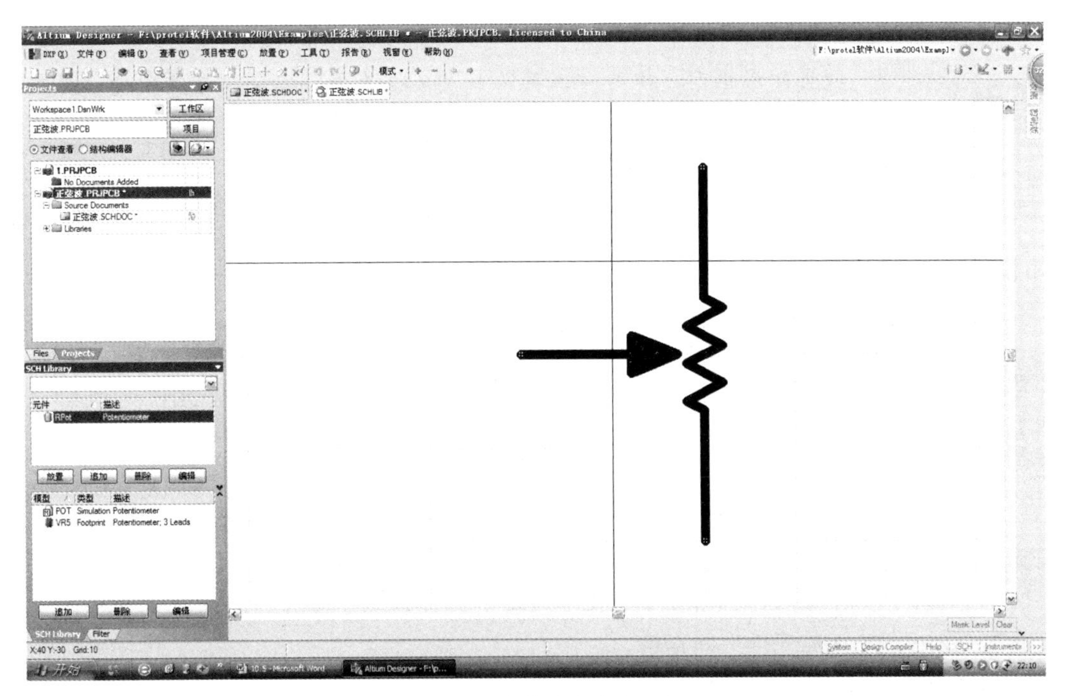

图 10.39 自带的电位器符号

第 5 步，对该原理图符号进行编辑。删除曲线部分以矩形框代替。最终得到如图 10.40 所示的结果电位器。

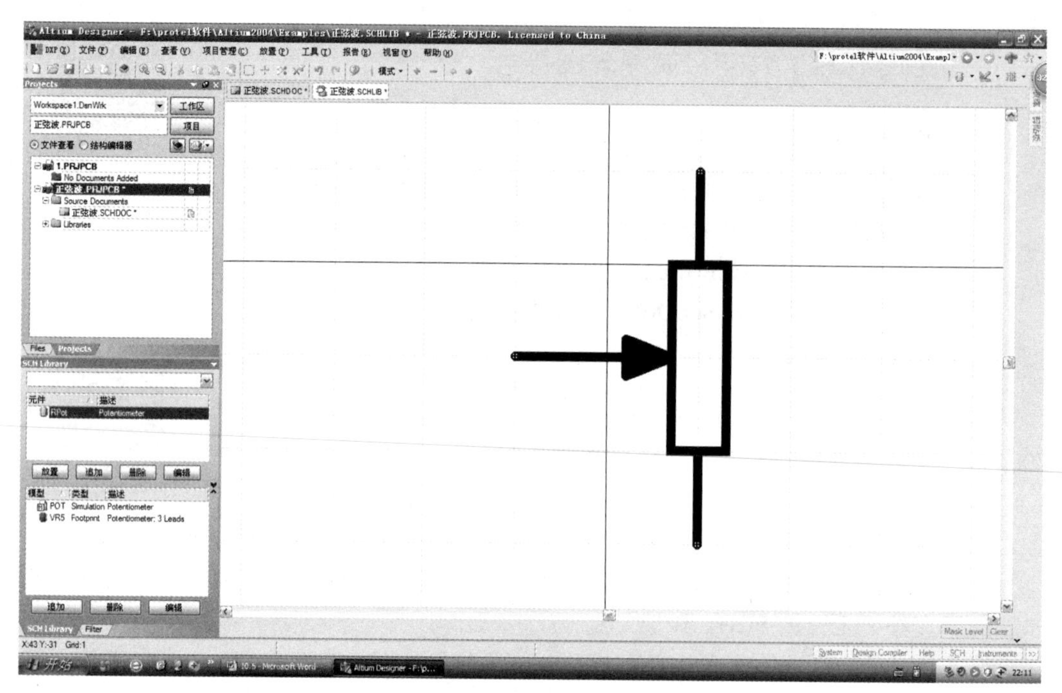

图 10.40　编辑后的电位器符号

放置矩形框前，执行“工具”→“文档选项”命令，在弹出的“库编辑器工作区”对话框中，“网格”选项设置“捕获”为 1。矩形属性设置“填充色”为“透明”，“边缘宽”为“Small”。

知识 2　自制元件封装

自制元件封装

电位器封装要求：元件封装名称为 RP，焊盘直径 60mil；孔径 32mil；1 号焊盘为方形，其余为圆形。其余尺寸及相关要求参照如图 10.41 所示元件封装。

具体操作步骤如下。

第 1 步，创建 PCB 库文件并重命名为“正弦波.PCBLIB”，使其成为当前编辑文件，打开 PCB Library 工作面板，其中已包含一只名为 PCBCOMPONENT_1 待编辑元器件。

第 2 步，光标指向 PCB Library 工作面板中的元件名称，执行“工具”→“PCB 库元件”，弹出“PCB 库元件”对话框。

第 3 步，在该对话框的“名称”文本框中输入“RP”，如图 10.42 所示，然后单击“确认”按钮。

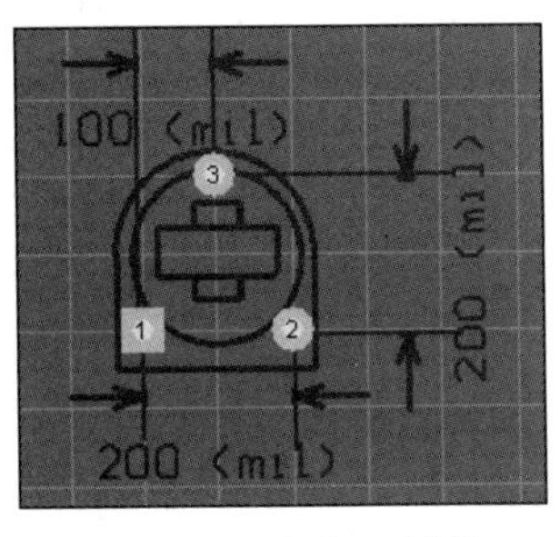

图 10.41　电位器封装

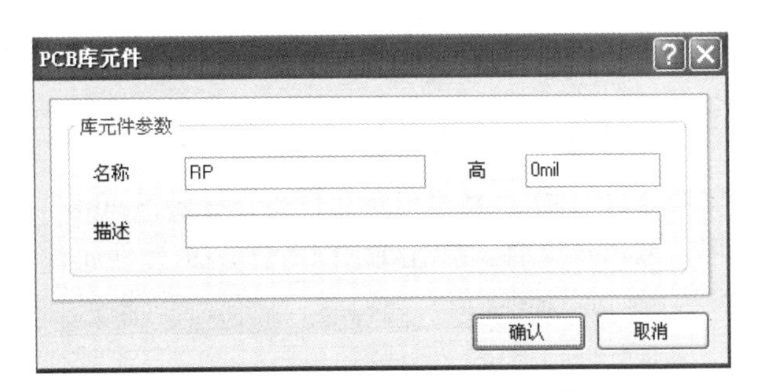

图 10.42　“PCB 库元件”对话框

第 4 步，设置环境参数。执行“工具”→“库选择项”命令，进入“PCB 板选择项”对话框，如图 10.43 所示，把捕获网格与元件网格均设为 5mil。单击“确认”按钮。

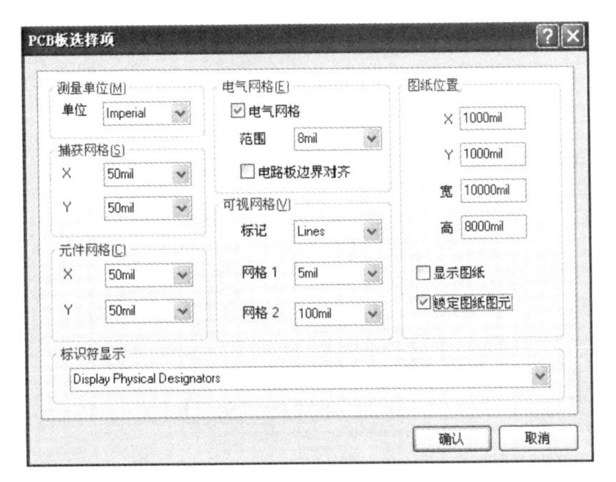

图 10.43　“PCB 板选择项”对话框

捕获网格与元件网格应小于等于元件中图件间的最小间距。

第 5 步，绘制如图 10.44 所示的电位器封装。Multi-Layer 层放置焊盘，Top Overlay 层放置圆、圆弧、矩形等。具体步骤参见任务三“手工创建元件封装”。

自制元件电位器封装 RP 在 PCB Library 工作面板上列出，如图 10.44 所示。

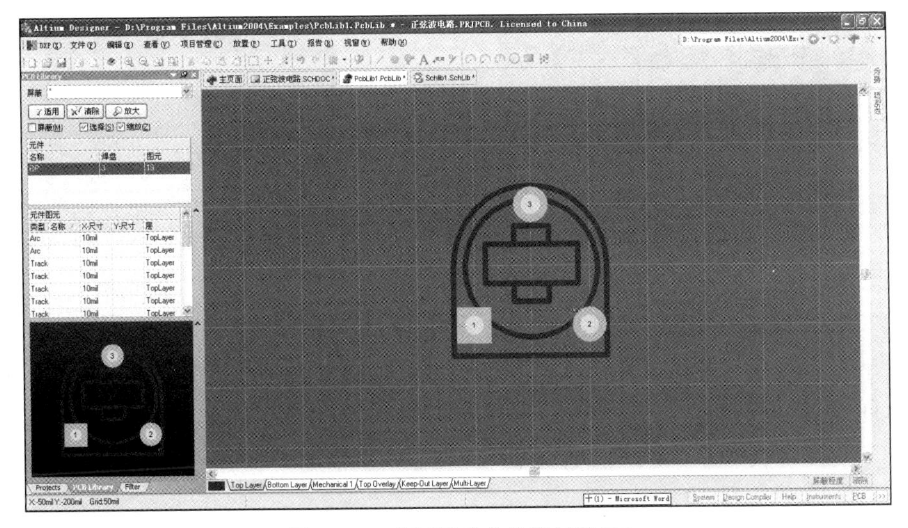

图 10.44　自制元件电位器封装 RP

第 6 步，执行“文件”→“另存为”命令，单击“保存”按钮，保存元件封装。

知识 3　添加元件封装

添加元件封装

第 1 步，打开原理图库文件“正弦波.Schlib”，同时打开原理图库工作面板。双击该元件，弹出如图 10.45 所示元件属性对话框。

图 10.45　元件属性设置

第 2 步，在“Default Designator”文本框中输入“RP？”，将右下角 Models for RPot（模型）区域中原有 Footprint（封装）VR5 删除，弹出如图 10.46 所示确认对话框，单击“Yes”按钮。

第 3 步，再单击“追加”按钮，弹出如图 10.47 所示“加新的模型”对话框。

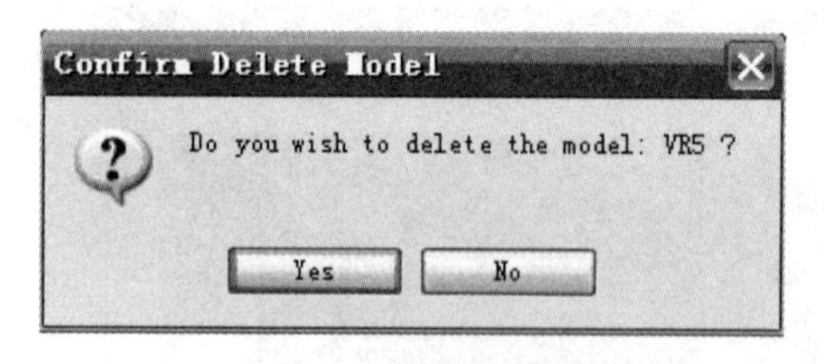

图 10.46　确认对话框

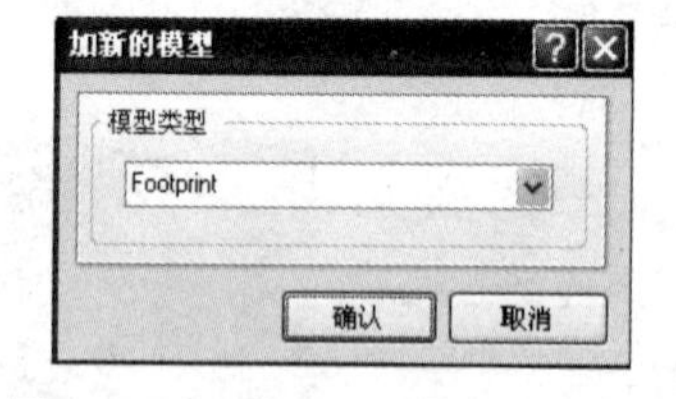

图 10.47　“加新的模型”对话框

第 4 步，单击“确认”按钮，弹出如图 10.48 所示“PCB 模型”对话框。

第 5 步，单击“浏览”按钮，弹出如图 10.49 所示“库浏览”对话框。

第 6 步，单击“确认”按钮，PCB 模型即添加到电位器原理图库中。此时的原理图库面板如图 10.50 所示。

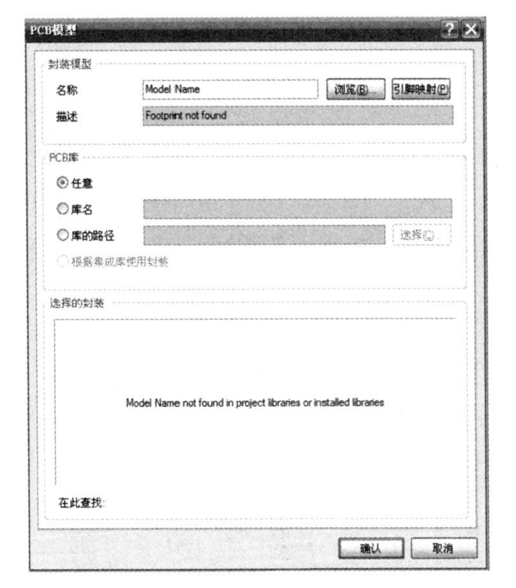

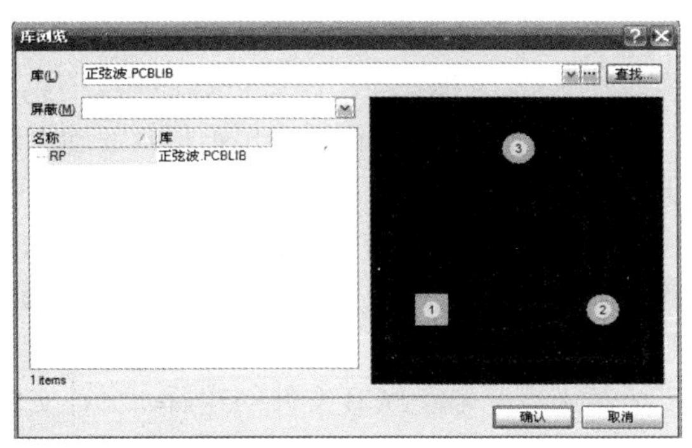

图 10.48　“PCB 模型”对话框　　　　图 10.49　“库浏览”对话框

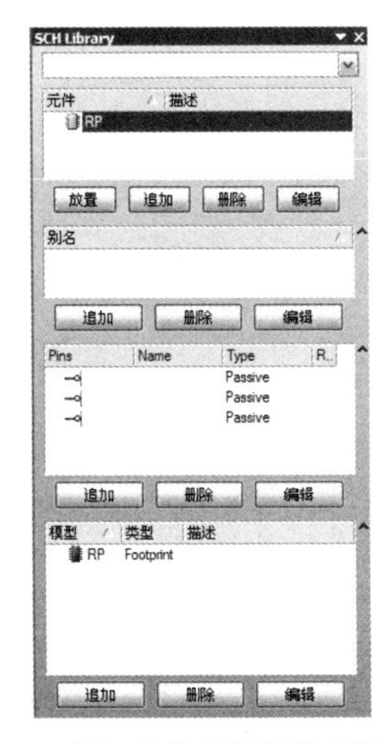

图 10.50　添加元件封装的原理图库面板

知识 4　绘制原理图

第 1 步，打开名为“正弦波.SchDoc”的原理图文件。

第 2 步，设置环境参数。根据实际需要设置图纸的大小、方向、标题栏、颜色、字体及格点，在此为默认状态。

第 3 步，放置元件及设置属性。按表 10.7 所示的元件属性要求放置元件。自制元件电位器的放置在原理图库编辑界面，打开原理图库面板，在如图 10.50 所示工作面板中单击元件区域的“放置”，即自动转到原理图编辑界面放置电位器，属性设置同其他元件。

第 4 步，放置导线、电源/接地组件和输出字符串 OUT。按要求结果电路如图 10.38 所示。

知识 5　PCB 双面板的设计

PCB 双面板的设计

使用 PCB 向导创建 PCB 文件。

第 1 步，单击 PCB 工作面板右下角“system”按钮，在弹出的快捷菜单中选择“Fils”项，打开 Files 面板。

第 2 步，在 Files 面板“根据模板新建”区域，单击“PCB Board Wizard”选项，打开“PCB 向导”。

第 3 步，在向导中“选择电路板配置文件”自定义 PCB 规格 2400mil×1800mil，“选择元器件和布线逻辑”选择通孔元件，邻近焊盘间的导线数为两条导线。其他采用默认参数。

第 4 步，完成 PCB 文件创建后，另存文件名为“正弦波.PcbDoc”。

第 5 步，执行“设计”→“Import Changs From 正弦波电路.PrjPCB”命令，或在原理图编辑器中，执行“设计”→“Update PCB Document 正弦波电路.PcbDoc”命令，弹出如图 10.51 所示“工程变化订单（ECO）”对话框，在该对话框中单击“使变化生效”，再单击“执行变化”，将网络表和元件封装添加到 PCB 编辑器中。

工程变化订单（ECO）

修改					状态		
有效	行为	受影响对象		受影响的文档	检查	完成	消息
✓	Add	R4	To	正弦波.PCBDOC	✓	✓	
✓	Add	R5	To	正弦波.PCBDOC	✓	✓	
✓	Add	RP1	To	正弦波.PCBDOC	✓	✓	
✓	Add	RP2	To	正弦波.PCBDOC	✓	✓	
✓	Add	U1	To	正弦波.PCBDOC	✓	✓	
	Add Nets(12)						
✓	Add	-VCC	To	正弦波.PCBDOC	✓	✓	
✓	Add	GND	To	正弦波.PCBDOC	✓	✓	
✓	Add	NetC1_1	To	正弦波.PCBDOC	✓	✓	
✓	Add	NetC1_2	To	正弦波.PCBDOC	✓	✓	
✓	Add	NetD1_1	To	正弦波.PCBDOC	✓	✓	
✓	Add	NetD1_2	To	正弦波.PCBDOC	✓	✓	
✓	Add	NetR4_1	To	正弦波.PCBDOC	✓	✓	
✓	Add	NetR5_2	To	正弦波.PCBDOC	✓	✓	
✓	Add	NetRP1_3	To	正弦波.PCBDOC	✓	✓	
✓	Add	NetRP2_3	To	正弦波.PCBDOC	✓	✓	
✓	Add	OUT	To	正弦波.PCBDOC	✓	✓	
✓	Add	VCC	To	正弦波.PCBDOC	✓	✓	
	Add Component Classes(1)						
✓	Add	正弦波	To	正弦波.PCBDOC	✓	✓	
	Add Rooms(1)						
✓	Add	Room 正弦波 (Scope=InCompo	To	正弦波.PCBDOC	✓	✓	

使变化生效　执行变化　变化报告(R)...　只显示错误　关闭

图 10.51　“工程变化订单（ECO）”对话框

第 6 步，执行“设计”→“规则”命令，弹出“PCB 规则和约束编辑器”对话框。正弦波电路中要求信号线宽 10mil，电源线宽 30mil，接地线宽 50mil，所以应新增三个布线规则对应 VCC，-VCC，GND，默认设置即为信号线宽。具体设置步骤如下。

① 在该对话框左侧单击“Design”→“Routing”→“Width”，选中 Width 右击，在弹出的快捷菜单中执行“新建规则”命令，系统自动增加一个名为 Width_1 的规则，单击 Width_1，弹出“PCB 规则和约束编辑器”对话框，如图 10.52 所示。

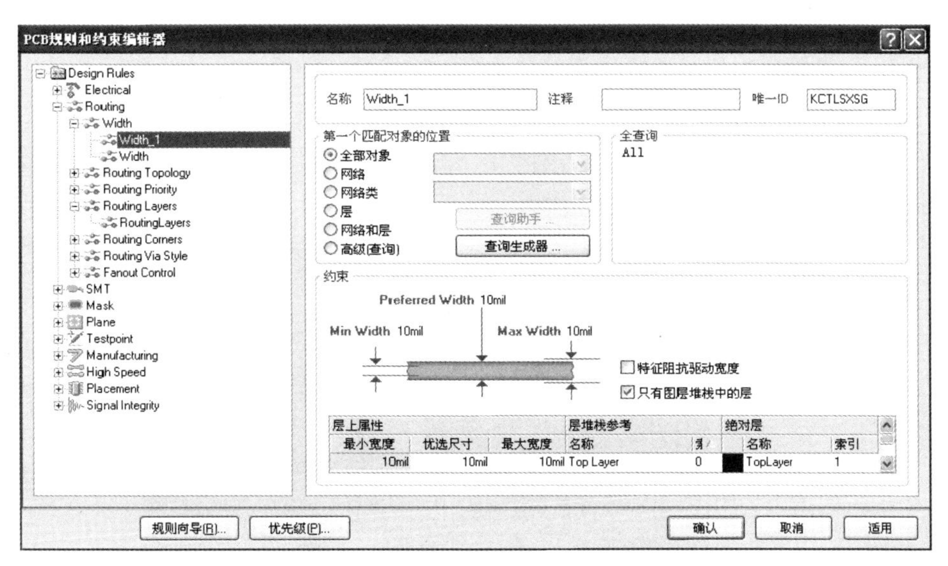

图 10.52　“PCB 规则和约束编辑器”对话框

② 设置规则使用范围。在名称栏输入“VCC”，在“第一个匹配对象的位置”区域选择“网络”单选项，单击“全部对象”右侧的下拉按钮，从下拉列表中选择 VCC 项，“全查询”区域显示 InNet(‘VCC’)。

③ 设置规则约束特性。将光标移到“约束”特性区域，将全部线宽改为 30mil。

④ 同理，再新建-VCC、GND 规则，线宽分别为 30mil、50mil。

设置完成后的“PCB 规则和约束编辑器”对话框如图 10.53 所示。

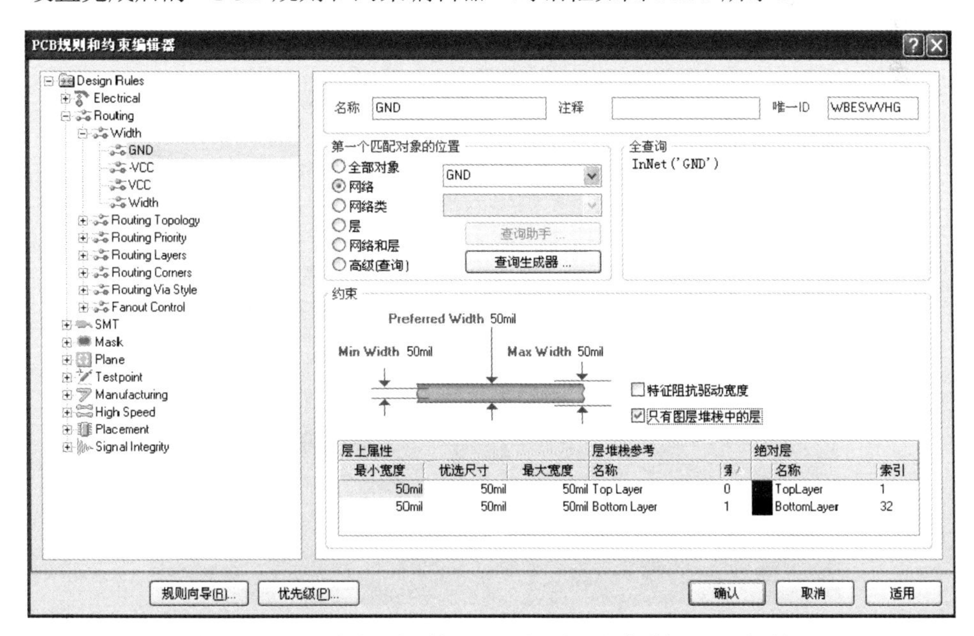

图 10.53　设置新规则后的“PCB 规则和约束编辑器”对话框

系统默认为双面板，因此板层设置即为默认状态，不必修改。

第 7 步，执行“工具”→“放置元件”→“自动布局”命令，对元器件进行自动布局。然后手工调整，调整结果如图 10.54 所示。

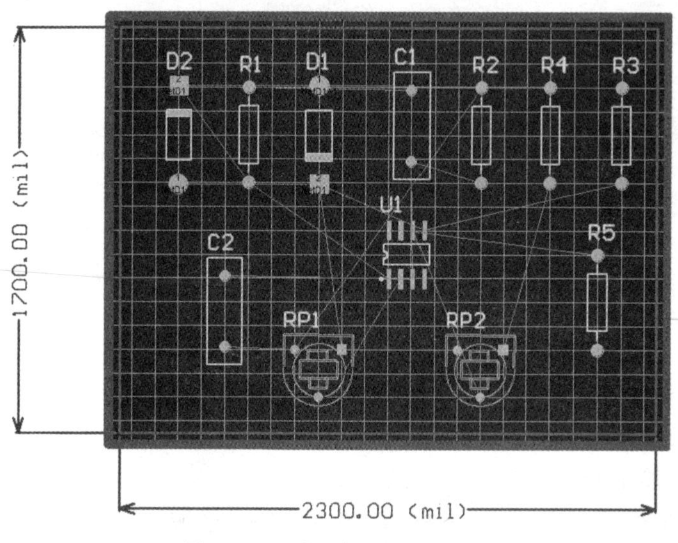

图 10.54　手工布局后 PCB 图

第 8 步，执行“自动布线”“全部对象”命令，系统进行自动布线，布线结果如图 10.55 所示。

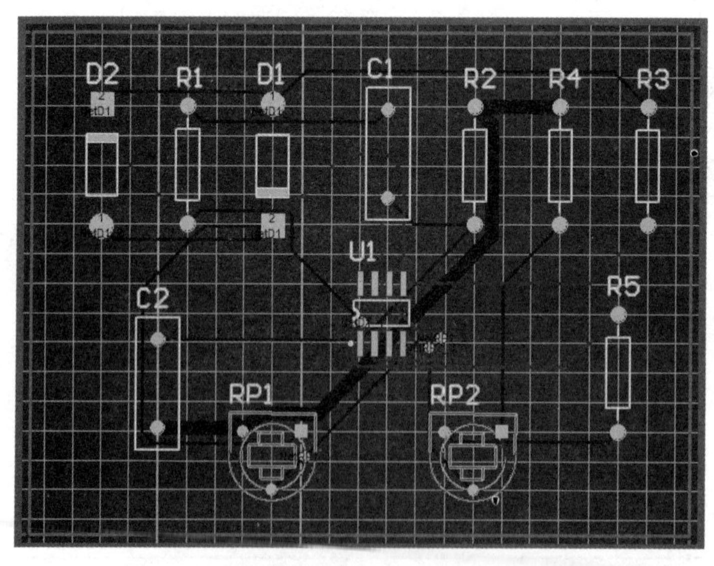

图 10.55　“正弦波电路”PCB 双面板设计结果

思考与练习

一、判断题（对的打“√”，错的打“×”）

1. 相比于借助向导，手工方式制作 PCB 元器件有更强的灵活性和适应性。（　）
2. 制作新的 PCB 元器件必须在 PCB 元件库中进行。（　）
3. 绘制元器件轮廓线应该在顶层进行。（　）
4. 不规则引脚排列的封装只能采用手工创建。（　）
5. DIP16 和 DIP4 的引脚数不同，封装形式相同。（　）
6. 元件封装可以由已有的封装改编而成。（　）
7. 集成元件库中只有符号模型和封装模型。（　）
8. 项目封装库和集成元件库是相同的。（　）
9. 项目元件封装库可以直接由 PCB 文件生成。（　）
10. 执行“文件”→“创建”→“项目”→“集成元件库”命令，系统即可生成.IntLib 格式的集成元件库。（　）

二、填空题

1. PCB 元件库的扩展名为________。
2. 用鼠标左键________焊盘，可以打开“焊盘”属性设置面板。
3. 焊盘的基本属性有________、________和________。
4. 芯片封装在 PCB 上，通常为一组________、丝印层上的________及芯片的________。
5. 目前常用的封装形式分为________、________及________3 种。
6. ________封装可以安装在 PCB 上的插座中，插拔非常方便。
7. 创建封装的方法常有________和________两种。
8. PCB 元件向导的“元器件模式”对话框中，列出了________种元件封装，用户可以从中选择需要的一种形式。同时还可以选择度量单位，系统默认设置为________。
9. 集成元件库中需要包含元器件的________符号和________符号。
10. 在 PCB 工程中可以包含________与________两类元件库。
11. 集成库文件的扩展名为________，原理图库的扩展名为________。
12. ________是指按照某个项目电路图上的元器件生成一个元件封装库。
13. ________的管理模式给元件库的加载、网络表的导入以及原理图与 PCB 之间的同步更新带来了方便。

三、简答题

1. 封装的定义是什么？
2. 简述元件封装的选择依据。
3. 如何启动绘制封装的界面？

4. 简述手工创建元件封装的步骤。
5. 简述创建 PCB 封装库的基本步骤。
6. 简述创建元件集成库的步骤。

四、操作题

1. 新建一个名称为 Test 封装库，并在该封装库中新建一个名为 diode 的二极管封装、删除新建封装库时库产生的元件封装。操作结果如图 10.56 所示。

焊盘属性：直径 1.8mm，两焊盘间距 10.16mm；线属性：线宽为 0.254mm，所在层为 TOP Overlay。操作结果如图 10.57 所示。

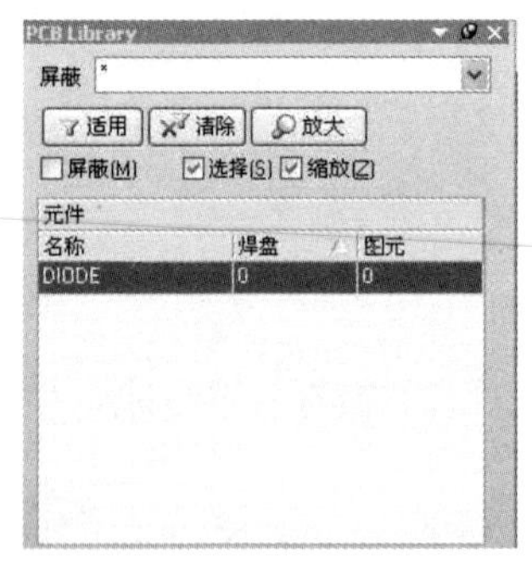

图 10.56 第 1 题图（一）

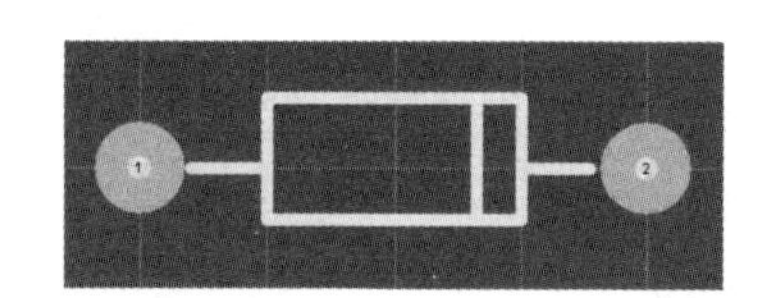

图 10.57 第 1 题图（二）

2. 使用向导创建图 10.26 所示元件封装，然后再修改成如图 10.27 所示的封装形式，写出操作步骤。

3. 设计如图 10.58 所示电路的 PCB，写出具体操作步骤。

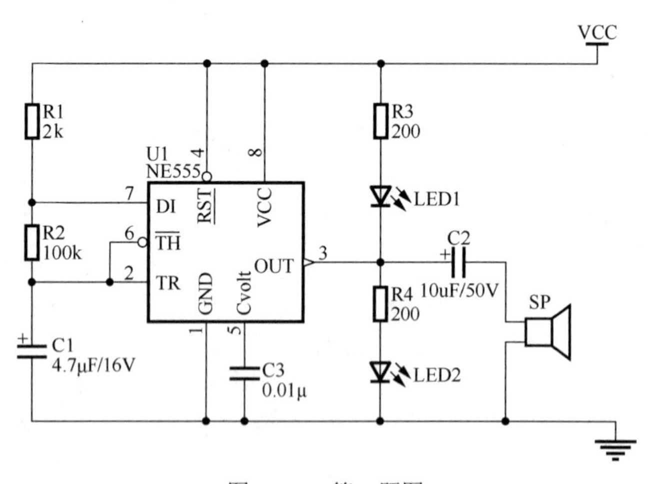

图 10.58 第 3 题图

设计要求如下。

1）双面板，电路板的尺寸为 2000mil×1800mil。

2）电源地线宽度为 50mil，VCC 宽度为 30，一般布线宽度为 20mil。

3）NE555 为自制元器件，使用向导创建元件封装 DIP8。

参 考 文 献

陈学平，2005．Protel 2004 快速上手．北京：人民邮电出版社．

及力．2013．Protel DXP 2004 SP2 实用设计教程[M]．2 版．北京：电子工业出版社．

姜沫岐，等，2005．Protel 2004 原理图与 PCB 设计实例．北京：机械工业出版社．

林凤涛，贾雪艳．2016．Protel DXP 2004 基础实例教程[M]．北京：人民邮电出版社．

赵建领，2007．Protel 电路设计与制版宝典．北京：电子工业出版社．

赵景波，等，2006．Protel 2004 电路设计应用范例．北京：清华大学出版社．